成为设计师丛书

如何成为数字化设计师

互联网／影像／广播／游戏+动画设计等的职业指导

[美]斯蒂芬·海勒　戴维·沃马克　著

文　璐　李文瀚　译

中国建筑工业出版社

著作权合同登记图字：01-2014-4033号

图书在版编目（CIP）数据

如何成为数字化设计师：互联网／影像／广播／游戏+动画设计等的职业指导／（美）斯蒂芬·海勒，（美）戴维·沃马克著；文璐，李文瀚译．—北京：中国建筑工业出版社，2016.12

（成为设计师丛书）

ISBN 978-7-112-20046-7

Ⅰ.①如… Ⅱ.①斯…②戴…③文…④李… Ⅲ.①产品设计—数字化 Ⅳ.①TB472-39

中国版本图书馆CIP数据核字（2016）第260476号

Becoming a Digital Designer: A Guide to Careers in Web, Video, Broadcast, Game and Animation Design/
Steven Heller and David Womack, ISBN-13 978-0470048443

责任编辑：李成成　董苏华　唐　旭
责任校对：王宇枢　姜小莲

成为设计师丛书
如何成为数字化设计师
互联网／影像／广播／游戏＋动画设计等的职业指导
［美］斯蒂芬·海勒　戴维·沃马克　著
文　璐　李文瀚　译
*
中国建筑工业出版社出版、发行（北京海淀三里河路9号）
各地新华书店、建筑书店经销
北京京点图文设计有限公司制版
北京中科印刷有限公司印刷
*
开本：889×1194毫米　1/20　印张：16⅗　字数：497千字
2017年2月第一版　2017年2月第一次印刷
定价：78.00元
ISBN 978-7-112-20046-7
(29369)

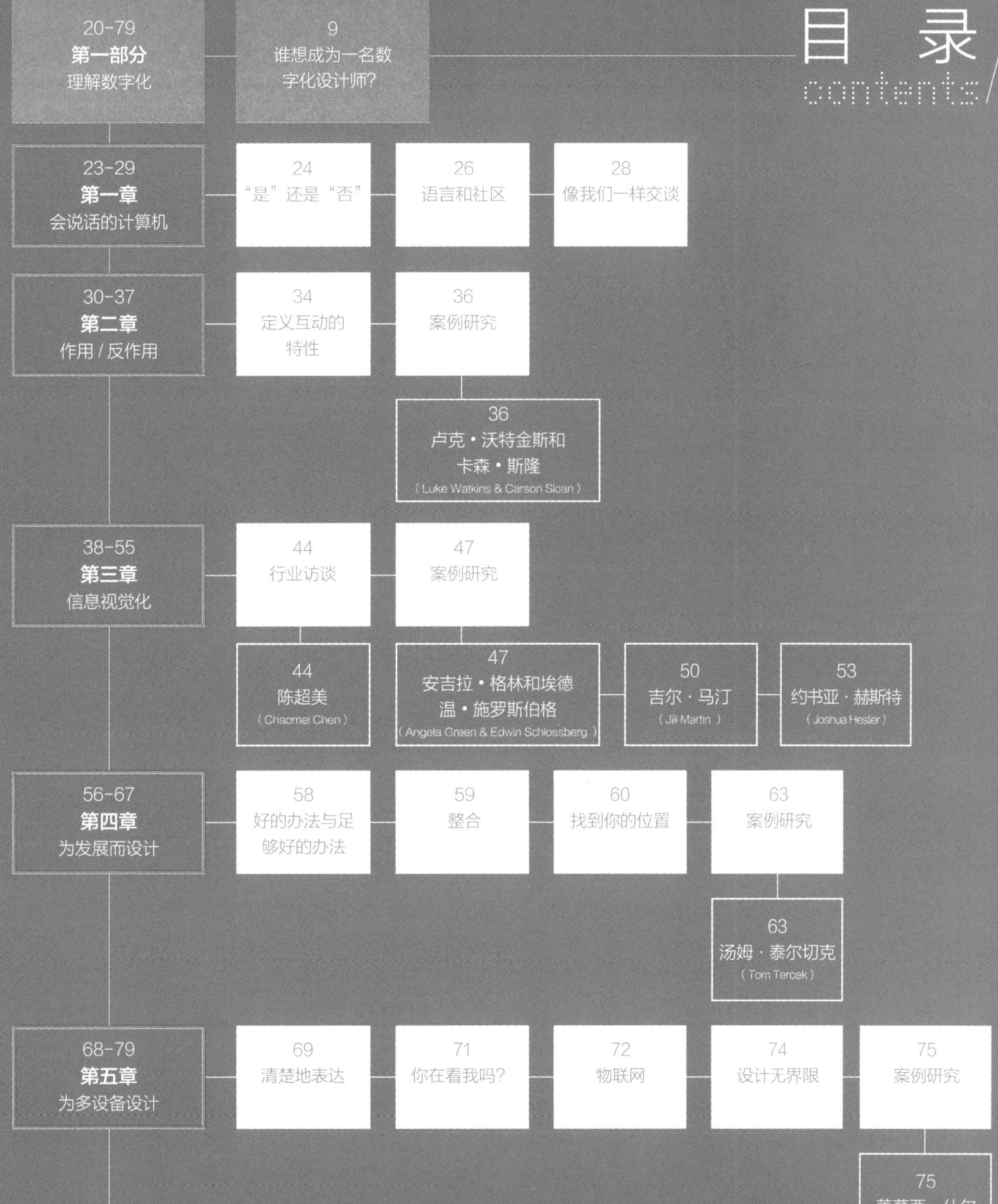
目 录
contents
20-79
第一部分
理解数字化
9
谁想成为一名数字化设计师?
23-29
第一章
会说话的计算机
24
“是”还是“否”
26
语言和社区
28
像我们一样交谈
30-37
第二章
作用 / 反作用
34
定义互动的特性
36
案例研究
36
卢克・沃特金斯和卡森・斯隆
（Luke Watkins & Carson Sloan）
38-55
第三章
信息视觉化
44
行业访谈
47
案例研究
44
陈超美
（Chaomei Chen）
47
安吉拉・格林和埃德温・施罗斯伯格
（Angela Green & Edwin Schlossberg）
50
吉尔 · 马汀
（Jill Martin）
53
约书亚 · 赫斯特
（Joshua Hester）
56-67
第四章
为发展而设计
58
好的办法与足够好的办法
59
整合
60
找到你的位置
63
案例研究
63
汤姆 · 泰尔切克
（Tom Tercek）
68-79
第五章
为多设备设计
69
清楚地表达
71
你在看我吗?
72
物联网
74
设计无界限
75
案例研究
75
蒂莫西 · 什尔
（Timothy Shey）

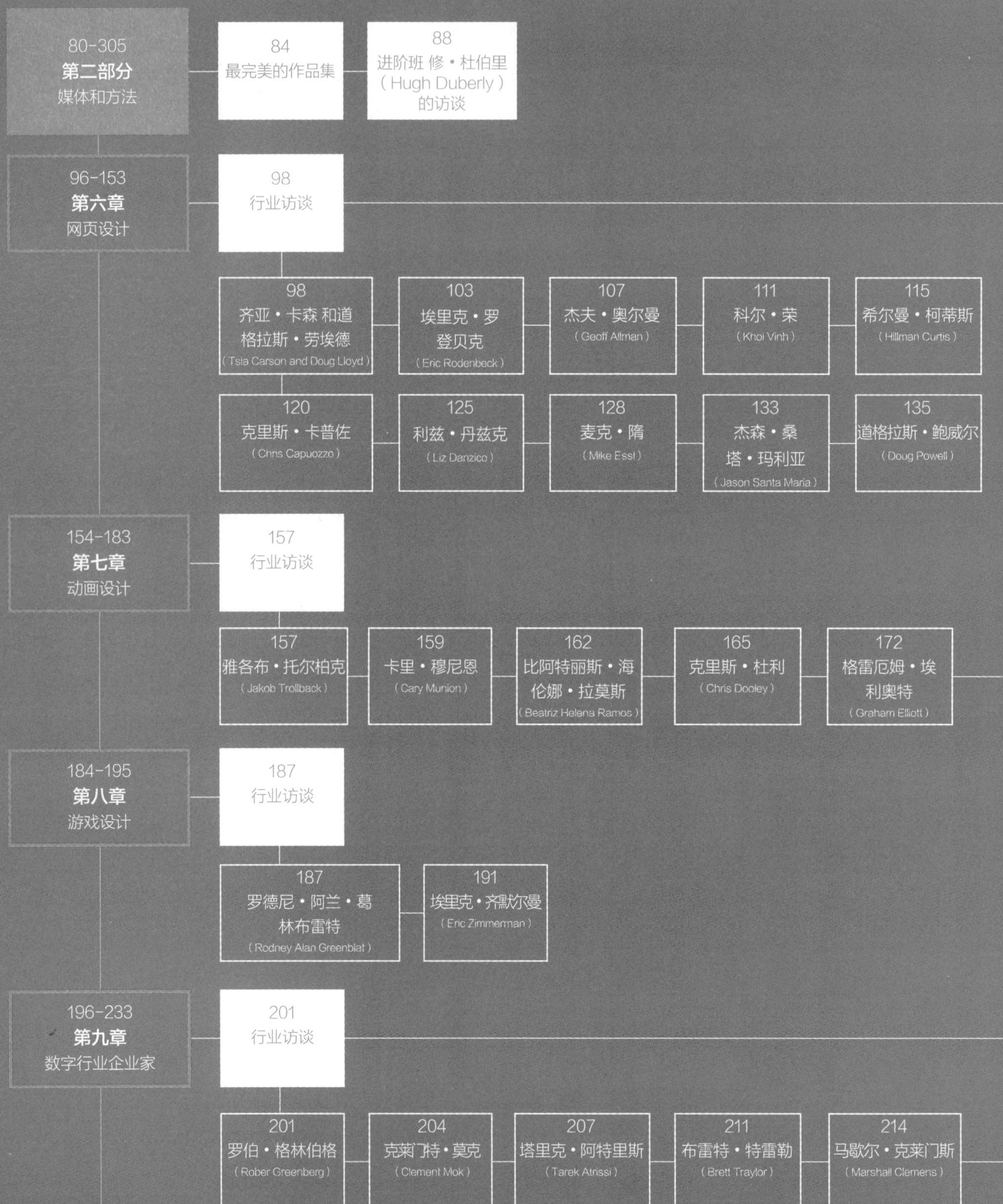
80-305
第二部分
媒体和方法
84
最完美的作品集
88
进阶班 修・杜伯里
（Hugh Duberly）
的访谈
96-153
第六章
网页设计
98
行业访谈
98
齐亚・卡森 和道
格拉斯・劳埃德
（Tsia Carson and Doug Lloyd）
103
埃里克・罗
登贝克
（Eric Rodenbeck）
107
杰夫・奥尔曼
（Geoff Allman）
111
科尔・荣
（Khoi Vinh）
115
希尔曼・柯蒂斯
（Hillman Curtis）
120
克里斯・卡普佐
（Chris Capuozzo）
125
利兹・丹兹克
（Liz Danzico）
128
麦克・隋
（Mike Essl）
133
杰森・桑
塔・玛利亚
（Jason Santa Maria）
135
道格拉斯・鲍威尔
（Doug Powell）
154-183
第七章
动画设计
157
行业访谈
157
雅各布・托尔柏克
（Jakob Trollback）
159
卡里・穆尼恩
（Cary Munion）
162
比阿特丽斯・海
伦娜・拉莫斯
（Beatriz Helena Ramos）
165
克里斯・杜利
（Chris Dooley）
172
格雷厄姆・埃
利奥特
（Graham Elliott）
184-195
第八章
游戏设计
187
行业访谈
187
罗德尼・阿兰・葛
林布雷特
（Rodney Alan Greenblat）
191
埃里克・齐默尔曼
（Eric Zimmerman）
196-233
第九章
数字行业企业家
201
行业访谈
201
罗伯・格林伯格
（Rober Greenberg）
204
克莱门特・莫克
（Clement Mok）
207
塔里克・阿特里斯
（Tarek Atrissi）
211
布雷特・特雷勒
（Brett Traylor）
214
马歇尔・克莱门斯
（Marshall Clemens）

137
案例研究
137
格雷格·弗里欧和
帕特丽夏·贝伦
（Greg D' Onofrio and & Patricia Belen）
142
安德鲁·斯塔福德
（Andrew Stafford）
146
尼克·比尔顿
（Nick Bilton）
150
耶西·威尔曼
（Jesse Willmon）

174
特里·格林
（Terry Green）
177
斯科特·斯托厄尔
（Scott Stowell）
180
弗莱德·塞伯特
（Fred Seibert）

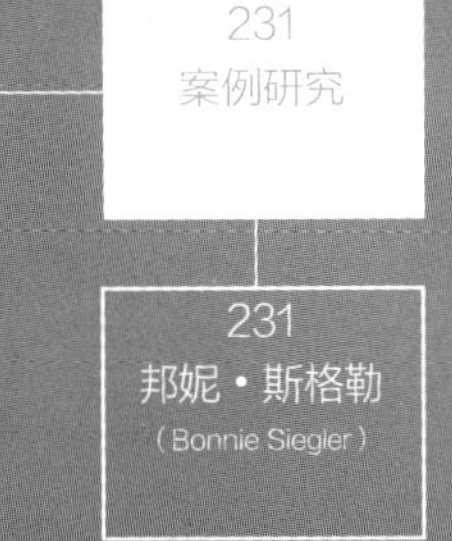
231
案例研究
231
邦妮·斯格勒
（Bonnie Siegler）

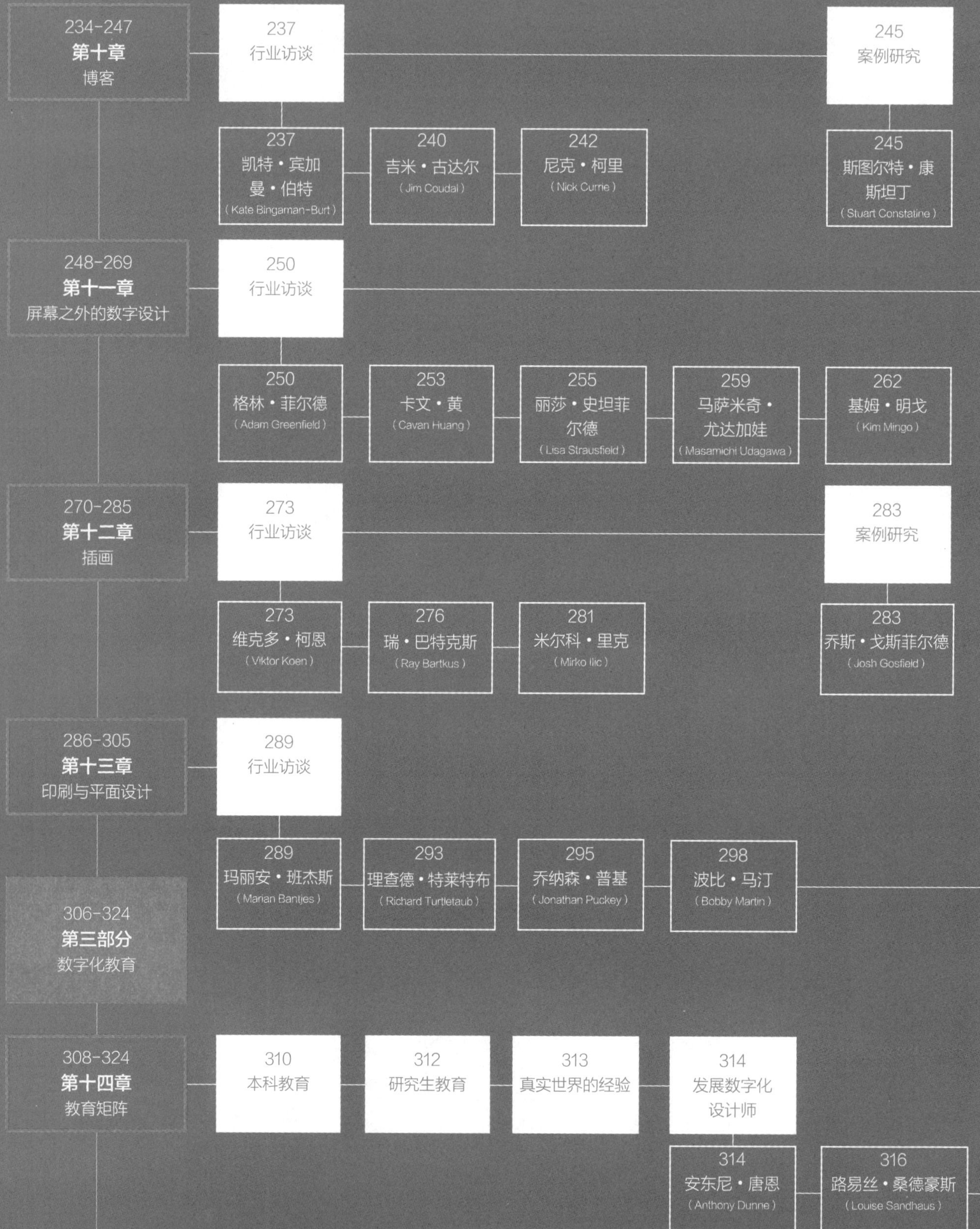
234-247
第十章
博客
237
行业访谈
245
案例研究
237
凯特・宾加曼・伯特
(Kate Bingaman-Burt)
240
吉米・古达尔
(Jim Coudal)
242
尼克・柯里
(Nick Currie)
245
斯图尔特・康斯坦丁
(Stuart Constatine)
248-269
第十一章
屏幕之外的数字设计
250
行业访谈
250
格林・菲尔德
(Adam Greenfield)
253
卡文・黄
(Cavan Huang)
255
丽莎・史坦菲尔德
(Lisa Strausfield)
259
马萨米奇・尤达加娃
(Masamichi Udagawa)
262
基姆・明戈
(Kim Mingo)
270-285
第十二章
插画
273
行业访谈
283
案例研究
273
维克多・柯恩
(Viktor Koen)
276
瑞・巴特克斯
(Ray Bartkus)
281
米尔科・里克
(Mirko Ilic)
283
乔斯・戈斯菲尔德
(Josh Gosfield)
286-305
第十三章
印刷与平面设计
289
行业访谈
289
玛丽安・班杰斯
(Marian Bantjes)
293
理查德・特莱特布
(Richard Turtletaub)
295
乔纳森・普基
(Jonathan Puckey)
298
波比・马汀
(Bobby Martin)
306-324
第三部分
数字化教育
308-324
第十四章
教育矩阵
310
本科教育
312
研究生教育
313
真实世界的经验
314
发展数字化设计师
314
安东尼・唐恩
(Anthony Dunne)
316
路易丝・桑德豪斯
(Louise Sandhaus)

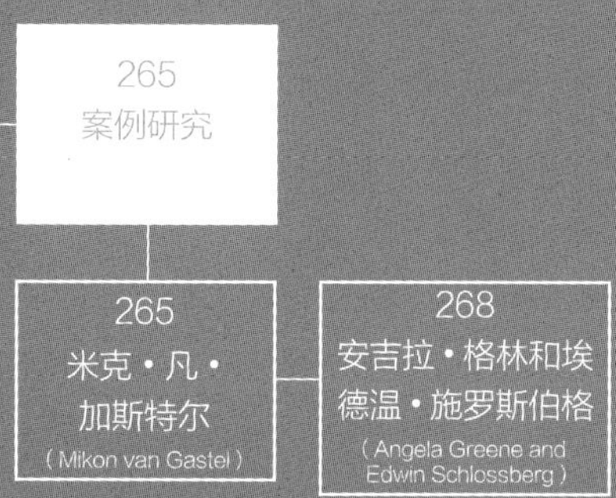

致谢：

我们由衷地感谢我们的编辑 Margaret Cummins 对这个项目的关心和监督以及提供的美味的“午餐”。还要感谢我们的设计师 Rick Landers 精彩的设计，以及 Mike Olivo 为我们提了很多极具建设性的意见。为了紧跟我们的“口味”，我们还要感谢我们的“主厨”——所有的访谈嘉宾，它们让案例研究成为可能，以及所有那些帮助我们将这些精彩的见解和思维编织在一起的人。

还有一些：我们还要感谢对我们的项目表示特别关注并且提供额外内容的以下诸位：Ed Schlossberg, Hugh Dubberly, Khoi Vinh, Debbie Millman, Chris Capuozzo, Fred Seibert, Melina Rodrigo 以及 Randy J. Hunt。

斯蒂芬·海勒，戴维·沃马克

谁想成为一名数字化设计师?

20 世纪 80 年代末，我得到了一台麦金托什机[1]，并且被告知应该扔掉我那些熔化胶水的锅、尺子以及 Xacto 系列美工刀产品，因为数字时代已经到来。于是我老实地在我那米色盒子（指电脑）上开始学起了 Quark[2]，Illustrator[3] 以及 Photoshop[4]，向过时的方法告别。不像其他那些守旧派，我对丙酮的气味和剪纸工艺没有丝毫的怀念；“所见即所得”的魔力及高清复制样品让那些拼贴工序和工业制品看上去好像老古董。

计算机无疑将设计师从以上的苦差事中解放了出来。但是在数字化环境工作中的类别设置、页面构成、对图像的裁剪及润色与我先前所做的基础工作表面上并无差别，只是用了一些不同的、更有效的工具而已。我在苹果电脑上创作的并不是真正的数字化设计。由此看来，尽管我正在做的可以算是传统设计版本的增强版，但我并不是一个真正的数字化设计师。

正如那些批判家命名的那样——真正的“数字化设计革命”，直到数年之后才发生。那时，声音、动作以及一些令人称道的计算机合成图形视觉辅助工具已经被设计师作为工具使用，但是个人的转变却是另一码事。预言家预知了台式计算机可以有多面化的潜能，但是像我一样的“半勒德分子”(“勒德分子”破坏因为工业革命而带来改变的织布机，他们认为是这些机器让他们失去工作，改变了他

1　译者注：麦金托什机：俗称 Mac 机、Mac 或苹果机，中国大陆也称作苹果机或麦金托什机，是由美商苹果公司设计生产的个人电脑系列产品。
2　译者注：Quark：一种专业排版设计软件。
3　译者注：Illustrator：全球最著名的矢量图形软件。
4　译者注：Photoshop：全球著名的图形处理软件。

们的生活。现在多以“勒德分子”这个词，来指代害怕或者厌恶技术的人），并没有领悟到平面设计领域会变得多么敏锐、参与度有多么高。我们担心它会改变平面设计的最基本含义。实际上，我们希望能保留这项工艺的纯粹度，尽管它原本也远没有人们现在回忆时这么简单纯粹。

但是现在，就在数字革命发生以来的 20 年，很多方法，尤其是媒介和标准都无情地改变了。可以说，数字革命引发了一次对周围巨大的立体世界意义重大的激变，这个影响并不小于在相对小的、扁平的设计领域的重大变化，如同当年古登堡发明的印刷机自从发明以来几个世纪产生的影响一样。

数字化思潮已经成为我们生活中如此日常化的一部分 [从 iTunes 到电缆，从 iChat（美国苹果公司推出的一款网络即时通信软件）到卫星电话]，以至于我们认为每一次技术的进步都是理所当然的。技术是如此根本地改变了设计师进行设计实践的方式，所以人们认为成为技术专家和成为艺术家是同样必要的，而在此之前，年轻的设计师们更热衷于后者而不是前者，后来他们才逐渐将技术与艺术融合到设计中去。

尽管世界顶级的设计师们仍然在纸张上创作他们的作品，而且本书也恰好是在纸张这种特殊的材料上印刷的，但设计师们已经无法再以印刷出版为中心。如果不精通，那么一个全面发展的“平面设计师”（这个名词之所以要打上引号，是因为写这段介绍文字的时候，这个词组被重新进行了评估，见第 30 页的提要栏）至少也必须在影像、音像和所有项目方式上能熟练运用跟得上时代的方法。

就在几十年前，我不得不开始学习如何用有限的技术进行创作，新一代的设计师必须接受大量的工具和方法来保证不过时的创作，比如 html 和 Flash。像我这种“一个人的队伍”，一般来讲，当遇到页面编辑类的设计或者海报设计时，跟现在很多设计师一样，会选择与不同的创作群体合作——导演、制作人、程序设计师、工程师、艺术家、摄影师以及印刷商，以便能在广阔的媒介舞台上创造出理想的作品。

成为一名数字化设计师，现在需要跨越各种不同媒介平台的界限，但是这并不意味着你必须是一个多面手——说是博学，却只是浅尝辄止。许多数字化设计师都坚定地只对某一特别的方向来电。有一些是网络方面全方位的专家，有一些是在影像或网络游戏方面颇有建树。另外一些正在帮助设计先锋们画微型画，或者是想办法在可移动的便捷电脑上播放视频，比如 PDAs 和手机。

然而，数字化（但并没有追求数字技术到极度疯狂）很显然意味着设计师们必须对学习新玩意儿（指尽管老设计师们尝试但没法做到的玩意儿）呈开放的态度。在数字化领域，设计师们很有必要跟得上新产品，比如知道什么样的工具和呈现怎样的效果将登上历史舞台，什么又会被淘汰。

一个创新性的发展通常每隔几年就会浮出水面。现在，基本软件、操作系统和媒体理论哲学也随着时代而变化，对于“什么是设计”这个命题也是如此。

当设计师们（平面设计或其他）继续在主要的传统领域工作时，比如广告、编辑、环境艺术、娱乐，他们同时也在通过创新性的方法来增强他们各自领域的沟通技术。拿广告业来说，几十年前，他们开始将关注点从印刷业转移到电视商业，直到现在网络已经变成一个主要的领域，在这个领域中，视觉、声音及其交互的界限得到了延伸。网络和数字平板上呈现的影像和动画极大地补充了杂志和报纸。环境设计师们（那些为室内外设计标识及指路系统的设计师）也全面开始了各种形式的数字化展示，用以传递信息、引导交通——比如售货亭、帐篷，极具视觉冲击的发光霓虹灯广告（如时代广场和银座）。除此之外，数字化设计师正在设计一种从个人游戏到有大量场景显示、从掌上玩意儿到主题动画图片的娱乐方式。

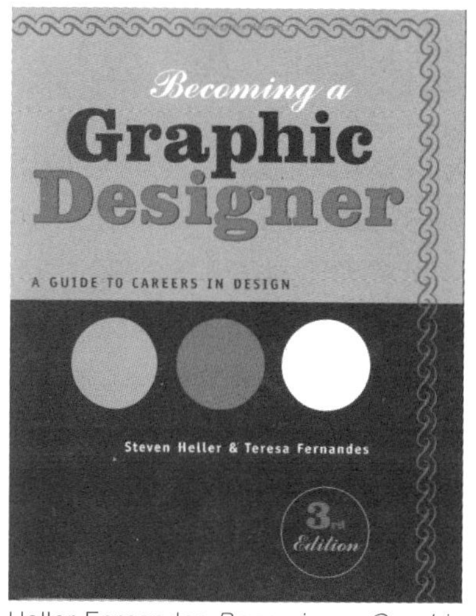

Heller,Fernandes.*Becoming a Graphic Designer*.Wiley,2005.

一个设计师并不需要出身在数字领域才能在数字领域做设计。年轻的设计师开始习惯于计算机技术，就跟众所周知的鱼习惯于水一样，但是很多老设计师感觉只是在冒险；他们非常清楚地想象着印刷产品动起来和发出声音的可能性，也将一些新的工具和方法糅合到他们庄严的实践中。尽管数字时代好像来得悄无声息（想一想激光唱片是什么时候被引进，然后风靡了全世界，现在又完全被淘汰了），设计师们所做的事却已经很流行了。并且设计师现在在电脑桌面上能做的事情远远多于不久前人们所设想的。因此，也为了避免变成设计行业的守旧派，我想成为一名数字化设计师。这本书是一个了解这个领域的很好途径，甚至对于我而言也如此。

《如何成为数字化设计师》的目标读者是那些渴望在数字化设计中扮演创造性角色的人，他们不局限于设计的形式、媒介或者是平台。更进一步而言，本书致力于引导那些对传统设计充满激情，却又想要拓宽表达方式，或者是没有被任何一种方法所束缚的人。本书也是斯蒂芬·海勒（Steven Heller）和特蕾莎·费尔南德斯（Teresa Fernandes）所著《如何成为平面设计师》（Becoming a Graphic Designer）这本热门书籍的补充，它继续为那些想成为印刷业设计师和印刷商的梦想者提供有用的建议和灵感。并且，本书也是威立出版公司（Wiley）“成为设计师丛书”的新书，在《如何成为平面设计师》各章节的基础上致力于交互作用的设计，但同时用全新的方向解读它。

至此，戴维·沃马克（David Womack）和我没有采用任何《如何成为平面设计师》里复制或重叠的内容，书中所有采访和案例研究都是全新的，大部分对象都是一些当时在《如何成为平面设计师》书写过程中我完全不熟悉的设计师、设计经理以及制作人。此外，这本全新的《如何成为数字化设计师》的组织架构本质上来说完全不是传统的工作叙述。书中的章节让读者可以深入了解这些发生在这个数字化年代里不同的设计思路与轨迹。

为了说明数字技术在媒体世界中的迅速爆发，本书运用了“生活大爆炸”的类比。我们提供了关于能量和信息聚集体的基本信息（它们自己正在迅速地变为银河系），探讨了一名设计师怎样才能在这些全新的不稳定的环境中度过难关（然后甚至是茁壮成长）。本书不会提出诸如如何在一个特殊的媒介中进行设计之类的问题；它不是一本教你怎么做的书。相反地，我们邀请所有的读者，一起憧憬一个新的宇宙空间中他们自己的家，在那里，他们可以自由大胆地进行建设（和重建）。

但是，在每一章的见解和信息，出现在惯常的访谈和侧边栏里，通过它们可以了解到现在工作在传统领域（比如排版和插画）和非传统领域（比如网络电视）的设计师们是如何工作的。同样能看到的是由于新工具、新的评判标准以及新的范例的出现，设计标准是如何变化的（或者没有变）。由于新的技术带来了新的审美，这些考虑也将被提及、谈论。

然而对于一些读者来说，成为一名数字化设计师可能意味着更多去用软件工作，而不是想象力。这并不远离真相。事实上，“数字化”这个形容词仅仅是一种区别人群的方法（直到一个确实可行的词条被创造出来），它将那些熟练使用现行技术的人，也就是那些跨越了因计算机诞生而形成严格设计界限的人，与那些死守界限的人区分开来。数字化设计师可能不是一个人们会用在他们名片上的头衔，而是专家的一种类别，他们强调了所有设计技能、领域和活动的方法。它是设计和设计师们的下一个阶段，但不是最终的阶段。它是现在以及未来（可能还有一些时候才来——尽管我们不知道有多久）的实践。

自从我拿那些执拗的、古老的胶水以及血染的 Xactos 美工刀与键盘和鼠标做交易已经有相当长的一段时间了。相比起设计领域对新的领域敞开大门而言，尽管是短暂的，但也是疯狂的一段时间。看起来似乎任何东西都是可能的，因为技术弥漫了整个设计领域，设计师们陶醉在数字化中。对于那些期望加入互相联系的、互动沟通革命的人们来说，戴维 · 沃马克和我提供了一种多样选择的概述（更多的），这场革命将使得世界数字化（如果不是全宇宙的话）。

扮演的角色：数字化设计师的工作是什么？

——数字化设计领域内的角色可能是非常令人迷惑的。通常，不同的头衔可能是对同一样东西的定义。而有些时候，同样一个头衔意味着一些东西完全不同。比如说，一个图形设计师可以是一名数字化设计师，但是一名数字化设计师可能不仅仅是一名图形设计师。一名艺术总监或者设计总监可能是一名数字化设计师，但是不是所有的数字化设计师都是设计总监或者艺术总监。简而言之，数字化设计师是一个标志性的称谓，囊括了所有使用数字化工具来进行设计的人。

一条辞令是否会出现在工作招聘信息，甚至是一份简历中并不必然。更多时候，一条招聘公告里面会有需求说“艺术总监，并且熟悉数字化操作”，而一份简历里面会提到有一系列数字化能力水平的“艺术总监”作为一条信息点。通常，职位的描述会多多少少有一些调整变化，这取决于公司或者机构的需要，所以在决定是否适合一个职位之前，仔细阅读工作职位描述以及列出必要的技能要求是非常重要的。更重要的是，许多头衔定义某些独特的职位是到日后才变成切实可行的工作职位的。如果所有这些仍让你困惑不解，这里有一列竞选的职位，都是在当今的设计领域出现的。

设计总监

这是一个交叉领域的头衔，从印刷业到网络行业。它通常要求不同的技艺和经验，这取决于平台的不同。一名设计总监通常要负责所有与设计有关的事情，包括一个设计实体的真实外在样子、对于艺术总监、设计师以及其他的综合管理等。

创意总监

这通常就是一名设计总监，但是有时候会包含比设计更多的事情。在广告公司或品牌部门，它涉及了概念发展。一名创意总监深知有可能管理设计总监，同时还有作家以及其他与创意相关的成果或者人员事务。

执行艺术总监

在艺术总监这个大门类里面有很多的阶层。在一些公司，设计总监或者艺术总监位于整个梯队的最高处。在另一些公司，艺术总监掌权。在那些有很多不同阶层的公司或者企业里，艺术总监这个头衔可能也意味着等级制度分层。在一些地方，一名执行艺术总监在图腾柱上可能会比一名小小的艺术总监位置要高，但是可能在另一些场合，艺术总监一点也不渺小。

艺术总监

通常，一名艺术总监要负责监督设计工作和艺术相关的工作（插图、图形以及其他图像的和视觉相关的资料）。一名艺术总监不一定是一名设计师，但是必须知道如何进行管理、招聘以及监督设计师和其他创意性工作成果相关的人事工作。在大的公司里，可能会有很多艺术总监，每一个负责特定的项目，并在一名执行艺术总监或者管理型艺术总监的支持下进行。

高级设计师

在一些企业，设计师直接可以对话创意总监或者艺术总监，不用经过任何中层。不管是在印刷的或者是视觉的空间，高级设计师通常是要进行实际设计的设计师，他们有很丰富的经验，也因为这样，在创意性的工作中有很重要的作用。一名高级设计师可能是一名艺术总监，但是通常更多的应该是只参与设计本身，不会参与项目的管理。

初级设计师

以经验来分，在高级设计师往下就是初级设计师或者设计师助理。这是一个应届毕业生水平的职位，需要设计技巧，可能是在单独的项目上工作，但是也会要时常向上汇报或者受高级设计师的监督。

设计室主管

一名设计工作室的主管掌握了包括人员、资源调集以及员工福利等方面的资源控制权。设计工作主管主要工作内容是视觉设计、技术、动画、游戏以及产品产出。

产品经理

不是所有的设计工作都包含了设计产品。随着台式计算机的发明以及越来越多的复杂精致的工具，设计师也承担了更多的成果输出工作。一名产品经理当然就是负责在公司层面上将时间和资源更有效地管理，确保项目的内在和外在资源需求能够满足。

信息建筑师

一名信息建筑师（IA）通过组织内容以及开发直观的界面来创造用户体验。信息建筑师通常与产品生产师、设计师以及计算团队一同开发全面的概念性工作框架、导航界面以及用户界面，可以是中型的，也可以是大型的项目。

设计战略师

这可能是由一名设计师或者艺术总监转变而成的管理者，或者是一名非设计师，但是了解设计与商业之间的核心。这个职位通常是来决定设计如何能最好地满足客户的需求以及开发一个计划，用以将设计融入一项全面的战略中去。

人文因素设计师

多出现在工业设计领域，但是也会出现在网络和其他数字化领域，人文因素设计师（HFD）负责开发设计元素，它们与用户的行为和习惯同步。

界面设计师

众所周知，界面设计师是在一些公司中作为一名互动设计师来工作的。当使用一个以用户为中心的设计方法时，这就包括了创作图形的元素。

制片人

制片人通常都在多媒介的领域，主要是负责客户关系，为某一个特定的客户监督项目开发，商业通常是最重要的。制片人会参与开拓项目的可行性分析，创造潜在项目的计划，估测预算，创造高层安排计划以及审定内在资源。一旦项目步入正轨，制片人要对项目管理的方方面面负责，这包括客户关系、项目规格、预算、资源统筹以及定义和维护大型项目的时间计划以及工作计划安排，等等。

导演

在多媒介公司，总监为动画、现场动作片等建立了最基本的创意典范。同样必须的是，专家的水平为所有的工作创建标准以及设置基调，同时还包括培训其他人。导演通常也会跟一名副导演一起工作。

场所开发者

场所开发者是一个类设计的头衔，主要负责处理写代码的工作，以确保网站能够良好运行。这一类工作表面上与设计师们一起工作，将他们的资料演绎成可以运行 XHTML 的文件。

Flash 设计师

鉴于 Flash 是在网页上一个主要的动画程序，一名 Flash 设计师对于网页设计来说就是一个非常重要的角色。这个角色同时是建筑师、设计师以及 Flash 文件的维护者，通常是在一名创意总监的指导下工作。Flash 设计师在多媒介公司里，工作涉及设计、动画、游戏以及产品部门。

游戏设计师

一家多媒介公司将游戏设计师描述为“有创意地领导着一个项目，与客户以及创意总监一起合作，头脑风暴似的产生出有创意的概念”。游戏设计师负责清晰地用合适的方式表达想法。游戏设计师与制片人一起工作，以规划一个游戏的执行（包括但不限于故事版的创意，游戏流程文件，脚本等）以及在项目的完成过程中，监督和指导生产团队的程序员、图形设计师以及产品生产助理。

插画师

一名插画师，尤其是在多媒体行业，是可以画非常广泛不同类型的风格的，强调表达的姿势以及性格的发展。插画师在动画领域工作或者以静态的形式工作。

实习生

这取决于一个公司或者机构的侧重点，实习生通常都是没有薪酬的（尽管也不总是）临时员工，通常也是兼勤杂工作的办事员。实习的经历是非常有价值的，对于学习一些经验或者关于交易的其他工具以及对于日后的正式全职工作都有帮助，也搭建了很好的交际网络。

作者们的对话：

斯蒂芬·海勒和戴维·沃马克关于数字化革命的谈话

沃马克：引用 Orwell 于 1984 年的一段话作为线索："最多在二十年内，这个巨大的同时很简单的问题，'比起革命之后的现在的生活，以前的生活是不是更好一些？'本可以停下来，因为所有这些都有了答案。"[Orwell, George. 1984, Middlesex: Penguin Books, 1961. (77)] 在你看来，由于数字化革命，什么被丢失掉了，无论是在设计过程中抑或是在生产出的产品中？

海勒：技术总是会需要代价——工作、质量，甚至知识。就图形设计而言，技术——更确切地说，是数字化革命（我认为这是同 Guternerg 传奇般地发明了印刷媒介一样大的一次革命）以图形设计的传统作为代价的，这是显而易见的。

新的从来都是要将旧的、老的埋葬到坟墓里。手工艺的传统对于图形设计必不可少，已经被像素所取代。图形设计的传统定义已经被或多或少地丢在了一边。对于设计"美"的定义也已经被我们称作数字化的美学所颠覆。随着新的技术到来，新的评判标准也占有优势。当数字化出现，我们努力想找寻基于非数字化的推论结果。但是以同样的方式，照片排版也改变了页面的外观，比起热金属排版来，数字化工具和过滤器引进了新的饰面和光泽。那些曾经想抛弃传统做法的人们发现，要适应新的美学非常困难。而那些处在数字化过程中的人们，简单地接受它们、延续它们。然而，对于我们中的一些人而言，看起来这个过程的代价有点太高。

沃马克：那得到了什么东西呢？

海勒：这可能是这场革命最伟大的收获：我们面对多样的媒介以及不计其数的平台——从动作到声音到视频到网络。数字化设计师们（用以区别于更有限制的图形设计师）在他弹指一挥间即可有无穷无尽的选择。当然，这对于图形设计准确地来说并不新，我们的一些数字专于视频和电视名称序列、动画以及其他多媒介展示，但是一旦在技术专家的范畴，今天选择就要容易得多。事实上，今天成为一名图形设计师需要也成为一名数字化设计师。

沃马克：你在视觉艺术系负责一门研究生的艺术课程，叫作"作为创造家的设计师"。你是否认为比起以前，现在的设计师，有更多的机会来创造性地掌控他们的工作？

海勒：对，对。有这么多软件在电脑桌面上，你当然会比以往更能控制工作。我们也可以创造或者发起有创意性的工作，多亏与工具的直接联系，而在之前，这些都只属于专业的专家们。但是同时，这也意味着其他人也可以控制工作。从技术角度而言，任何人有着相同的技能体系都可以干预其他人的工作，并且做出改变。在数字化生产和数字化创意创造的早期阶段，创作者亲自创作的情况很多。所以如果你，数字化设计师，可以自己亲自做，那么那些所谓的非设计师也可以做好。事实上，这些天我一直在想，是什么使得一个人是一个真正的设计师，而不是一个正在把弄所有的精湛新工具（比如 Garage Band 或者 Imovie）的半吊子（一个从前的业余者）？尽管你用很多工具进行工作，那么是什么决定了你不是一名设计师呢？

沃马克：为了搞清楚这个词条"设计师"是如何变化的，看一看"writer"

这个词条或许会有帮助。远古时候，一个作家，或者说抄书吏，是一个可以在莎草纸上做标记的人，这样其他人就可以读到。随着书写这项技能变得越来越广为人知，这个词条的意思转变了。一个“writer”变成了某个人，他可以使用这项技能，并且试图使用它来讲述某些有趣的或新鲜的事情。就像书写一样，作为有创意的形式的设计的技能，变得越来越便民。但是同样的，不是每个能拼写出 C-A-T 的人现在都会称他们自己为一名作家，不是每个可以做一些图形的人都应该叫他们自己为一名设计师。我是说，你当然可以称你自己为任何你想要的称呼，比如设计师，艺术家，作家，音乐家或者贴身内衣裤的模特。

海勒：你与很多设计师一起工作。那么你是如何定义一名设计师的？

沃马克：我带入一起做项目的设计师是心甘情愿地做一些真正非常辛苦的工作，创造有趣并且有用的形式。不是每个人都会想要做这个，比如我就不想，但是我想跟这样的人一起工作。计算机可能使得一些设计的过程更容易了，但是创造一些有趣的东西，比如一些能传递这个项目意图并且用一种新颖和令人振奋的方式来使用材料的东西，仍然是相当困难的。我不认为这个部分的工作有变得容易。这还是那个老问题，所谓粗瓷碗雕不出细花来。

我有太多的尊敬要给与我共事的设计师们，他们非常的坚韧，有智慧，有远见。

海勒：怎样成为一名好的设计师？

沃马克：我不知道。我觉得设计师可以在很多不同的方面做得很好。有一些我带的设计师，他们有能力创造出美丽的图形。有一些是可以在复杂的架构中理出清晰的逻辑。我通常不会找一个在这两方面都好的人。我在组合设计团队时的一部分兴趣，就是试图将拥有可融合的、不同技能的人们放在一起，他们可以互相平衡。

海勒：是否有一个个人创意的途径或者是技术途径，对于所有的数字化设计师而言都是很普遍的途径呢？

沃马克：你是说与其他有创意的人相反？我认为设计现在处在一个多变的阶段，新的、不同的人正进入这个领域。数字化时代的设计变得越来越注重系统化，这也使得它与各类事情都相关，比如从组建一个生意到懂得气候变化。希望设计师们可以开发出一个评估工具用来看看系统是如何影响他们的工作的。具体来说，软件会影响最终的产品。但是我认为所有的创意工作都有同样重要的品质。最后，我想任何的创意性工作都需要毅力，和一种自愿经历磨难来把工作做好的心态。

海勒：经历磨难？我不确定我是否愿意跟你共事，让你做我的老板。

沃马克：一个愿意为了工作经历磨难并且有毅力的人是不需要一个老板的。老板是为了那些需要让老板告诉你做什么的人准备的。

海勒：我要转变一下话题：这本书里展示的绝大多数内容都是基于我们对于数字化世界的看法。我，来自传统设计世界，而你来自一个高于舆论核心的高位上（我可能有点直白）。那么告诉我，你认为一名数字化设计师必须知道和了解什么，而这些是传统的排版设计师和图形沟通者没有运用在他们的艺术和工艺上的？以及这里面有多少是全新的或者有一点改变的知识？

沃马克：数字化设计可以用来创造与观众的互动，而不是呈现一个已完成的形式。这也是为什么它有些时候被叫作“互动设计”。我认为设计师应该经常创造互动，但是通常他们（传统的）设计较少互动。设计师放了一些东西在那，看的人会有所反应，就是那样。

现在是设计师们放了一些东西在那儿，然后看的人会有所反应，之后设计师（或者他们的系统）会基于观众的反馈做一些修改、调整，等等。要想真正取得成功，数字化设计师使用的工具会越来越好。观众应该把一些东西加到系统里去。我想那是非常新的。

海勒：在不管是印刷或者是屏幕上的传统的环境中，设计师自己控制了体验。我发现，参与得越多的使用者会越恐惧。就像会说，“我将给你最好的工作；现在随便你爱怎么玩怎么玩”。这有点像那些墨守成规的日子，艺术家给你一个基本的概念，但是用户会以任何他们喜欢的方式将它搞砸（或者会变得更好，我猜想）。

沃马克：对于用户可以如何与网站或者装置互动，绝大多数成功的互动要求都非常严格。数字化设计师的工作不是催促像素，它是在催促用户，它是让用户去与一个预先设定的系统进行互动，那是最妙的部分。如果你把你自己设想成一个艺术家，将一个完美的成品传递给这个世界，那么你可能会感到沮丧。但是如果你将自己看作是一名科学家，创造了一些实验，然后观察行为、做出调整，你可以学到一些非常有意思的东西，比如关于人们如何工作。但是我更感兴趣的是，以你作为一名印刷设计师以及一位知名设计作家的视角。数字化设计是如何启发和影响你的呢？

海勒：我可以很诚实地说，最优越的工作就是并不突出的工作，这里也可能就这本书而言是异类了。我知道有些特定的东西只能在数字化的环境中完成（比如那些酷炫的皮克斯电影，当然还有所有的网站，等等），但是不管有没有媒体，天才就是天才。那就是说，在不同的媒介有不同的天才。毕加索可能不会是一名好的网络设计师，同样地，Khoi Vhin，数字化世界的“领袖”，可能也不是最好的传统的印刷者。

但是要回答那个最根本的问题——什么“启发”了我：我会说这是一种能够拓展每一种可能的图形表

时光飞逝　事物依旧

“事情越是改变，他们越会保持相同”，这个旧的说法可能有些陈词滥调，但是通常来说它是对的。在设计界的沟通媒介领域，过去十年带来了很大的变化，甚至是突变。但除了那些特别的数字化技术是例外，最基本的工作框架都还是同样的，只是其他部分不同罢了。

因此，对于这本书的读者来说，尤其是那些对印刷设计感兴趣的读者非常有用的是，阅读、参考“成为设计师丛书”里的《如何成为平面设计师》，作者是斯蒂芬·海勒（Steven Heller）和特蕾莎·费尔南德斯（Teresa Fernandes），来对当代视觉设计形势有一个全面的了解。几乎所有在这本书里呈现的设计领域都没有过时——编辑、法人公司、书籍、信息、广告、品牌、环境以及铅字（音乐 CD 的封装套正在被逐步淘汰）。这本书也覆盖了一些交叉领域——交互，动画以及网络。它还提到了建立一个个人公司的方式——可以是自由工作者，小型工作室，合作伙伴或者是更大的公司。《如何成为平面设计师》也涉及著作权和创业，这些问题在数字化世界变得越来越显著。

“数字化革命”（随着数字化变得越来越广泛，对于现今的实践这个词汇无疑将会退出历史舞台）可能会开创新的选择，也致力于在独特的评判准则下整合不同的媒介。就像之前一样，这些工具将会代替老的，但是还没有从根本上改变设计实践的方式。因此，如果你对杂志、书籍和标识设计等非常有激情，如果你有相关的技能的话，那些工作还是在那儿。

设计师们要当心：笔还是比像素更强大

做一名数字化设计师并不完全是要跟盒子绑在一起（或者涉及计算机的任何其他形状）。做一名设计师意味着创造形式、构思想法以及发展出物品，这物品既是物理的，也是虚拟的。但是，别想着光靠电脑就能完成，一分钟也别这么想。

不要觉得没有电源工作就停止了。设计是思考。设计是一个将思想转化为平面的过程。绘画、草图、造型……你的手指依然是最珍贵也最多才多艺的数字化工具。当心那些错误的预言，说“绘画已死，鼠标或者操纵杆正在占据优势”。不要舍弃最主要的设计机器——大脑以及它的辅助机器——双手。

达方式的能力。如果不是这样的话，数字化革命加强创意工作者的能力，可以将这一理论变为现实。你同意吗？

沃马克：那是一个放置东西的很有意思的方式。对于我来说，最好的能够将理论转化为现实的设计师是 Charles 和 Ray Eames。他们都是在 1950 年代工作的。如果说从理论转化为现实容易的话，那是因为像 Eameses 这样的先锋们使得它看上去容易，这因此也激励了其他人去尝试，这不是一个特殊的技术。

也就是说，我的确认为数字化技术已经使得数字化工具更加有用，同时也为让用户更多地参与创造了机会。因此，现在有更多的设计师，他们有更多的东西可以做。我认为数字化设计相关的东西最能启迪我的是我能看见的独立的精神。设计师将他们的注意力放在了（项目把关人）、他们自己的实践以及做他们自己的项目上。这在以前真的不太可能——就一件事情就不可能，（因为）这些设备都太贵了。但是现在，你根本没有必要去依赖一些穿西装的混蛋对你的项目竖起大拇指。你可以只用把它做出来放在那儿，然后让你的观众来决定它是否好看或者真实。太幸福了啊！

我不确定这种情况会持续多久。我看到有些技术可能使得一个设计师加一台电脑在世界上打拼变得昂贵或者更加困难，但是当它确实发生的时候，让我们尽情享受吧。

海勒：在新技术的引进阶段以及当权者接管的阶段中间，存在多产的时期。很难相信史蒂夫 · 乔布斯（Steve Jobs）和比尔 · 盖茨以及他的员工们都是嬉皮士，而现在，他们都穿着牛仔裤。有人说将来的设计师会有更多的权利。美国产业已经出现了越来越多的“概念”而不是硬件技术，设计师将在产业中扮演一个更加创新型的角色，拥抱、迎接数字化技术将使得这些创新者们居于更前沿的位置。你是否考虑过这些所谓的数字化会有一片光明的未来，或者他们只是简单的、是新机器的操作者？

沃马克：我觉得这一点非常重要，就是不要太依附于一个特定的技术。当人们讨论数字化革命的时候，看起来我们似乎正在经历一个特定的突变阶段，也就是说，或快或慢，情势会重新稳定。我相信变化的脚步会持续累积，也有可能，从现在起到三十年后，人们讨论数字化技术的方式，就跟我们现在讨论传真机一样。我认为，对于学生来说，更重要的是理解这种趋势，理解它的原因和影响，而不是着眼于精通某一项特定的技术。静静只将一件事情做好是存在风险的，很有可能它们将来会需要精通。

海勒：同意。但是无论怎样，新的机器和软件肯定会改变同时代的设计师们实践的方式。我想我们不要再继续深入辩论这个话题，马上我们将从同一个领域的其他同行身上来学习，通过一些技术方面的范例，来看看传统设计师和数字化设计师如何交叉和分化。

词汇总结：术语表

数字化设计有自己的一套语言，这个行业的术语通常令人困惑。这里是对一些精选词汇的指导：它们是什么意思以及它们真正意味着什么。

词汇+定义	含义	最近一次听到
概念化模型：一个比喻的方式，用来解释一个未知的产品或者系统，经常用来与一些熟悉的已知的东西比较	我们到这个阶段可能有些盲目了，但是我们需要告诉客户一些东西	最近一次是从一个信息化建筑师那儿听到的
领袖：一位导师或者精神领袖	一个家伙实际已经耗尽了他的作用但是还是不能被开除因为他创立了公司	最近一次听到是在一个全公司的会议上
创新：一个新的或者令人兴奋的想法或者产品，可以有力量创造、改变	我不知道这会意味着什么，并且这也吓到我了——但是我不能让他们知道	最近一次是在《商业周刊》上见到
第二阶段：一个项目的第二个阶段，在启动了之后	这永远不会发生	最近一次是从一个创意总监与一名客户的头脑风暴阶段听到的
ROI：投资回报。通过一个创新得到的价值	我不知道这些设计师们在说什么但是现在他们都在看着我。我最好说些什么	最近一次听到是在一个项目会议
协同效应：当类似观点聚集起来产生出来的能量	我不喜欢你，你也不喜欢我。但是我们必须一块儿工作，因此就合作吧	最近一次听到是在一次融合前
病毒式营销：将一件事情或者产品通过信息化联系公布于众的过程，比如通过邮件或者口碑式营销	我不喜欢这种方式。你喜欢吗？会有人喜欢这种方式吗？	最近一次听到是在一次广告机构，它们正欲涉猎数字化

把这些词汇用在一个句子里：
那种病毒式的战役是一种真正的创新，但是我不确定我能看到有什么投资回报。我们可能必须把它留到第二阶段，除非我们能找到一个概念化的模型，能创造出一些协同效应。既然我们这个屋子里有一位领袖在，为什么我还要在这满口胡言呢？

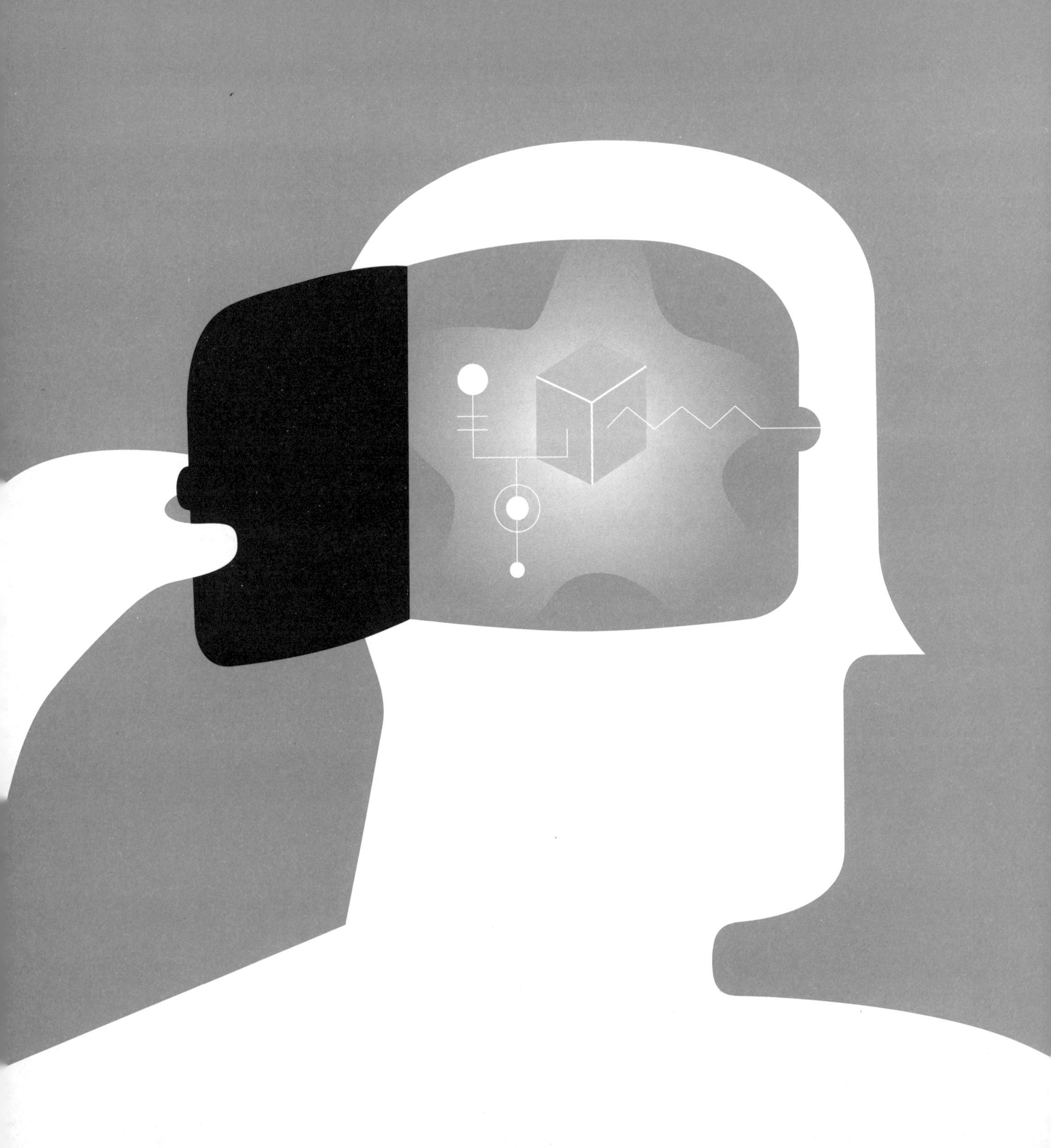

第一部分　理解数字化

要理解数字化设计，非常重要的是透过现象看本质。数字化设计可以有上百万种不同的形式，但是他们都有相同的轨迹，基于相同的语言。如果你能理解正在驱动这些变革的原则，你就能够将你自己进行定位，从而预料并且把握创造未来的机会。这部分着眼于数字化设计领域主要的问题，从理解交互设计，到视觉化信息，到设计多样的设备。

因此，在你进行到第二部分之前——第二部分主要是关于当前一些不错的工作和职业选择的调查，花一些时间来理解将来会塑造改变未来的数字化理论原则。把握机会是最后要做的工作，它让你为你自己开创、变革。

这一部分包括：

第一章　会说话的计算机

有些时候你如何做设计与你设计的是什么同样重要。

有一天，我收到一封从人权组织寄来的信件，甚至在打开信封之前，我就知道，是我的一个朋友设计的这个信封。实际上，仅仅只有回信的地址，所以几乎没有太多线索可循，但是关于字体和颜色这些以及文字之间的处理关系为我“通风报信”了，我意识到她工作时候的风格和特质，这给我留下了独特的印象，所以我猜出是她的设计。

这并不少见。如果你曾经在一个课堂里，老师举了一个例子是关于你知道的一个设计或艺术作品，在他告诉你之前你就知道了，这个是你同班同学做的，然后你应该知道我想说什么了。我们做了什么，塑造了我们是谁。

荷兰社会人类学家 Geerte Hofstede 博士从当今的文化层面以及个人层面对此进行了研究。“文化的影响如此有力量以至于一个人几乎经常可以，比如说读一本书的时候，就能辨别出作者的国籍，即使这并没有被提及，”Hofstede 写道，“这也同样适用于我们的工作。我们来自荷兰，甚至我们是用英语写作，对于一些细心的读者来说，我们心中藏的那些荷兰软件会变得很明显”[1]。

Hofstede 创造了一个体系，用于理解我们内心的软件如何影响以及甚至有时候会决定我们会做什么东西。他的理论致力于解释为什么，比如说，意大利人设计漂亮的汽车和鞋子，而美国人是第一个将火箭送上月球的。

Hofstede 将我们内心的过程比喻成软件并不是什么巧合。就像我们的个人特性一样，我们使用的软件会在我们的设计中留下印记。无论我们是选择用 HTML 手动编码一个网页，还是使用 Dreamweaver（一款影音编辑软件——编辑注），都将会对最终的成果产生不一样的影响。比如说，手动编码，让我们可以足够关注细节，并且使得每一页都不一样，而所见即所得编辑器（你所见到的就是你得到的）程序比如 Dreamweaver 更鼓励模式化。你怎么做东西决定了你做出来的东西。

但是我们在这里并不仅仅只讨论网站。工具也会在印刷出来的项目上留下印记，比如动态图画以及产品设计就是如此。有些时候要去追寻痕迹非常困难，因为在当下，几乎世界上的每一位设计师都在使用相同的软件，而这些软件都是同一家公司生产的，也没有太多的文化可以拿来比较。这有可能是正在变化的，因为越来越多的设计师们开始创造并且修改他们自己的软件。

1　Hofstede, *Geert Cultures and Organizations, Software of the Mind*. McGraw-Hill, 1996

但是不管你正在使用的是什么软件，或者不管你是在制作网页、跑步鞋或者电影，有一种语言是我们共同有的，这种语言就是计算机。

好消息在于用计算机的语言你只用学习两个词，但就是这两个词创造了所有的不同。

“是”还是“否”

在它的体系中，计算机二进制的语言是非常简单的。事实上，它只有两个词：“是”还是“不是”，这分别用“1”和“0”来表示。这很像是在法庭当中，请回答这个问题：你是否犯了罪？是还是不是？检察官并不想听到是谁对谁先说的什么，或者你是否没有吃早餐。同样的方式，在法庭中语言影响了最后的审判，计算机的语言影响了它制作的内容和方式。

计算机的二进制语言可以创造一些令人称奇的效率，几乎没有人实际上输入过零或者一。数字聚集在一起变成语言（这是六个或者八个比特的集合），这些词汇组成语言的架构。这些语言生产出视觉化的界面，让你可以画而不是打字。因此，并不是每次当你想要做一个什么形状（比如一个圆）的时候需要回答二十个问题，你可以简单地就是画一个圆，计算机会为你做这个翻译，将形状转化为零或者一。并且，因为计算机是使用运算法则来描述这个形状的，这个形式会接近完美，非常精确。计算机也可以非常精确地复制形状。如果你想做 100 个或者 1000 个或者 100 万个具有相同尺寸或者完全不同尺寸的圆，所有你要做的就是提要求就行了。

“计算机程序就像说一种语言一样”，数字化设计师 Jonathan Puckey 告诉我，“只要我能用语言描述出我想完成的东西，我就能把这些想法变成编码。”

计算机这种能够精确创造形状并且精确复制形状的能力对于我们周围事物的外形和行动方式产生了巨大的影响。由计算机带来的革命可以被看作是组装线革命的延续。每一辆 Model T 汽车被送到生产组装线上来，使用相同的零部件，每辆车看上去都完全一样（或者接近完全一样）。

数字化技术也同样用于福特产品的设计上。通过设计过程的自动化，我们可以更加迅速地工作，并且可以保证更加精确。当然，在 Model T 的例子中，对于每件事物看上去都或多或少相似，我们可能会感到厌倦。

这也就是事情开始变得有趣的地方。你可以要求计算机给你画一个完美的圆，但是你也可以要求它画一个不完美的圆，或者一千个圆，每一个都以一种不同的方式不完美。视频游戏设计师们一直都在做这件事。这就是为什么，当你艰难地在 Grand Theft Auto 中完成灌木丛时，每一丛灌木上的每一片树叶看起来都如此真实：我们说真实的时候，意味着它们在多多少少相似的同时有一些细微的差别。

但是不完美不用非得是细微的。我经常听到数字化设计师说让他们爱上计算机的一件事情是计算机可以允许他们非常迅速地把事情搞砸。编码中的一个小改变，比如用这里的一个“1”，那里的一个“0”，之后事情会变得非常奇怪。数字化设计师，甚至是那些真正很了解编码的设计师，通常都不能猜测出他们实验的结果是什么，但这就是真正的乐趣。可能偶然的，一些意料之外的东西会吸引住他们的眼球，并且促使他们以一种不同的方式看待一个形状或者线条，他们会玩味的更多。这就是新工具和新的想法在设计中产生的过程。

但是，为避免你认为所有的实验都是成功的，“1”和“0”的语言也会制造麻烦，就像你其实已经知道的，如果你让自己的计算机崩溃了的话。有很多种原因会导致计算机崩溃，但是这里有一种方法使得软件的失败几乎看不出来。

我们假设你正在做一个项目，最后的期限马上就要到了。你正在写编码，突然你想起来在几个月之前你的同事做过一个类似的项目，因此你找到大致跟你想要的效果和功能差不多的那部分编码。你做了一些改变。尽管你知道这不是解决问题的最好方式，你真正在乎的只有一个问题：这能行吗？是还是不是。你得到了一个肯定的答案，然后你继续进行。几个星期过后，你的同事做另一个项目，这个时候她找出你刚刚写的一些编码，然后作了更多的修改。

这能行得通吗？真正的答案几乎没有，但是对于代码来说，就像在审判室，没有空间给细小的差别。所以答案继续为“可行”。经年累月，所有这些行得通的答案堆积起来，每一次它都变得更丑并且更低效。最后，你问，“这行得通吗？”然后答案将是一个大声的“不行”。因为为了节约时间对这个程序进行的这么多的复制和修改，使得发现到底什么地方出错了，就像是要去解开一个特别让人厌恶的死结一样困难。事实上，有时候抛弃掉所有的东西重新来过反而更容易。

LeWitticisms

在 20 世纪 60 年代晚期，艺术家 Sol LeWitt 觉得一件艺术作品背后的思考和这件艺术品本身一样有趣。因此，他放下了他的画刷开始致力于这方面的探索。这里是他关于 Wall Drawing #46 的介绍：“竖向的线条，不是直的，但是非常动人，平坦地覆盖了整面墙”。

就是如此了。然后画廊就循着他的介绍开始了实际的作品，通常是用铅笔直接在画廊的墙壁上作画。允许期望的愿景和实际执行的脱节，LeWitt 期待数字化的到来。

就像 LeWitt，数字化设计师们通常都在一个给与指导和介绍的位置上，然后通过计算机或者使用它们的人来诠释。这个事实，没有两家画廊用同样的方式介绍和执行他的指导，这并没有困扰到 LeWitt。事实上，变化本身也是使得艺术作品有趣的一部分内容。

计算机也并不总是在诠释指导的时候用同样的方式。指导，或者是一行代码，当被美国航空航天局（NASA）的超级计算机和一台手机解读的时候会出现不同的结果。同样的，很多最成功的网上实验依赖于上百万个体用户来解读这种介绍。比如说，拍卖 / 购物网站 eBay，凭借它的灰泥小雕像和绘制的小马驹，并不打算赢得任何选美比赛，但是这使得它如此有效率，是因为它在介绍指导方面的简单性。在效率上，eBay 说，“把你的珍宝放在网上，然后让人们投标”。当你在做数字化设计的评判工作时，非常重要的是，不仅要理解一些东西看起来像什么，同样也要知道引导到这种创意的介绍和指导。

免费的软件

尽管商业性的软件主宰了数字化设计，如果你愿意做到有创意的话，始终还是会有足量的免费工具可以用来完成一个项目。除了它是免费的外，使用免费软件的好处还有：它促使你从主流当中绕出来。通过使用不同的工具，你有可能得到不同的结果。你也可能去学习更多的工具，因为你会成为发展它们的一部分。

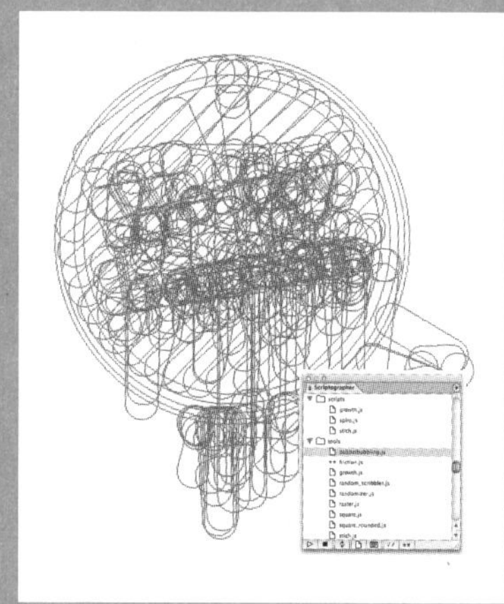

Libre Graphics 是一个国际性的组织，致力于发展并且使用免费的图形软件。这个组织支持工具的发展，比如 Gimp，一个图形操作程序；Inkscape，一个矢量绘图包，跟 Adobe Illustrator 有点类似；以及 Scribus，一个页面排版软件。

最近，免费工具的想法已经开始得到一些主流意见的支持。谷歌已经开始添加免费工具到它的库里。除了图片、文件以及电子表格程序软件，它还有一个免费的三维软件工具，叫 sketch up，这让你可以创建任何从城市到软件系统的精细的模型。同时，通过麻省理工学院媒介实验室，John Maeda 正在致力于一个项目叫做 OpenStudio，这个项目目前包括免费的制图软件，但是可以被扩展和发展为允许多媒介集合。

如果你还没有准备好开始敞开，也有很多设计师正在创立免费的插件可以在商业软件上扩展功能。我最喜欢的网站之一是 Scriptographer.com，可以做出新的工具从而在一款排版软件——Adobe Illustrator 上使用。

语言和社区

在 20 世纪初期，成百个美国土著小孩被送到传教士开的寄宿学校，这样他们就可以接受基督教的教育。孩子们必须遵守的一项规定是，他们不能讲自己的部落语言，即使他们的英语已经讲得非常流利。当时的孩子现在已经老了，有时会回忆起当时偷偷溜出去用他们自己的语言悄悄地交头接耳。

从某一方面来说，这看起来非常的奇怪。毕竟，他们正在说的内容难道不比他们使用的语言更重要吗？但是孩子们认识到，他们的语言提供了一种与他们的传统和家乡的联系，一种能区别自己与其他白人社会不同的方式。当说起他们自己的语言时，他们迅速地感觉到成了他们部落的一部分。

在数字化技术的领域内，语言同时还给人们一些可以重新恢复元气的东西，也能扮演反抗和声明的角色，现在被称作“开源运动（open-source-movement）”。这曾经是一个尝试，想要确立一种不是被单一的集团控制的程序语言。Source 在开放的资源中意味着资源代码。这个观点是说，任何人都可以拿到驱动某个软件的代码，并且不仅你可以看到这个代码，你也可以使用、编辑或者提炼以及发布这个代码，或者使用它来创造你自己的新工具。

最初是 maverick 程序员的一个小群体发起的，开源（open source）变成了一项运动，它改变了软件以及其他很多事情的方式。开源（open source）的先锋们发现，他们的软件不仅变得免费了，也变得更好了。这就变成非正式的，不付费的程序员的社区共享工具，为社区的共同利益工作，制作的软件和大型公司的一样好，甚至更好。

开源（open source）运作得如此好，以至于我看到 ZDNET 上的大标题上面在问是否开源（open source）软件正在开始挑战所有计算公司的创造者："微软的问题是否来自开放资源"？[1]

开源（open source）最开始的网站（www.opensource.org）描述它的优势在于："人们改善它，人们编辑它，人们解决问题。这些可以发生得非常迅速，如果一个人习惯了传统软件发展的缓慢速度，这就会变得非常惊人了。我们在 open source 社区的人们意识到，与传统的、封闭的模式相比，这种飞速的更新过程制造了更好的软件，传统的封闭的模式下只有少数程序员可以看到资源，而其他人都只能盲目地使用一堆晦暗的比特。"[2]

开源（open source）平台的成功，比如 Gnu 以及 Linux，已经启发了一些商业机会加入。为什么一个商业运作泄露自己的代码如何还能保持商业化？这里有两种可能性：公司泄露软件但是仍然负责维护或者支持。或者，他们希望软件可以鼓励人们来购买一个相关的项目。比如，游戏软件自身可能就是开源（open source），但是你仍然需要购买处理器或者控制权来运行它。除此之外，开放性资源节约了商业上的资金，因为他们不再需要雇佣大量的程序员，他们会得到使用者的帮助。

开放并不总意味着免费。有些时候在开源（open source）平台上发展起来的软件或者产品会移动到背后。或者他们的部分代码是开放性资源而剩下的是需要付费的。谷歌可能是世界上最大的开放性资源的公司，它是通过 Linux 建立的。尽管谷歌保留了许多秘密，它还是积极地鼓励用户们编辑并且修改公共的代码。事实上，谷歌发起了开源（open source）的一项竞争最大的创意竞赛，价值两万五千美元，这项竞赛是针对所有人开放的。谷歌意识到，对开源（open source）社区有利的东西对谷歌也是有利的。

开源运动（open source movement）的创始者相信，我们（意味着他们，你们以及我）将会掌控整个世界。维基百科就是开放性资源产品的一个很好的例子，现在正在用来促进开放性资源理论。维基百科建立旨在创造一个面对全人类知识的开放性资源的百科全书，任何人都可以看到里面的词条，编辑或者创造一条词条。因为很多事实是跟其他页面有链接的，你通常可以跟踪搜索出更多的信息或者看看是谁增加了那条信息以及什么时候增加的。并且，如果你想要做一个你自己的 wiki，你可以去一个叫"view source"的地方然后复制代码。维基百科现在拥有超过 15000000 条不同语言的词条。

但是这与设计有什么关系呢？最近这些年，允许和鼓励人们在一起工作的设计的系统被定义为一种挑战。虽然可能看起来不是那样的，维基百科就是数字化设计的一个非常聪明的例子。非常容易操作，很简单地增加，很容易就能获取，以及最重要的是，实际上非常有用（你可能会感到惊讶这最后一点经常被忽略掉）。其他也适于这一类的项目包括 flickr，myspace 以及约有五千万的博客和竞赛。这一类竞赛，通常不太容易得到一些专业人士所谓的思想共享。人们需要找到你的网站，记住它，而且还想再回来浏览。

1 Dana Blankenhorn, ZDNet, com, 2006 年 4 月 28 日.　　2 www.opensource.com

这些项目的成功启发了另一些领域的开放性资源项目。现在有很多开放性资源项目跟科学有关，这也鼓励了科学家分享数据和方法，而不仅仅只是结论。有一些运动在呼吁一个开放资源的政府。

Linus Torvalds 是最成功的开放资源平台之一，Linux 的创始人说，“未来所有东西都是开放资源的。”有流言传播说中国政府正在逐步为所有的计算机提供开放资源平台，或许他所说的是对的。

像我们一样交谈

开放资源背后的一个最主要的想法，是让更多的人贡献一个项目并使之变得更好。当然，能让更多的人参与到程序中来的一个最大的困难，就是程序的语言，就像任何语言一样，要掌握起来还是比较难的。

那可能是一件坏事。语言之所以是难的，除了一些死记硬背之外，还在于它们促使你使用不同的方式思考。语言影响的不仅仅是你能做什么或者是你能用多快的速度做它。设计师和程序员 Jurg Lehni 告诉我说，“当与不同的程序语言工作的时候，看看不同的范例是如何影响我的思考方式及产品，这是非常有趣的。”

仍然，程序语言非常的不能宽容人的错误——放一个逗号而不是分号，你可能会面对一片黑屏。这正在开始改变，Lehni 说。“最近，有很多刺激性的事情围绕 Ruby 发生，Ruby 是一个来自日本的程序语言。Ruby 非常灵活、优雅，有些时候令人吃惊地接近人类语言。”Ruby 的一种方言叫做 Ruby on Rails，被用来创作突破性的网络工作程序。展望未来，很有可能程序语言或者至少是其中的一些将会持续地演进并组合进“自然”或者人类的语言。因此，有更多的人可能会参与到创造和分享数字化工具中来。

一名设计师的其他名字

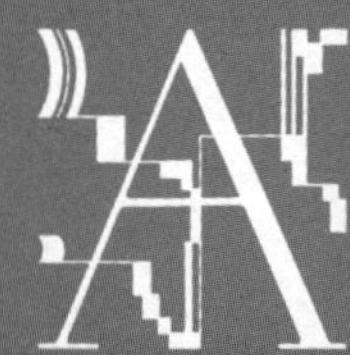

定义数字化设计师。既然越来越多的交织体现在图形设计与网络，基于时间的媒介、信息化设计以及相关的领域，包括写作和产品制造（同时还有艺术和设计中的模糊地带），我们是谁以及做什么要定义或者要命名开始变得越来越复杂。

但是过去它并没有这么混乱。在 W.A.D wiggins 1922 年在波士顿的报纸文章中，出色地定义了“图形设计”这个词汇。在用来描述他个人工作的宽泛领域之前，商业艺术家是指与交互相关的绘画和排版这一类工种。Dwiggins，是一个真正跨越多种图形类商业的人，包括为书本做插画，写文章，设计字体，设计书法手写体，用模板印刷作装饰，设计书籍封面以及文件封面、书本内页、标题，设计广告以及杂志版式，同时还设计传单、信封、信笺以及标志；创作他自己批判性的文字、小说以及提线木偶剧。

Dwig（大家都这么叫他）希望自己惊人的行为区别于那些作品较少的商业艺术家，所以他用了一个专属于他自己的词汇。图形设计，源自于但是要更广泛于图形艺术（标志性绘画以及印刷制作），被用来神秘地定义自己的个人追求，他怎么也不会预料到几十年后它会成为行业的标准术语。尽管他从来没有称呼他自己为一名图形设计师，这种创造就像海洋上的面包，最终被冲到专业的岸边。当被问及他们是否称自己为商业艺术家，在最近即将毕业的班上，没有一个学生举手，但是让人吃惊的是，班上只有三分之二的学生接受“图形设计师”这个词汇。在十年前，当设计系和设计公司开始自大地将这个称谓增加到学术学位和商业名片上的时候，新手最多的还是在进行传播设计，他们与图形传播和视觉传播一起，见证了从老媒体到新媒介数字化的转变。

1975 年，在很多人们想到把个人电脑放在他们桌子的中间之前，计算机开始变成设计整体的一部分。同时 Richard Saul Wurman 不切实际地称呼这个领域的从业者为信息建筑师。直到 20 世纪 90 年代中期，当网络成为设计实践中的主流出现时，这个标签被广泛使用。其他的称谓现在包括用户界面设计师、人类中心界面设计师以及实验界面设计师。

目前在数字化设计师和传统设计师之间，也就是特指单纯的印刷方向之间有一种分裂。最初这个传统设计师的词汇是被一个设立网络标准运动的领袖说出来的，他在网络设计师和传统设计师之间作了巨大的区分，传统设计师被暗示为过时了的（在你的商业名片或者网页上试一试）。如果图形设计与印刷是同义词，而印刷是传统的，那么很自然的，任何在非印刷领域的东西都是非传统的。

的确，网络以及其他数字化平台是众所周知的新前沿。伴随着更替的新技术的猛击，那一天可能会到来，就是当设计师们被称作学家的时候，比如设计学家、图形学家或者界面学家。

若干年后可能很自然的设计学术和专业领域会将所有不系统的术语一扫而空，因为新的专业术语会根据我们是谁和我们做什么带来的感受发生内在和外在的变化，这在这个彻底整合的新的数字化媒体世界是说得通的。

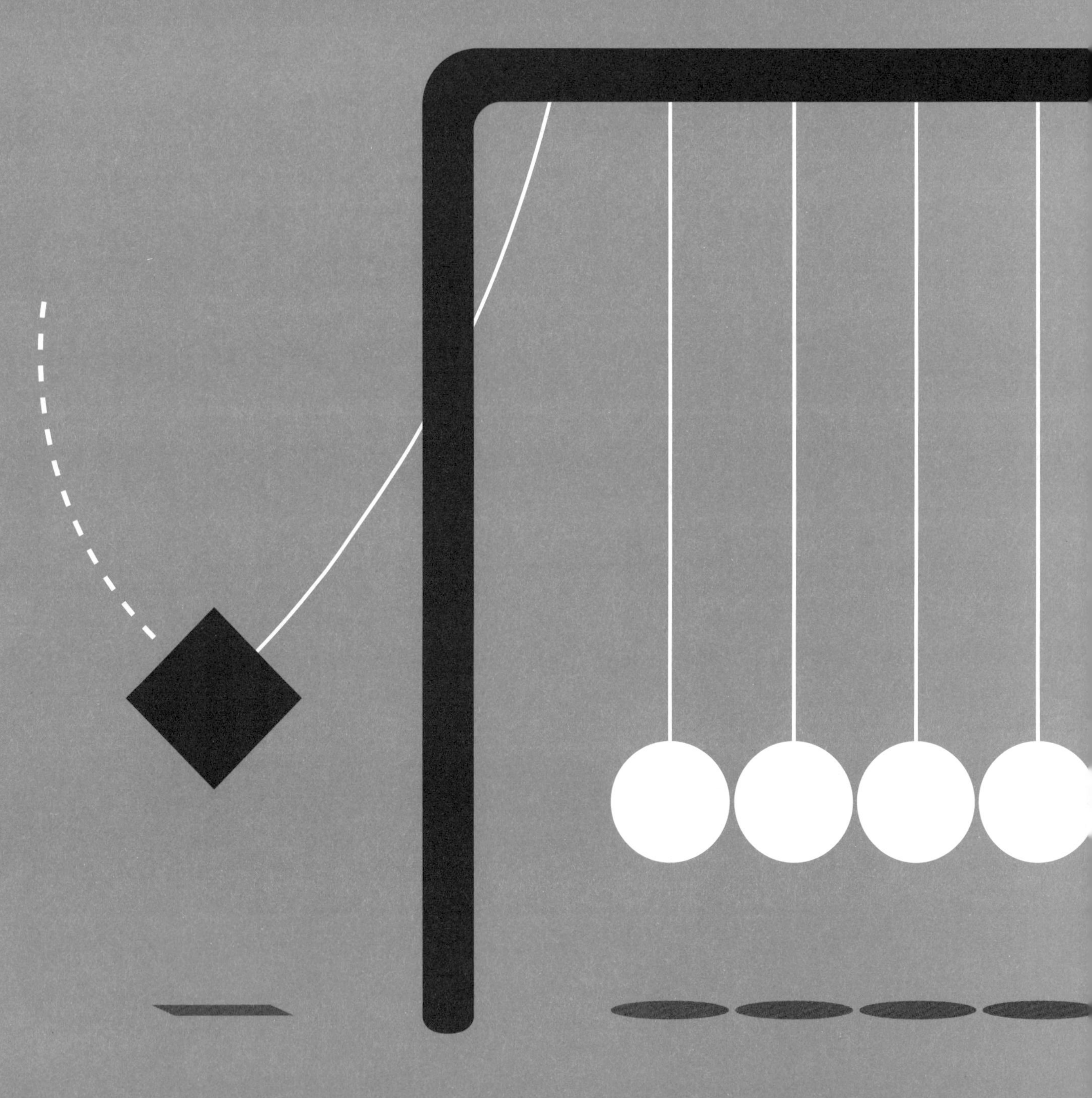

第二章　作用 / 反作用

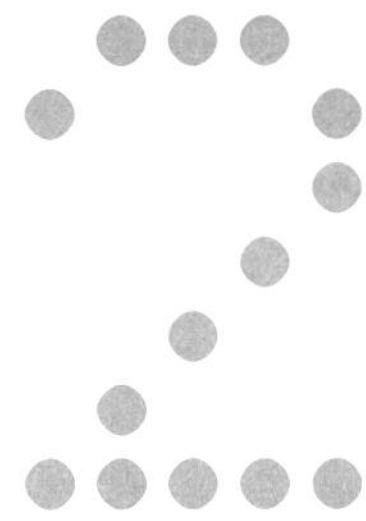

当我们提到“互动”，我们指的是什么？在本章中，我们将介绍一些关于我们如何使用技术的基本概念。

纽约，一个夏日的晚上，人们经过第 59 街与第三大道交叉口的布鲁明戴尔百货，大家注意到一些不同寻常的景象。在他们漫步过去的时候，约 1.5 米高的蓝色霓虹灯花突然亮了起来，然后又慢慢地淡了下去。一对夫妇手牵手停了下来，退后了几步，又向前走了几步。霓虹灯花又亮了起来。他们交谈了一会儿，慢慢地，慢慢地靠近，看着身边的霓虹灯花又亮了起来。

看到这样的情景，一个孩子好奇地张着胳膊、围着窗户跑近跑远。霓虹灯花牵引着他。几分钟后，这对夫妇和这个小孩继续往前走，窗玻璃又暗了下来。大多数的人经过的时候离窗户太远，霓虹灯花并没有因此而亮起来。那些离得近的人，要么边走边考虑他们自己的事情，要么和朋友聊着天，然而并没有注意到霓虹灯花的变化。

一个老妇人拄着拐杖，略感不适时发现自己正笼罩在蓝色的霓虹灯下，可惜她走得太慢，并没有发现她的位置与霓虹灯花亮起之间的规律，而每次灯光亮起，也使她感到不适。

多少灯花亮起才能使人意识到这是有意识而为之的呢？大概两朵灯花亮起会让你意识到一些有趣的事可能正在发生，3 朵之后，人们开始意识到，是他们自身的行为让灯花亮了起来。事实上，一共有 36 朵灯花。灯花应该以什么速度亮起，又该以什么速度暗下去？人的行为触动感应器，使得霓虹灯花在人即将到达之前点亮。如果灯光很快变暗或者直接被关掉，我们就感受不到灯光滞留带来的这种流动感。如果灯光滞留时间太长而且同时有太多人经过，我们会感到这个装置有故障，霓虹灯花只是随机地打开或者关闭。

人在经过橱窗时应该离动作感应器多远呢？在车水马龙的第三大街，霓虹灯花的效果要与橱窗前灯以及反射在橱窗上的灯光相竞争，这些霓虹灯花很容易就在各种灯光和颜色中失去了其独特性。但是，如果传感器设置得离橱窗太近，那么路人无意间触发灯花关闭或者开启的可能性就会降低——你将剥夺掉体验者对于这个灯光效果不可预期的惊喜，但那正是这个装置设置的初衷。

霓虹灯花 . 2001 年

赞助：Haagen-Dazs 和 Bloomingdales

设计：Masamichi Udagawa 和 Sigi Moeslinger

摄影：Ryuzo Masunaga

互动技术目前更新了我们之前对于互动的理解。很难想象一个在组件上比霓虹灯花简单得多的大尺度公共系统如何工作。然后，人们花了很长时间研究这个项目所引发的一系列问题。

与此同时，Masamichi Udagawa 和来自 Antenna 的 Sigi Moeslinger 开始设计地铁、自动售货机和复杂的用于金融公司的数据显示设备。他们目前正在为 Mcdonald 研究一种新型的互动装置。Mafundiqua 告诉我，“在设计互动系统的过程中，最重要的事是不能靠着你的假设来做事。如果你在做设计的过程中，知道它们将如何互动，那么你可能没有办法看到它们真的会如何。你的实验将起始于一个假设，然后你用这个假设去测试不同的实验结果。最简单的互动原理都可以达到一种看似复杂的效果，理解这些隐含的复杂性将成为设计成败的关键。如果设计开始于一个错误的假设，那么无论结果如何，这个项目都不会成功。”

一个假设从本质上来说就是一个猜测。在你越来越熟悉技术以及你的项目场地和周围环境的同时，你做出准确和具有可实施性的猜测的能力会与日俱增。你做出有趣猜测的能力或许并不会得到提高，这种能力是去幻想一个将揭示一些被忽视的或未被尝试过的互动的假设。通常情况下，它们只会和它们被预期的一样好。

年轻的设计师或是学生通常能洞察到一些富有经验的设计师忽略的或是放弃的问题。众多有意思的项目被许多快毕业或还没有毕业的学生设计，这是有原因的。得到一个能改变这个世界的点子的机会，只会随着你对这个世界的了解而慢慢减少。珍惜你的假设，将它们记录下来。最重要的是，尝试去实现它们。

找出一个项目的假设点是很困难的一件事。以 Antenna 的设计作为例子，它们的假设点是这些霓虹灯花会产生一种“不被预期的愉悦”，而这种愉悦是很难被定性和测试的。这就是为什么那些设计目的为美丽、有意义或是可移动的项目通常都会失败的原因。这些设计者有一个很好的设计初衷，但他们并没有竭尽全力让他们的项目获得最初所设定的设计效果。

这个霓虹灯花的案例中，几乎不可能提前测试出这个项目是否能在街上产生所期望的效果。基于他们多年的理解和实践，Sigi 和 Masamichi 作了一个猜测。正是因为他们无法测试这个猜测的结果，所以将这个设计的其他方面做到几近完美是非常重要的。

定义互动的特性

无论是书本、网页还是发光的花朵，互动设计的成功都有一些共同的特性。

因果关系

这是一个你的行为与互动装置系统的反应之间的关系。在霓虹灯花的案例中，人们需要一点时间来意识到是他们的行为影响了灯光的亮与暗，这种惊喜的感觉造就了这个项目的成功。

可预见性

这个装置如何反应是可以预见的吗？Antenna 选择将传感装置隐藏，所以这个花朵就像魔术一般亮起。然而，当他们尝试给纽约地铁设计售票机时，他们希望乘客直接就能知道这是一个售票机：把钱放在上面，然后票就从下方吐出来。其实仔细想象，售票机不一定必须得是这样的，票也可以从侧面吐出来呀。然而我们已经习惯于这样的方式了，就像可口可乐或糖会从自动售货机的底下掉出来一样，Antenna 决定尊重用户的习惯而不是逼着他们去学一个新的方式来使用售票机。

映射

你需要站得离橱窗有多远才能让这些霓虹灯花亮起来？如果你把你的鼻子都靠在橱窗上，这些灯花会变得更亮一点吗？映射反应跟着因果关系出现：你知道你的行为导致了一些反应，而现在，你希望知道你是不是能通过调整你的行为来使反应变得不一样一些。

讲故事：都是嗡嗡的

现在，设计行业有个新说法——讲故事。这并不是个准确的说法，但似乎大家都这么说，"我的设计是个有故事的设计"。然而，事实上，大部分设计师是擅长讲故事的，通过视觉表现或是使用排版印刷的方式。在数码世界里，设计师自然都有潜力来讲述它们的故事，但这个概念和传统上人们对于设计师的认识是背道而驰的。通常情况下，我们并不认为设计师和节目制作人、主办方、布景人员有什么关系。在这个设计师身兼数职的数码世界里，设计师是整个故事的创作者。

网站就是一个例子，它由一系列面板来共同组成一个故事。它或许并不像传统的故事那样有一个清晰的时间顺序，读者可以从任何面板开始看起，无论是以随机的顺序或是以一定的顺序来阅读。谁说读故事一定要服从一定的格式来着？

数码工具从一定程度上改变了设计的标准，虽然这其中有好的一面，也有不好的一面。那么为什么不接受数码工具的出现改变了人们对设计师的定义这个事实呢？对于新的数码革命来说，设计师从单纯的设计师，变为一个故事的创作者，正是数码工具出现后带来的一个巨大变化。

易学

现在，你了解了霓虹灯花的原理，你能把同样的原理用在街灯上吗？可惜的是，你并不能。不过你能非常快速地用Antenna的自动售货机买张地铁票，说不定还能碰上一个人喋喋不休地说着他碰到一些总跟着他的霓虹灯花的故事。

可测

多少人能同时与装置互动？这是霓虹灯花这个项目中一个巨大的挑战。Antenna以一个人的尺度来设计这个装置。如果两个人从不同方向走向灯花，如果要让他们同时激活灯花，他们将不可避免地彼此相撞。

从这个意义上来说，现实生活中客观存在的装置和网页是不同的。我们很难控制同时浏览网页的人数。我曾经为一个国家电台的节目网站工作，在我们打开香槟，庆祝我们为网站制作了一个新的架构之时，我们意识到整个网站已经瘫痪了。太多人同时尝试登录网站，服务器瞬间就崩溃了，而且瘫痪的不仅仅是我们这个网站，与此同时，托管在同一网络下的其他网站也同时被拖垮了。我们最后用了三天时间去增设新的服务器来应对这些增加的浏览量。

重现

如果你学会了做什么时，你应该能用相同的方式将这件事再做一遍。这似乎是显而易见的，但是你是否注意到，不同的软件在用相同的快捷方式来实现不同的功能？当我们越来越经常使用不同的数码工具，重现变成了一件很困难的事情（解决这个问题的方法通常就是标准化）。

Gameboy Honmeboy，Wyld File 制作

复古高科技

仅仅掌握新技术是不够的。有时候你还需要回顾那些旧的科技。一些有趣的艺术家和动画制作者使用古老的游戏来给他们的工作带来一些新的视觉上的灵感。Corey Aroangel 从任天堂一款古老的游戏——“超级玛丽兄弟”中获得灵感，在他的设计中，马里奥从灵巧地躲避火球，变成了独自坐在云端思考人生，流着小小的像素眼泪。

类似的，许多设计师和艺术家试着用一些人们所熟知的古老软件来寻找他们的创作灵感。Wyld File 使用一款叫作 Flash 的软件来为 Beck 的歌“Gameboy Homeboy”制作低保真的 MV，而这款软件的设计者应该没有想过会有人这样使用 Flash 吧。

这些试验性的创作让我们以新的视角来看待技术。这些艺术家和设计师证明了一件很有意思的事，做一个有趣的设计不一定需要我们不断更新软件的版本，而软件也不一定要以通常的方式来使用。在你急着更新你的软件的时候，不妨翻出落满灰尘的 Atari 来玩一玩，说不定你会发现一些惊喜。

◀ TRAN.sit 设计工作室之旅

时间：2006 年 11 月 22 日

客户：设计专业学生

设计师：Luke Watkins 和 Carson Sloan

致谢：那些支持我们，为我们提供住宿并让我们造访工作室的人们

软件：Adobe Illustsrator, GoLive, Photoshop, Final Cut

案例研究

两人一路

Luke Watkins 和 Carson Sloan, TRAN.sit 设计工作室之旅

是什么让你想到计划一个美国设计工作室之旅，拜访那些知名的工作室，并把这次的旅行所得发表在网站上呢？

SLOAN: 当我们毕业的时候，我们认为我们掌握了足够技术以及概念设计的能力，足够支撑我们开始个人事业，但与此同时，我们认识到，我们所缺乏的是对目前设计行业现有公司的认识，我们需要在创业之前了解这个“真实的世界”将带给我们什么。我们都认为就算是一个顶尖的学校依然只能教会我们有限的知识，如果我们对此感到茫然和困惑，那么别的学生也会有同样的感受。这次旅行是一个机遇，让我们了解设计这个世界，认识那些令人激动的设计师们。

WATKINS: 网络让我们可以直接从我们的读者那里得到反馈。通过在网上发布我们的旅行经历，我们希望别的年轻设计师也能由此看到这个真实世界的一角，而我们也认为，网络是让我们的旅行经历传播出去的最容易、最有效的方式。

专家总是建议学生通过一张令人惊艳的名片或是个人网站来让人留下深刻印象，这的确是个很棒的意见。通过这个设计工作室之旅的经历，你们希望得到什么样的工作呢？

SLOAN: 我们并没有以找工作为这次旅行的目的，但我们的确希望这个网站能给设计领域带来点什么。我们能感受到这次旅行给我们带来的成长以及网站的建设给我们带来的经验和网络的各种可能性。考虑到我们都没有任何实际的网络和动画设计经验，这个网站的建设从一定意义上向雇主证明了我们并不仅仅能做概念设计，我们富有激情，乐于学习，充满干劲。

你是否认为如果没有数字媒体的存在，这一计划并不会成功？

WATKINS: 我们的确认为如果没有数字媒体的存在，这次旅行并不会如现在这般成功。如果不是像博客和播客这样的传播手段出现，我们的这一想法将永远都无法实现。甚至在我们旅行的过程中，网络是我们不可缺失的通信手段，对我们整件事的完成有重大的作用。

一开始，我们考虑过印制一些宣传册，但是出于对预算的考虑，我们用这个网站作为最主要的宣传手段。为了让尽可能多的人能了解到这一件事，我们希望网站是最佳的方式。

关于媒体的作用，能不能谈一谈它对于你来说最令人激动的和令人失望的是什么呢。

SLOAN：我们很高兴我们的网站给大家带来了很多启发。我们并不致力于保证我们的浏览量，这也并不是我们的初衷。网络和书本不同,它以最快的速度给人们最多样的信息，给人们一个探索资源的平台。

WATKINS：而最让人沮丧的，恐怕就是网络的不可控性了。我们虽然能在后台看到有多少人在浏览我们的网站，但我们并不能知道有多少读者是我们的目标读者，也并不能知道我们所提供的信息是否对于他们有益。我们希望能和学生进行更多互动，当我们结束旅程回来的时候，我们希望能够把更多的精力放在这方面。

对于你们来说，在采访的过程中遇到过哪些让你们最扩大眼界的事呢?

SLOAN：当我们刚开始采访的时候，我们认为经过一段时间的采访，我们或许会开始不停地从不同的设计师和工作室那里得到关于设计的类似想法，但是当我们的采访持续进行，我们惊讶地发现，没有任何工作室会和彼此有相同的想法。我们意识到，对于设计而言，并没有什么错误的方法，每一个我们所遇见的设计师对于设计都有他们独特的理解。与此同时，我们还意识到，居然有那么巨大数量的优秀设计师存在。有时，我们的个人理想可能会与某些受访者不同，但是我们也同意，对于设计而言，这世上并没有绝对正确的做法。

当这一切结束之后，你是否想从事网页设计或是动画设计呢? 你现在是否有准备接手的网页或者动画设计工作呢?

WATKINS：通过这次的经历，我们都对网页设计和动画设计有了更深的了解。虽然我们彼此都希望 TRANsit 这个网站能有进一步的发展，但我们都觉得在以电子媒体为事业之前，我们都有很长一段路要走。

SLOAN：目前，我们都没有任何基于这个网站的后继网页或是动画设计相关工作的计划。我们讨论过将来做一些类似这样的旅行的可行性。然而，我们并不确定之后的计划将是怎样的。

除了认识这些人和参观这些工作室之外，你认为你们还获得了哪些独特的经验?

WATKINS：这次旅行让我不再对进入这个领域感到害怕。对于我来说，这已不仅仅是一个教育经历；它帮我找到了我自己，它让我找到了工作和思考的新方向。

SLOAN：这次旅行让我的生活充满了故事，也让我对我自己的人生做了进一步的思考。作为一个正在恢复阶段的学生工作狂，这次旅行让我认识到生活中有太多设计之外的美好，也让我认识到一个事实，我并不能控制所有的事情。我正在思考所有那些改变带来的意义，当我想清楚这一切，我会让大家知道。

下一步?

WATKINS：我们并不十分清楚；不过有一份工作听起来不错。我们考虑下一步根据这个经历出一本书并进一步发展我们的网站。我们希望能建立一个网络平台，在那里教授学生，也可以对他们的生活和设计进行互动。

SLOAN：坐下来和 Steven Heller 喝杯啤酒吧。

WATKINS：我没想好……我倒是想来罐啤酒再来个三明治。■

第三章　信息视觉化

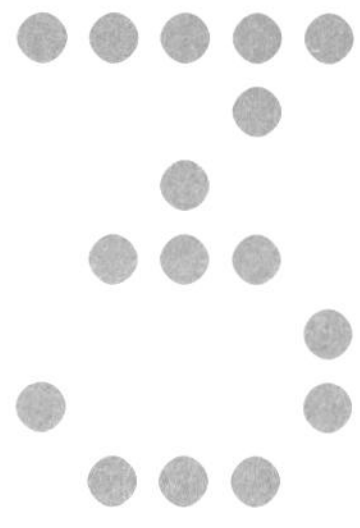

设计最基本的目标之一便是帮助人们通过视觉的方式来更简单地理解这个世界。数字技术让我们有机会获取更多信息，面对大量信息，如何将其视觉化变得非常重要。

在 Douglas Adams 的书《银河系漫游指南》(The Hitchhiker's guide to the galaxy) 中，“生命，宇宙以及所有事物的终极答案”(Ultimate Answer to Life, the Universe, and Everything)尝试用超级计算机“深思”(Deep Thought)来思考这个问题。经过数百万年的计算，计算机终于给出了一个终极答案——42。

在 1978 年《银河系漫游指南》刚面世的时候，计算机被认为是一个可以用数字化的答案来给复杂问题提供答案的机器。你可以输入一些数据然后敲打一下键盘。灯光闪烁，机器发出哔哔呼呼的声音直到最后吐出一行字“生命，宇宙以及所有事物的终极答案是 42。”

自那之后，我们经过了多年的发展，现在，我们不再期待简单的答案可以回答复杂的问题，我们用复杂的答案来回答复杂的问题。当我们要解决类似“污染是如何影响到全球的温度？”这样的问题时，答案将不仅仅是个数字。答案通常是一张图片或是一系列图片，图片能够以一个宏观图解的方式向人们传达大量的信息。通过看一眼这些图片，我们可以理解大量的数据。

通过图解的方式将数据有秩序地展现在人们的面前，可以将无序的数据转化为我们可以使用的信息。待做事项和日历可以很好地将一段时间内的活动以非数字化的形式展现出来。日历不仅作为一种外置的记忆装置帮助我们记忆日期和细节，它们还可以以一种视觉化的方式显示出繁忙的程度。如果我们的日历充满了小涂鸦、下划线和感叹号，简单来说，我们搞砸了。我们并不需要把所有的活动都读一遍来确认我们大致的行程，看一眼，我们就能大致知道总体的安排和计划。

信息数字化将数据导入并组织数据，通常会将数据按照一条或更多的轴线来组织。所有的表格和图解都是信息的可视化。试着想象一个有序的列表，例如，一张只有一条轴线的图。这条轴线可以是一些很有意思的东西，例如来自 20 世纪 80 年代的摇滚乐团的十大专辑。在待办事项这个例子里，轴线可以是时间。可以以专辑完成的时间或是每个待办事项所需的时间来组织数据。或者，除了写下这些事项之外，可以加入另外一条轴线来表现它们的有趣程度。对于那些有趣的事，你可以加入一条向上的线，对于那些相对无趣的事，你可以加入一条向下的线。越是有趣，向上的线就越长，越是无趣，向下的线也就越长。现在你就有了一张下周待办事项的更为有趣的图解，它甚至会改变你规划这些事项的方式。你或许希望有趣的事和无趣的事交替进行，又或是一次性办完那些无趣的事。

信息视觉化是一个强大的工具，它让我们忽视一部分数据来专注于其他数据。通过分析数据，我们可以忽略一部分信息，专注于那些事项的时间节点和有趣程度，由此得到一个更为直观的印象。而如果我们把完成每件事的收益来替代这些事项的有趣程度，我们会得到一张完全不同的图解，而基于这张图解，我们会对我们的计划作出不同的调整。例如，有些你觉得并不有趣的事项会向收益屈服，如果你更感兴趣于收益，那么有趣程度轴线会比第一次的图片更为复杂。信息数据化通过对于数据的筛选，重点突出重要的信息，弱化或忽视别的信息，使得数据通过你希望的方式变得更为清晰。

信息设计先驱爱德华 · 塔夫特（Edward Tufte）在他的《量化资讯的视觉显示》（The Visual Display of Quantitative Information）中提到一个著名的例子，约翰 · 斯诺医生（John Snow）在 1854 年绘制的霍乱传播地图。他在这张地图上叠加了两种重要的信息，一个是霍乱病人的家庭分布，另一个是取水泵的分布。通过仔细分析这张图，我们可以很容易发现，几乎所有死亡病例都集中在某一个泵附近。发现了这件事之后，斯诺医生命令移除那个泵的手柄，于是这个曾夺去 500 多人性命的灾难终于结束。

但是，在斯诺医生找到正确的做法，移除那个泵的手柄之前，他得问自己一个至关重要的问题，所有的病人都有什么样的共同点？为了回答这个问题，斯诺医生需要从另一个角度来观察这个问题，他制作了一份地图并在图中描绘出了数据。从斯诺之后，科学家开始广泛运用信息可视化来发展和验证他们的假说。

Chris Henze 是美国航空航天局（NASA）艾姆斯研究中心（Ames Research Center）先进超级计算机部视觉小组的技术主管。他和科学家以及工程师一起，将一些有时候甚至是多年来数百乃至数千分布在全球各地的设备所采集的数据，转化为图片或是一系列图片，让人们可以在几分钟时间内理解这些数据。

当面对一些复杂的例子，例如气候变化，如果在有限的篇幅内将时间和范围表达出来，以及突出一些重点信息变得尤为重要。Henze 表示，“视觉化信息让我们可以随时放大和缩小观看的比例，以任何速率观看任何时间点的发展过程，帮助我们改造和过滤信息。”

例如，有限体积循环建模组（theFiniteVolumeCirculationModelingGroup）使用视觉化手段来演示预测飓风登陆，这些科学家研究飓风如何展开行程和移动。之后，通过结合正在逼近的风暴的数据以及风暴发展的普遍规律，他们使风暴“快进”到未来状态。目前，通过这样的模拟手段，NASA 可以预测出未来三天风暴将在何处登陆。

用来预测飓风所需要的数据总量是极其惊人的，在某些情况下，需要 70TB 的资料来生成一张视觉化的图片。如果这些资料以书的形式储存，当我们把这些书一本一本垒起来，会形成一个 400 英里（约 643 公里）的高塔。空气温度、风速、海洋温度只是飓风成型的一部分参数，即使拥有这么大量的数据，以 100% 的准确度来预测飓风依然是极其困难的。NASA 使用一个叫 hyperwall 的工具对不同的情景进行模拟并对比其得到的数据。hyperwall 是一个 7×7 的屏幕墙，每个屏幕都拥有它自己的双处理器电脑和高端显卡。每一个屏幕显示出对数据的不同类型分析，允许科学家在同一时间内分析这些不同的数据，例如当漩涡开始出现时，他们可以同时观察温度和压力对其产生的影响。

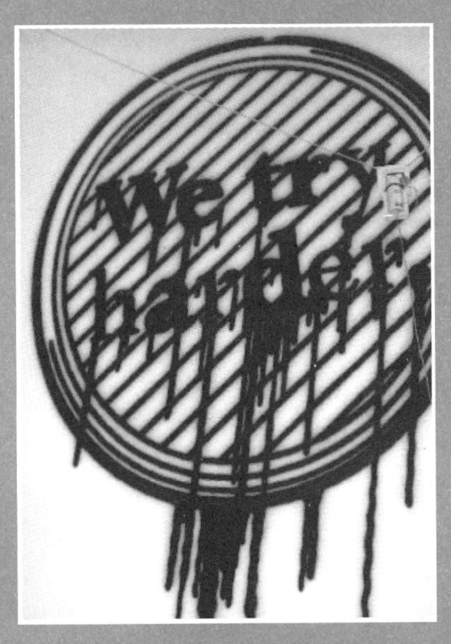

高科技涂鸦

当你想起程序员，你或许会想到这样的情景，半大不小的孩子带着厚厚的眼镜坐在他们父母的地下室里。但是，新生代的程序员将他们的科技带到了大街上。在这些新生代的数字化艺术家中，我最喜欢的一个叫 Hektor, 由 Jurg Lehm 以及他的兄弟 Urs 制作的机器人。 Hektor 挂在一条固定在窗扇上的绳索上，它可以把电脑中的任何图片喷绘在建筑表面。

不过 Hektor 并不是唯一一个可以做这件事的设计产品。有一款涂鸦墙可以以相当不错的精度射出彩弹来喷绘出图片和文字。另一款涂鸦机用水来书写，留下更为微妙的信息。它通过异常精确地控制水滴落下的时间点来“写出”文字。这就像是在读一个瀑布。数字化设计最吸引人的地方在于，不同的人用不同的手段在使用相同的技术，留下他们完全不同的作品。

Hyperwall

NASA. 2004 年 5 月

相对于预测全球气候变化，预测飓风还是相对简单的一件事情。对于了解过去几千年气候变化来说，最有名也最强大的工具是一张相对简单的图，显示了气温变化的速率。这张图有一个昵称叫作“曲棍球棒温度图”，因为这张图又长又平，还有一个向上翘起的小尾巴在端部，同时也因为这张图经常用在争论当中。

如果你认为设计是不会有争议的，那么想想这件事，那个绘制这张图的科学家曾经被国会质疑他收受贿赂。这张图片之所以造成了这么大的争议是因为它将一个非常复杂的事情简化成了一张相对简单的图片。就像一个充满感叹号的日程表一样，你不需要读完每一条事项，仅仅是看一眼这张图你就能完全明白地球正在变暖。

设计师们有时候会被误解为造型师。 但是，我们在质疑造型师为什么黑色的腰带应该或是不应该配上棕色的鞋子的同时，设计师也被要求解释气温上升为何会影响洋流的循环，以及这些洋流方向的转变会如何影响海平面上升的速率。设计师被要求将信息转化为视觉化的图片来解释这一系列重要的问题，从而使那些选民、政治家、科学家以及其他任何可以解决这些问题的决策者可以理解这些问题。但，这只是开始。渐渐地，设计师更多在科学研究的前沿领域工作，和科学家一起来从事那些基础研究。设计师不仅仅帮助人们理解结果，同时也帮助人们找到问题。

那么下一次，当你再碰到一个嬉皮士，你和他说你在学做设计，他拍拍你的手说，“听起来不错，亲爱的……”的时候，告诉他，生命、宇宙和所有事物的终极答案并不是 42。如果他听不懂，那么，给他画张图。■

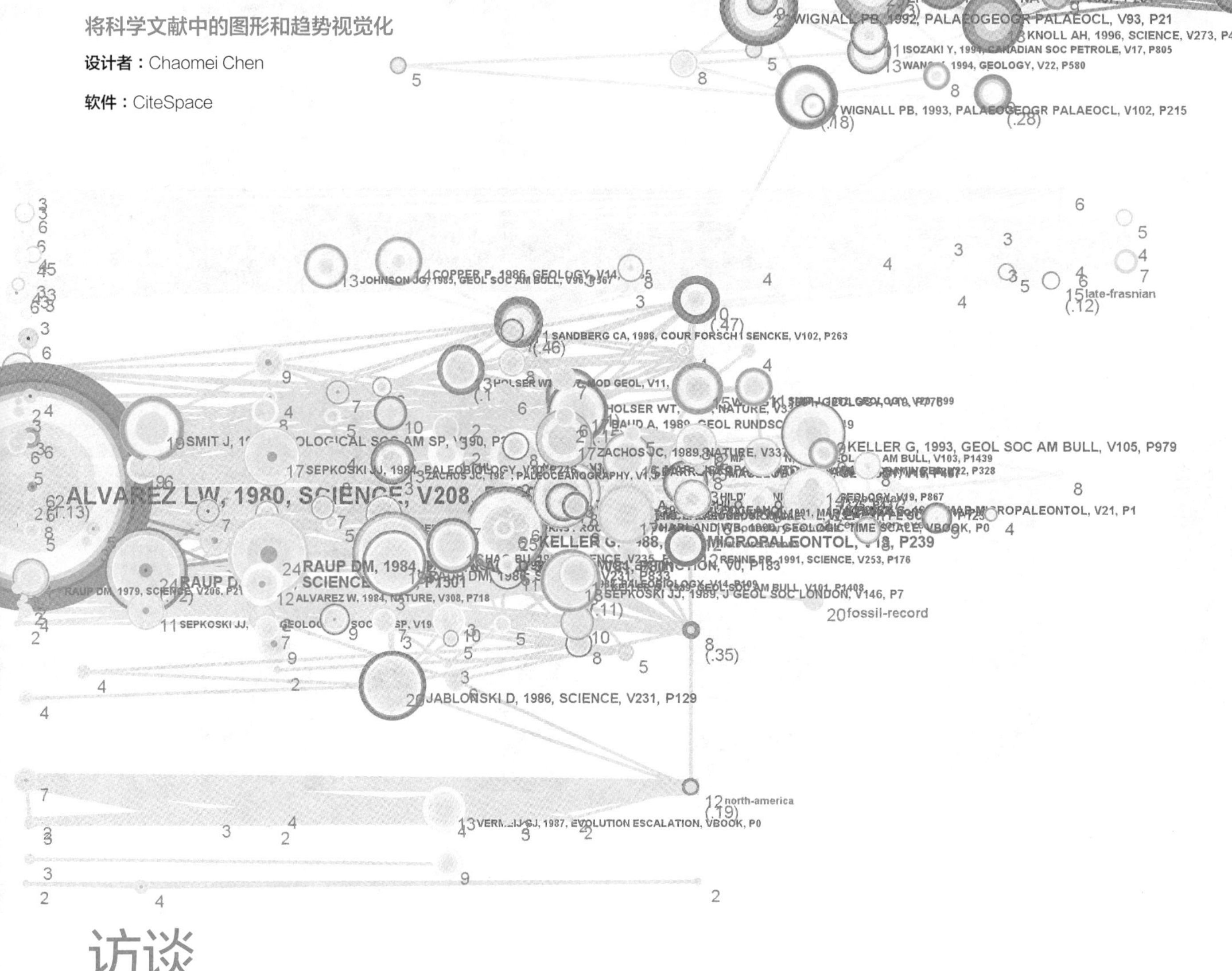

将科学文献中的图形和趋势视觉化

设计者：Chaomei Chen

软件：CiteSpace

访谈

以下是对 Chaomei Chen 教授的采访，Chaomei Chen 教授来自卓克索大学，同时也是《Information Visualization 》杂志的编辑。

你是如何开始制作这些图的呢?

我最早的兴趣是将大型超文本结构可视化，其中一个例子便是拥有众多相关链接的网站。 通常情况下，人们希望有一个网站地图来指引他们找到他们所需要的链接。所以，我开始考虑如何用视觉化的方式把一些抽象的东西展现出来。

china

280, P1039

/289, P432

assic-boundary

是什么让你对于将科学文献间的关联视觉化感兴趣的呢？

我从相互关联的角度对于科学文献产生兴趣，相关的文献通常都会相互引用。当人们在进行科学文献写作的时候，总是会引用他人的文章，所以我开始尝试着用视觉化的方式利用引用的链接来找出它们之间的关系。

这些图解是如何生效的呢？

我从其中的一篇文章开始，每个参考文献都以一条线和引用它的文章相链接。如果你将它们放在一起，这将构成一张类似马赛克的图。或者你可以将引用看作是投票，有人引用就意味着起码一个人认为这篇文章或者这个结论是值得读的。所以，一篇文章被引用的次数越多，代表这篇文章的圆圈就会变得更大。

最后，它变成了这个领域大家都在研究什么或是什么是大家认为最重要的研究方向的调查。所以，你从一个简单的快照出发，然后你把研究发展的时间轴加入进去，这些快照就像电影里的帧一样，慢慢地，你就感受到了发展的趋势，也就是研究发展方向的趋势。

为什么理解这些互相之间的联系会变得如此重要呢？

这是一种在科学文献中寻找一致性的方法。这种一致性并不是说大家都一定会同意他们所引用的文章，而是说大家都认为那些文章有一定的参考价值或是讨论点，与此同时，这种一致性会让人了解到被引用的观点的影响力。你可以这样认为，在某一个时刻，这张来自于科学文献的引用联系图解是当时这个领域大家的思考状态的快照。

这种方式与其他方式相比，例如问卷调查，能告诉我们一些什么样的新的信息呢？

我并不认为人们能够以这样的视角来分析问题，就算有人能够做到，但是我们还有个人观点分歧的问题。专注于自己所感兴趣的方向是人的一种天性。这就是传统的问卷调查存在的问题。

科学家和学者是如何使用这些文献联系图的？

如果他们愿意使用这些图的话，它们是非常有用的，它们可以帮助判断哪篇文章影响力比较大，又或是帮助寻找那些并未产生联系的缺口进行研究。同时，对于研究经费的去向来说，这张图很好地显示出了哪些方面已经被充分研究了。

你认为这些图还有哪些改良的可能呢？

对于引用而言，有太多的原因让我们去引用一篇文章了，它可能是一个反例，又或是它涉及一些这篇文章不想重点讨论的其他社会政治问题。目前，这些图并不能做性质上的判断，它们仅仅只是显示出人们在讨论什么。但是它们的确能让你理解大致讨论的话题是什么。下一步是进入到文章层面，试着去理解科学家们到底在话题中讨论的是什么内容。他们引用某篇文章到底是引用他们同意某个观点还是不同意某个观点呢？被广泛引用和有价值之间是有很大区别的。■

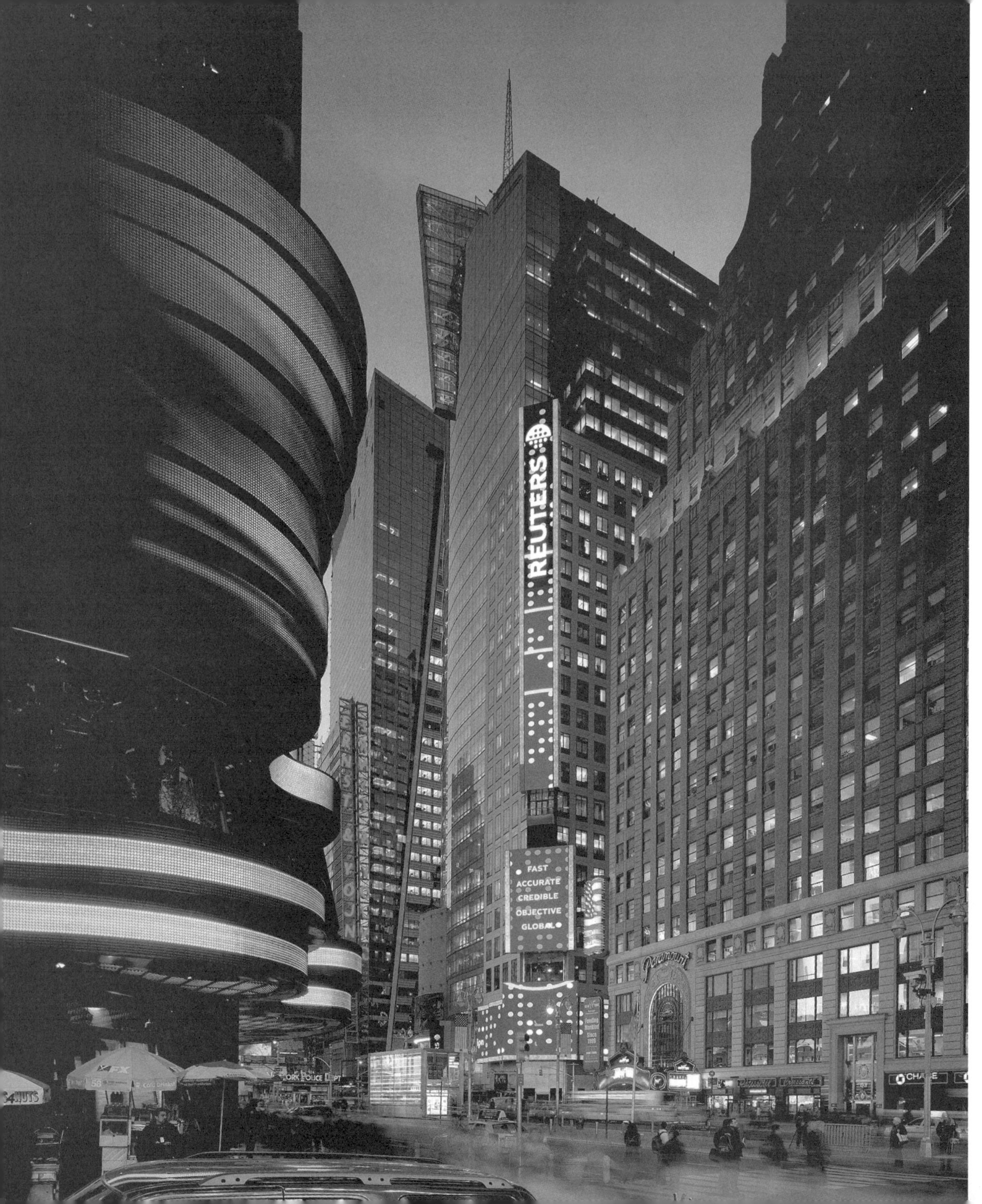
REUTERS
FAST
ACCURATE
CREDIBLE
OBJECTIVE
GLOBAL
Paramount
CHASE

◂ 时代广场 3 号的路透社

时间：1998~2002 年。2002 年开放。

客户：Reuters America Holdings, Inc.

交互系统设计师：Luke Watkins, Carson Sloan

致谢：Edwin Schlossberg, Gideon

D'Arcangelo, Angela Greene, Dean Markosian, Joe Mayer, John Zaia

摄影：©David

Sundberg/Esto

©ESI Design 2007

案例研究

不夜城的标志

Angela Greene, Edwin Schlossberg Design, 纽约

当为建筑项目设计如此巨大的一个广告牌，其中最关键的是什么？

对于这个项目而言，我们得考虑不同的观看角度、不同的观看距离对其带来的影响，行人和车辆在这个街区川流不息，人们可以从不同角度看到这个巨大的广告牌，或是站在时代广场，或是在建筑楼底。其他的一些考虑因素有不同的行人数量，比如白天和晚上，时代广场的全景下观光者有限的注意力。

路透社项目和别的传统的运动驱动广告牌有什么区别吗？

我们的目标是创造一个自我更新的数字标牌系统来象征这栋建筑内的活动以及演示路透社如何收集、处理并发布信息。这个广告牌由不同的动画模版构成，举几个例子来说，它们分别展示实时的路透社新闻数据、金融信息、分布于世界各地的新闻摄影师刚刚拍摄的照片、一些特别的活动报道。这些模版由一个软件控制，广告牌的内容会根据一天中的不同时段、赞助商、特别活动（例如新年）来进行调整，甚至每一板块的主色调也会跟着一起调整。周末和工作日是不一样的，演出前的广告牌也会有所调整。

摄影：©David Sundberg/Esto

时代广场本身就是一个大型广告牌的集中之地，在这些层层叠叠的广告牌之后，是否有一个更大的概念呢？

指导原则是将路透社的功能（搜集新闻、图片、视频以最快的速度传播到整个世界）以一种出色的视觉化的形式展现出来。这个广告牌的整体设计旨在暗示路透社的工作模式：原始新闻从广告牌的顶部出现（从世界各地搜集信息），渐渐流淌到下部（处理信息），当信息到达主街可视范围内，处理好的完整的新闻以大屏幕的形式出现在人们面前，之后新闻会移向屏幕的左右两端（向全世界传播）。整个广告牌由11 个不同的 LED 显示屏组成一个倒写的“T”字形，覆盖了7700 平方英尺（约 715 平方米），占据了时代广场的一角，但其还是一个完整的设计。

设计这样的一个动画广告牌是在为移动的人流做设计。当我们在为整个街区做设计时，我们是否要注意到交通人流对其造成的影响？我们又该如何做到这点呢？

这个广告牌需要在 10 到 30 秒内向经过的路人传达一些完整的信息。这个街区内的所有广告牌都在和彼此进行视觉上的竞争。我们为这个广告牌设计了一个独特的外形和与此配套的动画形式来使之从纷杂的广告牌中跳脱出来，并向人们传递这样一个信息，无论你经过了时代广场多少次，都会从这个广告牌中得到新的信息。

在这个设计队伍中，技术人员和设计师哪个更重要呢？他们又是如何合作的呢？

从这个项目的第一天起，就需要技术人员、设计师、新闻工作者之间相互合作，只有这样，这个项目才能顺利完成。第一步，了解路透社的新闻来源和如何访问那些数据库，然后设计一个覆盖 11 个不同显示屏分别位于建筑的两侧和外部的动态的动画模版，并将其作为一个视觉整体来设计，最后设计一个后端软件系统和时段分配系统来运行这个大广告牌。这是对这个系统的一个简单介绍。

这个过程需要不计其数的会议、电话以及无数个小时站在时代广场调整颜色、字体大小、动画速度、先后顺序以及亮度。

从美学角度来说，一个成功的设计需要哪些要素？

这个广告牌已经毫无间断地运行了 5 年，其中经历了增加新的模版、互动游戏、收益广告以及为了新的内容和品牌对原模版进行调整，但依然遵循最初的视觉实际和信息展示方式。我们认为这就意味着，原设计是一个非常优秀的设计。

为了完成类似这样的项目，你认为都需要什么专业的人才呢？

动态影像，动画，数字化排版，逻辑设计，产品软件策略以及具备能够与软件开发团队沟通的能力的人。■

如何在 10 到 30 秒内通过这一广告牌向经过的路人传达一些完整的信息。

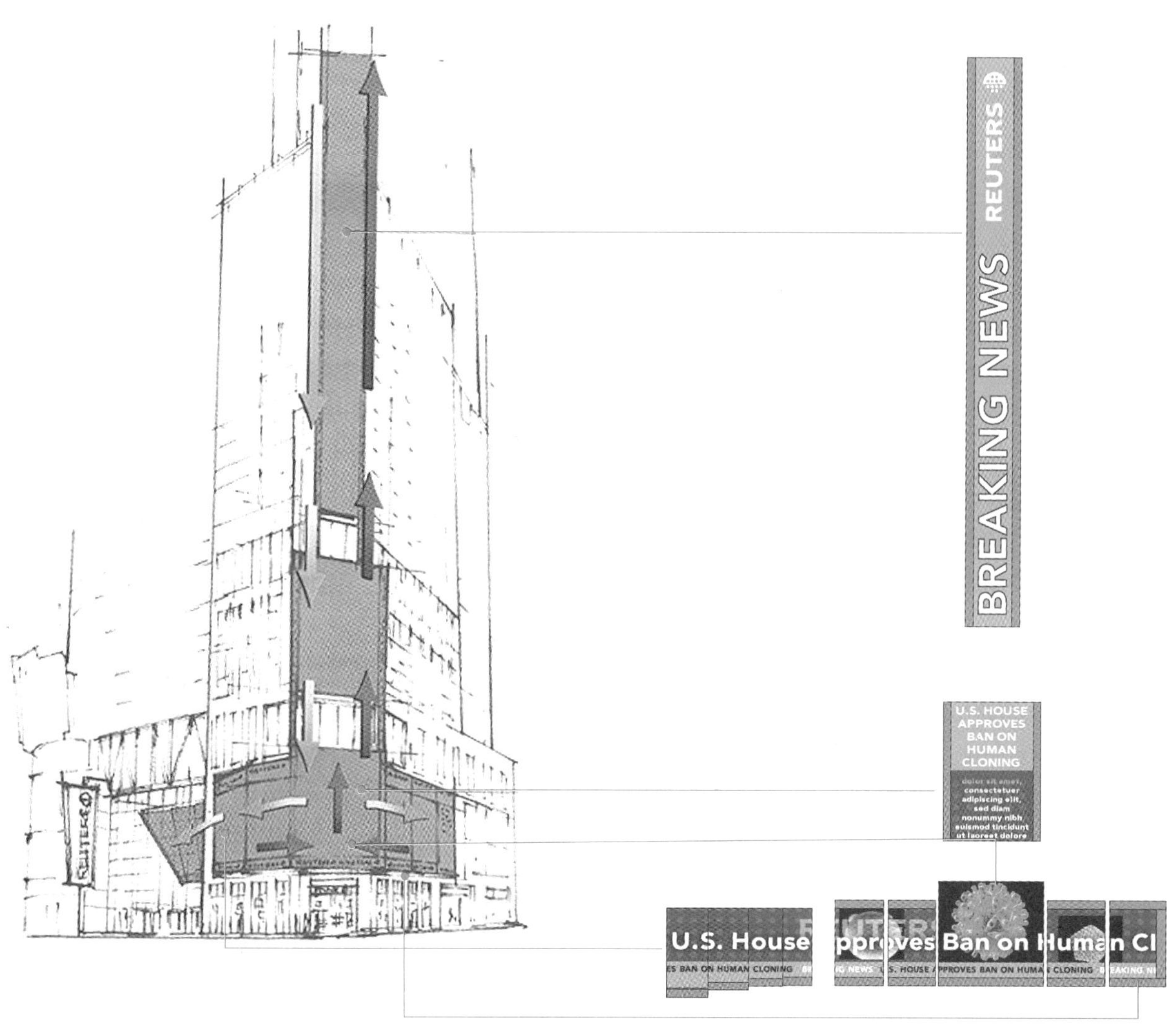

案例研究

复杂性提供

Jill Martin, Duarte Design, 加利福尼亚州

能给大家说说你为电影《难以忽视的真相》(An Inconvenient Truth) 中 Al Gore 的汇报所做的设计吗?

Duarte 公司对 Gore 先生指定的主题进行图形设计。我们通过阅读这些主题相关的现有研究成果和资料，并对整体的讨论提出最相关的讨论点。之后我们将这些讨论点以标准设计惯例来进行信息视觉化设计，建立具有层级的概念。一旦它们被采用了，Gore 先生就会把它们纳入他的论述。

(相对于文字描述来说)有什么是只有图形和表格这种形式才能表达的?

对于一个观众，特别是一个外行的观众来说，接触到原始的数据是非常困难的，但是一个说明性的图示具有极大的说服力也很容易让人事后回想起来。通常情况而言，图形越简单或越是隐喻，就越需要用语言来描述图形的意义。视觉图形和语言描述合在一起才能更好地解释一个概念，让习惯语言描述和图形描述的人都能很好地理解。另一方面，复杂的信息图形将许多数据联系起来，既传达了总体信息，又不会牺牲细节。而且，他们设法做到在“论文”和“数据”间取得平衡，从而得到一个强大而有趣的例子。

当你在设计信息幻灯片时，什么是最重要的呢?

你希望以最简单的图形、最清晰的背景来突出你的观点。由于观众的复杂性，你或许希望将相关数据结合进去。但是总的来说，目标是能够进行即时交流的。你所希望达到的是建立一个印象。

“看”信息和“听”信息是如何同时进行的?

人们要么在读要么在听，我们的大脑被设计成先处理视觉信息，再处理文字信息。所以你需要你的观众要么在听你的演讲，要么在看你的幻灯片，但你并不能让他们同时做这两件事。

视觉图形和语言描述合在一起才能更好地解释一个概念，让习惯语言描述和图形描述的人都能很好地理解。

在为科学家和普通大众设计幻灯片时有什么不同？

一个熟悉这个领域的科学家通常能够很容易接受高强度的、非图像的信息，但科学家从事的领域和幻灯片所涉及的领域并不同，更倾向于图片式的汇报。幻灯片的内容离观众日常生活、工作越远，就越需要通过视觉化的方式来传达信息。

Gore 先生是如何处理他的幻灯片的呢？

许多人当演讲总是会犯同一个错误，他们以为观众会和他们一样对话题中一些微小的细节感兴趣。通常情况下来说，除非一个技术性的演讲的听众是一群精通该技术的人，否则没有人会在意那些细节。如果目标是让你的观众得到对这个观点的一个大的概念，那么逻辑清晰、事实确凿的幻灯片，简明有力的阐述才是关键。总而言之，在不同的场合选择不同的方式来解释你的概念。Gore 先生明白这个道理并尽他全力保证所有他所展示的信息是真实准确且在视觉角度上来说是吸引人的。

你在接手电影《难以忽视的真相》（An Inconvenient Truth）这份工作的时候遇到过什么样的挑战吗？

嗯，我们这次是在和我们的前副总统合作。所以你可以想象那些疯狂的日程安排，不同地点的选择，最后一分钟打来电话要求修改，嗯，我想你应该可以明白了。

你在这份幻灯片上花了多少时间？从一个视觉 / 幻灯片设计的角度来说，这一过程中作了多少修改？

从 2003 年起，我们就开始为这件事工作。这个幻灯片一直不停地在被扩展和精炼（听起来好像很矛盾，我知道），因为新的研究成果和新的信息被不断公布出来，我们团队已经非常熟悉这个数据，并且经常能对如何把新的信息整合进原来的幻灯片提出建议。■

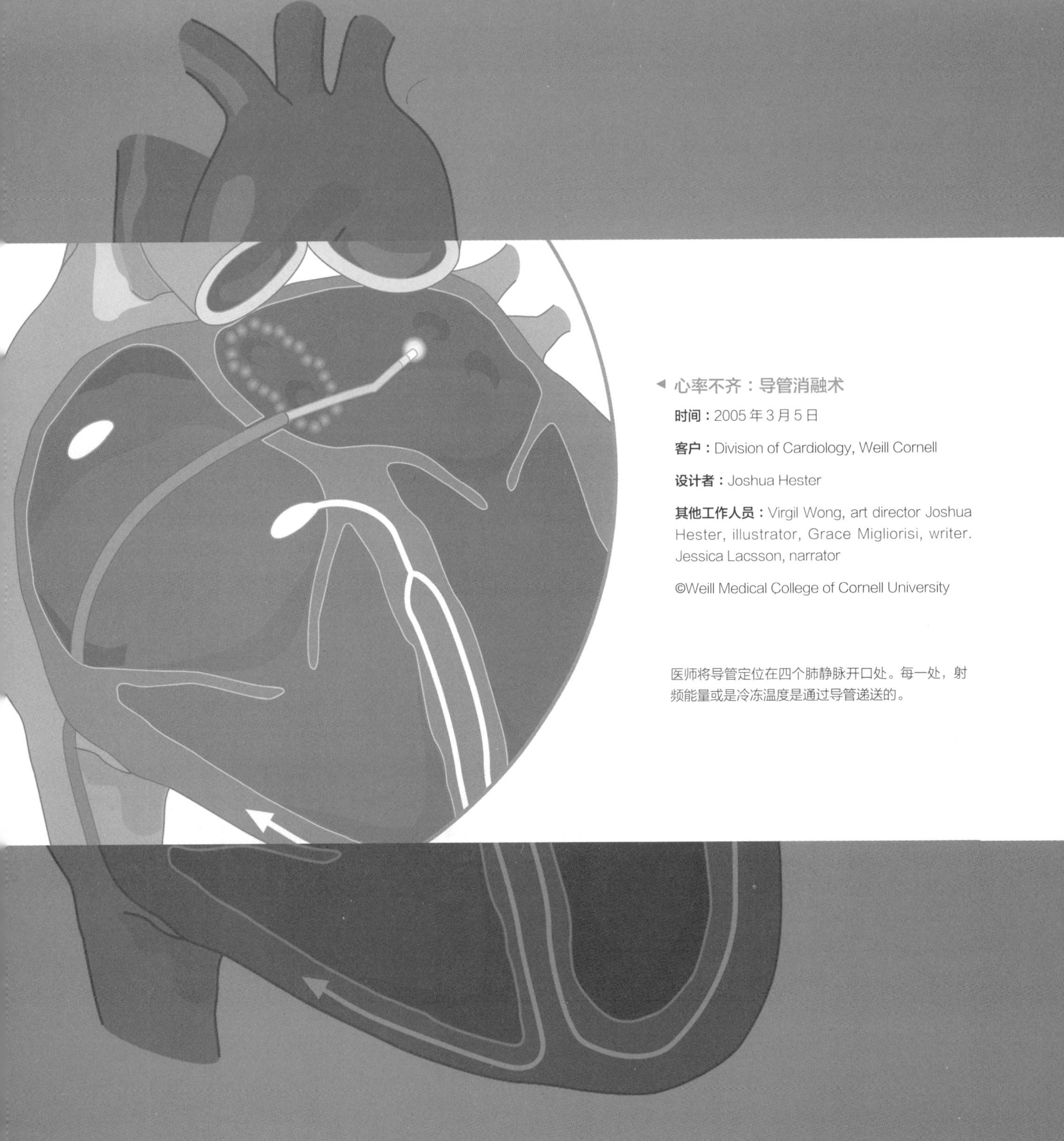

◀ 心率不齐：导管消融术

时间：2005 年 3 月 5 日

客户：Division of Cardiology, Weill Cornell

设计者：Joshua Hester

其他工作人员：Virgil Wong, art director Joshua Hester, illustrator, Grace Migliorisi, writer. Jessica Lacsson, narrator

©Weill Medical College of Cornell University

医师将导管定位在四个肺静脉开口处。每一处，射频能量或是冷冻温度是通过导管递送的。

案例研究

心脏病学网站 康奈尔医学中心

Joshua Hester, 设计师

你是如何成为一个网页设计师的呢？你接受过平面设计专业的教育吗？

一开始，这完全是运气。1999 年的春天，我正准备从弗吉尼亚理工大学的计算机科学专业毕业，不知道自己将来想做什么。我的同学们开始找到类似软件工程师这样的工作，我还在想办法找一个能把我的艺术天赋和计算机技巧结合起来的工作，而不是去给电子表格上色。我还真在一次面试中碰到一家公司建议我将艺术天赋用在给电子表格上色上面。

所以你被网站设计吸引了？

当时网站才刚刚开始发展，我记得又一次我在一个网站上见到用 Macromedia 公司的 Shockwave 制作的动画，我整个人都震惊了。仅仅是在几年前，五颜六色的背景的网站才刚刚出现。我还在学校的时候，得到了一次面试的机会，公司来自弗吉尼亚州的里士满，是一家软件开发公司，他们在寻找一名网页产品艺术家。我当时已经自学了网页设计，并且我记得我已经建了两个网站，一个是为一个工程公司，另一个是为我自己。当我那年夏天毕业的时候，我拥有一个计算机科学的学士学位和一个艺术的辅修，我只休了一周的假就直接去了那家里士满的公司。我以为他们一定会在第一个月里就会发现我自己都不知道自己在做什么。我当时对于什么是平面设计师几乎没有概念。

描述一下心脏病学这个项目以及什么样的人群才是你们网站的目标人群。

从 2005 年的夏天到 2006 年的春天，我们为康奈尔大学威尔医学中心的心脏病学部门工作。我们需要制作一系列动画来解释心颤（一种不规则的心跳）以及其中一种解决办法——导管消融术。我们的目标受众是这些心颤患者，无论是还在考虑这个治疗手术的还是将要进行这项手术的。这些动画是我所需要制作的医疗科普视觉化项目中的一部分。我和我们的文案一起工作，他曾经是一名解剖学的教授，同时心脏病学的医生也会同时检查我们所制作的图解和动画，以确保其准确性。

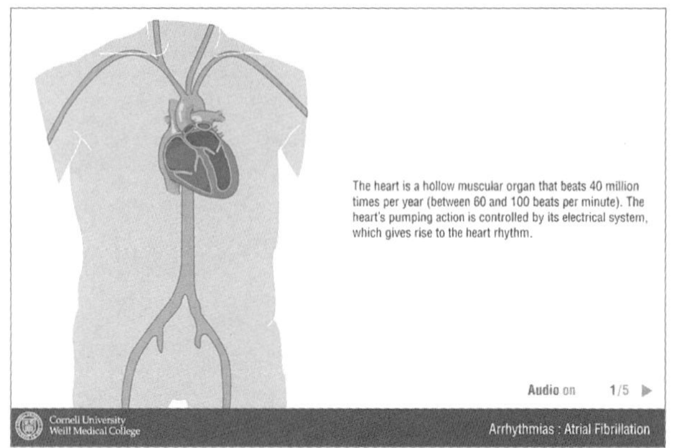

The heart is a hollow muscular organ that beats 40 million times per year (between 60 and 100 beats per minute). The heart's pumping action is controlled by its electrical system, which gives rise to the heart rhythm.
Audio on
1/5
Cornell University
Weill Medical College
Arrhythmias : Atrial Fibrillation

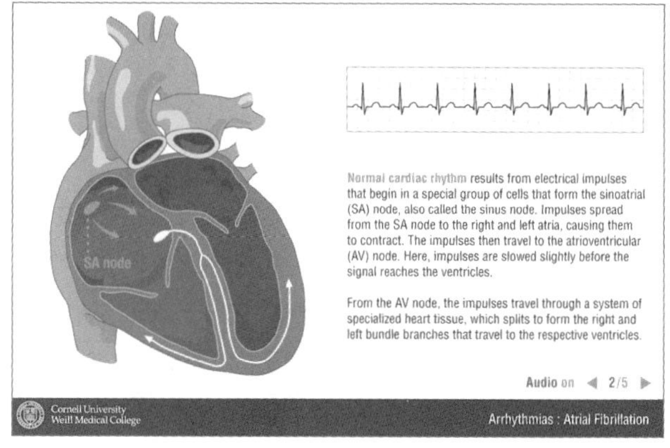

SA node
Normal cardiac rhythm results from electrical impulses that begin in a special group of cells that form the sinoatrial (SA) node, also called the sinus node. Impulses spread from the SA node to the right and left atria, causing them to contract. The impulses then travel to the atrioventricular (AV) node. Here, impulses are slowed slightly before the signal reaches the ventricles.
From the AV node, the impulses travel through a system of specialized heart tissue, which splits to form the right and left bundle branches that travel to the respective ventricles.
Audio on
2/5
Cornell University
Weill Medical College
Arrhythmias : Atrial Fibrillation

由于你的客户是医院，而你的服务对象是医生和患者，你需要了解多少细节的知识来使得你的设计所传达的信息是准确的呢？

我们为威尔医学会网站制作的内容主要是针对没有医学背景，但依然受过良好教育的浏览者。但与此同时，我们的网站也同样给医生们提供资讯，大多数情况下，资讯是由医生和医院的工作人员提供的，我们的文案通常需要重新整合那些资讯，使之能够被没有医疗背景的人接受。我们提供尽可能多的信息来使传达的内容准确，同时又使得网站看上去不会过于技术化。对于我为这个网站制作的医学图解来说，它们必须简单易懂，同时从解剖学上来说又得非常正确。我经常参考那些医学图解教科书，并让医生们指出任何可能的错误。

什么是设计参数？在插画和印刷技术方面有什么样的限制吗？

这种类似飞机总体安全性分析的图解源自我们之前的美术总监。我略微改善了一下这种风格来制作这些新的动画，但是我保留了绝大多数的设计，使得整个网站的设计风格得到统一。HelveticaCondensed 字体，底部的标语使用“康奈尔红”，动画的尺寸大小，所有这些设计元素都和之前保持一致。这种设计手法对于读者是很有帮助的，这样读者只需要适应一次排版，之后就可以专注于各页面特定主题的不同动画了。

什么样的软件适合类似这样的项目呢，制作完成之后有修改的可能吗？

AdobeIllustrator 和 MacromediaFlash 都是必备的软件，我们主要用它们来制作动画，而不是用来为错误预留修改空间。Illustrator 通常用来制作分析图，制作完成之后我们会交给医生进行检查。通常我需要对其进行一定的修改，但这些修改相对简单，因为 Illustrator 是一个矢量软件。我会调整那些自由形态的曲线，使之尽可能精确，并使用之前的风格。

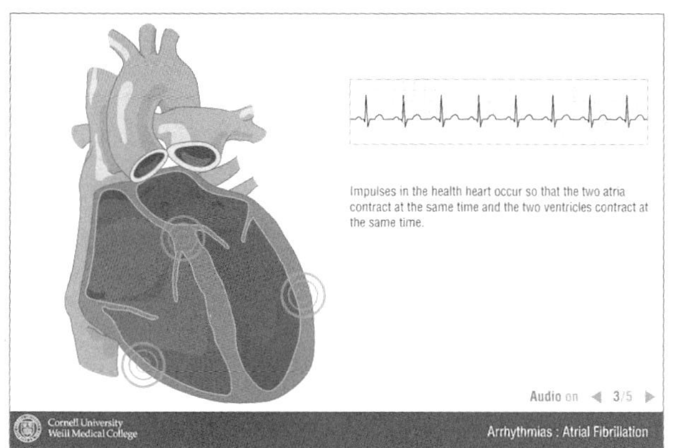

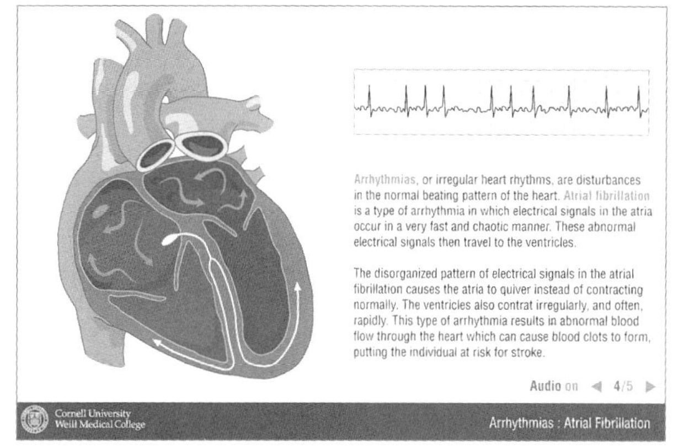

©Weill Medical College of Cornell University

这些矢量图可以轻松地被我导入 Flash。Flash 对于我们这样的项目来说是一个制作动画极有用的工具，因为我可以快速制作出动画，交给医生来检查。这让我把错误减到了最少，因为我并没有使用数周的时间来制作那些可能需要全盘推翻重新制作的动画，这给了我更多的时间来制作更多的版本，不停地纠正其中的错误。这种类型的动画和视觉风格，使得其永远有犯错的余地，但是只要读者可以理解所传达的信息，就达到了我们最主要的目的。

与其他网页设计的工作相比，你觉得这个医疗网站的工作有何独特之处呢?

这次为医疗网站工作的经历和其他任何工作经历都大有不同。我为威尔医学院创作的动画是一个非常独特的经验。我也曾经为别的网站设计过网页，但从未如此努力地为一家医院设计过网页。这个工作的架构也与别的工作不同，在这份工作中，我们需要与大量客户沟通。

这个网站由威尔医学院的多个部门共同资助，它的建设和维护团队非常国际化。同时，这个项目并没有对设计公司展开竞标，也没有时间和预算的限制。当然，作为一个团队，我们会制定工作计划并尽可能地按计划来操作这个项目，但是我们的客户看上去似乎并不那么在乎何时才能完成这个项目，或许只是因为他们当时并没有看到时间调整对整个项目预算造成的影响。作为一个网页设计师来说，一般情况下，时间和预算都是受控制的因素。但是根据我的观察，在这个项目中，中期汇报之后，我们的客户更在乎如何更精确和恰当地传达信息。在大多数情况下，我们也愿意做出这样的改变，我们也同样希望我们所传达出的信息是精确和恰当的，或许在这一方面，我们比他们的愿望会更强烈。

你享受这一过程吗?

我觉得我所做的一切努力都是为了改变人们的生活。这听起来很多愁善感，但是为减少恐惧感而制作动画比做一个鼓励人们买沙发的网站让人感觉好太多了。

第四章　为发展而设计

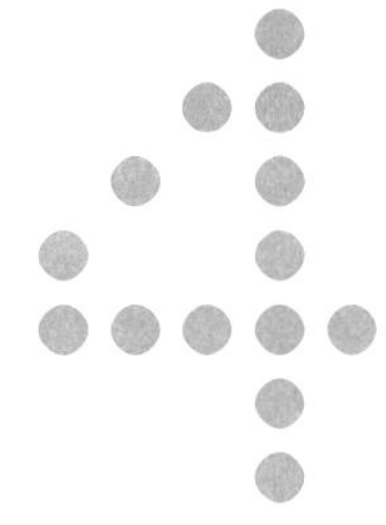

数字化系统的其中一个基本原理就是，它是可以扩展和成长的。如果你精通如何使其发展，那么你的事业也将发展得很好。

设计一个数字化系统就像是在孵化之前就开始数鸡的个数，而我的外婆告诉我，这样做毫无意义。但是，外婆们对于跟上潮流这件事，总是很慢的。

作为一个数码设计师，你的工作就是去预期、适应，甚至去鼓励改变。根据澳大利亚政府委托的一项研究，网站的平均寿命为 45 天。有些昆虫都比这活得久。许多数码设计师的作品集简直就是一个死去的网站的大墓地，它们要么被重新设计了，要么已经早就不在线了，一个截屏就是所有这些数码设计师辛劳的最后仅剩的证据。无论你的设计多么优秀，一旦它无法满足项目或者商务的需要，它也会被干掉。为了存活，一个数字化的系统必须是一个有发展可能性的系统。

来自 Flat 公司的 Doug Lloyd 将数码设计和园艺作比："对我来说最有意思的事，是我设计的是一个活着的系统，"他这样告诉我。"你永远都不知道这个系统最后将向什么方向发展，作为一个设计师，我的工作是为这个网站的将来播下种子，然后指导其发展。通过一段时间的使用，系统会慢慢地找到它们的生命。我得说，只有系统自己可以良性运行了，我的工作才算是结束了。"

创造一个可以发展的网页或系统并不是一件容易的事情。它需要设计师仔细均衡短期需求和长期需求。客户和设计师一样，总是被新技术所提供的新的可能性所吸引而低估了更新系统所需要的时间。增加内容和章节总是比删除它们容易，所以不要设计一个总是需要更新的系统，除非你有大把的时间和资源乐意耗进去。

博客是一个特别吸引人的黑洞。真的有数百万的博客被富有野心的人建立了起来，但是由于没有时间来维护博客，大多数都惨遭遗弃。对于一个网站来说，并没有太多事能比一个叫作"最新更新"的板块好几个月没有更新更忧伤的了。

不过，数码技术也让越来越多的人可以为你的网站增加内容。当你发现自己在早晨醒来，登

数字化的黑暗时代

对于如何获取更多的信息，网络的发展比历史上任何技术的发展都有效。现在这个世界上大约有1.15千亿网页。每一天，都有730万新的网页发布出来，如果把它们所包含的信息都累加起来，大约每个人每年都能分配到250兆的信息。

虽然信息被制造出的速度是空前的，但是，它们被遗忘的速率也是极其惊人的。网页平均的存在时间只有一百天而已。不像那些被印刷出的纸质资料，在网页消失了之后，那些信息也就毫无踪迹了。它们就这么消失得无影无踪。那些模版，那些数据库就这么被废弃了，拆毁了或是被新信息覆盖了。结果呢，那些无头无脑的博客上的碎碎念，那些令人垂涎的辣味料理的食谱，所有那些能证明我们曾是怎样的一个人，我们又是如何看待我们自己的视觉信息，就这么在这个信息时代消失无踪了。

随着信息生成速率的加速，我们越来越难以记得过去。如果没有过去的信息，我们将无法从过去的失败和成功中学习。"自相矛盾的，" 布鲁斯特·卡利（Brewster Kahle），互联网档案馆（Internet Archive）的创始人这样写道，“随着互联网的不断发展，我们却生活在数字化的黑暗时代。”[1]

1 www.archive.org/about/about.php

录进你的网站，看到别人的留言，那么就说明你建了个不错的网站。事实上，近年来一些大家所熟知的项目并不是那些突破性技术的结果，它们在这个互联网时代被称为杀手级应用，它们是现有技术的综合和集成，它们促成了一个相互共享和相互参与的网络社会。MySpace是其中一个主要的例子，别的博客网站还有Boing Boing和Gawker。现在，传统的观点是，只要你能吸引到足够多的人来浏览你的网站，这个商业模式自然就会成功，就像堂·德里罗（Don Delillo）在他的经典小说《毛二世》（Mao II）所写的“属于群众”（belongs to crowds）。

那么，数字化系统是如何发展的呢？如果你能回答这个问题，那么，你也一定知道为什么比尔·盖茨（Bill Gates）是这个世界上最富有的人。微软（Microsoft）创造了一个应用程序，然后他们更新了这个应用程序无数次。一旦你买了这个应用程序，之后的每一次更新，你都得掏腰包购买，这就像把你的钱存在了他们的银行一样。我们就拿制造汽车来研究一下这和传统的赚钱有什么不同吧。汽车制造需要很多的经费来进行研究，但是，材料和人工在汽车制造的过程中花费更多。无论微软卖出了多少软件，他们的研发经费都是一样的。当比尔·盖茨不知道该如何往外花钱的时候，福特汽车（Ford）却在为如何为他们的员工支付医疗保险而伤脑筋。

微软这种模式的发展在于复制。你设计了一个软件，同样的一个软件你可以卖出去无数次。小尺度上来说，这个页面模板的功能差不多。如果你不想复制整个应用或是网页，页面模版是个不错的办法，它允许你将不同的内容载入相同的模板中。你只需按下一个按键就能创建出一个完全一样的页面，你所需要的应用已经加载在页面里了，就等着你输入内容了。

好的办法与足够好的办法

如果你不仅仅只想为你的网页复制同样的设计，你该怎么做呢？你想升级改进你的网页吗？有两种基本的办法可以改进一个数字化的系统。为了叫起来方便，我把它们称作“好的办法和足够好的办法”。“好的办法”是，像 IBM, Yahoo! 以及别的很多公司一样，做一些我们在“作用／反作用”这一章中所介绍过的调查工作，对你的目标观众进行调查，设计一系列修改方案，然后再测试这些方案，选出其中的最佳方案，然后再对其进行测试。一直以来，这种方法都被看作是大公司的唯一方法。例如，IBM 的网站有差不多十万页左右的网页，就算是对全局导航做一个很小的变动都会对整个网站造成很大的影响，你必须在做更改之前非常确定这个更改对用户体验有怎样的影响，并且你的用户在更改之后依然能找到他们想找的网页。

而另一种足够好的方法是，修改网站并发布出来，看着人们使用，再把不合适的地方修改过来。这样做有很多缺点：首先，如果使用者登录网站的时候不喜欢你的新版设计，你很可能就失去了这一部分用户。如果你的网页时时都在修改，也会让用户非常困惑。但是，这种做法有一个非常重要的好处，而这个好处会把所有的缺点都一笔勾销：这是一种极其快速的做法，在这个吸引眼球比什么都重要的世界里，当第一人远比把事做完美重要。

在谷歌（Google）之前，足够好的方法被认为只适合小型的企业，因为它们就算失去用户，也没有大量的用户可以失去。谷歌并没有使用传统门户网站的做法，一个大网站集成了众多的功能页面，所有这些页面都链接到了门户网站，就像 IBM 和 Yahoo! 所做的那样。谷歌有很多小的网站，在所有的网站都制作完成之前，那些小的网站就可以发布使用了。

谷歌的主要看法是，在这个快速变化的科技世界，如果你等到一个设计完全完成和测试完毕才发布，那么很可能这个设计已经过时了。事实上 Gmail, 谷歌的一个极其流行的服务，在发布多年之后的今天，依然还只是测试版，也就是说，这个数百万人用来日常沟通的重要工具依然还没有正式“完成”。

有三个很重要的原因奠定了谷歌的成功。第一个是所有这些已经发布的“测试版”运行状态非常好；第二个是操作界面设计得非常简洁，所以用户并不会被对那些升级修改感到困惑；第三，也是最重要的一个原因，谷歌让它的用户感到自己正在参与一个令人激动的全新的冒险活动。大家都知道这种冒险的感觉是令人愉悦的。

这种足够好的方式依然是需要进行事先策划的。为了快速发布新的互动网站或系统，你需要好好整理你的数据库。在这个数码时代，数据库可比界面设计耐用多了。作为一个数码设计师，你的设计选择总是被你的数据是否干净、一致和可读取所控制。例如，是否你的所有产品和页面都被以同一种方式所标记。你的客户信息是否包含名和姓，是否那些 e-mail 地址都被验证过了？如果你有非常棒的数据，那么你就几乎能拿它们做任何事情。重新设计一个网站会和更改样式表一样简单。

整合

我们谈到了如何设计一个可以不断发展的系统，那么作为一个数码设计师，你又该如何设计你自身的发展呢？就像 Doug Lloyd 在他的访谈中所评论的，“几乎所有那些令人兴奋的数码设计工作都不是一个人就能完成的。”这些项目对于个人来说太过复杂，改变也太快了，所以数码设计师总是以团队的形式工作。

高效的合作本身就是一种艺术，这是一个在设计学校通常学不到的东西。基于多种原因，在学校里，我们更注重的是个人发展。但是学着如何与他人相处，什么时候该随大流，什么时候该全力坚持自己的观点，最重要的是，如何说服他人同意你的观点，这些，才是最重要的。虽然所有的人都同意团队合作很重要，但是，团队如何架构通常是争论的焦点。开源的方式使得我们可以最大限度地进行团队协作，但是有些人认为，还是小规模团队合作的效果最好。一个叫做 37Signals 的小公司的合伙人 Jason Fried 有他自己的观点：“我发现一件特别有意思的事情，那就是当一个大团队真的想要完成一件事的时候，他们不会把队伍扩大，他们会把队伍缩小。举个例子来说，当国会需要考虑某些重要问题的时候，他们会组建一个委员会来研究这个问题。当军队需要执行一项特别精确的任务的时候，他们会选择一个特别优秀的小团队来执行这项任务。”[1]

当项目变得非常复杂的时候，设立一个特殊的设计工作室是一个简单的办法。曾经，只有大的工作室才能有资源拥有所有那些设备来进行前沿性的研究。曾经，对于设计师而言，标准的职业路线是先从一个设计学校毕业，然后在大企业中当几年螺丝钉，攒一些钱，然后期待着某天能独立创业。许多设计师走的都是这条路，如果你恰好进了一家不错的企业去当螺丝钉，你或许能做一些你一个人做不了的事。如果这是你为自己所规划的职业路线，那么你最好提前想好你想做怎样的一颗螺丝钉。你是想当一个忙碌的程序员呢，还是想做视觉设计，又或是做做管理的工作，还是你倾向于独自工作？如果你已经想好了自己要做什么，那么你很有可能做的是你不曾想过自己会做的事。

越来越多的设计师更倾向于独自创业，或是找几个朋友一起创业，自己设计自己的产品并把它们卖出去。现在甚至有设计应用来帮助企业家创业。毕竟，如果你能找到灵感并将其设计出来，为什么不把这事儿做完呢？自己独立创业的成本现在已经低得不能再低了。任何一个有一台电脑的人，连上高速的网络，联系一家打印店，都能挂个牌子做那些大工作室做的事。

找到你的位置

无论你最后决定进一家大企业还是自己独立创业，认识到如何架构一个团队才是最重要的事。不出意外的话，这会帮助你理解独立完成一个项目都需要做哪些工作。最基础的团队架构是广告公司的架构。许多服务机构都会由设计师和文案组成，他们会在很多项目中合作，有些时候同一个设计和文案甚至会一起合作很多年。

1 Vinh, Khoi, “Getting Real.” Adobe ThinkTank, http://www.adobe.com/designcenter/thinktank

当广告业发展到不再只有图片和标语时，这一切都变了。互动版本的广告业需要设计师、程序员和一个内容提供者（通常情况下是客户）。在这个模式下，设计师专注于设计演示界面，或是让用户使用的终端产品，而程序员则专注于设计整个网站和系统的后台以及如何组织内容。通常，网站需要置换内容来进行维护，客户也会由他自己的文案来帮助进行这项工作。

在一些大项目中，团队人数会扩展到数十人甚至上百人。这里有一些数码类项目的岗位细分（请注意不同的公司可能会给同样的岗位赋予不同的头衔）。

■ 项目经理　客户通常和这个人沟通，他负责理解和传达客户的需求，也需要对客户的预算负责。所有的工作成果在交给客户之前都需要交给项目经理过目。

■ 项目主管　这个人负责设计团队的日常工作，包括制定计划，完成会议记录，确保所有的工作人员都有他们工作所需要的资料。项目主管有时也会被称作制作人。

为什么要合作

有一些设计师认为原创性的设计就意味着独自工作。他们没有办法接受任何人在他的设计过程中参与哪怕一分钟。“合作”意味着和敌人一起工作。而对于设计而言，合作者就是敌人。

废话

在设计行业，特别是数码设计行业，合作是这个创造性工作的核心。在追求共同目标的前提下，两个人或是更多人之间的相互关系正是最富有创造性的活动，说到底，我们都是合作的产物。

设计一般都不是一个独自创作的活动。翻看设计年鉴，你会看到每一个设计作品后面，都会跟上长长的致谢清单。虽然艺术家创造了这些风格，优化了想法，促成了大多数人都接受的概念，但最终就算是他们也是在一个大背景下做事。

无论多么有才华，一个设计师总是要对客户负责的，或者在很多情况下是对设计总监、创意总监、艺术总监或是别的中间人负责。这些中间人做着整体协调的工作来完成这个项目。在所有的各种平台下，设计网站、电影、电视、创意依赖于这样的交互合作。

一些合作关系是强加的，而另一些合作关系是天然存在的。无论他们表现如何，合作能消除弱势，加强力量。但是合作绝不像 X + Y = Z 那样简单它就像是化学融合，最后形成了一个独特的个体。当所有的一切都顺利进行的时候，当自我满足的需要来自于项目完成的自豪感，所有合作者的共同贡献使得一个人不能完成的项目被一个团队集体完成了。

虽然如何合作并没有一个统一的方法，最好的办法是所有的参与者都尊重彼此的工作，又在需要的时候能够互相帮助。任何人都可以发号施令，也可以顺从命令，那就是一个好的合作者。

我们不认为在一个小型团队中需要一个专家。如果你有四个人，其中一个人只能做好一件事，我们认为他们在浪费空间。

■ 创意总监：这是一个许多设计公司都有的创意最终职位。这个创意总监负责所有的设计和内容，他们也通常同时为多个项目工作。创意总监可以同时拥有设计或是写作背景。

■ 助理创意总监：助理创意总监又叫 ACD，负责项目中日常的创意设计。通常助理创意总监负责指挥创意方向，然后设计师会将其执行。ACD 通常也拥有设计或者写作背景。

■ 设计师:设计师在这个系统中的工作是选择图片，定义色板，选择照片，然后进行整体排版。有时候他们会使用资讯架构师制作的模板。

■ 资讯架构师：资讯架构师的工作是控制整个系统，确保最后完成的作品有其需要的内容和功能。资讯架构师可以建立一个网站地图，它可以显示出网站的每一页以及它们互相之间的联系。通常，资讯架构师负责决定整个网站的全局导航。

■ 程序员：程序员以多种形式存在。一些人负责 Flash 和动画，一些人负责后端架构和多个系统间的对接。

在一个大项目中，多人负责以上所提到的不同的岗位，还有其他一些并未列出的岗位。在其他一些项目中，一些人可能可以一人做完所有这些工作。大团队合作的好处是，它使得人们可以专注于他们所负责的那一块工作范围，并称为专家。坏处是，很多时间都浪费在了交流上。大量的文件被建立起来，就是为了让所有人的工作都能顺利协作进行。这种大型团队沟通上的困难造成有些工作室就算是遇到复杂的项目也不愿动用大型团队。37Signals 公司设计复杂的软件解决方案，讽刺的是，这些方案是为了解决大型团队合作的问题。合伙人 JasonFried 说，“我们并不认为在一个小团队中需要专家。如果你有四个人，其中有一个人只会做一件事，那么我们认为你们是在浪费空间。你最好找一个人既会 HTML/CSS, 又会设计用户界面，或是架构信息，编辑文案。我们认为所有这些都是设计师的工作，而不是四个人各自做不同的工作。”■

Daylife.com ▶

客户：Daylife

时间：2007年2月

设计者：Jonathan Harris

软件：Adobe Illustrator, Adobe Photoshop, Flash

案例研究

即时新闻

Tom Tercek, 合伙人，Daylife.com

什么是Daylife？它在这个数码世界做了什么别人没做过的事？

Daylife是一个探索世界的新途径。今天，前所未有的大量各类新闻自由充斥着这个网络，构成了这整个世界的各种事件和故事，以及随之而来的各种观点和看法，变得即时又相互联系。这种对信息的渴求为人们带来了一个新的挑战，如何才能在所有的信息中找到自己想要的呢？我们需要一种新的方式来组织和浏览新闻。新的工具带给人们一种新的声音，对于媒体品牌来说，细心聆听是在这个环境中成功的关键。

这种新媒体摧毁了大媒体的权威，建立了用户的权威。用户告诉媒体他们关心什么，什么才是重要的，如果他们不喜欢媒体做出的新闻选择，他们自己来选择他们所喜欢的新闻。Daylife不关心新闻。我们把新闻组织起来，让人们可以很轻松地找到并搜集想要的新闻，分享给朋友以及做出评论。

这是如何出现的呢？

Daylife从全世界搜集以各种视角观察的各类信息，然后以适合浏览器的排版，将故事展现在人们面前，帮助人们在故事之前建立大家不曾发现的联系点。我们的目标不仅仅是传播那些头条新闻，我们同时也希望带着大家一起理解我们身边发生的故事。

CIA on Trial
bruary 16, 2007
Cotton Could Feed Millions
November 21, 2006
A Find in Egypt
February 20, 2007
daylife
Flood Consumes Jakarta
bruary 3, 2007
daylife
Bird Flu Reaches UK
February 4, 2007
daylife
L.A. Hosts Summit to Fight Gangs
February 9, 2007
daylife
Lost In Space
vember 22, 2006
daylife
Guantanamo Appeal Fails
February 21, 2007
daylife
Lights Out for Climate Change
February 1, 2007
daylife
Millions Pray in Dhaka
bruary 4, 2007
daylife
Russia's Population Crisis
February 22, 2007
daylife
Iraq: The Civilian Toll
Mother of baby
Aug. 31, 2005
Aimma Bridge,
Baghdad
November 23, 2006
daylife
9,000 Snow Angels
daylife
World's Smallest Baby
February 20, 2007
daylife
Gaza Ceasefire Begins
November 26, 2006
daylife
Giant Squid Caught
BURGER KING
Going Trans-Fat Free
7 Wonders Unveiled

◀ Daylife.com 介绍界面

客户：Daylife

设计者：Jonathan Hams

致谢：John Zipps. Fredenco Duearte, Anne Poochareon（图片编辑）

软件：Adobe Illustrator. Adobe Photoshop. Flash

这同时也是第一个被设计为分布式的新闻服务。虽然我们有一个目标网站，所有的出版机构，无论其规模大小，都能用我们的平台和数据来增加他们自己的服务或是建立新的应用。这就是网络之于网站的意义。Daylife 也将在人们的使用和贡献下发展变化。

这么多的信息同时涌入 Daylife, 你们的设计策略或是设计哲学是什么？谁来设计你们的基本界面？

Jon Harris 是我们的首席设计师。他不仅是一名出色的资讯设计师，他也了解设计和用户之间的关系。如今信息的展现方式多种多样，对于 Daylife 来说，为网站以及其不同板块完成一个清晰易懂的设计非常重要。

当我们用科技完成大多数工作的同时，我们也希望能将人性化注入 Daylife。这不仅仅只是更合适的功能和更好的清单或是数据。我们并不是在设计飞机的驾驶舱。我们是一个媒体公司，对于我们来说，这意味着我们需要去创造最佳的阅读体验。这是一个与用户感受之间的制衡，而不是与性能的制衡。

Daylife 似乎在为个体推广（和整合）新闻。对这些功能而言，都有那些设计组建呢？都有什么样的内容包含其中？

Daylife 是一个媒体服务，我们是为那些对世界允满好奇的人服务的，我们为人们提供对世界的概览让他们畅游未来。每一个人都是独特的个体。没有任何两个人会以同样的方式来看这个世界。Daylife 相信新闻也该是如此。所以我们的新闻来自世界各地，包含各类话题，反映了无数不同的兴趣和观点。

但是，有没有一些特殊的视觉元素能展现或者塑造这样的场景呢？

是的。这个世界是个令人惊奇的世界，五颜六色，多种多样，惊险刺激，令人悲痛又无比美丽。我们认为那些新闻，正是人类生活的写照,而不仅仅是标题。为了展现生活的色彩，Daylife 包含了优美的图片，精彩的引用，互动的表格，还有其他许多帮助丰富这样一种体验的设计，而这仅仅是一个开始。

如今有那么多不同种类的设计师——传统设计师和所谓资讯设计师，体验设计师，界面设计师。Daylife 需要什么类型的设计师呢？你们希望你们的设计师都具有何种能力呢？

我们正在寻找能够理解如何去运用新的数码媒体形式来在娱乐和信息上视觉化的设计师。这并不仅仅局限于某个特定的领域，而是恰好相反。我们倾向于那些在视觉化的大背景下，具有发展新的视角和理解事物新方式的人才。

UNIVERSE
REVEALING OUR MODERN MYTHOLOGY
See the Universe of...
times: the past day the past week the past month the past year
people: Bono Angelina Jolie George W. Bush David Beckham
places: Iraq North Korea Hollywood New York City
concepts: climate change war bombs love
or anything else you can imagine...
type your curiosity and press enter
Statement Stages Technology Credits

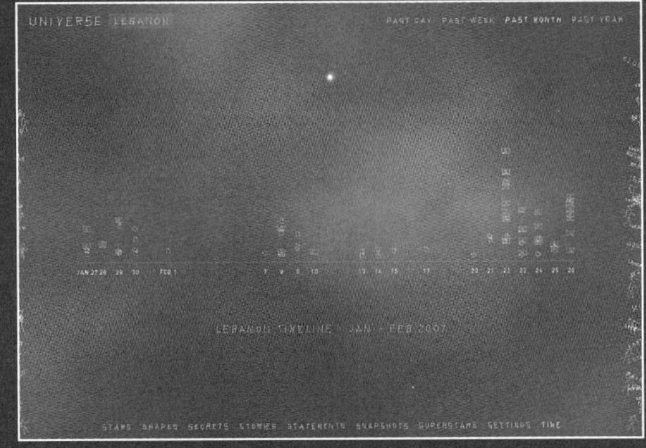
UNIVERSE LEBANON
PAST DAY PAST WEEK PAST MONTH PAST YEAR
LEBANON TIMELINE · JAN - FEB 2007
STARS SHAPES SECRETS STORIES STATEMENTS SNAPSHOTS SUPERSTARS SETTINGS TIME

UNIVERSE LEBANON
PAST DAY PAST WEEK PAST MONTH PAST YEAR
LEBANON SNAPSHOTS FROM THE PAST MONTH
STARS SHAPES SECRETS STORIES STATEMENTS SNAPSHOTS SUPERSTARS SETTINGS TIME

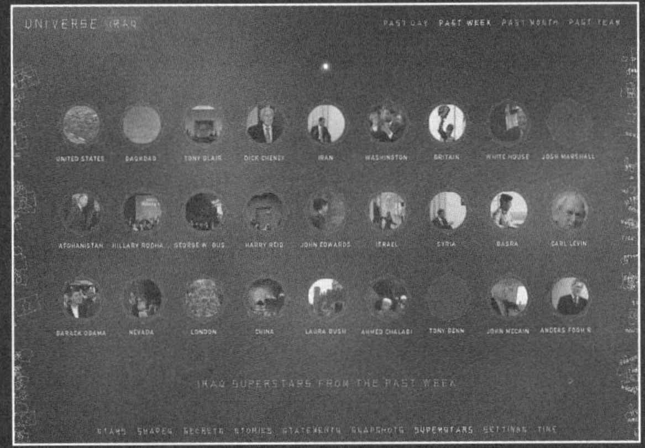
UNIVERSE IRAQ
PAST DAY PAST WEEK PAST MONTH PAST YEAR
UNITED STATES
BAGHDAD
TONY BLAIR
DICK CHENEY
IRAN
WASHINGTON
BRITAIN
WHITE HOUSE
JOSH MARSHALL
AFGHANISTAN
HILLARY RODHA
GEORGE W. BUS
HARRY REID
JOHN EDWARDS
ISRAEL
SYRIA
BASRA
CARL LEVIN
BARACK OBAMA
NEVADA
LONDON
CHINA
LAURA BUSH
AHMED CHALABI
TONY BENN
JOHN MCCAIN
IRAQ SUPERSTARS FROM THE PAST WEEK
STARS SHAPES SECRETS STORIES STATEMENTS SNAPSHOTS SUPERSTARS SETTINGS TIME

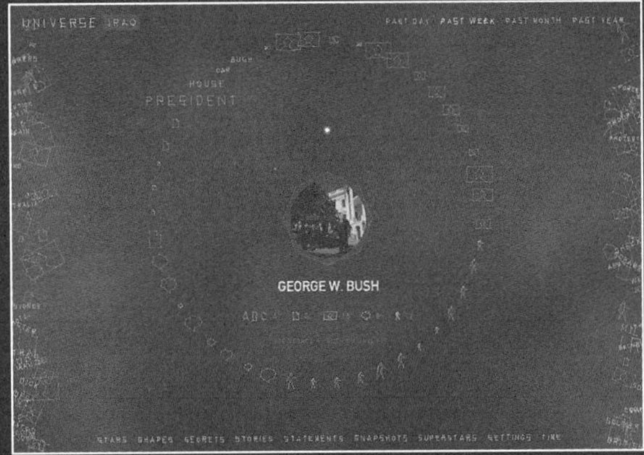
UNIVERSE IRAQ
PAST DAY PAST WEEK PAST MONTH PAST YEAR
BUSH
HOUSE
PRESIDENT
GEORGE W. BUSH
STARS SHAPES SECRETS STORIES STATEMENTS SNAPSHOTS SUPERSTARS SETTINGS TIME

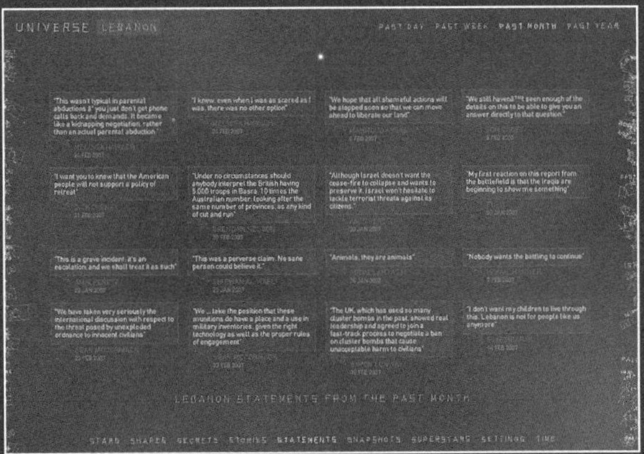
UNIVERSE LEBANON
PAST DAY PAST WEEK PAST MONTH PAST YEAR
LEBANON STATEMENTS FROM THE PAST MONTH
STARS SHAPES SECRETS STORIES STATEMENTS SNAPSHOTS SUPERSTARS SETTINGS TIME

◂ Universe

客户：Daylife

时间：2007 年 2 月

设计师：Jonathan Harris

软件：Processing

在印刷品中，内容概念化的版面设计通常是一个很好的形式。Daylife 又是怎样的类型角色呢？

在信息的展示中，版面设计扮演了一个批判性的角色，但我们所做的不仅仅是版面设计。事实上，我们尽量避免使用列表而努力使用图形化意向来帮助解释一个概念或是话题。版面设计只是更大整体的一部分。

最后，你说你希望艺术家和设计师参与到 Daylife 新闻的包装和解释中来。你觉得这会如何实现呢？

我们相信艺术家和设计师可以利用我们的数据来实现展现世界媒体的新方法。就像我之前说的那样，我们希望能够展现一个世界的全景，而自动生成的列表并无法做到这一点。再者，我们相信我们的角色是在提供信息的同时也能取悦用户。就像网络能给人提供不同形式的节目，我们也希望能够给这个世界带来新的媒体形式供人享受。

艺术家和设计师的介入是否会给新闻工作带来好的影响，还是会带来一个介于艺术和新闻之间的一个新的流派呢？

这个网站是创作视觉化世界新闻，媒体和信息的新方式的一个概念空间。但这只是一个开始。随着越来越多的人和商业在模仿 Daylife 的模式，我们希望我们能够发展出新的方式来帮助人们积累传播、消费媒体和信息。■

第五章　为多设备设计

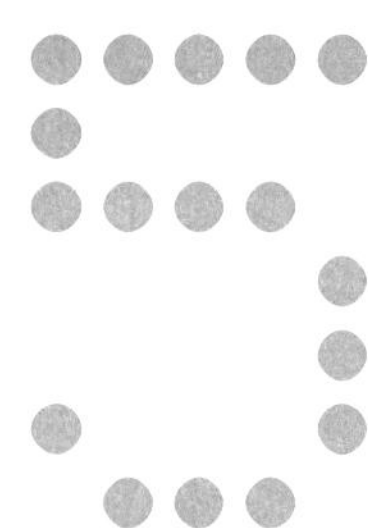

数码设计不再被局限于我们的电脑桌面。新技术正在不断刷 新我们对数码设计的认识。

想象一下你的垃圾桶给你的冰箱打了个电话，告诉它不要再扔蔬菜进来了，它们都发霉了。然后冰箱说，“怪我做什么，他就是只想吃维兹（Cheez-Whiz，一种芝士酱）啊”。“我知道啊”，垃圾桶结接着说，“他可真不是一般的邋遢。这都三天了，他都没倒过一次垃圾。”“你觉得他是不是变胖啦？”冰箱又问……就像这样。

从某些角度来看，计算机网络的未来看上去真的不令人乐观。

我们正处在一个一份联合国的报告所定义为物联网（Internet of Things）的开始阶段。这份由国际电讯联盟（the International Telecommunications Union）完成的报告中指出，“在21世纪的今天，我们走在一个无处不在的新时代，在这个新时代里，互联网的用户数量变成了数十亿，而人变为了数据的主要制造者和接受者。”这就意味着，电脑在不与你沟通的情况下，根据你的日常行为信息，分析你的穿着，你的饮食状况，甚至分析你是否有潜在的犯罪倾向。

这一章主要用于分析数码设备是如何分享数据的；如何通过对你现有行为的观察来预测你将来的行为；在不远的将来，我们去店里消费的时候，都有哪些存货。也许我们也能同时分析出设计如何融入这个联合国的报告认为“科幻作品正在变为科幻现实”的世界。

清楚地表达

为了让你的应用能够和你交流，它们需要能说一些通用的语言。由“0”和“1”所组成的计算机语言是一个良好的开始，但它们需要能够被同一种方式翻译。我们遇到的问题是，科技发展并没有使这一切向着合作的方向发展，而是发展成了竞争的模式。相互竞争的企业都期望它们的产品能够在这场战斗中胜过对方，在这个过程中，它们运用了类似却又不同的方式来翻译“0”和“1”所构成的这种计算机语言。

这就是为什么网站都不尽相同，又或是看起来怪怪的，这取决于你用什么样的浏览器来浏览这个网站。就微软 Windowse 系统的浏览器（InterneteExplorer）和苹果 OS 系统的浏览器（eSafari）来说，没有理由相信它们希望彼此之间能够和平共处，它们都期待有一天互联网的用户只想通过它们自己的浏览器来浏览网页。

这并不是第一次我们在制定标准时遇到困难：当火车刚开始流行的时候，每一个火车公司的机车都被设计为只能在它们自己公司铺设的轨道上运行。但是最终，大家还是制定了一个“标准轨距”。火车的制造者会让火车的左右轮子都相隔 4 英尺 8 英寸（约 1.4 米）。但是制定标准是需要时间的。150 年过去了，现在依然只有 60% 的铁路实行了这个“标准轨距”。

万维网（World Wide Web）的发明者，蒂姆·伯纳斯·李（Tim Berners Lee）相信为了让数字化信息能够对任何人在任何地方、任何时候、以任何方式（“anyone, anywhere, anytime, anyhow”）开放，必须有标准存在。他建立了万维网联盟（W3C—the World Wide Web Consortium）这个组织旨在为信息如何架构和翻译制定标准。虽然标准听上去是个好主意，但是涉及到设计师的工作，有时候它们变成了累赘。

音效设计

你知道你启动电脑的时候电脑发出的那些奇怪的声音是怎么来的吗？这可是被认真设计过的呢。现在大多数的公司在设计软件的时候都会随着 logo 的出现播放一段独有的音效。你是否注意到了，那些声音就像是刻进你的大脑一般难以忘记。就像在电影制作中，魔术贴的声音已经成了其一部分。轻轻贴上，然后再听着那些粘贴点一个一个分开的吱吱声。虽然声音设计和教堂的钟声一样是个不再新鲜的事，它曾经是个让你会吓得不小心摔掉东西的噪声。数字接口的出现，使得我们现在可以舒舒服服地待在家中用自己的电脑完成原来只能在工作室完成的工作，闲来无事还能耍段功夫玩啥的。

声效软件的直观界面从本质上让设计师有了暂停声轨和看笔记的可能。这让你可以很容易地去调节音调、音量和节奏，又或是通过增加新的音轨来将现有的音效和音乐合成进去。DJ Danger Mouse 在他卧室的电脑上创作专辑《灰色》（the Grey Album）（Jay-Z 的专辑《黑色》（Black Album）和披头士乐队的专辑《白色》（White Album）的混合）的时候，混音还是一件新鲜事。《娱乐周刊》（Entertainment Weekly）（时代公司出版的杂志，译者注）把这章专辑称为 2004 年最佳专辑。

这些操作界面让人可以视觉化地去调整音效，与此同时，你其实也能音乐化地调整视觉效果。例如，英国设计公司 United Visual Artists 设计了一系列自定义交互系统，一些乐队像是 Massive Attack 和 U2，把这个系统用在他们的演唱会上。这些系统能够调整和显示从网络上即时下载的动态内容，使得我们看到的内容可以一直更新，显示世界上在这个时间正在发生的事情。随着可以联网的设备越来越流行，毫无疑问，会有更多配合功能的音效出现。我预言，在不久的将来，说不定你的冰箱就会在你牛奶不多的时候发出“moo”的声音来提醒你。

例如说，当你在 32 英寸（约 0.8 米）的超大显示器上工作，而又希望人们能在他们的手机上浏览你的网站，你真的想去考虑在 3 英寸 ×5 英寸（约 0.08 米 ×0.11 米）的屏幕上浏览是什么感受吗？你考虑过盲人用户如何浏览网站吗？是不是能让他们“听”你的设计呢？苹果公司认为这是必要的，所以在 OSX 系统中设计了一款称之为“Voicee Over”的可以“读”网站的软件。

为了使内容具有可读性，网站需要有一个清晰的结构。那些在壁挂式显示器上看起来美美的排版会让屏幕阅读器口吃。根据谷歌（Google）技术专家 T.V.Raman,“那些复杂的视觉效果，既是手机用户阅读的障碍，也是那些使用屏幕阅读器的人的障碍。”

那些各种各样的标准是否是在宣布数码设计师未来就是那些无聊的布局者呢？答案是不一定的。解决这个问题的关键在于，将内容从布局中解放出来。

你在看我吗？

我们意识到，计算机不再仅仅只是与用户沟通，计算机还开始研究用户。这已经并不是什么新鲜事了。搜索引擎和网上零售商已经研究了用户多年，搜集用户的网页浏览纪录和购买纪录。这些信息用来预测你的行为和购买嗜好，使得系统可以将你想要购买的物品展示给你。那些根据你的偏好所展示出的内容也叫做动态资讯。它们根据用户的不同，分析用户的资料，即时显示出内容。

其中一个加工处理过往信息并以此来预测行为的方法叫做协同过滤（collaborativee filtering）。九成的用户同意协同过滤（collaborative filtering）是一个可以理解的方式。简单来说，协同过滤（collaborative filtering）把你和那些与你购买过同样商品的人或是显示出类似品味的人做对比，以此为基础来做出预测。例如，你在网上购买了 Dead Pres, 扭曲姊妹（Twistede Sister）和 Lil' Boozy 的专辑，协同过滤系统（the collaborative filtering system）会在网络中寻找同样购买了这些专辑的人，并且尝试找出他们还购买了别的什么专辑。于是，系统发现大多数购买了这三张专辑的人也喜欢大卫 · 哈塞尔霍夫（David Hasselhoff）。所以下一次，当你登陆进这个音乐网站的时候，你会看到哈塞尔霍夫出现在你的首页上。

协同过滤（collaborative filtering）背后的基本假说是那些行为在过去类似的人也会在未来发生类似的行为。当系统所分析的数据库不够大时，分析结果并不理想。假设你帮你奶奶买了张 Conway Twitty 的专辑，下一张系统会推荐给你的专辑可能就是 *Coal Miner's Daughter*。人类的行为原因是很复杂的，你购买某一样物品并不代表你喜欢这一样物品（就拿你现在正在看的这本书来说，你买了吧？你喜欢么？）但是当系统搜集的样本足够大的时候，几千甚至上百万，这些预测渐渐地就变得可靠了。说到底，人还是一种有习惯的生物。

通过使用协同过滤（collaborative filtering），系统分析用户的信息之后，网页被匆忙建立了起来。所以，这时的网页和普通的网页并不一样，这些动态网页更像是好多的盒子，每个盒子都在等着把专门属于某个用户的信息加载进去。

就跟圆棍很难被放进方孔一个道理，每一份填进这个“盒子”的内容都得大小类似，元素统一。如果你的排版是由图片和文字组成的，就得帮大卫·哈塞尔霍夫（David Hasselhoff）的文字说明找一张配图，无论这张配图里的胸毛有多么得看了让人烦恼。不仅这些“棍子”得是同样的形状和大小，它们还得被描述（或是标上标签），并以一种系统能立即识别的方式来组织。换句话说，它们必须经过标准化处理。这种标准化处理使得网站可以轻松地进行数据处理。任何格式正确的信息都可以被加载进这个网站。只要是你感兴趣的内容，无论是天气还是黄豆的价格，都会被显示出来。

就像动态网站对于内容（进入网格的信息）和排版（网格）进行的区分，类似的区分使得内容可以在不同的设备上显示出来。只要内容具有一致性，无论是上百个格子还是两个格子，都可以顺利运行。同样的内容在不同的设备上可能显示出来会不一样，这完全取决于用户对于设备的选择。并不是所有在 30 寸（约 0.8 米）显示器上能看到的内容都会在手机上显示出来。但只要你能找到你想要找的内容，这也并没有什么关系。

要记住一点：数据和显示之间的关系非常重要，但是显示的方式也同时是一种数据。最近我还注意到一个很聪明的做法，网站根据用户资料的不同，看上去会不太一样。举个例子来说，如果系统检测到你是在丹佛登陆的，那么你就会看到丹佛的天气信息。如果现在正在下雪，你就会看到一些小雪花从你的屏幕上落下，就像窗外的天气一样。

物联网（The Internet of Things）

建立在协同过滤（collaborative filtering）基础上的动态网页的问题是，你在网上所做的一切仅仅只是你是怎样一个人的一些线索而已。如果你真的想要了解一个人，如果让他们的形象丰满起来呢？你是不是要走到他们面前，向他们做自我介绍呢？怎么可能！你可能需要雇几个人跟着他们，观察他们并做记录。

几年之后，你的线下行为就会和你现在线上的行为一样受到监控，只是会分析出更多有趣的结果罢了。

联合国对于物联网（Internet of Things）的研究报告主要是针对射频识别（RFID）标签，而这种技术的市场目前正在蒸蒸日上地发展着。到 2007 年底，地球上的每一个人都有这样的一个标签。射频识别（RFID）标签是个微芯片，带着一个小小的天线。美国国土安全局的前任部长汤姆·里奇（Tom Ridge）上任最大的射频识别（RFID）标签供应商的董事绝不是个巧合。

因为它们散播了这样一个信息，射频识别（RFID）标签可以从远距离进行识别，无论是人还是物，都无法察觉到自己被识别了。目前，被动式的射频识别（RFID）标签（不带电池）发射一个独一无二的身份识别码（ID number），使得其可以被识别。 这些标签比一粒米还小，成本只需要几美分。主动式的射频识别（RFID）标签带有使用寿命在十年以上的电池，目前是被动式标签 的三到四倍体积的大小，可以存储和发射更多的信息。例如，主 动式射频识别（RFID）标签被植入了最新颁发的美国和英国护照 中，它们可以在提供你的旅行信息的同时，提供你的完整档案甚至 是你的电子照片。

射频识别（RFID）标签有多种潜在的商业用途。目前，它广泛用于高速路的收费站系统。在你开车经过时，射频识别（RFID）标签的信息会被扫描读取，系统将自动从你的预付费账户中扣除费用。相同的逻辑可以（未来将）用于零售业。很快，你就不用排队等着付钱了。你将可以直接踩着高跟鞋走出商店。商店的射频识别（RFID）读写器将自动读取你钱包里信用卡的信息以及高跟鞋的信息，自动从你的账户中扣款。

你与射频识别（RFID）技术的互动将从你进入这家店开始，一直持续到你离开这家店很久之后。你一进入这家店，射频识别（RFID）读写器将识别出你的身份，并调出你的购买纪录。它甚至能识别出你现在所穿的从别家店所购买的衣服。根据那些信息，商店的接待员可以直接走到你面前，然后和你说，“你知道吗，如果你从我们店里买这款舌钉而不是从沃尔玛（WaltMart），你可以省下 15% 的钱”

使用和亚马逊（Amazon）一样的协同过滤（collaborativet filtering）技术，他或她可以直接知道你的癖好，把你领到鞭笞与镣铐专卖区（whips-and-chainse department），而在那里，你的尺码的产品已经在等你了。你离开这家店之后，还会依然被持续跟踪，起码直到你离开了这家商厦（大多数的射频标签目前工 作范围是 750 英尺（228.6 米），但这肯定很快就会被改进）。

网页标准（Web Standards）

就像在“为多种客户端而设计”中所讨论的那样，网页标准运动是一个基于世界和平、自由恋爱和稳定的法则下的数码信仰。根据网页标准项目的网站 (webstandards.org) 的解释，这些标准将在各种复杂的情况下帮到你。

但是到底什么才算是好消息？网页标准是为了能在不同浏览器和不同设备上顺利浏览网页而设立的。它们为可扩展超文本标记语言（XHTML）、级联样式表（Cascading Style Sheets）和载入文件物件模型（Document Object Models）等设立标准。这些标准的好处是，它让你的网站可以在以下这些功能中运行。

- **搜索引擎：**网络标准使得你的网站可以在各类搜索引擎中显示出来，也可以在各种浏览器中正确显示。
- **多种设备：**使用这些有一致性的标准可以让视力受损的人通过阅读器得到信息。
- **下一代：**因为许多网站使用的都是同一套逻辑标准，网页浏览器的更新不太可能会导致你的网站不可读。

当然，你不会真的介意带着信用卡出门。射频识别（ROID）标签包含了你所有的个人信息，从你的医疗纪录到你的账户余额，你可以把这个标签像项链一样挂在你的脖子上，也可以让其直接植入你的体内。射频识别（ROID）的人体植入技术早在 2004 年就被批准了。有了它，你再也不会担心钱包丢失了。这个芯片通常会植入你上臂的脂肪组织中（最流行的植入位置）。

说到失窃，射频识别（ROID）标签早已远不只是用在购物上了，当我告诉你它也用在识别潜在犯罪的时候，请不要惊讶（但还是惊讶一下意思意思呀，有人看着呢）。已经有试点在用这个技术监视囚犯的位置，无论他们是在机构之间移动还是在机构内移动。

那么，是否可以运用协同过滤（collaborative filtering）这个工具来预测犯罪行为是否会实施呢？如果这个工具能分析我们未来想买什么书，为什么不能用同样的工具来预测未来的恐怖活动呢？事实上，如果我们喜欢的书其实是个预测设备呢？你还记得汤姆·里奇（Tom Ridge）吗？他是制造射频识别（ROID）标签公司的董事。在他担任美国国土安全部部长期间，他使用爱国者法案（Patriot Act）来迫使图书馆交出用户的借阅纪录来找到潜在的恐怖分子。全国的图书馆都抗议这项法案。最近包括谷歌（Google）和雅虎（Yahoo!）在内的搜索引擎都被要求交出网页浏览记录的数据。谷歌（Google）拒绝了，而雅虎（Yahoo!）则拒绝发表评论。

设计无界限

在这个勇敢的新世界里，围绕着我们的无论多小的设备都有着一堆的数据等着随时触发各种行动和互动行为，设计师又在其中扮演了什么样的角色呢？与动态信息改变了我们对于网页设计的看法一样，无处不在的信息处理技术改变着我们对其他类型的设计的看法。例如说，如果是你看不见的东西，那还算是设计吗？

我觉得是。我们所在的这个世界越是被科技控制，我们越是需要富有同情心的设计师来帮助我们找到自己的路。如果你以哲学的角度，甚至是帮助人们理解和享受世界的使命来看待设计，而不是作为一些技巧和产品，那么在这个日渐复杂的世界也就变得日渐重要。

毕竟，说到底，人类还是在用眼睛来观察世界的，也会对这个世界做出他们自己的反应，即使我们的世界充满了不可见的系统。当意识到，科技正在慢慢掌控我们生活的同时，不要忘了抓住那些对我们的生命富有意义的事物。就像摄影正在改变绘画却不会取代绘画一样，这个数码的世界总是用空间来容纳美丽的海报设计和其他一些印刷作品。■

◄ Channel Frederator Web Site

客户：In-House, Next New Networks

设计者：David Karp, Timothy Shey

网站制作：David Karp, Fred Seibert, Timothy Shey, Halley Hopkins

制片人：Michael Green, Eric Homan, Melissa Wolfe

程序/软件：Proteus custom application; running on multiple ITV platforms

©NextNew Networks

案例研究

小屏幕电视

Timothy Shey, Next New Networks 的网络发展部创始人和负责人

你是如何进入这个数码行业还有这个设计行业的呢？你是否受过正规的设计训练呢？

我从小就在做数码设计，不过小时候我并不知道我在做的是数码设计。

在 20 世纪 80 年代，我还是个孩子，我会用我的 Commodore 64（1982 年发布的 8 位原家用电脑，译者注）设计软件和游戏，我也用 BBS（电子公告板系统，多种角度来说是网页的先驱）。在当时，设计意味着每天和低像素以及字符画（ASCII art）打交道，但这对于我在 20 世纪 90 年代及之后从事的事来说是个非常好的训练。

设计对于我来说，一直是在有限的媒体资源和项目范围内做到最好的挑战。我上大学的时候，虽然我的专业是英语和艺术，但是我把我大部分的闲暇时间都用在了计算机房，研究 HTML（超文本标记语言）和帮助学校的各类学生组织建立网站。1996 年的时候，我和我的一个朋友在宿舍开始了我们的互动设计公司，叫做 Proteus，并为许多公司和非营利组织做设计。

由于我的艺术教育背景，我有良好的协作和配色基础，但当我翻阅其他设计师的书和一些别的像你写的这样的书时，我意识到，我需要学习精妙的排版和字体设计。

有时候，我还是会觉得我缺少教育基础，我经常不知道那些专业术语怎么说，我也习惯于用眼睛来丈量所有的东西，而不是使用工具，但是对于我来说，改变这些习惯恐怕已经太迟了。

你原来是设计手持设备的，你需要什么样的技巧和审美来设计这些袖珍可爱的东西呢？

当我们刚开始设计手持设备的时候，我们受到各种各样的限制，我们所能设计的，只有内容和用户体验。关于美学的决定仅仅只是有多少范本你想放在屏幕上，是用简写还是用代表性的标志（就像用插入号来代表上一个页面），对页面设计来说更能节省空间且让人明白。

这些设备的下载速度是如此缓慢，处理器也同样非常缓慢，你得想办法在你的设备里反复使用同一张图片，因为这样就可以从缓存里直接调用了。在那个时候，我们因为网页设计日趋图形化而变得无聊起来，有这样的限制其实还是蛮好玩的。无论何时我们想出了个特聪明的点子可以改进我们的设计，我们感到非常骄傲，虽然这些点子也只有我们自己会去欣赏。

有什么别的挑战吗？

如果要说其他的挑战，有一样挑战直到今天依然还存在，那就是缺少标准化。随着越来越多的手机进入市场，你会发现你自己在给一个极其复杂的对象进行设计，各种不同的排列组合方式，编程语言，浏览器，操作系统。我想技巧就在于使用灵活的样式表和合适的排版来给不同的设备创建一个良好的用户体验，而不是使用最低的共同标准来进行设计。我们特别喜欢 2004 年我们为 HBO 手机版《黑道家族》（Sopranos）第五十季所做的设计。这个设计支持大量的手持设备，可以显示大量的信息，从游戏到剧情回顾，并且毫不羞涩地说，在每一个设备上的表现都很棒。

你是否认为为小屏幕设备而设立的设计标准是否达到或是超越了基本的功能要求？

我个人并不这么认为，但是我这两年倒是并没有在这个设计领域工作。举例而言，我简直不想把我辛苦赚来的钱用在手机上。每次我拿起一个手机，几乎都会对它的用户体验感到失望。

我不知道对于工业设计而言发生了什么，也许有很多的不得已吧，或许很多设计并不是设计师所为，但是对于手机应用设计来说，我并不觉得有很大的发展或变化，反倒是人们在一遍又一遍地重复过去的错误。我认为小屏幕的设计必须把使用环境考虑进去，就像是用户的历史动作，他们潜在的分心和限制，显示出他们最需要的选项，而不是一直让用户不停地滚动屏幕和输入。试用任何设备，你都不会看到令人满意的结果。除非我们在这个领域达到了这个要求，我们是不会设计出令人满意的作品的。尽管如此，有时候我还是会看到一些惊喜，像是 Blackberry Pearl 的操作系统，谷歌（Google）的短信应用和手机地图，特别是 iPod 的体检简直几乎完美，随着它们容量的增加，滚轮的功能不再是个可选项了。

对于什么是好设计的定义对于小屏幕和那些内容丰富的大屏幕是一样的吗？

对我来说，它们似乎是的。我喜欢我的页面设计就像小屏幕一样简洁大方，图片选择精巧，字体干净，适合使用。尽管如此，如果图形艺术家为了美学的原因把大屏幕和小屏幕的设计都玩了一遍，我也很欣赏。近几年来，我在小屏幕中有过的最棒的体验是 PSP 的一款叫做 Lumines 的游戏，这个游戏需要一点时间去理解，不过真的很美。

Wurlitzer Digital Jukebox

客户：Gibson Audio

设计师：Sunil Doshi, Zaida Jocson, Andres Quesada, Timothy Shey, Vivian Solowey

艺术总监：Timothy Shey

程序/软件：Custom application by SimpleDevices

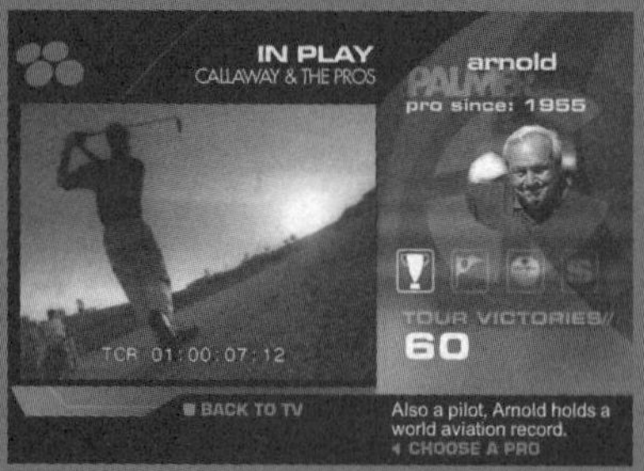

Callaway Rule 35 互动电视应用

客户：Callaway Golf

设计师：Sunil Doshi, Zaida Jocson, Andres Quesada, Timothy Shey, Vivian Solowey (Proteus)

制片人：Timothy Shey (Proteus), Andy Askren (Tyee Euro RSCG), Kate Ertmann(ADI)

创意总监：Timothy Shey (Proteus), Andy Askren (Tyee Euro RSCG)

程序 / 软件：Proteus custom application;

running on multiple ITV platforms

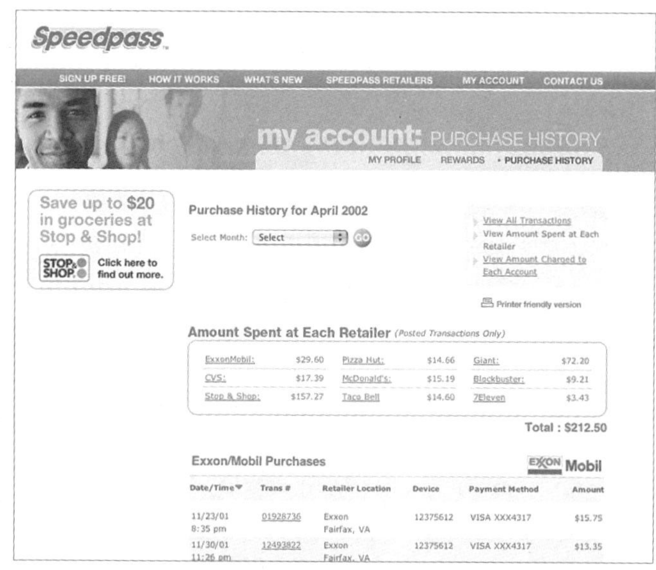

▲
Speedpass 网站

客户：ExxonMobil

设计师：Sunil Doshi, Zaida Jocson, Andres Quesada, Timothy Shey

创意总监：Timothy Shey

你现在在为电视节目的网络发布工作。能说说这些电视节目都是什么样的内容吗？和我们通常在 YouTube 看到的电视节目相比，这份工作都有哪些设计要求呢？

我一直在为分段的有序形式的在线视频工作，从某种程度上来说，与网络上的独立短片相比，它们更像是电视剧。这些视频形式多样，有一些更像是新闻节目或是访谈节目，另一些则是用编辑的视角将观众发来的短片合并起来。这是一个视频博客，基本上，我们在做的事情和电视的关系，就像博客之前的发布形式一样。大多数情况下，我们的内容更为新鲜，更互动，和电视相比，更贴近观众的需求和品味。我们模糊了传统意义上编辑和观众之间的距离。

那么设计质量如何呢？

这种形式的设计需求才刚刚出现，我们也还正在学习中。它们一般都比较短，这样就更适合人们去下载、观看和分享给朋友。我们给这些节目建立品牌，这样观众才能在无数的视频节目中找到它们，虽然我们现在在做的和电视节目并不一样，创立品牌的过程也是我们经历的一部分，非常快速和直白。更少的后续作业也是一个好主意，越是做更多的图像处理和后期剪辑，就越少有人会喜欢它们，花费也更多，而高昂的成本会成为我们快速行动和尝试新事物的阻碍。最好的节目是那些纯粹表达才华的作品，虽然我们在有限的时间和预算下尽可能使其完美，但它们更接近于初稿的质量。我喜欢这么告诉别人，这就像寿司或是好的意大利菜，你所期待的是最好的原材料，并在它们最新鲜的时候将它们烹饪出来，端到人们面前。把它们做的过熟了或是把它们摆在柜子里摆了太久都会糟蹋了这顿饭。

什么是那些刚踏入这行的设计师所需要知道的，而你在 32 岁踏入这行的时候所不知道的事情呢？

我刚进入这行的时候真的什么都不知道，我甚至都不知道这行的存在，所以我要说的是，他们不需要为他们不知道的事担忧。过了这些年，我和许多设计师一起工作，我看到的设计师从工作中学到的东西更多，而且比他们在之前的教育过程中学得更快。我进入这些项目是因为它们看起来很有趣，我犯了很多愚蠢的错误，也做了很多很糟糕的设计，但是我一直很谦虚，一直在学习。到了某一时刻，我自然成了一个合格的设计师，然后是一个创意总监。这也许是因为我对这个行业了解太少，少到让我不知道该怕什么。所以我想对所有刚起步的人说，不要怕嘛，你还年轻，我们都老了，我们从彼此身上学到的东西会一样多。

对于 Next New Networks 来说，你们在寻找什么样的设计师？

富有野心的、具有辩证思维的、愿意学习的设计师。比起那些作品光鲜、富有才华却不愿意学习如何使用层叠样式表（CSS）的人来说，我更愿意寻找那些会卷起袖子，试上十种不同的方法来设计，一点一点进步的人。■

PAPT /

第二部分 媒体和方法

一个笔记本电脑，一些软件，一杯浓浓的咖啡，基本上就可以设计任何东西了。在过去的二十年间，那些需要多年经验的人才能操作的工具变成了十秒就能下载下来的软件。从你坐的这个咖啡店的角落，你能创作建筑的原型，建立动态系统，或是创作动态图像，再把它同步传送到办公室的大堂即时播出。数码工具的强大和可用性逐渐打破了各学科之间的障碍。

这一部分包括：

设计师的创意需要适应和组合不同的工具来实现。我最近知道 Adobe Illustrator 这个平面设计师所钟爱的软件正在被产品设计师用于跑鞋的原型制作。在字体那个章节，Jonathan Puckey 会介绍他为 Illustrator 写的用于创作新的动态字体的插件。软件的功能是由使用者如何来使用决定的。

不仅是相同的软件被用来设计不同类型的产品，而且产品也被联系起来创建一个我们几年前无法想象的系统。例如说，耐克（Nike）与苹果（Apple）合作开发了一款跑鞋可以自动同步数据到 iPod。你不仅可以通过你的耳机听到从鞋子传送出的即时信息，像你跑了多远和你跑得多块，你还可以将你所听的音乐与你跑步的速率自动同步。等你回到了家，你还可以将你运动的信息上传到一个网站，和你的朋友们比赛。这仅仅是我们现有的微网络（micronetwork）的一个例子。在 Adam Greenfield 的访谈节目“屏幕之外”中，他讨论了当这种微网络系统变得无处不在之后，商店里都有哪些相关的产品等着我们。

数码设备的发展速度使得我们会看到更多的专业化设计职位出现。虽然所有人只要有台笔记本电脑就能设计一幢房子或是一套财务系统，但是根据经验和相关的训练，设计的结果可是相差很远的。

不同的项目都有各自的挑战和不同的解决技巧。基于这个原因，学校现在会为游戏设计和动态图像设计提供各自特殊的课程，我们应该也会看到，为金融系统和数字社区设置的特殊课程，同样的还有交叉学科，如可穿戴设备和网络家电。

在这一部分，我们将对各个设计师进行采访，了解他们正在做什么，他们为什么喜欢这个工作，他们为什么会进入这一行业。一件很有趣的事情是，他们刚走进校园的时候，完全不知道他们将来会做什么样的工作。Cavan Huang 刚离开校园没有几年，他曾经想到过，有一天他会变成时代华纳中心的互动 DJ 吗？也许不会吧。就像我们其他人一样，这些设计师在他们成长的过程中创造了新的事物，他们改变了整个未来。

科技进步的速度是不会放缓的，这一点毋庸置疑。所以，无论你感兴趣的是哪个方向，都得意识到大趋势是创新。就像 Anthony Dunne 博士在 14 章中所指出的，二十年以后，你不会希望自己被认为是那个抱着古旧技术不放的人。Dunne 博士和他的学生在英国皇家艺术学院学习生物技术。

掌控网站的网站主人

如何成为一名出色的网站设计师？ Khoi Vhin,《纽约时报》(《New York Times》) 数字版的设计总监给出了他的清单。

教育：有如此多的网站是被自学成才的设计师设计和建立起来的，这就说明，如果要求我们的雇员一定要有某个文凭，或者教育经历，那一定是个愚蠢的行为。如果你能证明你的技能、才华和热情，我完全不关心你是从哪里学到的。

技能：以下是一些基本的技能要求，如果你希望你的简历能够被放在我桌上的话：Photoshop, Illustrator, OmniGraffle, XHTML,CSS, JavaScript, PHP, MySQL。如果你希望进入这个行业，你必须证明你能熟练掌握这些软件（或是别的一些必须的软件）并且能从一个概念出发，使用这些软件来建立一个功能健全、运行良好的网站，并把概念贯彻到底。

工具 / 程序：我们期待雇员能够进行多平台操作；如果你能熟练使用苹果电脑和普通 windows 系统，那是最理想的了。但我们使用苹果电脑的主要原因是关于设计和互动，它们能带给设计师更多的灵感。所以，如果你是个果粉，那么在面试时一定会给你加分的，如果同时你又对各种新生软件都富有热情，那就更棒了。

理论：随着网络越来越动态，我们需要寻找能够将平面设计的基本原则（字体设计，文案设计等）与交互设计结合起来的人才，具体得来说，我们所寻找的设计师需要知道如何在互动设计中控制行为，如何使界面人性化，理解人和界面功能之间如何互动。

这是一个长期学习积累的过程，对于交互设计而言，是没有罗塞塔石碑（Rosetta Stone，一款供人自学各类语言的软件，译者注）来帮助人们学习如何做设计的。所以我们也在寻找对于设计原则在新技术下如何变化有敏锐直觉的人。

美学：美学在哪都是需要的，只是在 NYTimes.com，我们美化工作或是大范围的图片表达工作的需求量比较小。我们的视觉语言相对较简洁明快，我们期待的美学能够为我们的页面带来更多的秩序感，并能以最少的元素进行高效的工作。我们的信条是“最少量的装饰完成最优雅的设计。”

才华：我在寻找那些能和技术人员一样精确解决问题的设计师，也在寻找那些和设计师一样能以直觉找到问题解决办法的技术人员。我发现这样的特质通常出现在那些做过复杂的软件开发，接受过大量新奇的挑战的候选人，那些卷起袖子苦干，认真考虑过用户的设计的体验的人。如果一定要我简短地描述我对人才的需求，我想我在寻找的是“富有创意的灵活性”人才。

作品集：对于作品集来说，第一个要求也是最重要的要求是，我可以直接在网上浏览经过认真构思和设计，由候选人亲自完成的作品集。这是极其重要的，通过作品集，我可以了解到候选人的过往经历，以及她如何筛选和描述她的经历的技巧，还有她如何技术性地展现作品集的技巧。

—— Khoi 3Vhin

最完美的作品集

Citizen Scholar (www.citizenscholar.com) 的 **Randy J. Hunt** 提出了一个（最起码在目前）什么是在多种环境下通用的最完美作品集的想法。对于用浏览器观看的在线作品集来说，以复杂性逐渐降低的顺序，这些是最理想的：

▲

CitizenScholar 网站

使用 RubyOnRails 制作的拥有自定义管理系统的作品集网站

1. 建立一个自己的方案，让我可以通过一个网站界面随时更改我想更改的内容。

这是一个学习更高级的网站开发的好机会。本质上来说，这就像是在建立一个有正反面的网站，正面是提供给公众的，反面是提供给你进行后台编辑的。

- 我选择了一种网页编程通用的语言，研究了一些基本的在线教程和书籍教程。这种类型的网站可以在本地服务器上进行测试（或是在你自己的电脑上进行测试），但是最终还是需要在具有某些特定功能的活动的服务器上运行。
- 虚拟主机（Web host ）是个相对来说简单的方法，它可以让你设置和执行一些设定。支持 PHP 和 MySQL 数据库的系统是最常见的，但是其他选项也很快就被一些虚拟主机（Web host ）接受了，所以任何最新的教程都可以很好地带你入门。目前，我个人比较喜欢的开发网站的方式是选用 RubyOnRails 框架（RubyOnRails framework），这个框架使用 Ruby 语言。我觉得这样比 PHP 直观。
- 最重要的事是你要对你所做的事感到舒服，然后一步一步来。这可以是非常有趣的。

2. 翻新、改进某个常见的博客平台并忽略它按时间先后顺序的样子（仅仅使用其“正常”的页面）；目前位置，我最喜欢的是一个叫 Wordpress 的博客。http://www.wordpress.org.

3. 做一个有着简单导航栏的静态 HTML 页面，或者只是把所有的图片、链接、文件放在一个很长的单页上。这种做法有其独到的魅力。

- 这样做有个很大的好处是，可以很容易地在活动网站中加入视频、音频、链接，也可以加入一些需要在后台运行数据库服务器的互动项目。

一份在网络发布的作品集也同时需要可以下载的：

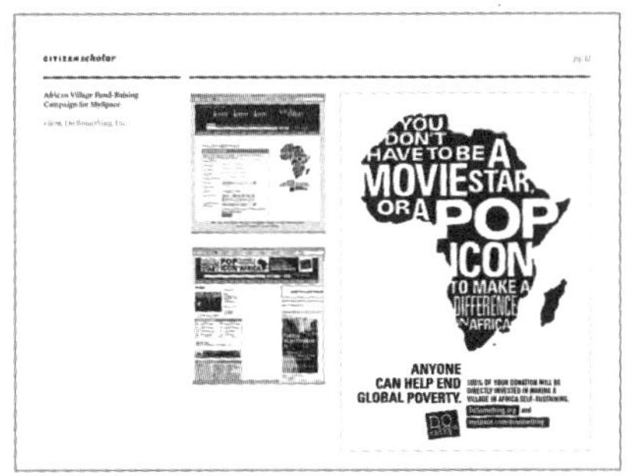

▲
可下载的 PDF 作品集

InDesign 制作的 PDF 作品集。将 PDF 设置为自动使用 Adobe Acrobat 来进行全屏阅读。打印尺寸：8.5″ x 11″.

©CitizenScholar, Inc.

▲
演示作品集

由 Apple Keynote 制作的演示作品集可以由 Apple Remote、蓝牙控制器或是手机来控制。

©CitizenScholar, Inc.

1. 如果你希望可以把作品集打印出来的话，用 InDesign 制作 8.5′ × 1 1′ 尺寸的作品集是个不错的选择。我会把文件保存为标准质量的 PDF 文件，这样它就可以被相对快速地下载下来了。视频文件和活动网站的链接也可以通过 Acrobat 合并进这个 PDF 文件中去。虽然还是需要网络才能进一步观看视频和网站，但是起码这样的链接会给使用者带来一定的便利。

2. 如果你想通过一定的方式来介绍你自己，你可以制作一份 QuickTime 视频文件。你可以在 Quick Time 视频文件中加入一些简单的导航项，这样观看者可以根据他们自己的兴趣点来观看他们感兴趣的部分，但是在写这些介绍信息的时候，必须把它当作你正在亲自和雇主作自我介绍。

对于存在光盘内的作品集，你可以做以下的任何一项：

1. 包含一份上述的 PDF 文件。

2. 把网站镜像到 CD 上，同时把需要的视频文件和其他多媒体资料也都拷贝到 CD 上。

以下是其他一些可选的作品集形式：

- 我最喜欢的作品集格式是使用苹果（Apple）的 Keynote，但是需要我亲自来作介绍。我一般会把含有文字的页面先在 llustrator 或是 In Design 中编辑，因为它们有更为强大的文字工具。这样做可以让我在很短的时间内作出调整，或是快速针对不同的对象进行微调。Keynote 允许嵌入视频文件，这让动画 / 视频 / 电影文件可以在其中无缝衔接。
- 我还要推荐一款截屏工具（screen capture tool），叫做 SnapzPro X, 它可以将网站正在使用中的情况录制下来，所以这段视频可以在没有网络连接的情况下播放。

工作在哪里

数码革命为设计和设计相关行业提供了前所未有的大量工作岗位。就拿网页设计和网络管理来说，在每一个商业公司里都很流行。虽然其中一些网站基于成本的考虑，是被秘书或其他一些新手以业余的方式被设计和维护着的，但是大多数中型到大型企业都对自己的网站进行了一定的投资，有设计总监、艺术总监和设计师一起为其服务。

以下是需要各种数码设计师的一个行业清单（如果需要更多的信息，可以参考各类招聘网站）。

编辑（杂志，新闻报纸，网站）：

随着发行量的缩水，目前新闻报纸似乎显得很无助，但是杂志似乎依然以危险的速度在大量发行着，特别像时尚流行，家庭服务，居所等有利可图的市场。网站正快速成为期刊印刷品必不可缺的补充部分，其中的某些网站甚至已经脱离了母体，成了完整了的一个产品。在这些领域内，都是需要设计师的。当印刷业还未完全歇气的时候，作品集里有个网站是个很不错的补充。

编辑（书籍）：

既然纸质期刊还存在，那么显然纸质书籍也还依然存在。为书籍工作的设计师最好还是有一个网站设计背景，但是从字体排版而言，书籍设计会更为严谨。

广告和市场营销：

那些传统的广告方式——电视，报纸和杂志都有了不同程度的衰退，但总体而言，这个行业还是很健康的。作为对传统媒介像是 LED 灯箱和户外大型广告屏幕的补充，广告人士把目光转向了网站，手持设备，和“病毒游击媒体”（viral and guerrilla media）。

再之后他们开始包括所有和室外娱乐表演和印刷相关的非主流形式，其中也包括了数字形式。在一个一直以来依赖于印刷业和视频的行业，数字化设计师和艺术总监可以有无限的发展潜能。

娱乐：

美国的主要行业便是娱乐业，像是电影，游戏，数字电视和有线电视。这些领域对于设计师的需求一直在增长，其中也包括了与此相关的网站设计。例如说，几乎所有的主要电视台和电视网都有自己的网站，电台也是一样。出于设计网站和维护网站的需要，对于高级网站设计师的需求从未如此旺盛过。

公司：

大型的美国公司（中型的也一样）都有自己的网站部门。而且他们也有，或正在开发手持设备（例如手机，Pad 等）的界面。另外，他们也还在继续保持他们的印刷和环境需要，包括公司标示（logo），品牌识别系统，整体形象设计等。

信息设计：

与其称之为学科，不如称之为媒体体裁更为合适，它基本上适用于各种类型的媒体。界面、用户体验和数据整理都是这个领域的内容，无论对于公司还是娱乐业设计而言，它都是炙手可热的内容。

在数码层面上做到不可或缺

对于任何工作而言，要做到不可或缺都意味着有用，真正得具有价值。这其实是把双刃剑，从一方面来说，让雇主知道他们缺你不可，这样会提升你在公司的地位，增加你的月薪，从另一方面来说，作为一个遇到问题就会“被找”的人，就意味着你要为很多事负责，而经常是，你不会因为这些多出来的责任得到补偿。

这就是说，做一个不可或缺的王储比仅仅做一个平民强得多得多了。在这个数码设计的世界，掌握多种数码技能和熟练使用多种软件是得到重视的诀窍。下一步则是成为一个专门解决疑难杂症的人，这个需要有大量的软硬件知识，可以解决各种各样普通员工会遇到的问题。

而不利的一面在于，作为一个专门解决问题的人，你很容易就此被定性了。作为一个数码设计师，你不该仅仅去解决技术问题，而更应该将各种技术用于实现你的设计。

那么，如果既做到在技术上不可或缺，又能保持你设计师的属性呢？答案是，无论何时，都要先把自己当作一个不可或缺的设计师。无论你的软硬件技巧有多么纯熟，你都要把设计作为你工作的重心，无论你用的是什么软件，最关键的永远是用它们实现你的设计想法。

考虑到这一切，无论你希望从哪方面变成一个全能型的不可或缺的任务，你都应该遵守以下步骤。

1. 当问题出现的时候，主动出现来解决问题。

2. 参与问题解决的过程并提出你的建议。

3. 不要停止解决问题，提供你的才华，证明你的想法。

4. 让别人知道当你密切参与一个项目的时候，项目会进行得较为顺利，但要小心不要“踩到别人的脚”，要顾虑他人的感受。

5. 要向人展示，你不仅可以和人一起合作，你更可以当一个项目的负责人，这才是不可或缺的终极结果。

Java 技术概念地图 ▶

设计者：Hugh Dubberly, Audrey Crane, Jim Faris, Harry Saddler

时间 :2002 年

进阶班

采访 Hugh Dubberly

你是数码世界绝对意义上的拓荒人，当我们还刚刚知道“计算机”这个词的时候，什么让你这么快就进入了这个行业呢?

当我还是一个罗德岛设计学院（RISD）的本科生的时候，Chuck Bigelow 带我进入了数码字体设计领域。荷兰字体设计师 Gerard Unger 当时也在罗德岛设计学院教书。他们鼓励学生研究低分辨率字体。对于我来说，这份经历让我暑假在 Xerox 得到了一份用于第一代激光打印机的关于字体的工作。Chuck 也介绍我一款 Don Knuth 开发的语言，叫做 Metafont。这是一个用于描述字体的编程语言。在耶鲁大学攻读研究生阶段，我用 Metafont 设计了第一款字体。

一些我在罗德岛设计学院（RISD）的同学同样也做起了字体设计。Carol Twombly, Dan Mills 和 Cleo Huggins 在 Adobe 公司创立不久后就去那工作了。他们已经能退休了。我走了另一条路。我去了王安实验室（Wang Laboratories），成了一名设计总监（这时候王安实验室是财富 500 强企业，全球最大的计算机制造商之一）。离开王安实验室之后我去了苹果公司（Apple）。然后我又从苹果公司（Apple）去了网景通讯公司（Netscape）。那之后我成立了自己的设计公司，主要做软件设计。

苹果公司（Apple）是个非常赞的地方。我和技术的发展同步成长。第一周，我的工作室想办法把一台摄像机连到一台 Mac Plus 上。它以一列像素的速度扫描着，你必须得保持一动不动来得到一个传统的肖像。当然，每个人都会动，它创造了一个难以忘怀的体验。

在苹果公司（Apple），有两件事让我记忆犹新。第一件是亲眼看着约翰 · 沃诺克作出了后来的 Illustrator 的测试版。他用一台 Mac Plus 启动了软件，点了一下鼠标，画出了一条线，又点了一下鼠标，画出了一条曲线，接着他又开始调整那条曲线。这对我来说简直是一个顿悟。我可以在 Metafont 和 Postscript 中编程，实现间接控制曲线。但我此后开始用足够的经验来理解沃诺克（Warnock）所展示的是用一个软件来在你画的同时写入 Postscript。

我的第二个顿悟是看着比尔 · 阿特金森（Bill Atkinson）测试后来成为 HyperCard 的软件。我当时正在一间会议室和一位作家一起工作。比尔 · 阿特金森（Bill Atkinson）走进来说到，“哦，这不是我的会议嘛。”我的作家朋友认出了比尔·阿特金森（BillAtkinson）并非常聪明地问他手上拿着的硬盘里装着什么。比尔 · 阿特金森（Bill Atkinson）的眼睛突然亮了起来，然后他给我看了一段演示文件，图片以当时我们在 PC 或者 MAC 上从未见过的高速掠过屏幕。然后他在显示着马车的这一页停了下来。他点了一下车轮，跳出来了的一页幻灯片上出现了汽车，他接着往下点了很多相互链接的图片。我只在 MIT 看过一个叫做 DARPA 的类似的项目。这真是太让人惊奇了。

比尔 · 阿特金森（Bill Atkinson）的测试版让我参与到 HyperCard 的发行工作中去，以及应用 HyperCard 为苹果（Apple）工作，例如我使用 HyperCard 制作了 1987 年苹果（Apple）的年度报告。我使用 HyperCard 的经历让我参与了苹果（Apple）的“知识导航”（“Knowledge Navigator”）的工作以及其他一些关于计算机未来的视频。

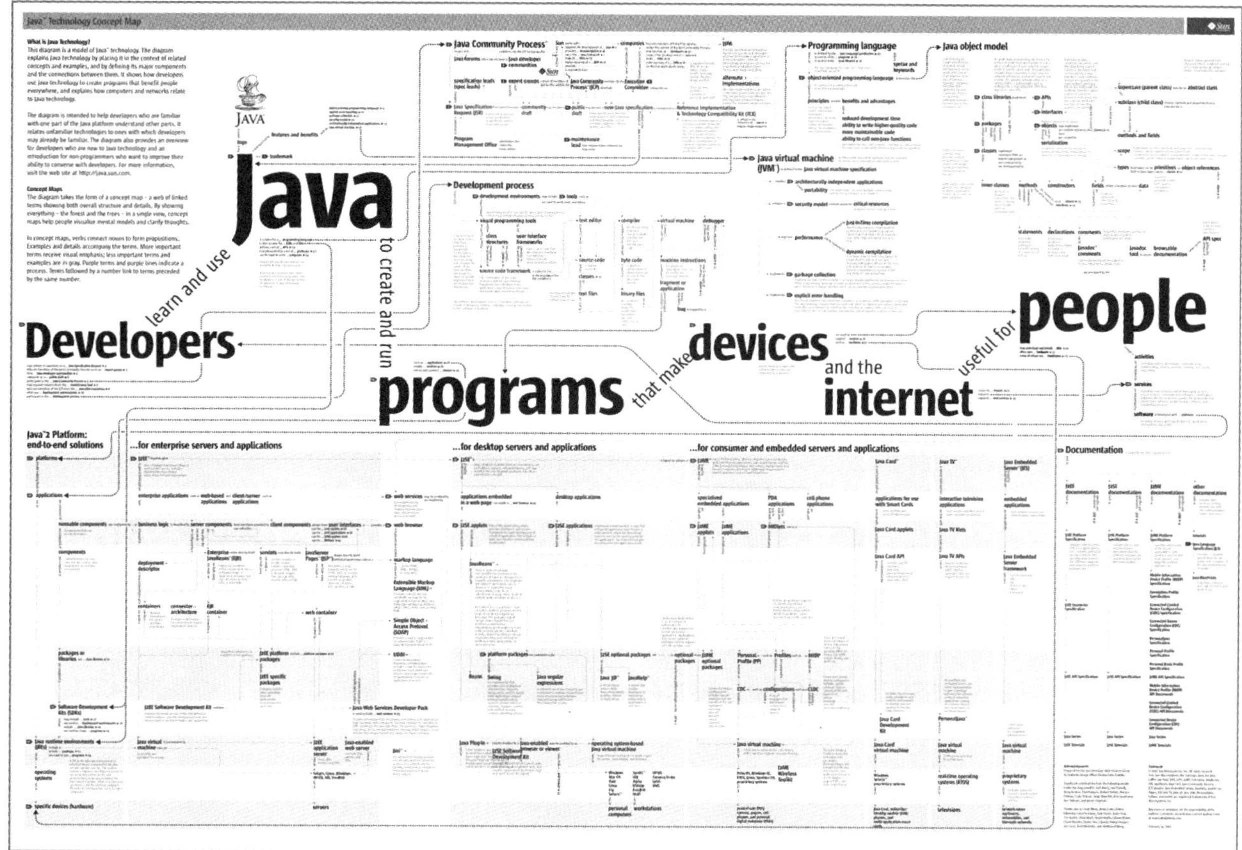

在那之后，我参与了一些多媒体和网络的工作，之后我和其他一些苹果（Apple）的人去了网景（Netscape），在那里我们设计和建立了大型网络服务器。

许多人都预测数码的出现将代替传统的印刷业和设计业，您是否也相信这一观点呢？

是的，我想我相信，而且我认为现状已经是这样了。上星期，我在费城艺术大学主持一个研讨会。在六楼两个计算机实验室之间，他们依然有一个硕大无比的制版照相机。

这个照相机大到你需要从后面走进照相机来装载胶卷。我在那儿的时候并没有看到有人在使用这个机器。制版照相机曾经无处不在。当我还是个学生的时候，他们总是在被使用的状态，你得把你的名字写在排期的清单上来才能排到一个使用的机会。

20 年以前，我们需要通过复杂的模拟过程辛苦地制作一份印刷品。四处搜集素材，然后把素材粘贴在一起，拍摄来获取胶片，将胶片裁减为平板，再将其转化为印板。而如今，所有的过程包括印板，都已经数码化了。

目前，一些高端打印机仍然有一些模拟成像技术，但也已经和从前不一样了。高端数码打印机的成像技术在不断提高，虽然打印的成本在不停地下降。另外，每一份复制品都能被定制、修改，所以这个接下来所说的又有所不同。

印刷品设计行业已经又大规模生产转型为了大规模的个性化定制。我们曾经以网格系统出发来思考。如今我们需要从信息的创建和管理、数据库以及内容管理系统来出发考虑。

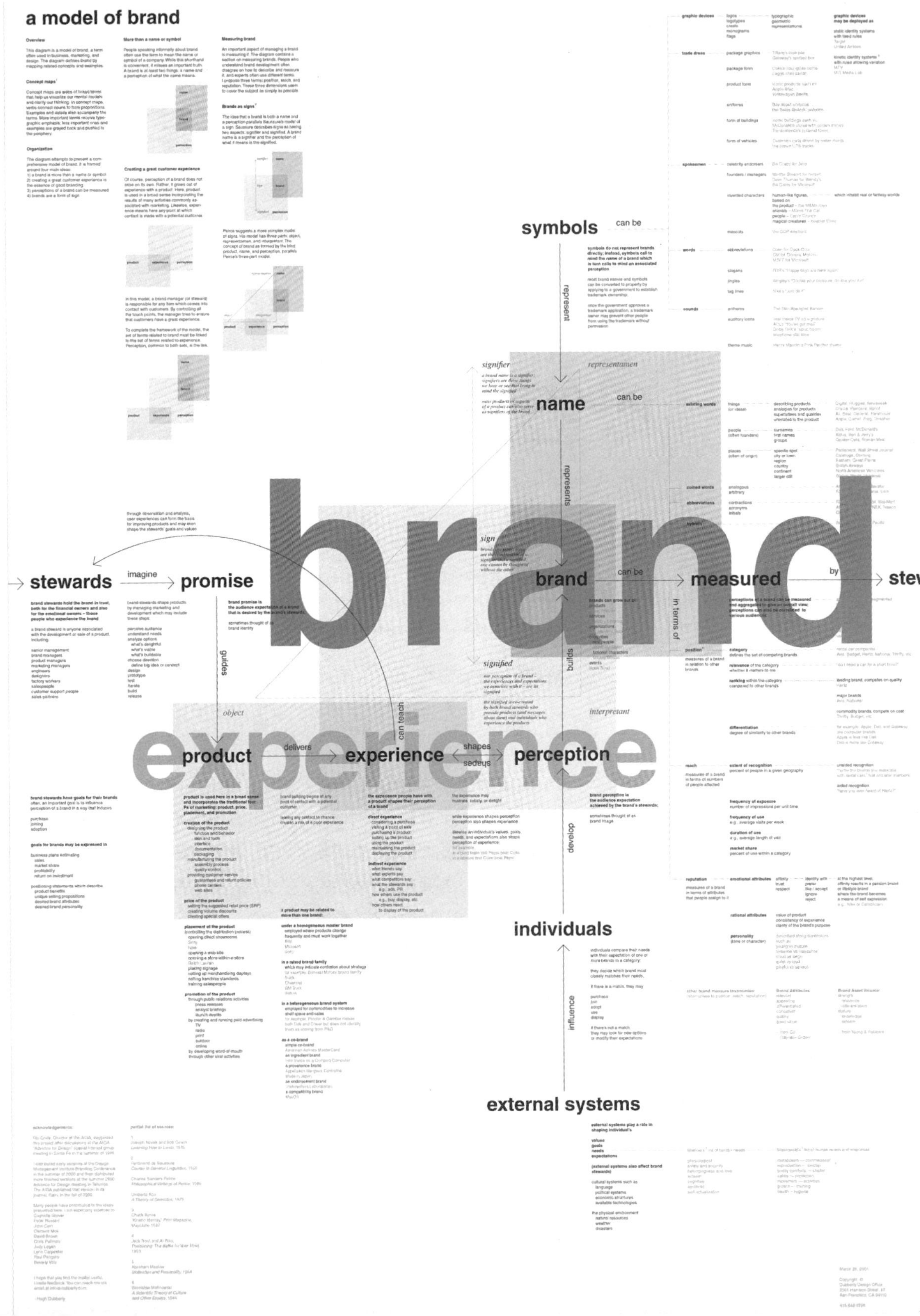
a model of brand
symbols
can be
represent
signifier
representamen
name
can be
represents
brand
sign
stewards
imagine
promise
brand
can be
measured
by
stew
guides
builds
in terms of
signified
object
interpretant
can teach
experience
product
delivers
experience
shapes
shapes
perception
develop
individuals
influence
external systems

◀ Model of a Brand

设计师：Hugh Dubberly

时间：2001 年

在印刷品设计和数码工作之间，有没有什么设计准则是完全不一样的呢？

印刷品所携带的信息由于其承载物的特殊性，依然会比你在屏幕上接收到的信息要多，分辨率也更高。使用印刷品，我们可以将全部信息都放在一张海报上，这目前对于屏幕来说依然是个挑战（但是最终这点还是会变的）。

电脑和网络让我们可以更清楚地看到我们和信息之间的互动，以及实效性在信息传达中的作用。当然，顺序总是会让设计有所不同。书籍和建筑总是互动的。而歌剧早已是多形式和多种媒体手段合作的产物了。但不知为何，在过去的十年里，我们的关注点变了。如今传播设计师已经不需要为大规模印刷准备文件了。他们可以完全只把注意力集中在有显示屏的传播媒介工作上来。新的设计活动围绕着信息建构（信息架构）、有序行为（交互设计）以及创建人们可以娱乐的世界（游戏设计）而展开。

这个领域从发展到现在只有四十多年，而只有最近的十年里，人们才开始大规模地把注意力集中到基于新媒体的设计上来。所有的这一切都很新。我们依然在尝试着发明新的形式，新的语言，新的协定。

像 D.W.Griffith 或是 Sergei Eisenstein 这样的先锋人物从电影技术中借取“讲故事”的方法。我们依然在等着有人可以发明一个可以与 Porter 的《火车大劫案》(《The Great Train》)，Eisenstein 的蒙太奇相提并论的新媒体。

从您工作开始，在数码这一方向都有哪些发展呢？

摩尔定律推动了数码革命：每十八到二十四个月，（在同等价格的前提下）处理器的处理速度都会翻倍。 类似的定律也可以被应用于网络速度的发展预测上，无论是无线网络还是有线网络。网络的发展带来了另外一个效果。梅特卡夫定律指出，一个网络的价值等于该网络内的节点数的平方，而且该网络的价值与联网的用户数的平方成正比——每一个新成员都能联系上每一个现有的成员。

这些基本的发展过程给这个领域带来了很多深刻的变化：

- 计算机曾经既罕见又昂贵，而如今他们变的廉价和普遍。
- Negroponte 很快将推出低于 100 美元的笔记本电脑。
- 谷歌（Google）拥有世界上最大的民用电脑，内含着 150000 个中央处理器(CPU)。而谷歌依然在以惊人的速度发展着。
- 计算机从工具变为了信息传达的媒介。
- 从单机发展到了联网。
- 当我还在念研究生的时候，我需要去计算机房工作。如今大家总是处于在线状态。
- 传呼机、手机、掌上电脑、黑莓以及数码相机出现了。
- 自动取款机（ATM）和数位录影机（TiVo）出现了。
- 多媒体，超文本以及互联网出现了。
- 网景（Netscape），亚马逊（Amazon），易趣（eBay），雅虎(Yahoo!)和谷歌出现了。
- 新闻组（Newsgroups），聊天室（chat rooms），即时消息(IMs)，视频聊天(cams)，博客(blogs)，RSS 订阅(RSS feeds)，标签（ tags）。
- Web 2.0 出现了。
- 我们沉浸在网络世界中。

- Vernor Vinge, William Gibson 和 Neal Stephenson 那些科幻小说作家的作品中所描述的场景正逐渐成为现实。
- 我们正在变成我们自己的化身，我们工作、娱乐和生活在一个虚拟的世界里。
- 在易趣（eBay）上做一个专职卖家已经不能引起人们的惊奇了。
- 如今我们可以看到人们以玩《无尽的任务（Everquest）》为生，又或是活跃在像 CyWorld 和 Second Life 这样的虚拟社区中。

当我开始工作的时候，整个数码世界还只是黑色和绿色的，完全没有灰度，完全没有颜色。黑白屏幕就已经是进步了。我们曾经使用 512 * 342 像素、9 英寸（约 23 厘米）的屏幕，所有的操作系统，软件和数据都储存在 1 MB 的内存中，由一个 8MHz 的处理器所运行。

曾经有很长的一段时间，我们使用软盘来管理应用程序和数据，将硬盘升级到 20 MB 曾经是一个重大的突破。

这一切都变了。现如今，用同样的价格你可以买到 2560 * 1600 像素，30 英寸的屏幕，2GHz 以上的处理器，1GB 的内存和 120GB 的硬盘（它处理器内部的缓存可能都比我的第一台 Mac 所有的存储空间都要大）。在我加入 Apple 的这 20 年间，屏幕几乎变大了 20 倍，处理器变快了 2000 倍，内存大了 1000 倍，硬盘大了 6000 倍。

再过二十年，我们的电脑又会变成什么样子？

新的设备和更好的应用程序不断出现，数码设计师在未来的日子中又该如何应对？

有些机遇对于设计师来说很容易就能意识到：我们会有更多的游戏，更多的网站以及更多基于网页的应用，更多的掌上设备会出现。

有一些发展机遇就不那么明显了：日新月异的科技发展需要设计师来推动其进步。你的手机既是摄像头、收音机和播放器，又是一个游戏设备、掌上电脑或是电脑。很快你的电视机能和别的电视机联网，或是和你的音响，你的游戏机联网，甚至能上网。计算机变的无处不在，它们存在于任何时间、任何地点。无线网将我们都联系了起来。GPS 和射频技术（RFID）将识别出所有东西的所在位置。虚拟存在和物理存在之间的区别变得模糊。

这些改变为很多新的产品创造了机遇。公司需要面对不同技术，服务和商业模式的组合。它们需要对不同组织和界面进行修改。它们将尝试一些新鲜的事物。它们将试着尝试所有这些改变，而所有这些改变都需要设计师来进行执行。

而与此同时，设计行业本身也在改变。设计重心从形式和意义转向了行为和互动。逐渐地，设计师需要面对设计交互系统的需求。系统和系统本身又会相互嵌套。产品和服务之间也将相互嵌套。这些系统形式也将逐渐发展和壮大。它们所能带来的改变是不可预测的。甚至设计全行业本身的作用都难以预计。

设计师的挑战变成了创建具有发展潜力的平台，创造可以进行创作活动的工具，为个性化而设计，为交流而设计，为进化发展而设计。

而设计师最大的挑战将是识别性，隐私保护以及社区设计。

- 人们如何在网络中表现自己？
- 我们如何在匿名的状态下保持社区的存在？
- 渐进公开和反复公开是如何生效的？
- 在鼓励多样性的前提下我们是如何保持共享中心的存在的？

您认为在过去的十年中最具有突破性的软件是什么呢?

为什么要将限制限定在“十年”呢?

- Fall Joint Computer Conference Demo, Douglas Englebart, 1968.
  所有 Demo 的始祖
- ArpaNet, 1969.
  网络的始祖。
- Unix, Bell Labs, 1971.
  目前的最新版本依然被银行、公司和军队所使用。
- Xerox Alto workstation, PARC, Chuck Thacker, 1973.
  Alto 推动了 Star 的产生。Star 推动了 Lisa 的产生。Lisa 推动了 Mac 的产生。Mac 推动了 Windows 的产生。
- 以太网(Ethernet),Robert Metcalfe, 1979.
  网络的前身。
- VisiCalc, Dan Bricklin 和 Bob Frankston, 1979.
  第一个电子表格——数字建模。
- PostScript, John Warnock 和 Chuck Geschke, 1985.
  印刷业的基础。
- PageMaker, Paul Brainerd, 1985.
  排字时代从此开始淡出历史舞台。
- Illustrator, John Warnock, 1987.
  Plaka 时代的结束。
- HyperCard, Bill Atkinson, 1987.
  Hypertext 的大众化
- Photoshop, Thomas Knoll 和 John Knoll, 1990.
  如今有电脑的人几乎都有照片打印机。
- Linux, Linus Torvalds, 1991.
  证明开源是行得通的。
- Mosaic(之后的 Netscape), Marc Andreessen 等., 1994.
  将图片添加入网页改变了一切。
- 亚马逊(Amazon), Jeff Bezos, 1994.
  在网络中允许评论再次改变了一切。
- AuctionWeb (later eBay), Pierre Omidyar, 1995.
  世界市场出现了;网络发展出了其特殊的货币。
- 谷歌(Google), Larry Page 和 Sergey Brin, 1998.
  一个好的搜索引擎,一个令人惊艳的网络操作系统。
- Craigslist, Craig Newmark, 1999.
  分类广告和黄页开始淡出人们的视线。
- Napster, Shawn Fanning, 1999.
  网络传播能力的证明。
- Salesforce.com, Parker Harris,1999.
  证明商业活动将租用基于网络的服务。
- Wikipedia, Jimmy Wales, 2001.
  证明协同媒体是可行的。
- iPod, iTunes 以及苹果音乐商店, Store, Steve Jobs, 2001 ~ 2003.
  典型的产品服务集成系统。
- MySpace, Tom Anderson 和 Chris DeWolfe, 2003.
  最成功的社交网络服务。
- Flickr, Stewart Butterfield 和 Caterina Fake, 2004.
- 两千五百万用户“tag”照片——更为协作的媒体平台。

什么样的技巧是媒体和数码设计师所必备的?

对于设计师而言最重要的是好奇心以及学会如何去学习。对我来说,最好的简历应该是像这样的:

- 设计理论
- 设计方法
- 研究方法
- 信息架构和关键模型
- 交互的原则

视觉可视化研究的哲学和伦理学:

- 视觉感知原理
- 快速可视化绘图
- 排版(编辑和显示)
- 内容管理系统(网格系统)
- 导航系统
- 信息设计(视觉信息结构)
- 动态图形
- 动态图行声效
- 电影制作

设计实践：

- 信息空间
- 工具和应用软件
- 游戏和协同创作环境
- 互动空间
- 控制和触觉接口（物理交互界面）
- 产品和服务的集成系统
- 制作工具的工具
- 能够进化的系统

历史：

- 艺术
- 建筑
- 平面设计和产品设计
- 设计方法运动
- 科学和科幻
- 信息，计算和交互

计算机科学：

- 程序编程
- 数据结构
- 面对对象编程
- 网络和网络应用程序
- 数据结构，建筑传感器，显示器和（执行元件）
- 数据结构，分形建模，遗传算法，和元胞自动机

交流：

- 数据结构写作
- 公共演讲
- 修辞
- 符号学
- 认识论
- 控制论（反馈学）

相关学科：

- 生物（自然系统）
- 认知心理学（学习系统）
- 社会学（社会系统）
- 文化人类学和人种学
- 营销学
- 经济学
- 组织管理学

您最具有挑战性的项目是哪一个呢?

我们帮助尼康设计随机附带的软件。这是一个非常需要协同合作的项目，这个项目涉及设计师、工程师和远在日本、美国、欧洲的营销团队。他们都是特别聪明、特别棒的伙伴。从各种角度上来说，他们都是最佳的客户。然后，跨学科，跨文化，跨时区的合作使得这个项目变的异常复杂和耗时。在长期合作的前提下，我们更多地了解了他们的工作方式，他们的管理方式，我们开始试着讨论设计，但不仅是产品设计本身，更包括了设计产品开发的方式和如何控制产品的开发。

这个过程完全不存在唯一性。一个合适的软件设计管理会自然地导向组织问题上去。无论对于大型制造企业还是小型起步企业，又或是基于网络的服务型企业，对于产品进行实质性的调整——真正的改良——有时候需要改变整个组织架构的工作方式，改变产品整个的开发模式。这种组织模式的改变可能需要花费很多时间。

通常，一个完全的模式改变需要花费几个完整的产品开发周期。组织架构的改变对于设计师来说也是一个全新的挑战。

处于这个数码时代，您是否有自己的设计哲学或是设计方法呢?

我认为设计应该能让这个世界变得更美好。设计应该为人而服务。设计应该能让事物变得更强、更快、更清晰以及更廉价。设计应该令人感到惊喜。设计应该是吸引人的，令人愉悦的。

我相信设计是一个相互合作的过程。在这个意义上来来说，设计应该是政策性的，对话性质的。而设计师的职责则是让这种对话变的更为轻松。传统的绘画工具对于这个角色的扮演有极大的帮助。有时候这种对话的内容会变的很抽象。在这种情况下，设计师必须能够对内容进行抽象化处理，他们得具有将其原型化的能力，这是一种简单的思考工具。

我相信设计师应该将他们的工作着眼于事物的使用价值。我们必须理解我们产品的受众。什么样的人群将使用我们的产品？这些人群都追求什么类型的产品？他们的具体需求是什么？与此同时，我们得明白我们的经济状况和现有技术能将什么样的设计转化为现实中的产品。三大要素：产品受众、商业以及技术，他们必须在设计过程中同步考虑。

当您在雇佣年轻设计师（或是工程师）的时候，您都注重些什么呢？

我试着雇佣那些在某方面比我强的人。我希望我能雇佣那些具有好奇心的人，那些会主动阅读的人，那些愿意尝试新鲜事物的人，那些会对新的科技和设计感到兴奋的人。■

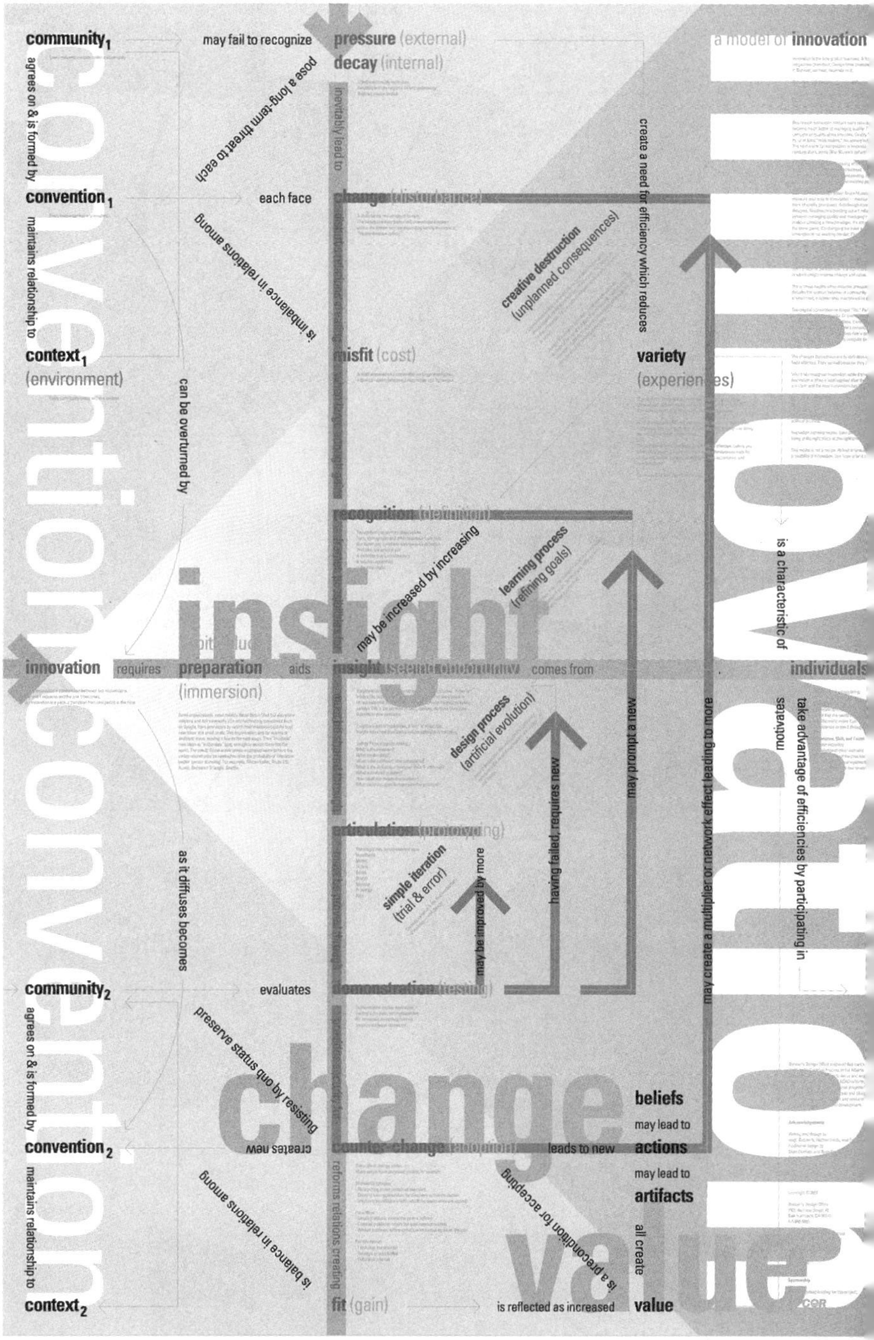

A Model of Innovation ▸

设计师：Hugh Dubberly, Nathan Felde, Paul Pangaro

时间：2007 年

第六章　网页设计

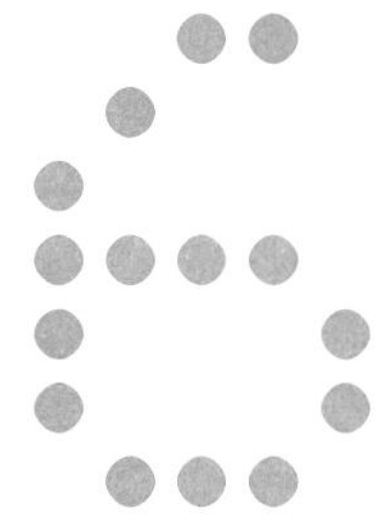

每一年，都有更多的营销资金，大约平均30% 或更多，从电视和印刷业中抽去，投入到网页中……

在线零售业也以类似的速率在增长，当然，更多的人从网络下载音乐、寻找约会对象、查看股票、玩游戏。截至 2006 年，70% 的美国家庭拥有宽带接入。

如果你的目标只是让你的冰箱里存满披萨，那么学习如何设计和搭建一个网站可以让你很快就达成这个目标。虽然像类似 Dreamweaver 这样的工具把网站的设计过程变得非常简单，大多数人还是倾向于在建网站这件事上寻找专业人士（或者至少是那些能伪装为专业人士的人）的帮助。今天，设计网站或许是作为设计师的你赖以生存的最简单的办法。

然后，就像 KhoiVinh 在本章中将指出的那样，如果你想靠这个赚大钱，你所需要掌握的就不仅仅是移动一些像素那么简单了。网站是很多企业不可分离的组成部分，因此，为了理解你需要设计什么，你需要知道如何与企业高管沟通，建立他们对你的信心，而这就意味着，你需要理解商务运作的目标和过程。

另一个需要考虑的问题是，网站本身是不断变化的。例如像 MySpace 这样的社交网站像人们证明了一件事，没有设计师的帮助依然可以很容易地在网络上建立一个在线的人的形象。虽然很多个体和公司都 希望有一个是他们区别于他人或其他公司的定制网站，但这种状态可能会被改变，因为“形象”变得越来越复杂。就像教育家 Anthony Dunne 所指出的，超越特定形式的技术进行思考是很重要的，即使那种技术和网页一样重要。我们无法得知十年或是二十年后这个时间会变成什么样子，但我们都清楚，世界一定会一直在变。所以，不要以为你发表了几页文章，你就可以就此一边歇着了。

数字化行业访谈

采访 Tsia Carson 和 Doug Lloyd, FLAT, 纽约

许多网站似乎都在追求一种独特的风格，无论网站的内嵌视频还是平面设计。FLAT 出品的设计总是真实塑造他们客户的形象。您的网站设计与其他设计作品（例如平面设计，织物设计）从设计方法上来说有何不同呢？

DOUG: 无论是什么样的项目，我们都期望事物展现出其真实的一面，无论是 logo 设计，可编辑的处理，或是互动体验。

我们设计网站的方式和使用其他材料来做设计并无不同。然而，对于处理这类设计，我们有两种基本类型：系统型和单次型。我们所设计的系统，例如品牌识别系统及包装设计或是一个社区驱动型网站，我们期待它们可以被使用很长的一段时间，并且能够被不断更新、改进。

然而单次型的设计就意味着，当设计结束后，这个设计就不再会被修改，例如，一本书或是一次展览。

我们进行单次型设计的过程可以说是很传统的线性设计过程：寻找灵感然后设计制作等。量两次，锯一次（译者注：木匠行业的俗话）。

然而，当涉及一个系统，因为系统只是不停地再被更新升级，而不会被“完成”，我们采用一种迭代的方式。或者，借用一个软件开发术语，“自适应”。这个过程强调快速的发展周期，以此来产生新版本，替换和升级现有的版本。而这其中的重点是要在行动的同时做好充足的规划。我们开始快速将其完成，然后再基于更深层次的考虑和反馈来进行不断调整。整个过程中，合作显得格外重要。

我们选择这样做的背后有多种原因，而主要的原因是，基于一个系统，所有同类型的修改都可以同时进行，而不需要通过人工手动依次修改。

我们同时也发现，当我们以系统为基础来进行设计时，人们会对事物本身进行深思熟虑，而不仅仅是对最后的视觉效果进行思考。通常情况下，速度是一个必备的条件，设计速度同时也是我们追求的目标。与此同时，我们的世界变得越来越透明，人们不再那么惧怕将他们的研究投入市场，并越来越愿意进行公开实验。

我知道你们对于工艺（craft）都很感兴趣，但是我不是很确定在这里的工艺（craft）指的是什么。是否有特定的原则或是命令（或是口头禅）在不界定形式的情况下，定义你设计的方式？

DOUG: 通过我们关于工艺（craft）的网站 SuperNaturale.com, 我们试着去解释工艺（craft）这个词，赋予其更广泛的适用性，模糊一些界限。我们用这个术语作为我们观察世界的放大镜。我们试着以制作的角度而不是消费的角度来看待事物，而后者似乎是现如今大多数媒体关注的焦点，从博客到杂志。

www.skidmore.com/tang ▶

客户：Tang Teaching Museum and Art Gallery at Skidmore College

网页概念设计和执行：FLAT

信息建构：Doug Lloyd

美术总监：Pettr Rmgborn

编程：Bart Szyszka

软件：Flat E-mail 和 Content Management Systems

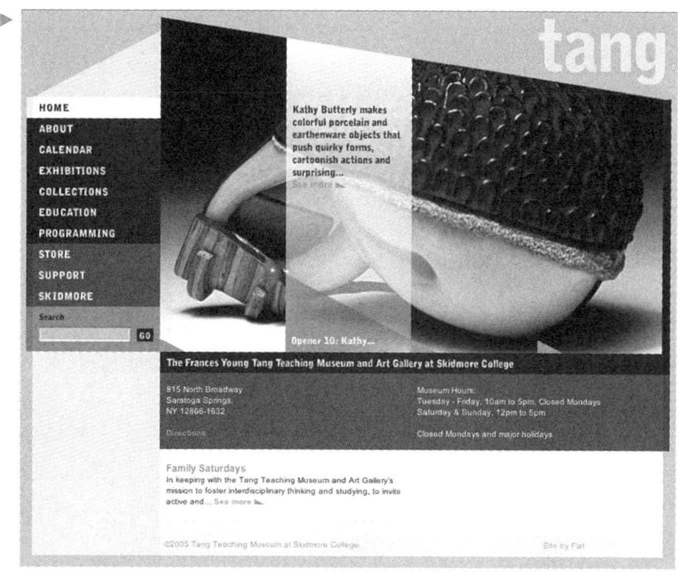

我们做出了坚持手工艺的决定。我们不会将工艺制作过程与战略规划，研究或是创作方向分离出来。这就意味着工艺（craft）或是说艺术制作是我们工作的核心。

TSIA：我其实也并不清楚工艺（craft）到底意味着什么。我认为我更像是一个文化的创造者。所以无论基于何种介质（艺术，工艺，设计），我所使用的方式都是类似的，而这一点使得我可以以类似的方式来接触关于不同对象的项目，比如网页设计，灯罩，花园，儿童。

我不知道在这里正确的术语应该是什么，咒语（mantra）？命令（mandate）？但是这个我们开始这些项目的地方变得对于环境具有“超意识”（hyperaware）。这是个什么项目？这个项目将如何发展？项目的受众是谁？他们为什么要使用这个产品？通过我们的工作，我们尝试去建立一个意义的范围，理解这些信息（除非信息本身非常愚蠢）并不会对于每一个看到的人来说都是一样的。

不同的受众会根据自身的背景和生活经验来抽象化其意义。因此，我们试图去创造一个在特定意义的范围内，在某一层次可以被清晰理解的东西。之后，如果我们足够幸运，我们的一些细心用户会发现我们所设计的一些细微变化，这将使得我们与产品受众之间发生一些有趣的对话。

在使用其他材料的工程中，您得到了对于数字化工作怎样的信息和启示?

DOUG: 我目前正在学习如何管理我的花园。我们现在住在一片树林里。我一直在研究该地区的生态历史。这片树林在过去的 300 年间并没有得到很好的维护，因此现在它并不太健康。我希望我能使得这片生态系统更为多样化，更有用。为了做到这一点，我正在学习如何设计生态系统，或者说，是如何建立一个能够自我维持的，肥力长期稳定的混养系统。

让我对此特别着迷的是，我可以对于生活系统进行设计和对话。你永远都不确定系统将往哪个方向发展，而作为一个设计师，我的角色是为未来“播下种子”，然后尝试去引导其发展。

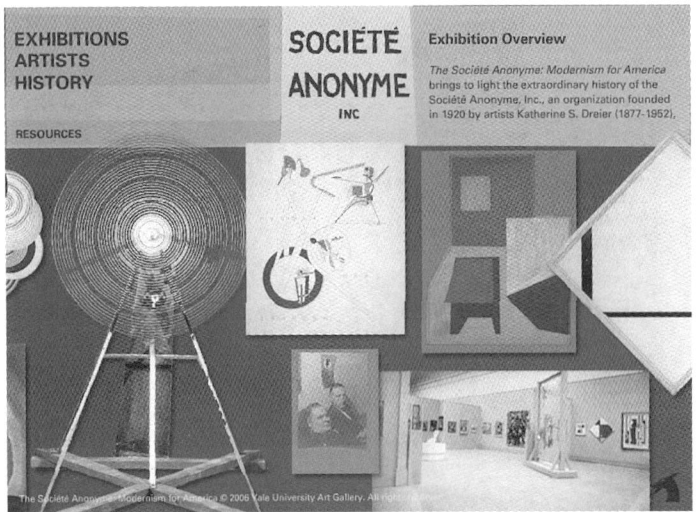

▲

The Société Anonyme: Modernism for America

http://artgallery.yale.edu/socanon

客户：耶鲁大学美术馆

网站概念设计和执行：FLAT

信息建构师：Doug Lloyd

艺术总监：Pettr Ringborn

编程：Renda Morton, Bart Szyszka

软件：Flash, XML

©Flat. Inc.

这和我对于设计互动系统的兴趣直接相关。他们使用预料之外的指令让系统启动。

TSIA: 我并不以材料的功能来区分材料。

一个毛线球并不需要一个后端内容管理系统。内容关系系统不能进行编织。我把大多数事物当作一个系统来设计。对于我来说，所有的东西都相互关联。

我喜欢你的网站，它们丰富多彩但不光彩照人，它们有一定的装饰，但并不华丽或是说过度装饰。你如何来界定一个网站已经设计完成了呢？

DOUG: 我们制作各种类型的网站。而对于那些已经产生互动效果的网站来说，当它们可以进行自我更新的时候，我认为我的任务就已经完成了。

大多数我们制作的网站具有非常实际的功能，而正是这些实际的功能驱动着平面设计的发展。

这就意味着一个易于使用的界面和一个清晰的阅读环境是吸引人的最佳方式。

TSIA：我认为这个问题实际上是关于如何进行恰到好处的工作。我想，为了理解我们如何来做到这一点，我们需要回到我们的做事方式中去。当我开始与一个客户合作，这个合作赋予我一种特权，这个组织雇佣我们，并充满信任地将它们的产品交付给我。如果我看不到这样的特权，那么或许我不该接手这份工作。尊重是个关键，而以这种方式展开工作的同时，我和我的客户建立了一个良好的关系。

我能对几乎所有的项目的复杂性感到兴奋，我认为这是一种乐趣和挑战，所以，我能以极大的热情来做我的工作。我觉得作为一个设计师，如果你以一种悲观的情绪来做事，那么你最好还是趁早停下比较妥当，具有批判性的眼光和悲观处世是有极大区别的。这就意味着，一定会有特定的客户和设计项目因为政治或是个人原因是我所控制不了的。所以你最好趁早推掉这个活，人的一辈子并没有那么长。

因为我们为每个项目都会投入大量的精力，我们希望能够将每一步都走得更谨慎些，传统意义上的著作权并不是我们所追求的东西。

httpy://environment.yale.edu ▶

客户：耶鲁大学森林与环境研究

网站概念设计和执行：FLAT

信息建构：Doug Lloyd

艺术总监：Pott/ Rmgborn

编程：Bart Szyszka. Renda Morton, Matthew Kosoy

软件：Flat E-mail 和 Content Management Systems

©Flat, Inc

我认为这就是为什么我们的工作在这方面会被估量的原因。我们的确是把我们的项目摆在第一位的。当然，这并不是说这就是如何获取设计奖项的办法（她略带苦涩地说到）。

你最初是如何被网站设计吸引住的呢？而在这之后又是什么让你对其具有持续的热情？如果有的话。

DOUG：最初，我是受表演理论的影响而开始了我最初对于互动体验的尝试，在当时，对于我而言，这种尝试是纯艺术性的。我早期会创建一个状态，以一件物品开始，一件传统的，可以很容易接触到的物品，然而，这样的架构允许我将其转为别的东西，一些由参与者驱动的不可预测的状态。我寻找一种具有紧急特性的状态。

事实上，被设计的情境，例如冰淇淋社交，使得某种体验，像是坠入爱河，变得更为容易。让我感兴趣的是，人们如何通过极其简单、开放、经过设计的工具来组织和使他们的生活变得更为容易。互动手段使得新的无法预料的体验出现了。

TSIA：很多年前，Doug 和我为了我们的硕士论文在俄亥俄的哥伦布建了一个鬼屋，叫做“残酷的家”。这是一个 7500 平方英尺（约 697 平方米）的临时迷宫，人们需要找到他们自己的方式逃离出去。我们设计了这个空间，并将其他一些艺术家的装置也放入了这个环境中。

里面有很多黑暗的小空间（像是 55 个三角形的迷宫），接着是一个大的有光空间（像是医生的候诊室）。人们变得完全失去了方向感。

这是一个艰巨的任务。我们有一个小型的建造团队，五十个雇员，整个项目开放了六个周末。八千个人光顾了我们的鬼屋。那些扮野动物的人对于他们的工作非常认真，小组使用暗藏式摄像头进行调查，顾客吓湿了他们的裤子，好多人都被吓哭了。这个项目让我对互动设计有了更深的认识。

对于想从事数码设计的学生，你有什么样的建议吗？你认为有什么是最重要的呢？（又或是大家都普遍缺乏的呢？）

大多数我们制作的网站具有非常实际的功能，而正是这些实际的功能驱动着平面设计的发展。这就意味着一个易于使用的界面和一个清晰的阅读环境是吸引人的最佳方式。

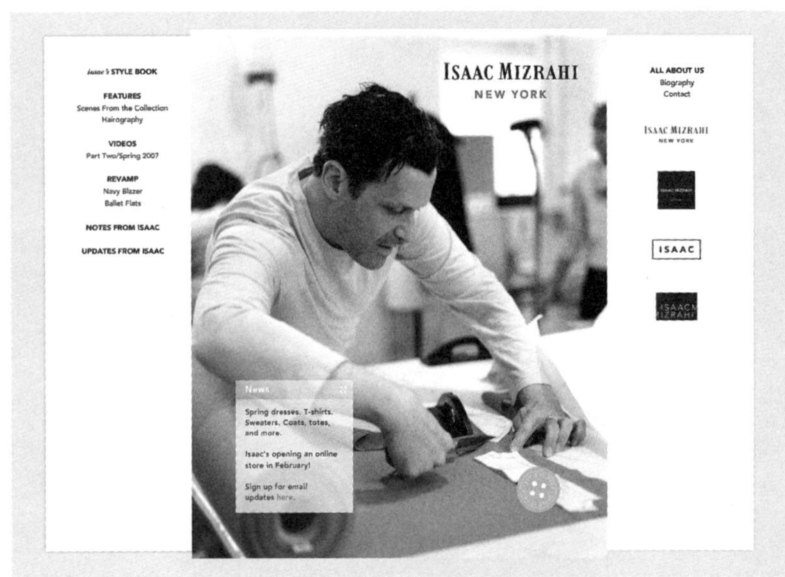

www.isaacmizahinyc.com

时间：2006 年

客户：Isaac Mizrahi

网站设计和执行：FLAT

信息建构：Doug Lloyd

艺术总监：Pettr Ringborn

编程：Bart Szyszka，Matthew Kosoy

软 件：Flat E-mail，Content 和 Commerce Management Systems

©Flat. Inc

DOUG: 学生们应该能够敢想，而仅仅局限于大部分学生能做的事。对于数码设计，最令人兴奋的工作往往超出任何正常人的能力范围。作为学生，他们应该明白在这个行业框架内，他们的角色是什么，并且如何将他们的工作做好。

TSIA：我想对 Doug 所说的内容进行一些补充。我并不认为我们现有的教学体制能够很好地教学生如何在他们未来的工作环境中进行合作。当然极少数大学正在努力做到这一点，伦敦艺术大学便是其中的一家，但我认为实习可能是最能学到这一点的途径。

我同时也觉得在传统的平面设计专业和新生的数码技术专业之间有很大的区别。根据专业方向的不同，学生会在你说到数据库或是排版时感到茫然。我认为这样的专业间的鸿沟并不利于学生的发展，这样的专业培养会使得学生变成书呆子或是单纯的平面设计师，这两种结果都是企业在雇佣员工时所期待的。我们需要的是复合型的人才。

DOUG：平面设计界失策了。这十年来，平面设计界在改变人们沟通方式上所做的尝试是令人尴尬的微不足道。至今为止都没有在图像艺术方面关于信息技术的富有意义的学术论文出现。正因为如此，我一般会告诉我的学生去学习排版、符号学，去获取广泛的人文知识，最重要的是，学习如何快速学习知识。■

定义感受（感受的过程）

采访 Eric Rodenbeck, Stamen Design, 纽约

对于内容和观感之间的平衡而言，你似乎倾向于更注重网页信息的清晰度，这和网页与传统媒体之间的区别有关吗?

我并不想说对于观感和清晰度，我们会更注重信息清晰度，我也不想说在这两者之间会有什么绝对的冲突。我们更感兴趣的是建立一个可以生长和发展的事物，而不是我们设定为其设定一个不可变的特定风格。

我们的确在设计观感上下了很大一番功夫，但我们更注重人们对我们所设计的事物的感受。我们坚持用相对简单的技巧来做设计是因为我们希望这些设计都是将来可以套用的模板（就像是被程序编译出来的一样）。我们对于原始结构保存得越清晰，在将来的设计过程中就有更多回旋的余地，最后的设计结果也就会变得越疯狂。当没有太多事发生的时候，我们的可视化效果会看起来很平静，例如，图示旧金山地区出租车的实时位置。

然而在上下班高峰期，它们就开始显得忙碌了。我们对于这些能反映出现实生活中事物变化的东西很感兴趣。

对于传统媒体而言，这是个很大的问题。我认为我们于传统媒体之间绝对有极大的不同。我们和印刷品设计或是其他静态媒体之间的最大区别，就是我们所做的设计是时刻都在被生成和变化着的，印刷品并不能适应这一点。所以，并不是说，网页设计本身有多大的不同，而是那些可以植入网站的内容形式是多样化的。因此，在设计网站的过程中，我们需要新的思考、交流和工作方式。

感受（feel）这个词在网页设计行业是很常用的。你能定义一下这个词吗?

当我们在讨论这个词的时候，我们通常在讨论如何将我们的设计变得尽可能自由，不被现实所限制。

如果有什么设计没有意义，那么它就不属于我们所在做的事情："这东西让你'感觉'真实吗？"

我们将其称之为信息，而信息架构则是我们在今天的网页设计行业所使用的口头禅。你能解释一下美学是如何引入信息可视化的吗?

如果它们还需要被引入，那么我想已经太晚了。将美学引入信息可视化听上去就像是给一头猪涂唇膏。这是从一开始就必须要考虑的事情。

你是否同意有些猪就是比别的猪看上去有吸引力呢? 而有些信息在可视化的过程中并没有被很好地设计过?

当然了。我们这个行业的发展在很大程度上来说归功于爱德华·塔夫特（Edward Tufte），他最早开始推崇美学在理解信息上的重要性。

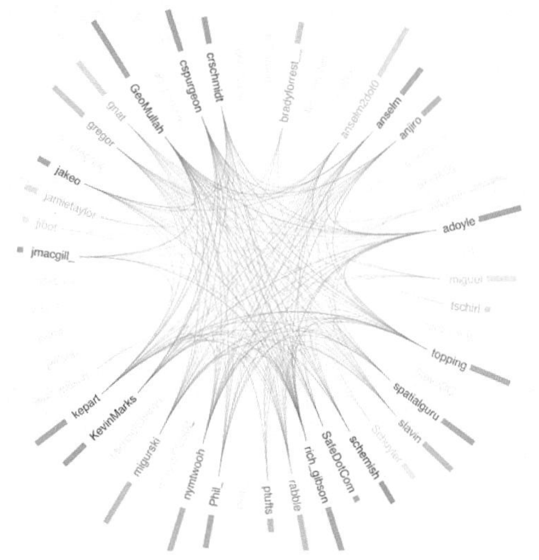

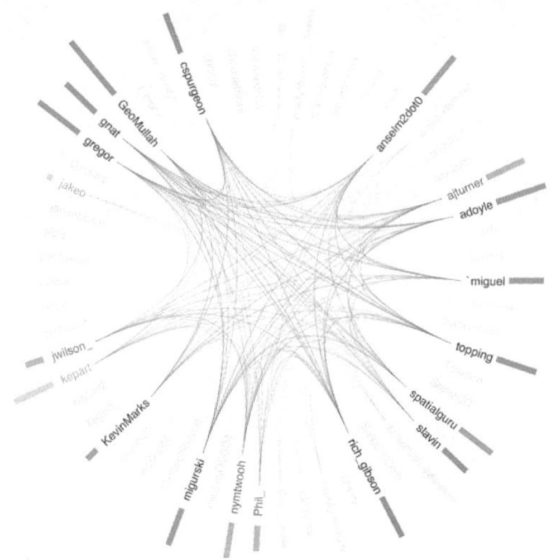

一旦你读过他的书，你几乎不可能用女人的腿的图片来展示连裤袜随时间而变化的销售量，又或是在该使用灰色线条的地方使用了粗粗的轮廓线。

作为一个工作室，或者说对于我们这个行业而言，我们的挑战是如何在数码环境中理解信息设计的原则。而数码设计和传统的印刷品设计有极大的不同，塔夫特（Tufte）对此作出了精彩的解释。对于动画和交互设计的作用，设计界很少有共识，例如对于信息设计来说，就是如此。

在网页环境下，排版有多重要呢？排版是印刷品设计的关键吗？

对我们来说，排版并没有那么重要，特别是在和那些自己设计字体的人们相比的时候。那些人花费了大量的时间来研究不同字体如何和谐共存的细节。

现如今这些事都可以交给电脑来做了。每次看到有人在句子后面加两个空格都把我乐坏了，这是手动打字机时代留下的古老习惯。我们基本上总是使用黑体（Helvetica）。这是一个相当不错的字体，每个人电脑里都装了这个字体。而且如果我们能从字体选择恐惧症中解放出来，我们就能有大量的时间来真正研究设计的问题。

对于我们来说，最重要的工作是理解类型和其他一些在数码环境中真正重要的东西。当你基本上可以控制你的汇报文件大致会长成什么样子的时候，你也并不能确定，你努力准备的这份文件是否能保证如果有人更改浏览器的字体，那些图片是否还能显示在正确的位置，它们是否会跳出窗口又或是和文字重叠。

排版流畅性对于我们而言意味着设计应该在广泛的环境中兼容，无论是对小型的显示装置还是对于大屏幕投影而言。并不是每次都有可能做到这一点，但是一旦你意识到你的设计会被在各种环境中使用，那么在设计的过程中，你就有可能作出更好的选择。

“体验设计”这个词指的是什么呢？在这里，“体验”又指的是什么呢？

老实说我并不真的理解这个词。这个词似乎实在努力包含大量设计师做的事，却又并不能用自身涵盖那些行为。

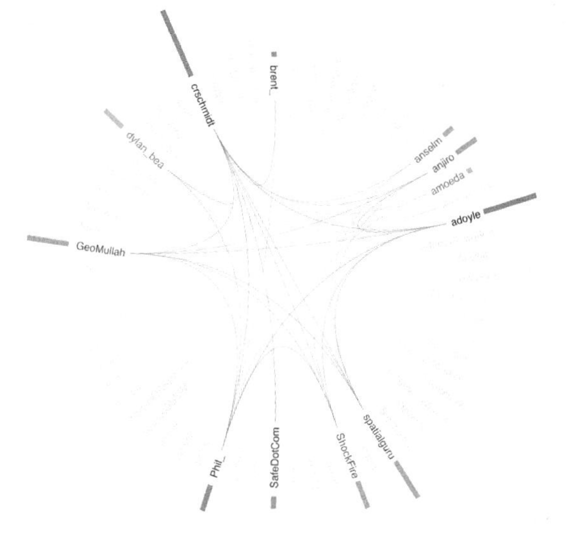

◀ http:// backchannal.stamen.com

时间：2006 年

客户：Self-initiated

设计师：Mike Migurski

©Stamen Design

我最近读到关于工商管理硕士（MBA）开始讨论"设计商业(designing businesses)"的话题。如果你这么想的话，其实所有的人几乎都可以被定义为设计师。关于这对于人类来说意味着什么，我认为会有更糟糕的解释。

你是一个富有十年工作经验的设计师。在这段时间内，这个行业都发生了哪些变化，这些变化又是如何影响了你的设计?

当我刚开始进入这一行的时候，我可以说是几乎不知道什么是网络以及如何使用网络。样式表（CSS，Cascading Style Sheets) 和 flash 动画并没有出现，我基本上是通过试错法来学习那些我需要了解的技术的（有时候我也在需要的时候"偷"一些别人已经写完的 Java 脚本）。

所以我的设计基于我工作领域内的一个持续的期望，我尝试能够对我的工作有所创新，而与此同时，这些创新又是符合它们的载体的，如果这么说你能明白的话。我想做一些本身就基于网络的事情。我希望能尝试寻找能且仅能由某种特定媒体来做的事情，这样可以在这种媒体所强加的极大限制下进行工作。

我现在依然想干这件事。部分人依然还在从事这项研究。虽然各种技术都发展得挺尘埃落定的了，网络也不再新鲜，我们也还在很努力地继续寻找机会。与此同时，我不认为人们对动画和交互在例如数据可视化方面有深刻的认识。所以我觉得在这方面依然有深入研究和发展的空间。

而对于数据流在设计方面能起的作用和正在起的作用，人们显然对其的认识要深得多。哪怕和两年前相比，像是博客（blog），客户端（API）和订阅（RSS）正在开始大规模渗入多元文化中去。当我开始从事和网络相关的工作的时候，无法控制字体和行距这件事简直把众多设计师都逼疯了，而现在我们不再有这个问题了。所以我现在可以比十年前更自由地探索生成媒体（generative media）和数据驱动型故事脚本。现在我们能获取大量的数据，并据此来工作。

你的公司有五名成员。你在设计师身上都期待哪些能力、技术技巧或是设计才华?

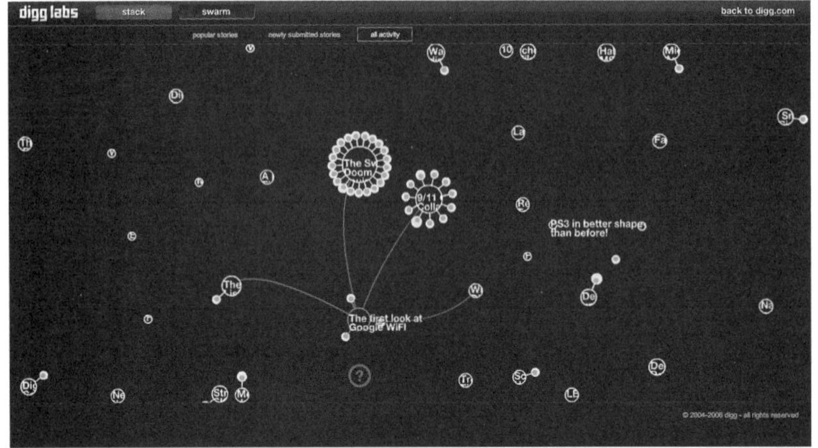

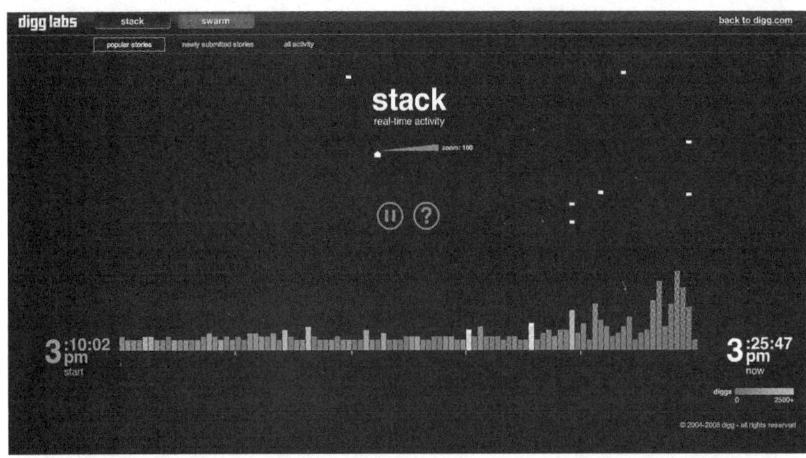

◀ http: //labbs.digg.com

时间：2006 年

客户：Self-initiated

设计师：Mike Migursk，Shawn Allen

创意总监：Eric Rodenbeck

©Stamen Design

我们最近刚好在招新人，所以我想我现在脑子里就有现成的答案。我们自然是两者都追求的。

我想说的是，我们主要在寻找的人才，在技术层次上来说，需要是一个愿意学习新知识的人，同时不惧怕去学习新的工具或是在必要的时候愿意重新学习旧有工具的人。而这个品质会比应聘者目前所掌握的任何技术能力都重要得多。

而在设计层面上来说，我们需要一个自身在想法上超前的人，并且能够无论是从最小的动画细节还是从项目总体发展方向都能迅速转变方向。我们期待应聘者对于简洁、干净、漂亮有良好直觉的人，而不是有强烈的设计风格，无法适应不同项目的不同要求的人。

其实要找到完全符合这两点的人才非常难，这也是为什么我们的公司规模一直这么小的原因。■

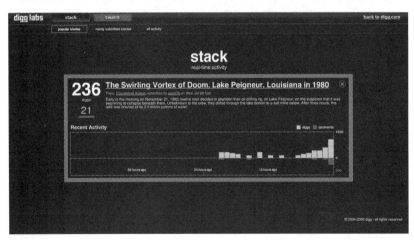

爱上限制

采访 Geoff Allman, Flash 动画设计师，动作脚本大师

www.bionicpower.com

设计及 Flash 动画编程：Geoff Allman

我的作品集网站包括了虚构的纽约天际线图片和根据纽约布鲁克林当前时间和天气而变化的天空图。

您和大量受过传统教育的印刷品设计师合作过。您对此有何感想呢？您觉得他们关于设计的思考方式和您都有什么不同呢？在这样的项目中，您扮演了什么样的角色呢？

我认为最主要的区别在于，印刷品设计师更关注最终那份视觉上静止的产品，而当我们为那些大多数与网络相关的项目进行设计时，我们需要考虑，不同用户对于显示设备的不同设定以及随着时间而不断调整的内容。因而，我们的设计会更有灵活性。通常是那些最细节的部分让你对基于网络的产品失去了控制。例如，段落分割线在哪里，对于特定字体的控制和定位，限定对象在页面上对其的原则。而对于印刷品来说，如何高端、大气、上档次地控制这些细节才是让自身项目跳脱出一般作品的关键。

根据我的个人经验，那些受过传统教育的印刷品设计师更多地把网络设计视作是一系列的妥协，而我在其间的作用便是如何把他们的设计转换为合适网络设计的产品，这就意味着要将他们的设计适用于网络设计的标准。而在网络设计的大环境下，“看上去如何”并不是唯一的问题。

您谈到设计是反应灵敏，对内容敏感的，而不是固定静止的行为。设计更多的是一个动词而不是一个名词。您能对此解释一下吗？您认为您的工作方式与印刷品设计师的工作方式有什么不同呢？

作为一个网页设计师和一个程序员，我习惯于网页的不确定性，而我也会主要根据设计的灵活性来对项目的美学价值进行评价，当然也会重视控制视觉效果的效率和经过深思熟虑的逻辑。这意味着，设计和显示要素在将来可以不经过我的调整而根据变化自动进行调整和控制。（有趣的是，这种屏幕之后的逻辑通 常不为用户所辨识，

……我的主要研究方向在设计和编程的交叉处，使用编码为设计服务，或是至少可以定制设计工具。

或者起码仅仅是作为一个成功的用户体验的隐形部分）。对我而言，为网络而设计的令人兴奋的部分在于创造一个智能框架，其中包括主要成分和装饰成分，同时还有对于信息架构的思考和用户模式。

你的大多数工作基于我称之为运动的 数学的术语（the mathematics of movement）。动作脚本是如何影响 你看待这个世界的方式的呢？

除了建立以数据为中心的应用程序借口，我对于作为动画工具的Flash的主要兴趣在于创作气氛动画（atmospheric animation）：场景或者物体会随着时间逐渐变化（例如，能够 准确描绘当前时刻和当前天气的天空 的室外场景，能够复制互动的微生物，或是在复制或随机放置之后能够产生富有细节图案的简单形状）。本着这样的精神，我也同样对于利用算法来重建有机形状有兴趣。我觉得总有一种方法可以训练你的眼睛来找到这个世界上根本的模式和运动规律，并以此来丰富研究对象的物体属性。而这些特性本身正是我们得以分辨事物的原因。塞尚（Cézanne）曾经说过，他曾“寻找印象派自发性背后的规律”。而我认为，这也是一个有趣的思考这个问题的方式。

实际上，有两种不同的方式，虽然它们都以代码的方式来辅助设计。你可以用Flash作为一种工具来建立结构和为浏览和演示来组织信息，你也可以用它来以电脑为平台进行复制和随机分布，以此来得到复杂、意想不到以及通常情况下看上去高度有机的设计。

它们并不一定是相互矛盾的，而是借用同一个工具来达成不同的设计目标。

是什么让你走到利用编程来设计网页，你最初的兴趣点在哪？而你现在的兴趣点又在哪呢？

最初让我进入网络设计的应该是对于 电脑的迷恋和对精通某些软件的渴望（例如Photoshop）。在当时（1996年），网络还是很新奇的东西，而相对于如今，自学和网络相关的内容也较为容易。 然后，作为一个自学成才的设计师，我没正式研究过平面设计的历史。而直到最近几年我才开始真正掌握设计的语言，并能意识到这个更大的设计背景。至少对于我来说这变得越来越重要，因为由于网络设计作为一个独特的技艺出现，随之而来的是其适用的规则、历史感和成功的共同标准。

目前以及不久的将来一段时间内，我的主要研究方向在设计和编程的交叉处，使用编码为设计服务，或是至少可以去定制设计工具。

▲
Coach CD-ROM

客户：Coach

设计和 Flash 编程：Geoff Allman

软件：Flash

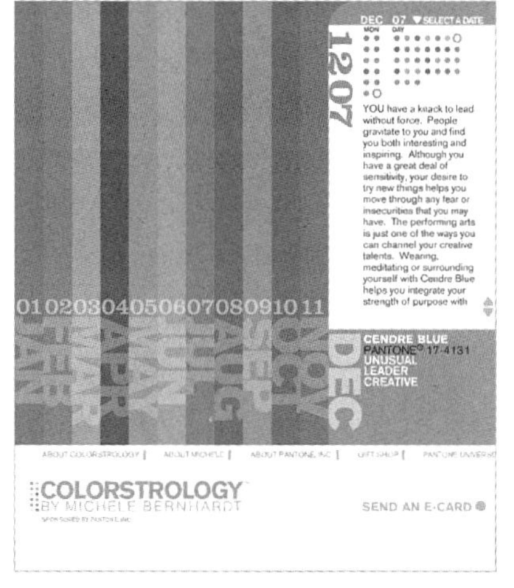

◀ **www.colorstrology.oom**

客户：Pantone, Inc

网页设计：Third Mind, Inc

Flash 编程：Gooff Allman

这个网站包含了 365 种日常的颜色，对应着你生日的星座分析。所有这些颜色信息都来自一个数据库，在实时数据输入之前，这个网站是黑白色的。

好的设计并不总是像问题和答案那般简单。有时候，好的设计应该如风起风落一般自然，如果我感到我的设计缺了点什么，那是一种本能的反应，是一种下意识的感觉。

我并不是在说将来我们会用机器人来帮我们做平面设计，与我一样，越来越多的设计师不仅感兴趣于如何让计算机生成那些基于逻辑的设计，他们也同样感兴趣亲自设计美丽的设计。

能和我们谈谈您的理念和方法吗？

我认为我自己是一个务实的设计师。这就是说，对我而言，无感情地面对我的工作，视之为特定背景下的某个特定的项目（拥有独特的目标和限制），而不将私人感情带入项目是容易的。我觉得这一点使得我成为一名优秀的问题解决者，同时也是一名出色的合作伙伴，但它也有其不利的一面。好的设计并不总是像问题和答案那般简单。有时候，好的设计应该如风起风落一般自然，如果我感到我的设计缺了点什么，那是一种本能的反应，是一种下意识的感觉。

我觉得我的创意活动风格更具有实验性质，更孜孜不倦。

我视一个空的 Photoshop 文档为一个即将发生的设计契机，而不是一个我选择的、由其承担我具体设计理念的地方。理论上来说，越是让我的大脑自由思考，我就越容易让有趣的事情发生或是甚至沸腾起来。我无法确定所有这些思想斗争是否都反应到了我的工作上（这或许对网页来说还挺令人兴奋的），但这就是掩藏在表象之下的那些风起云涌。我也觉得，从哲学的角度来看，思索设计师和艺术家之间的不同之处，这些创意活动的不同模式一直是个令人心醉的事。

您自己开过公司，也为大型机构工作过，而现在您会在您希望的前提下独立做设计。您是否能讨论下这些模式之间都有什么样的区别，而您又从这些不同的模式里都学到了什么呢？

我认为这些不同的模式都是我宝贵的经验。为大型的机构工作是个不错的体验，因为它们有大客户，你可以看到大型的商业项目是如何展开的。但是我发现我最喜欢的工作，设计和发展网页界面，在大型机构（我这里指的是广告代理公司）往往在工作流程中排在后面。广告代理公司关注的是朗朗上口的广告语，它们所传达的信息，这我能理解，因为它们的工作就是为了卖狗粮或是手机或是奔驰汽车，但这些的确不是我感兴趣的东西。

我同样非常享受项目生命周期的每一个部分，提出概念，与客户沟通，管理项目，这是你自己开一个工作室所能得到的。你要冒着作为所有过程的“千斤顶”却无法在任何一方面成为大师的风险，但是你依然会觉得所有这一切都很有趣，你享受着这种速度的感觉和各种不同工作所带来的挑战。展望未来，我依然渴望将来能拥有一个小型的工作室，但这几年在纽约作为自由职业人也让我得到了快速的成长。我曾经和许多不同的设计师和开发人员共同工作过，因此我得以接触不同的风格和工作流程。仅作为一个观察者，我发现所有这些社交互动和商业决策的思想挣扎都很有趣，它对我而言也是一个设计教育。■

一名用户的支持者

采访 Khoi Vinh, Design Director, New York Times Digital, 纽约

你每天的工作是什么呢？

我职位是设计总监，所以我要负责我们的网站的外观以及用户体验的主要控制。我用了我的大多数时间来指导各种设计相关的项目，其中包括对网站促销区的设计和从对类似旅行专版这样的板块的结构调整到参与设计开发新的在线功能和产品。

我工作的一个重要的组成部分是作为读者对于时报在线内容的体验的支持者，我将我过往项目中的最佳经验和其他网站的优秀案例介绍给我的同事和上级。

这听上去您花了很多时间来谈设计，包括处理会议、电子邮件、工作报告。您平时有多少时间能够真正做设计？

还真的是挺少的。我花了大量的时间在会议上，在策略层面讨论设计问题，而并没有太多时间能坐下来真正做设计。但是我依然负责日常的真正的设计工作。我和我组内一线的设计师共同工作，检查它们的排版和模型，并从战术上讨论如何做出高效的设计。这就意味着大量的草图。我用笔手绘草图比 Photoshop 制图要频繁得多，因为手绘草图更快速，而我觉得我的工作更多地应该是在更高层次上给予他人指导，所以手绘草图更能帮助他们理解如何去解决问题而不会妨碍他们进行独立思考。

所以说你是在指导人工作，而不是指挥像素工作？

是的，你对我的工作描述得很准确。我倾向于将设计的设计工作（与像素打交道）与艺术指导（给设计师提供设计方向，帮助设计师达成设计目标）和设计管理（为好的设计创造良好的条件）区分开来。对于上述三个工作方向，我大致的时间分配是 10% 实际设计工作，40% 艺术指导，50% 设计管理。

subtraction.com ▶

时间：2005 年

客户：Self

设计师：Khoi Vinh

软件：XHTML, CSS

您对于学生有没有什么关于该学些什么或是该注意什么的建议呢？学生们是否应该将注意力集中在设计上，而在将来再学习管理技巧呢？又或是说有什么办法能让他们在进入像时报这样高度合作的环境之前就做好准备呢？

我想这个建议不仅仅是对数码专业的学生的，也包括了其他一些类别的设计，那就是，要趁早明白一点，设计师是商业的一个工具。在这里，我完全没有任何愤世嫉俗的意思，但我的确认为作为一个设计师，应该尽早认识到这一点。适应商业环境，学习设计在商业中的意义以及设计是如何扩展到商业的方方面面，这就是如何让你的设计变为产品的最佳方式。

特别是随着数码设计的发展，设计与科技的联系日趋紧密，与商业目标和策略的联系也同样日趋紧密，在时报这样的公司里，这对于理解设计解决方案对于公司的意义帮助巨大。学生们应该有空去读一读《商业周刊》（BusinessWeek）和《华尔街日报》（Wall Street Journal）。

数码设计师应该花更多的时间在TechCrunch.com这样的网站上，而不是“一列之遥”（A List Apart）上

在我看来，设计师似乎是这个房间里唯一的一拨没有受过商业教育的人，这就意味着设计师总是会以不同于他人的方式思考，也会说出与他人不同的话来。这种不知情的背景条件是否能给我们带来创新呢？

是的，我明白你的意思，我也同意你的观点。我不主张设计师去补一个工商管理硕士（MBA）学位，变成一个会用Photoshop的商务策划师。我想的确有那么一拨设计主管觉得这是个好主意，但我认为这会降低这些设计师在设计创新上的作用。

我的看法是，那些设计的约束条件，多大，使用多少广告，如何分配，其本质上来说是商业问题。在这个行业里，对于那些愿意埋着头做事，尽可能寻找一个不受干扰的环境的设计师来说，总是能找到他们的位置的。但是这些位置变得越来越少了。他们总是会出现在你的周围，但是与那些知道如何处理商务问题的设计师来说，他们总是缺了点什么；而后者才是会在今后的几十年内在设计业有所建树的人。

在雇佣一个入门级的设计师的时候，你会寻找什么样的人呢？

尽管我对商业头脑很重视，但我还是会看重设计技巧和一份优秀的作品集，这两者比其他的都重要。这通常意味着设计师需要有能够看清细节的眼睛，他们能够从不同尺度来思考问题，他们能够理解目前设计界的大环境和发展趋势，并且他们能抵制那些不合适他们的、客户的趋势和风格。

接下来，我会期望它们拥有良好的书面交流能力。具有书面沟通能力的设计师是罕见而宝贵的。这个书面沟通能力意味着它们具有严密的思维过程，他们可以将其难以描述的设计解决方案转化为确定的术语而使得一般人能明白。我还会在面试的时候注意应聘者的个性：你不需要一定是个性格外向的、班长一类的人才能和我一起工作，但你得对于你即将从事的工作展现出极大的热情和兴趣。

GAIN 2.0

The design of business.
The business of design.

American Institute of Graphic Arts

AIGA

LEAD FEATURE

AIRSTREAM
The 21st Century Trailer

FULL STORY

INTERVIEWS

More

Soul Branding (SM)

Writer, commentator, and brand guru Elsie Maio discusses the link between business ethics and financial stability.

On Brandology and Futures Research

Branding strategist Andrew Zolli discusses the future of brands and futures research

Project Platypus

Ivy Ross, Senior Vice President at Mattel, discusses her innovative approach to building new brands

The Geometries of Sports Branding

VP and Creative Director of the NBA Tom O'Grady talks about the world of sports branding

INTELLECTUAL PROPERTY

A Regular Column by Frank Martinez

What does "Work for Hire" mean for designers? AIGA's legal counsel answers your questions on intellectual property

EDITOR'S NOTE

Welcome to the new GAIN! While there are many design publications and even more business publications, few explore both realms as necessary outgrowths of one another.

Gain hopes to act as a bridge between these two worlds by providing provocative interviews and real-life case studies of how thoughtful design and execution can help solve challenging societal and business problems.

We at the AIGA hope you enjoy this launch issue, and feel free to write to us with comments and story ideas.

Respectfully,
Gong Szeto, Editor

ABOUT GAIN
GAIN MAILING LIST
GAIN VERSION 1.0

GAIN INTERACTIVE POLL

Do most of your designer or client relationships last?

0-1 year
1-3 years
more than three years

SUBMIT

Published March 6, 2003

gain.aiga.org
gain@aiga.org

▲

AIGA Gain 2.0

时间：2002 年

客户：AIGA

设计师：Khoi Vinh, Behavior LLC

软件：Flash

◀ **NYTimes.com**

时间：2006 年

客户：The New York Times Co.

设计师：NYTimes.com Design Group

设计总监：Khoi Vinh

软件：XHTML, CSS

你需要做到积极主动，并有好的提问能力，你必须由自己来完成让我理解你的价值这一过程。因为在将来，对于你的老板和客户，你需要能做到同样的事。

关于数码设计的未来，你有什么想法想与大家一起分享的吗？

我们已经在网页设计这一行勤勤恳恳做了十五年了。而很明显，这仅仅只是个开始。由于科技发展迅速，有时候，我们蒙蔽了自己的双眼，意味着我们还在网页上特别是设计方式上处于超前的位置。限于我们目前所使用的工具，我们还有很长的一段路要走：我们依然以非常不直接的方式在做事，通过代码或是通过内容发布系统，而这些工具对于设计都有很大的限制。

有一天，工具可以允许我们具有与今日相比更强大的设计灵活性。也许它们会带来一些新的约束，但是它们对于在线设计而言，会是一个翻天覆地的存在。这并不意味着同时拥抱目前技术的限制，像是XHTML，CSS，浏览器，带宽之类，这是没有必要的。而在今天就创作伟大的设计才是绝对必要的。我只是希望我们能小心一些，不要被设计约束限制住，也不要因为我们现在能利用这些工具好好工作而沾沾自喜。我们希望我们依然能充满了雄心壮志，依然能一直为更直观、更有表现力的设计而努力。■

TheOnion.com ▶

时间：2005 年

客户：The Onion, Inc.

设计师：Khoi vinh, Behavior LLC

软件：XHTML, CSS, Adobe Flash, SiFR

www.hilllmancurtis.com ▸

客户：hillmancurtis

时间：2003 年

设计师：Hillman Curtio

致谢：Scott Debney : html, php, JavaScript

软件：Photoshop, Flash

剪辑网络电影

采访 Hillman Curtis, Inc., New York City

您是公认的网页 Flash 广告大师。您现在的工作还有多少是和网页 Flash 广告相关的呢？

我还在使用 Flash，但是现在的使用方法和过去有所不同了。例如，我现在更多地用 Flash 来为非 Flash 网站像是雅虎（Yahoo!）或是美国线（AOL）做交互研究的原型制作，而不是广告。我现在在做的网页设计工作里，绝大多数网站都只是将 Flash 作为一个组建来使用，除了一个我两年前做的穿插表演网 (www.hillmancurtis.com/master)。我已经很久没有设计完全依靠 Flash 的网站了。至于广告设计，我为 Adobe 做了一些 Flash 插播广告，但仅此而已。

我也用 Flash 来播放一些我现在在做的视频和电影工作。

数码世界让您的移动办公成为可能。您在纽约和加州都有小型工作室。作为设计师，您是否认为地点对于创造性工作很重要呢？

我不这么认为，给我一台笔记本电脑和一个桌面，我就能在任何地方工作。我曾经在纽约到旧金山的飞机上剪辑过电影，在雅虎（Yahoo!）办公室的一个小隔间里待了三个月，帮助他们设计他们的主页，在内华达山脉的一个车库里，就着两个锯架和一张老旧的 3/4 英寸（约 1.9 厘米）胶合板剪辑五角大楼纪录片。而我在回答您这些问题的时候，我正在内华达山脉的一家咖啡店。

您在 1998 年创立了您的工作室。网络泡沫已经成长和破裂了。而你目前正在制作一些有良好访问量的网页空间。这个行业与从前相比，都有哪些变化呢？

网络带来的兴奋已经趋于稳定，因此预算也趋于稳定了，而新出现的，是网络成为界定年龄的一种工具。我认为当年有太多的促销广告，其中的一些将目光锁定在了网络上，因为这个可爱的小东西吸引了一拨骑小摩托的极客，不过我猜那只是短暂的一段时间。但我一直把网络当作一种美妙的交流平台，我可以表达我自己，与此同时，对于传统的媒体，这也是表达创意的可行选项。

◀ 雅虎（Yahoo!）主页重新设计

客户：雅虎（Yahoo!）

时间：2003~2005 年

设计师：Hillman Curtis, Brian Salay, Lowell Goss, Brian Buschmann, Keara Fallon

致谢：Tapan Bhat

软件：Adobe Photoshop，Adobe Illustrator，Flash

而我觉得就目前来说，对于广告客户、广告公司、电影公司、网络、政治和商业公司而言，网站是一个接触客户的非常强大的工具，也许是最强大的工具也说不定，而这会带来更多的机会和上升空间。

在这个阶段，对于您来说什么是最有挑战性的？为什么呢？

雅虎（Yahoo!）的这份工作极具挑战性，因为这个网站是如此得大，作为一个设计师，你每做一个设计决定，都有可能影响到数百万的用户。这个工作基于高强度的分析和研究：你的设计工作必须在所有这些约束下进行。

它也被暴露在了网络技术创新的最前沿。那么特定的一群人，每日不干别的，专注于研究网上有什么新鲜的事情又发生了，什么样的创新又走在了互动设计和科技的最顶端。所以，这项工作是极具挑战性的，它需要我们将研究成果、最新的科技和最新的发展趋势都融入能根据不同用户的资料而变化的网页中去。从使用载入式电脑和最新浏览器的高级使用者，到使用着六年前的电脑和网景 4 浏览器(Netscape 4) 的用户，我们从未忽视过商业目标、搜索收入、网络推广、关联项目和广告中的任何一部分。

除此之外还有电影的工作，这也富有挑战性，不过它们所具有的挑战性各不相同。

▲
Adobe 主页动画

设计师：Hillman Curtis

时间：2006 年

软件：Photoshop,Flash

客户：Adobe

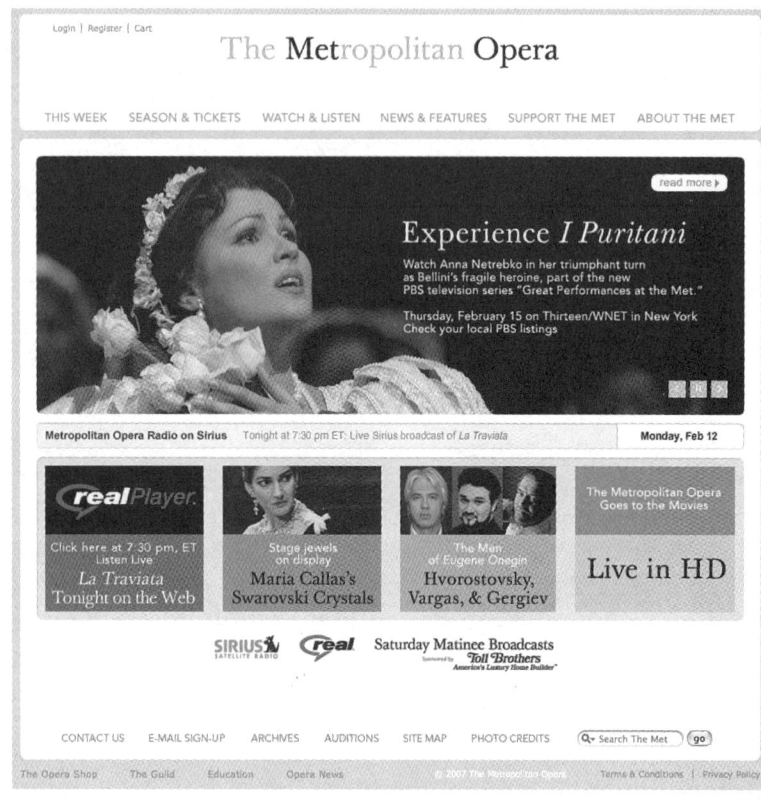

◂ **Met Opera 网站**

客户：Met Opera

设计师：Hillman Grtis

软件：Photoshop, Flash

致谢：AdamsMonoka，附加设计和项目管理

大部分我经手的电影都有时间限制，无论这个限制是由我来定的还是由客户来定的，而因为我大多数的电影工作都是关于纪录片的，在特定时间范围内组织成一条故事线、找到故事点再将其放在一起是很有挑战性的一件事。

在你的商业项目（其中包含了大量的品牌在线推广项目）之外，你还制作一些简短的数码纪录片和剧场电影（theatrical movies）。对于这些非商业的项目，你是如何开始的呢，它们又是如何吸引到你的呢?

我一直想做电影。事实上，这就是我早期为什么会被 Flash 吸引的原因。它使得我有能力来探索动态图像和基于时间的设计。相机价格的下跌和好的剪辑软件的出现使我立即转向了数码电影制作。由于我所工作的平台是网页，我自然就想将此作为我电影的展示平台。而正因为我制作的是网页上播出的电影，我明白这样的电影应该是相对短小的，因为在线观看与看电视或是去电影院看电影的感受是不一样的。网页这个平台同时也限定了我使用相机的方式，我大量依赖于特写镜头而避开远景镜头，因为可视的范围是有限的。

吸引我的是，我能够制作电影，也能在不经历那些复杂的危险重重的谈判就能让人们看到我的作品。我可以通过任何观看了我的电影，并觉得他需要写点什么的人那里得到反馈，从而提高我的电影制作技巧。我可以只用一台相机，一个三脚架，一个指向性麦克风来采访米尔顿·格拉赛（Milton Glaser）这样的人物。我不需要一堆人、各种灯光设备、制作人和熟食车来工作。我真是爱死这一切了。

网络带来的兴奋已经趋于稳定，因此预算也趋于稳定了，而新出现的，是网络成了界定年龄的一种工具。

它建立起一种亲密的关系，也使得我在拍摄的过程中可以随时根据情况的调整而作出反应。我同时也知道，对网站而言，视频将会变得极其重要。对我而言，进入这一行是个非常享受的事情。这也为商业打开了一片新的天空，那些我曾经为其设计过网站的公司也都开始进行试水了。

您从为网站制作电影中学到了什么呢？这种方式和别的制作电影的方式有什么区别？

我不太清楚，我也没有用其他方式制作过电影。事实上我从未使用过胶片，我只用过DV磁带。我想我所学到的是，除了所有艺术都通用的世界法则，在剪辑上是没有限制的，你可以用任何你想用的方式来进行制作。这适用于任何方面，从脚本中抽出华丽的台词到砍掉一个华美的但和故事发展无关的片段。我的确认为我现在在做的在线电影需要考虑到播放窗口的尺寸限制，也需要进行压缩。这里的压缩不仅仅指的是压缩其大小使之能够在线流畅播放，也同时指压缩故事线。

我同样也意识到，我的观众并没有付了十美金，然后坐在大大的、黑暗的电影院里，等着在这边度过一个半小时。我知道他们很可能只是从他们别的在线任务中抽身出来休息片刻，他们或许会马上回到他们的工作中去，如果我的工作并没有那么吸引人的话。我也知道，在观看我的在线电影的同时，他们会有新的e-mail提示，或是电话铃声会随时响起。我希望电影能够好到让他们忽略掉这一切干扰，哪怕只是短短的几分钟。

凭着您的数码经验，您一直在这些设计师中遥遥领先。您是如何让自己一直保持在这个位置的呢？什么样的技巧（和天赋）是必须的？

我非常努力地工作，直到今日，我依然亲自做大部分的工作。我认为这些都是很有帮助的。被迫直面那些设计上的或是技术上的困难，使得我长期拼命地解决创意和技术的障碍，这对于快速识别问题所在很有帮助。

除此之外，我想我又得带上那句陈词滥调“我跟着我的直觉走”。我知道在我之前有太多的人说过这句话，但是最终让我买下摄像机的原因是我希望能拍出像比尔·维奥拉（BillViola）、阿维顿（Avedon）或是托马斯·施特鲁斯（ThomasStruth）那样的作品来。在我的脑海里，我知道学习视频电影制作会给我带来新的商业机会，但激励我迈出这一步的，是别的原因。

我知道您通常不会和很多人一起工作，那么什么样的前提会让您愿意多人合作呢？他们必须要有特殊的技术专长或是特别善于创意设计吗？

我追求干净的设计风格。我希望看到设计师对于工作在取舍之间挣扎。我并不看简历，我更注重在线作品集。最重要的是，我希望他们没有脾气。我不介意有些人在心里认为他们很厉害，但是他们同样也得知道他们可以变得更厉害。

屏幕就是屏幕

采访 Chris Capuozzo, 创意总监 , Funny Garbage, 纽约

您是一个动画专家。对您来说从电视屏幕到网页的屏幕是否是个飞跃呢?

八年前，在卡通频道(Cartoon Network)网站，我曾经为其“网络首映卡通(Web Premiere Toons)”板块的“Gary Panteds Pink Donkey and the Fly”工作。这种互动式的节目在网络世界里首开先河。这是我与 Gary Panter 合作的第一个项目。我们一起完成了网站的重新设计，也一起尝试着去做更多的原创内容。在那时，宽带上网根本不存在。为了看一个两分钟的动画短片，你或许要等待二十分钟，即使经过了你耐心的等待，你所看到的和听到的，也并不是高质量的作品。所有我们的设计决策都被作品尺寸限制。我们有太多的限制要去面对，我们试着去做一些与调制解调器匹配的东西，节目中的所有东西都必须成对出现。所有的一切都和把大量的文件要素在它们的生命周期内进行压缩相关。每个东西都必须进行压缩。在那时，Flash 还只是一个为交互性而设计的软件，不是一个为动画而设计的软件。动画团队知道我们期望能推动项目向前走。我们做的动画和动态图像越多，我们就越明白怎么做才是对的。在很大程度上来说，技术早已经赶了上来，所以其实这是一个很有趣的“观看”网络的经历。

您在学校教授视觉艺术(Visual Arts)艺术硕士项目(MFA Design program)。这不是关于使用 HTML，而是关于应该将什么样的内容放在网站上。对于您的学生，您都期待能看到什么样的特质呢?

我期望他们能认识到网络对于沟通来说是个多么具有革命性意义的存在。你可以创作你自己的真实性。他们必须明白他们在创作的，是一种体验。他们必须明白网站的内在结构有多么重要。

您指的是清晰的导航吗? 又或者他们需要注意的是别的一些对于网站架构而言不那么显而易见的方面呢?

这是你为自己的网站设计蓝图的阶段。你正在创作整个网站结构的视觉示意图。你将不同的部分进行分析鉴定，然后将他们仔细分类。他们必须花时间考虑和使用互联网。网上有太多令人惊讶但又令人生厌的“无用设计”了。

您能给出如何视而不见那些“无用设计”的方法么?

当我在网上浏览信息的时候，我总是问自己，在我被要求做什么(或是点击什么)的时候，这些动作与信息的传达有关吗? 我希望能去自己想看的网页。有时候这真是浪费时间啊，点开一个制作精美的动画，等着它下载好，然后再带我去另一个网页，真是令人烦恼。

网站的介绍动画总是让我抓狂。无论它们如何制作精良，我才不想看到它们。无论怎么说，它们都是我和我想看到的信息之间的无形屏障。

◀ SavagePencil.com

www.savagepencil.com

客户：Edwin Bouncy (a. ka. Savage Pencil)

时间：2006 年

设计师：Chris Capuozzo

工作室：Chris Capuozzo 工作室

动画制作：Devin Flynn

摄影：Edwin Pouncy (a. ka. Savage Pencil)

软件：Photoshop, Illustrator, Flash

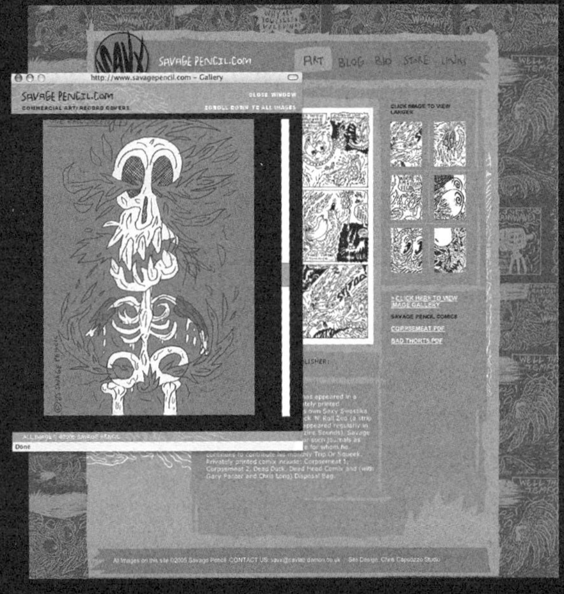

网络带来的“网络是个廉价的工作平台”的想法需要得到彻底的改变。做一个好的网站并不是那么简单的一件事。

加载屏幕则是不同的，起码你知道你在等一些你感兴趣的内容。他们需要知道何种东西是他们需要无视的。

我希望学生能够感受到那种他们和受众融为一体的感觉。我希望他们能弄明白，在所有给定的方式之中，哪种才是合适的。现在有太多的鼠标点击存在，这些鼠标点击必须是能够传达信息的。

那么网页是如何让您创造出与漫画书、专辑、电视节目以及其他一些娱乐媒体所不同的世界的呢？

观众期待能够通过回复和 email 与你进行实时沟通，一对一的，没有处理外部配送系统的需要。如果你有足够的组织能力，你就可以拥有一家你自己的店铺。

您是否会宣传您的想法呢？您是否会在检查框架之前先确认内容呢？

学习、理解和深入认识内容通常才能设计出最佳的框架来。在国家地理网站的儿童频道网页 (kids.nationalgeographic.com) 重设计这个项目中，我为网站主页制作了一个巨大的、密集的互动性拼贴。

从根本上来说，这是一种将深层次的内容链接到主页上来的方法，而这种狂热的拼贴方式则是一种对于国家地理（National Geographic）精神的视觉比喻，令人兴奋而内容多样。当我年轻的时候，国家地理（National Geographic）是我窥探外部世界的途径，我也很喜欢这本杂志，因为这是一本可以让你借由阅读而“旅行”的杂志。

面对网络充满了糟糕的设计的评价，您是怎么想的呢？网页设计和传统的设计是否是完全不一样的呢？

对于网络是个廉价的工作平台的这种想法需要得到彻底的改变。做一个好的网站并不是那么简单的一件事。这需要很多人同时高效的工作来使得一个“真实”的网站可以实际运作。网站的预算对于别的媒体而言还是小得多，但是网站可以比其他任何媒体都吸引眼球。

而让我担忧的，是那些并没有被好好设计却又非常重要的网站，例如新闻、交通、政府网站……它们是人们必须使用的网站，其中的一些简直太糟糕了，这就是不好的设计可以伤人的典型例子。一个设计糟糕的最有可能的原因总是追踪到低成本上，如果你想要一个好设计，你需要花钱来换这个质量，别无他法。便宜无好货，对其他行业而言，这也是个通用的法则吧？

你是否认为这也可能是因为这是一个新的发展迅速的媒体呢？

所有类型的媒体都有其内在的语言。一旦你搞清楚了这个特定的语言，剩下的就是想出解决设计问题的方案了。

当你做网页设计工作的时候，你是否会走极端或是限制自己呢？

这一切都归结于什么是最合适的。其中一个我最后制作的网站是为一个无名的但是非常重要的地下插画家 / 漫画家 / 噪音音乐家。我觉得这个网站可能能直接把你的眼睛“看瞎”，但这是个很大的成功。

在为网站做设计的时候，什么是最大的失礼？

没有用心做网站信息架构，隐藏的导航系统……让人去探索导航系统……让人无比困扰的网站导航。这真是令人厌恶。

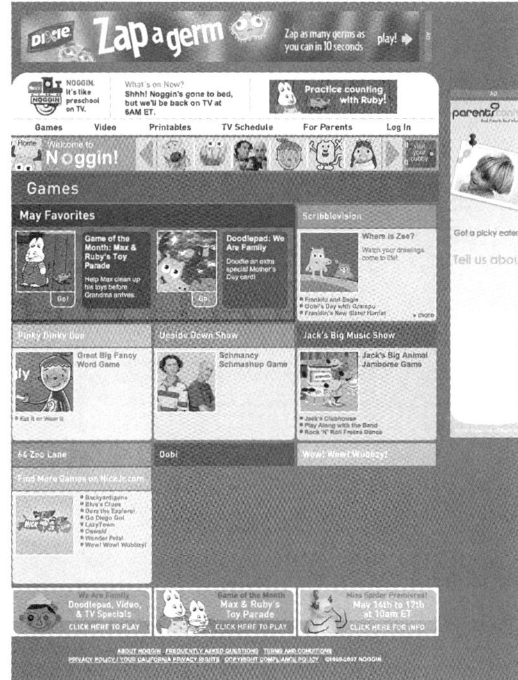

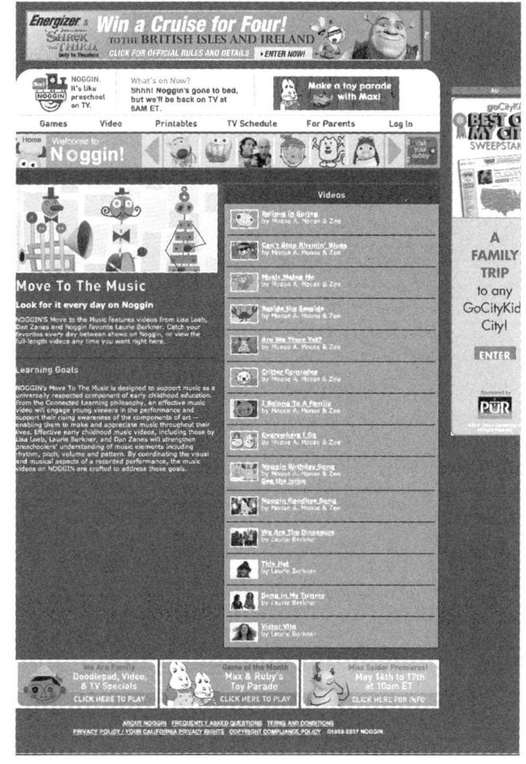

▲
Noggin.com 网站重新设计

客户：Viacom International, Inc

时间：2003 年

设计师：Chris Capuozio, Andy Pratt. William Randolph

致谢：制作人：Robert DelPrmcipe

游戏开发：Fred Kahl, Colin Holgate

软件：Photoshop, Illustrator, Flash

反过来说，网页设计做到最好是怎么样的?

精心策划的原创内容，控制良好的激情，让用户对其有宅男般的痴迷。

您是如何做出您的规划的？您具有一颗漫画家的心，您还动手画东西吗？

我经常用草图来表达我的设计概念。我用草图来推敲页面的布局排版，如何使用全局导航，和图片之间的关系。

这是我工作过程的一部分。我痴迷于画出故事和塑造人物形象。最近，我一直在用 Wacom 的显示器直接在 Flash 中进行绘画，这简直是太棒了。■

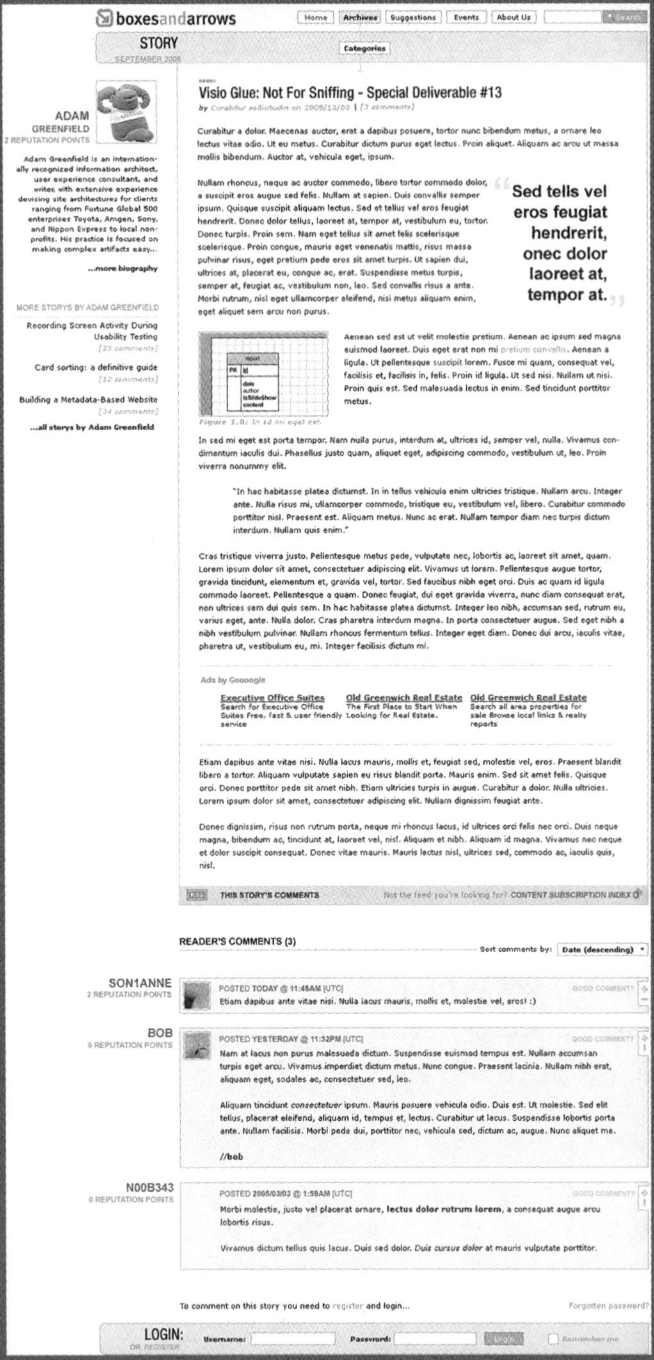

boxesandarrows

Home | Archives | Suggestions | Events | About Us | Search

STORY

SEPTEMBER 2005

Categories

ADAM GREENFIELD

2 REPUTATION POINTS

Adam Greenfield is an internationally recognized information architect, user experience consultant, and writer, with extensive experience devising site architectures for clients ranging from Fortune Global 500 enterprises Toyota, Amgen, Sony, and Nippon Express to local non-profits. His practice is focused on making complex artifacts easy...

...more biography

MORE STORYS BY ADAM GREENFIELD

Recording Screen Activity During Usability Testing [23 comments]

Card sorting: a definitive guide [12 comments]

Building a Metadata-Based Website [34 comments]

...all storys by Adam Greenfield

Visio Glue: Not For Sniffing - Special Deliverable #13

by Curabitur sollicitudin on 2005/13/03 | [3 comments]

Curabitur a dolor. Maecenas auctor, erat a dapibus posuere, tortor nunc bibendum metus, a ornare leo lectus vitae odio. Ut eu metus. Curabitur dictum purus eget lectus. Proin aliquet. Aliquam ac arcu ut massa mollis bibendum. Auctor at, vehicula eget, ipsum.

Nullam rhoncus, neque ac auctor commodo, libero tortor commodo dolor, a suscipit eros augue sed felis. Nullam at sapien. Duis convallis semper ipsum. Quisque suscipit aliquam lectus. Sed et tellus vel eros feugiat hendrerit. Donec dolor tellus, laoreet at, tempor at, vestibulum eu, tortor. Donec turpis. Proin sem. Nam eget tellus sit amet felis scelerisque scelerisque. Proin congue, mauris eget venenatis mattis, risus massa pulvinar risus, eget pretium pede eros sit amet turpis. Ut sapien dui, ultrices at, placerat eu, congue ac, erat. Suspendisse metus turpis, semper at, feugiat ac, vestibulum non, leo. Sed convallis risus a ante. Morbi rutrum, nisl eget ullamcorper eleifend, nisi metus aliquam enim, eget aliquet sem arcu non purus.

> Sed tells vel eros feugiat hendrerit, onec dolor laoreet at, tempor at.

Aenean sed est ut velit molestie pretium. Aenean ac ipsum sed magna euismod laoreet. Duis eget erat non mi pretium convallis. Aenean a ligula. Ut pellentesque suscipit lorem. Fusce mi quam, consequat vel, facilisis et, facilisis in, felis. Proin id ligula. Ut sed nisi. Nullam ut nisi. Proin quis est. Sed malesuada lectus in enim. Sed tincidunt porttitor metus.

Figure 1.0: In sd mi eget est.

In sed mi eget est porta tempor. Nam nulla purus, interdum at, ultrices id, semper vel, nulla. Vivamus condimentum iaculis dui. Phasellus justo quam, aliquet eget, adipiscing commodo, vestibulum ut, leo. Proin viverra nonummy elit.

> "In hac habitasse platea dictumst. In in tellus vehicula enim ultricies tristique. Nullam arcu. Integer ante. Nulla risus mi, ullamcorper commodo, tristique eu, vestibulum vel, libero. Curabitur commodo porttitor nisl. Praesent est. Aliquam metus. Nunc ac erat. Nullam tempor diam nec turpis dictum interdum. Nullam quis enim."

Cras tristique viverra justo. Pellentesque metus pede, vulputate nec, lobortis ac, laoreet sit amet, quam. Lorem ipsum dolor sit amet, consectetuer adipiscing elit. Vivamus ut lorem. Pellentesque augue tortor, gravida tincidunt, elementum et, gravida vel, tortor. Sed faucibus nibh eget orci. Duis ac quam id ligula commodo laoreet. Pellentesque a quam. Donec feugiat, dui eget gravida viverra, nunc diam consequat erat, non ultrices sem dui quis sem. In hac habitasse platea dictumst. Integer leo nibh, accumsan sed, rutrum eu, varius eget, ante. Nulla dolor. Cras pharetra interdum magna. In porta consectetuer augue. Sed eget nibh a nibh vestibulum pulvinar. Nullam rhoncus fermentum tellus. Integer eget diam. Donec dui arcu, iaculis vitae, pharetra ut, vestibulum eu, mi. Integer facilisis dictum mi.

Ads by Gooogle

Executive Office Suites — Search for Executive Office Suites Free, fast & user friendly service

Old Greenwich Real Estate — The First Place to Start When Looking for Real Estate.

Old Greenwich Real Estate — Search all area properties for sale Browse local links & realty reports

Etiam dapibus ante vitae nisi. Nulla lacus mauris, mollis et, feugiat sed, molestie vel, eros. Praesent blandit libero a tortor. Aliquam vulputate sapien eu risus blandit porta. Mauris enim. Sed sit amet felis. Quisque orci. Donec porttitor pede sit amet nibh. Etiam ultricies turpis in augue. Curabitur a dolor. Nulla ultricies. Lorem ipsum dolor sit amet, consectetuer adipiscing elit. Nullam dignissim finibus ante.

Donec dignissim, risus non rutrum porta, neque mi rhoncus lacus, id ultrices orci felis nec orci. Duis neque magna, bibendum ac, tincidunt at, laoreet vel, nisl. Aliquam et nibh. Aliquam id magna. Vivamus nec neque et dolor suscipit consequat. Donec vitae mauris. Mauris lectus nisl, ultrices sed, commodo ac, iaculis quis, nisl.

THIS STORY'S COMMENTS — Not the feed you're looking for? CONTENT SUBSCRIPTION INDEX

READER'S COMMENTS (3) — Sort comments by: Date (descending)

SON1ANNE, 2 REPUTATION POINTS — POSTED TODAY @ 11:45AM [UTC]

Etiam dapibus ante vitae nisi. Nulla lacus mauris, mollis et, molestie vel, eros! :)

BOB, 0 REPUTATION POINTS — POSTED YESTERDAY @ 11:32PM [UTC]

Nam at lacus non purus malesuada dictum. Suspendisse euismod tempus est. Nullam accumsan turpis eget arcu. Vivamus imperdiet dictum metus. Nunc congue. Praesent lacinia. Nullam nibh erat, aliquam eget, sodales ac, consectetuer sed, leo.

Aliquam tincidunt *consectetuer* ipsum. Mauris posuere vehicula odio. Duis est. Ut molestie. Sed elit tellus, placerat eleifend, aliquam id, tempus et, lectus. Curabitur ut lacus. Suspendisse lobortis porta ante. Nullam facilisis. Morbi pede dui, porttitor nec, vehicula sed, dictum ac, augue. Nunc aliquet me.

//bob

N00B343, 0 REPUTATION POINTS — POSTED 2005/03/03 @ 1:58AM [UTC]

Morbi molestie, justo vel placerat ornare, **lectus dolor rutrum lorem**, a consequat augue arcu lobortis risus.

Vivamus dictum tellus quis lacus. Duis sed dolor. *Duis cursus dolor* at mauris vulputate porttitor.

To comment on this story you need to register and login... — Forgotten password?

LOGIN: OR REGISTER — Username: — Password: — Login — Remember me

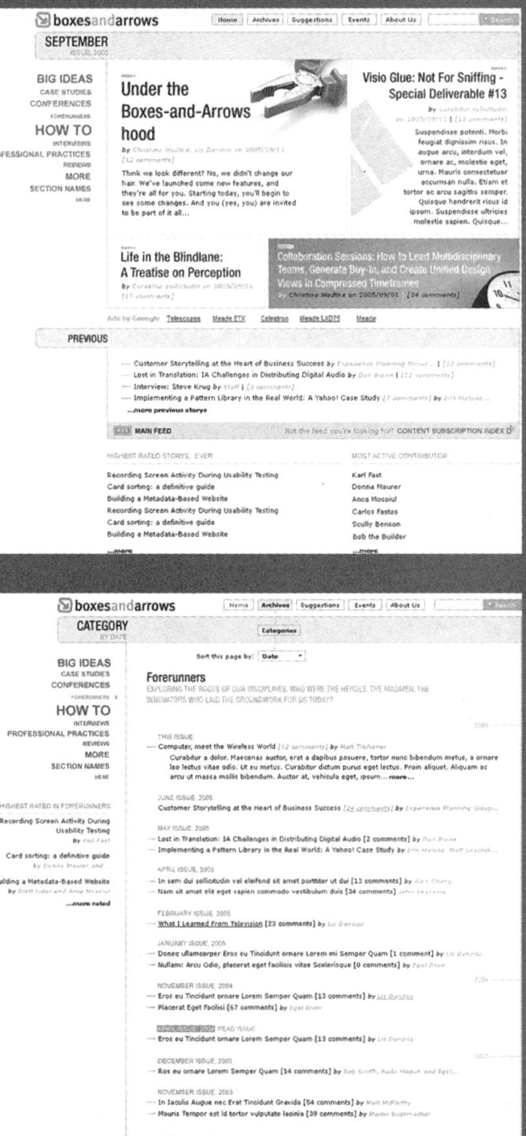

◀

Boxes and Arrows 网站重新设计

www.boxesandanows.com

时间：2006 年

客户：Boxes and Anows

设计师：Aprill 3rd, Alex Chang, Mali Tltchene.

软件：Adobe Illustrator, Photoshop

控制技术

采访 Liz Danzico：高级开发编辑，Rosenheld Media；信息架构师，Happy Cog; 主编，Boxes and Arrows

您是如何变为数码媒体的资深一员的？是因为设计还是技术？又或是两者皆有？还是你就是对数学非常在行？

我想是科技把我带到了这里，又是设计把我留了下来。而最重要的是，数码媒体所能提供的对于单独的人的自主性从未令我失望过。在 20 世纪 70 年代末期，我曾经在我放学回家的路上会去我附近的办公室找他。我直接走进了计算机房（整个房间就是一台电脑），坐在这台硕大无比的 HP 电脑的键盘前。我猜，我会输入一些简单的指令到 20 个字符的 LED 屏幕上，然后看着我的故事缓慢地在打针打印机上打印出来，我想这就是控制。我可以借由科技做我想做的事。那年我才 8 岁。这种自主性和控制的想法经过了多年的发展，如今，我在研究人，试着去了解如果用科技来满足人的需求。而有趣的是，现在我可以将设计带入沟通过程中，或者把科技融入我的项目。这依然是对科技的控制，但这是一种有目的的控制。

你曾经管理过各种大型网站，这意味着你精于信息架构。你是如何把自己训练为胜任这一角色的呢？

的确，在信息架构（information architecture，IA）的背景可以使管理大型网站变得容易些，但两者其实是相当不同的技术，一个是通才，一个是专家。

是否能请您描述一下之间的不同？

信息架构是将信息更有序和更有结构层次地组织起来，使得人们能够更容易地借助导航来找到他们所需要的网页。一名信息架构师的工作是帮助用户规划和设计网站，帮助团队理解如何建立导航系统、网页标签和内容，使得人们可以很轻松地浏览网站。

那么管理工作呢？

当网站一旦开始投入使用，管理工作就开始了。作为 Boxes and Arrows (www. boxesandarrows.com) 的主编，例如，我可以看到用户在以我们期待的方式使用网站，同时，他们也会使用我们所没有预测到的方式来使用网站。随之而来的，是与别的产品开发类似的磨合过程。人们在网站中迷了路，事情并没有按照预期的那样发展。作为一名网站的编辑，如果网站运行良好，那就是我的功劳，但在大多数情况下，则是，如果网站运行并不顺利，那就是我的错。拥有信息架构的背景可以帮到我，因为我已经是用户的支持者，所以我可以更好地拿出解决方案来。

那么，为了做这些工作，你都有过什么样的训练呢？

有许多正式的和非正式的资源可以让你得到帮助。人们可以求助于正规教育：各类高校在全国各地都有关于信息架构的课程或是专业。你可以用四年的时间来学习信息架构！人们也可以求助于一些专业机构，例如信息架构学会（Information Architecture Institute www. iainstitute.org) 提供辅导计划，帮助已经在这个领域工作的人进一步学习信息架构。人们可以求助于网上社区：那里有很多关于这个话题的讨论激烈的帖子。从阅读和参与讨论中，你不仅能得到大量的知识，也可以认识到许多同样从事这一行业的人。

那么训练是非常重要的，对吗？

我的建议是不要为了训练而训练，先试试再说。或者说，我觉得，先试试，然后再训练。管理网站的其中一个非常重要的技巧是要理解人，那些使用网站的人，那些再屏幕后维护网站的人，那些需要这个网站却不知道这个网站的人。通过深入这个行业，帮助规划或是管理网站，你可以知道如何观察真实存在的人。然后，选择一个较为正规的训练方法，并且不断进行实际练习。

您是否认为设计一个综合网站是最具有挑战性的？

这其实是对于未知的期待。就在不久前，我们所设计的网站还在追求单向沟通。如果让我概括一下，这个过程是这样的：想想要说什么，设计一系列页面，编辑这些页面，建立这些页面，然后再启动。人们随后来到这些页面，安静地看一看，然后就走了。我们设计一个公司向用户推送信息的方式，所以我们不需要去担心互动的问题。

与传统设计相比较，这种推送的方式改变了吗？

当然。内容、概念甚至网站的设计（往往从很大程度上来说）都来自网站的浏览者。那些无论是对文书或是设计都毫无背景的浏览者正在帮助推进网站的建立过程。这是件好事，但它改变了我们看待信息架构和设计的方式。所以，设计一个综合网站的实际挑战是，我们从设计网站，转向了设计框架。我们正在设计一个用户可以添加他们自己的内容和图片的框架，而做到这一点需要对人的行为作出更多的规划。由于我们是在为主动参与行为而不是被动参与行为做设计，所以这更有趣，但也更像是对于未知的一场冒险。

是否有美学上的技巧来帮助设计多层次的数码环境？又或者说，其实更多的是逻辑和规划的责任呢？

我倒是希望有那样的美学小技巧，但是这更多的是关于如何规划和重复尝试。以我的经验看来，最成功的方法是对规划和了解品牌属性进行良好的平衡，并给予设计师足够的空间来发挥。

你是如何将需求持续更新在网站的外观和内容上的呢？

这取决于你讨论的是什么样的网站。好消息是，你或许并不需要真正去做这个工作。而对于编辑驱动型网站，就像是 Boxes and Arrows 这个网站，就需要一个编辑来实时根据用户需求来更新网站。

一旦内容被发布之后，它就给了用户添加评论和增加内容的机会。很多时候，每篇文章的发布都会带来一个有意思的对话。作者和读者一起重新定义、讨论概念，并将概念不断深入发展。在 Boxes and Arrows 网站上，读者自行对评论进行更新，保持这些评论的质量。事实上，2007 年网站的重新设计是由读者来做的。

您是如何将人们引导到网站内容上去的呢？

直到不久之前，一个大型组织的内容 被移交给了其有限的用户。在过去，可检索性并不是最重要的，最重要的 是规模而不是访问量。我想我们已经 走出了注重规模（或是数量）的想法，开始注重如何使访问变得便利。

谷歌（Google）在 Digg（www.digg.com）甚至 Flickr（www.flickr.com）开始考虑改变人们对于内容、专业知识和“正确的内容”的想法的时候，早已经在这条路上遥遥领先了。大型的组织依然在如何将正确的内容传达给正确的用户这一点上大伤脑筋。然而，通过能够表达语义的、基于标准的方式来提供内容，更多的人可以参与到编辑内容这件事中来。

在寻找设计师为您的网站工作的过程 中，什么是最重要的天赋和技巧呢？

在我为管理的网站招聘设计师的时候，我总是在寻找两样东西：我们是否能相互理解，我们是否能就当前手头上的设计任务展开一个成功的对话。如果是的话，他们的表现是否能表明他们有多出色？ 与设计师之间的关系取决于我们之间的对话质量，并能确保对话中，工作才是最重要的。为了得到我想要的答案，我通常会抛出一个我们所遇到的问题来开始这个对话。如果这个初设的对话进行得并不顺利，这通常是个危险的信号，它有可能暗示前方可能还有更大的障碍。所以，我想，最重要的天赋或是技巧就是阐述设计方法和解决方案的能力。

您需要什么样的证据呢？

当然实际的项目成果或是作品集是非 常重要的，它们能展现出一个人在这 个行业的实际综合能力。我倾向于很 多在线出版物或是编辑驱动型网站，所以我需要对于编辑过程富有经验的设计师，无论这种经验是线上的还是线下的，以及我需要他们能够设计系统，而不是单单只能设计一个网页。

这就是我需要的第二种天赋或者技巧，能够把设计当作一个系统来考虑，并能将其运用与给定的垂直系统中去，例如出版。

▲
美国专业设计协会（AIGA）

www.aiga.org

时间：2006 年重新设计

客户：美国专业设计协会（AIGA）

设计师：Happy Cog, Jason Santa Maria

第一次互联网浪潮，第二次互联网浪潮

采访 Mike Essl, 经营者 . Eat Lightning, 纽约

作为一名设计师，您曾经站在第一次互联网浪潮（web.1）的顶端。这个行业是如何吸引到你的呢？

当时网络是个全新的事物，充满了机遇。对当时的我这样一个年轻的设计师而言，这就像是巫毒一样，具有致命的吸引力。这是一个我不需要交学费就可以进入的平台，而传统印刷品设计则正好相反。在我建立了一个网站之后，我被当成了专家。我想我天生就是个技术人员，对我来说，学习如何将代码和图形显示联系起来是相对容易的。

我从未因为这个工具而感到担心。事实上，为了得到我的第一份工作，我撒谎了。库珀联合学院（Cooper Union）那边有一张招贴，写着："你知道如何使用 Photoshop 和 HTML 吗？" 那可是 1995 年，我对如何写 HTML 代码毫无概念。

我只知道这就是用来制作"主页"的代码。我打了个电话过去，去了面试，撒了个谎说我知道怎么用 HTML，于是我得到了这份工作。我从面试回来的路上，我买了本关于 HTML 的书，并在那天晚上学会了 HTML。

网络还有一个吸引我的原因就是它能将我的工作快速展现在很多人面前。我在 1995 年有了个叫 tilde 的域名，在 1996 年我注册了 essl.com。在我开始接触网络之后，我有过一份工作作品集，一些看上去旋转飞溅的网页，和一些实验性质的短片等。很明显，网络是一个你可以展现你概念原型的地方，你不需要去担心这些作

▲

Mr. T and Me

设计师：Mike Essl

摄影：Mike Essl 和 Greg Rivera

插画：Mike Essl

客户：Mr. T and Me

时间：2003 年 11 月

软件：Adobe Photoshop, Adobe Illustrator, BBEdit

品的生命周期。如果某天我想做一个关于墨西哥自由式摔跤的网站，然后第二天做一个 Mr.T 的网站，我完全可以做得到。没人能阻止我。理论上来说，并没有什么困难让我无法达到雅虎（Yahoo!）这样的访问量。

您是超级成功的网站设计公司 Chopping Block 的创始人之一。您是如何在离开学校之后创立这个公司的呢?

当我还在学校的时候，我遇到了两位非常成功的网站企业家，他们都有自己的公司。我通过撒谎我的 HTML 技能的技巧结识了他们（看上文的故事）。在 1996 年初，我被 Sitespecific 和 iTraffic 雇佣来进行金霸王美国（Duracell USA）的网站设计，好让其在网页上播出广告。这个网站和广告方式在当时可是头一个。

Duracell.com 是第一个有游戏的企业网站，而这个广告则是网络上第一个接管的广告。这带来了众多的奖项，包括第一届克里奥大奖（Cleo）网站设计的提名。（我们并没有赢）这个网站带来的关注有时候让我兴奋，一些关于“还在上学的蓝发少年”设计了网站 Duracell.com，登上了一些著名的行业杂志。在那之后，我接到了非常多的私活，以至于我得打电话给我母亲，告诉她我需要独立报税!

在这些我自己的私活和我的合伙人 Thomas Romer 的印刷品设计私活的压力下，我们决定创立 Chopping Block 公司。

在资金方面，我们用我的高薪客户和 Tom 的积蓄开始了公司的运营。我们从未借过任何钱。公司最初设在我在东村（East Village）的公寓中，最后我们用 Tom 的积蓄买了些电脑，在华尔街附近开了家工作室。一个月之后，我就还了 Tom 那一部分投入公司运作的钱。

真正让工作室启动起来的项目是乐队 They Might Be Giants 的网站。与我的教授一起，我们设计制作了这个网站。TMGB.com 最终带给我们多项大奖，我们被报道出来，于是这又带给了我们更多的工作。这也会我们今后的工作设立基调。

尽管你获得了巨大的成功，您还是对网站设计失去了幻想，为什么呢?

我想更多地是我对运营自己的企业的失望。我感觉我们的公司在一个风格的泡沫中。一段时间之后，我们的公司因为我们的风格而变得有名，如果我尝试着跳出我们原来的风格，我的客户就会觉得不舒服。

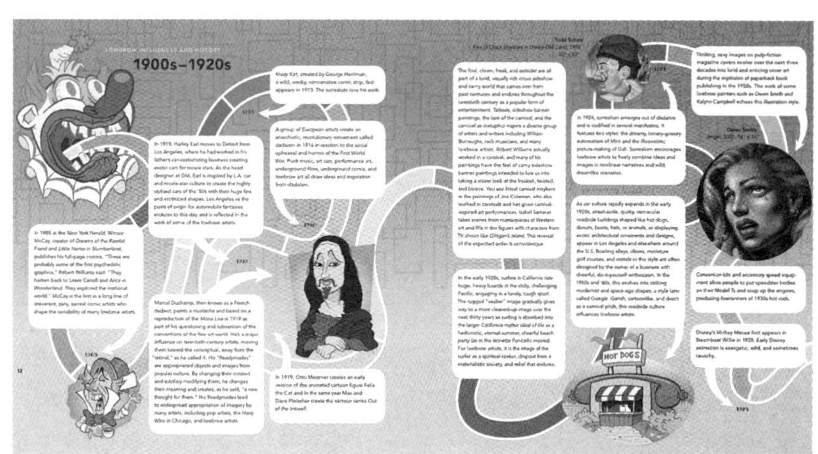

怪人 Deluxe：波普超现实主义和低俗艺术的狂野世界 ▶

作者：Malt Dukes Jordon

设计师：Mike Essl

插画：Brian Romero

顾客：Chronicle Books

时间：2005 年

软件：Adobe Photoshop, Adobe Illustrator

等到了 1999 年左右，我和客户以及合作伙伴的关系都不是太好。我觉得我们被自己在 1996 年创作出的那种风格限制住了，我们跳脱不出来。

我们的客户持续不断地要求我们做之前的那种风格，我实在是不愿意再做了，不想再设计一个广告横幅或是微型网站，上面放着“你收到了一封新邮件”看着梅格·瑞恩（Meg Ryan）和汤姆·汉克斯（Tom Hanks）。我们的公司已经非常危险，快变成广告公司了。

另外，当你有 15 个员工的时候，你就不能奢侈地去挑活了，还有别的人等着开饭呐。我们开始接我们不喜欢的活，因为我知道那能给我们带来很大的利润。你曾经为小型货车设计过网站吗？这可不是我当初创立公司所期待的。

我最后开始憎恨我的同事，因为他们一直在做那些有意思的项目，而我做着那些利润颇高却无聊透顶的活（这是我自己的错，我现在明白了）。我对公司的注重娱乐和年轻客户感到非常的失望。你只能为制作塑料建筑砖块的公司制作有限数量的网页。

您是否也厌倦了那些铃铛和口哨（花哨的装饰）呢？

当我听到“铃铛和口哨”，我立马就想起了 Macromedia 的 Flash（现在是 Adobe 的了）。我讨厌 Flash，讨厌死了。我觉得它把我所爱的网络的灵魂抢走了。这并不是立马发生的。当然，你可以用它做出很多很酷的设计，但我受不了它封闭的格式和它被如何滥用在网络中。

我的公司从很早就开始用 Flash，渐渐地，几乎每一个项目都用了 Flash。这使得网页上无论多小的东西都有个动画或是声音。我们过度装饰了所有的页面。你要知道，这让我们成了制作说明性网站的知名公司，但这也花了我们大量的时间，而众所周知，时间就是金钱。我曾经开玩笑，早晚有一天 HTML 会赢过 Flash 的。

在卖掉公司之后（这个过程也很精彩），您就变成了一名老师。您还做了什么别的来清理那些灾难性的过去呢？

在卖掉 Chopping Block 一年之后，我几乎没有再接任何商业项目，而是专注于自我的再教育。我相信网站设计的未来是可访问性的。我想要学习如何为手机或是视觉障碍人士设计网页。我利用那一年去学习 XHTML，CSS 和一点 PHP。在我建立 Mr.T 纪念网站 mrtandme.com 的同时，我试着学习使用博客和内容管理系统。在这一年里，我不停地提醒自己我爱网络，我非常努力地希望我能为网络贡献点什么。我也开始管理自己的博客，从 2003 年起，我陆陆续续开始在博客上发文章。

就像那些早期涉足互联网行业的人一样，您转换了目标，也许有些人会说，您选择了一个技术上相对落后的行业——书籍设计。是否因为比起虚拟的事物，你更倾向于这些临时存在的、使用实际材料制作出来的真实物品呢？

选择合适的书眉线颜色来和你所设计的书的扉页相配有一种让人难以置信的满足感。在你为此工作了多月之后，拿着变为实物的书，那是种惊喜的感觉。而关于书籍设计另一件吸引人的事是，不像网站设计，一旦书籍被印刷出来，就再也没有了改动的余地。当然，之后

Tools ▶

设计师：Mike Essl

插画：Mike Essl

客户：Fersonal/Graduate School

时间：2000 年

软件：Adobe Photoshop, Adobe Illustrator

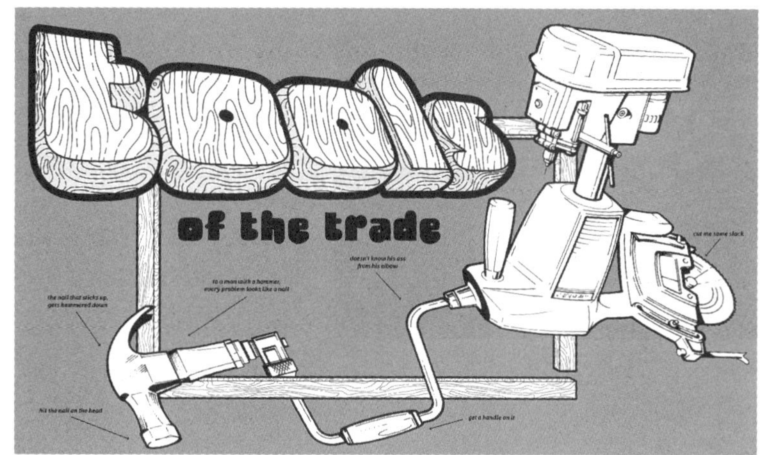

还会有第二版。但是对于网页设计而言，是在不断添加新的章节、编辑内容，不停地扮演技术支持人员的角色。一本书不会在周六打你电话告诉你："嘿，你的页面不能在美国在线浏览器（AOL browser）浏览器上正确显示。"

对于印刷品设计和网页设计我的确都爱。网站设计能带给我更多的收入，所以我依然会做网站设计多过印刷品设计。

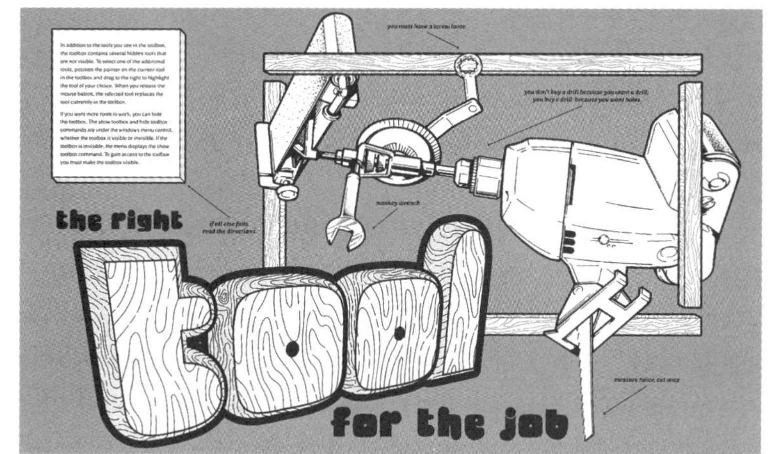

你依然在维护一个有着博客的网站，所以并不能说你完全离开了网页。如今的数码世界有什么是吸引你的呢?

在一天时间里为我的 Mr. T 收藏品建立一个网站并获得十万的浏览量，我爱所有这一切。又或是用 MySpace 与我的老朋友保持联系，使用 Basecamp 和 Backpack 来完成工作。我对于网页作为个人表达和个人能力的平台感兴趣。

我现在和 Thirst 的 Robb Irrgang 一起开发一个叫做 2.0much.mfo 的网站，这个网站会记录下任何你在做的事情。你可以追

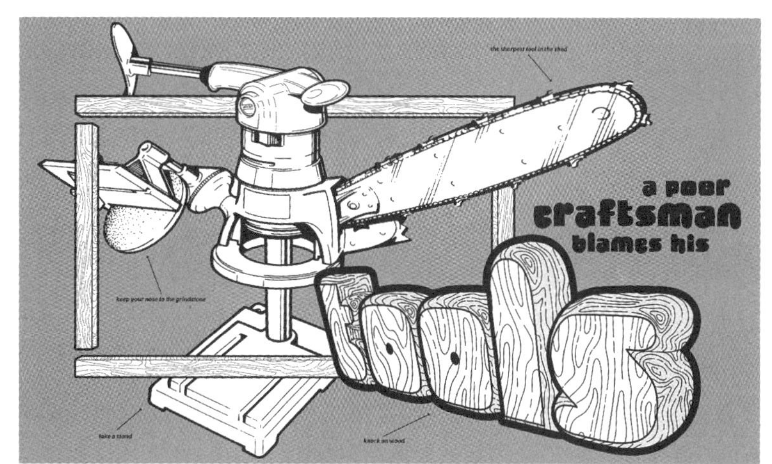

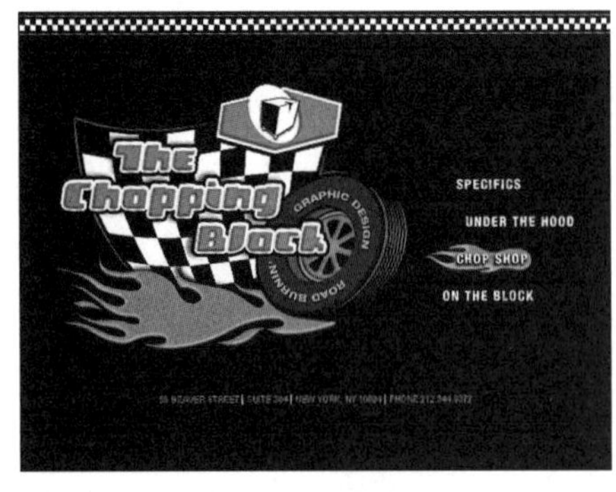

◀ The Chopping Block 纳斯卡版本

设计师： Mike Essl 和 Thomas Romer

插画： Mike Essl 和 Thomas Romer

自定义字体设计： Thomas Romer

时间： 1997 年 1 月

客户： The Chopping Block

软件： Adobe Photoshop, Adobe Illustrator

踪你每天喝了多少碳酸饮料，乘坐了多少的士，从你上次洗澡到今天有几天了。我们想对这个个人信息创作个小笑话，也想做个有趣的东西能记录这些事情。

我也对网络作为一个社会感兴趣。我知道这是个陈词滥调，但我认为我们终于能够看到有些东西把人以有趣的方式联系了起来。就像 Meetup.com 帮助人们在线下见面，wesabe.com 甚至能帮助人们处理财务状况。你能相信吗，我和我一个最好的朋友是在 eBay 上碰见的。

从科技和美学两个方面来说，您觉得从早期到今日，都有了哪些发展呢？

现在的科技显然更加复杂了，人们有了更多的选择。1996 年当我开始这项工作的时候，我们只有 Perl 这一个选择。现如今我们有了 PHP,Ruby,Asp, 等等。而且你现在用 JavaScript 和 AJAX 在做的事情和 Flash 已经很像了。作为一个开发人员，你有了更多选择，所以自然比起过往有了更多的技术经费。像我这样的设计师明白，有些技术网站已经变得很容易建立了。

感谢别的开发人员的辛勤劳动，如今我可以根据数据库建立一些动态的站点，而不用知道具体该如何做。由于整体解决方案的出现，对于使用者而言，博客和网上商店也比原先操作简单了。

从美学角度上来说，我觉得现如今的网站和十年前并没有什么不同。大部分看起来都很糟糕。难看的 MySpace 页面看起来像极了免费的 20 世纪 90 年代的 Geocities 网站。还有个反设计（antidesign movement）运动也同样让我抓狂。人们以 Craig's List（大型免费分类广告网站）为例来说明如何用反设计让你赚钱。他们忘记的是，正是这种有机的方式催生出了信息系统设计（IS design）。

在博客空间中也有一些精彩的设计。

设计师们为 WordPress 和 Moveable Type 制作了许多面对大众的免费模版。而关重设计的博客则是一个在网络上寻找优秀设计的好地方。

您成立了一个新的工作室。您期待能招到什么样的设计师，或是想成为设计师的人呢？

一封设计精良的简历、引号和连字符都使用正确，大量的留白和真正的设计意识。如果简历的设计不够出色，我甚至不会去看作品集。情绪太激烈了，我知道，但是这真的不足以浪费我的时间啊。一份设计精巧的简历就像是一个窗口，你可以看出一名设计师到底有多在乎排版设计。

我同样在寻找能够主动做事的人，作为一名设计师，可以主动去管理客户、完整工作，而不需要我参与所有的步骤。我更期待我能找到一名合作伙伴而不是一个为我工作的人。■

出版物活在网络上

采访 Jason Santa Maria, www.jasonsantamaria.com

您是如何对网页产生兴趣的呢？

我对于网络的兴趣最初来自于动画和出版，而对于这两者，吸引我的原因都是一样的：这种令人痴迷的创作的可达性以及不需要他人的沟通方式。在当时，一个健康的兴趣（痴迷）是所有设计师需要的。

您是将出版物带入网络的专家。除了文字与图片，这两个平台还有什么相交之处吗？

网络和出版物在很多层面上都有共通之处，而不仅仅在图像和内容这些具体事物上。这两者都是视觉传播媒介，正因为如此，几百年以来的设计历史和理论对于网络而言也都是适用的。以几乎相同的方式，艺术家用颜料和炭笔来传达他们的信息，无论你将其用于什么功能，这种传递信息的方式都是相似的。所有我们曾经学过的设计课程，像是排版、网页设计，这些所有的基础课程，都可以用在网络中，而它们的效果也依然很好。所有的媒体都有它们的强项和弱点，只是你该如何根据自己的需要和能力来使用它们的问题。

印刷品可以是非常微妙的，简约，复杂而优雅。您可以通过网页来达到同样微妙的效果吗？或者说，你是否希望能达到这样的效果？

当然啦！不过我可要说，有太多平淡无奇的印刷品设计作品摆在那里了。通常情况下，设计是一种克制，你需要做出选择，而不是把所有的内容都展现在首页上，又或是把网站上所有的元素都做成动画。微妙的设计来源于对

▲
A List Apart 网站

时间：2005 年

客户：Happy Cog 工作室

设计师：Jason Santa Manria

插画：Kevin Comell

客户：Chronicle Books

软件：Illustrator, Photoshop

正是由于这个原因，网站才变成了特别难设计的媒体。随着科技的发展，最低的普适标准随时在不停地变高。

于你尝试在网站上传达的信息的高度理解。

当为网站做设计的时候，您是否必须进到您的潜在用户的脑子里搞清楚他们在想什么？您必须为一个高还是低的标准来设计呢？

正是由于这个原因，网站才变成了特别难设计的媒体。随着科技的发展，最低的普适标准随时在不停变高。我喜欢在做设计之前尽可能多地进行研究，通过找出用户的需求和能力，可以不断推动设计进程（这也可以被看作是一个优雅的退化过程）。

有一种倾向是把所有的东西都放在网站上。它们被称之为门户网站，它们可以带着用户找到更多的信息和娱乐内容。在这一过程中，为了让其看起来不错，都有哪些挑战呢？

事实上，就算你把所有的东西都放到一页上，也不能保证人们会好好看它们。大多数我见过这么做的网站其实只是在惧怕聪明的设计而已。仅仅是因为看上去不够大或者不在首页上，并不意味着人们就找不到了。总体而言，它可以归结为聪明的编辑和架构，而设计则应该能够做到使其得到增强。

您是否看到了如同预言者几十年前所说的，印刷品将在人们的日常信息消费中被淘汰？

是的，但我认为它还有很长的路可以走。印刷品是一种鲜活的存在，而网页的自我意识才刚刚开始觉醒，并迫使其进一步发挥自己的实力，比如触感，便携性和历史感。网络或许能让你更快地得到信息，然后得到这个信息的接口，屏幕，依然无法做到印刷品的长期可读性和可消费性。

由于网络逐渐成了概念和信息的“壁炉”，您是否依然认为设计师应该继续学习传统的设计呢？

一个响亮的，决断的回答：是的！我们依然在为类似的信息做设计，而我们从前学到的有的东西，如今依然适用。句号。

无论是雇佣或是和你一起合作，您在寻找设计师的过程中都有哪些期待呢？

对基本设计原理的充分了解，对于内容和易读性的重视，以及强大的排版技巧。最后，我觉得这点很必要提一下，具有书面和口头描述你工作的能力。我想要知道这么设计背后的原因是什么，我希望知道设计师明白想法和权衡在每个设计的一部分。■

不再传统

采访 Doug Powell, Schwartz Powell Design, 明尼阿波利斯

您是一名，如今我们称之为传统的设计师，除了服务您的传统客户，您创造了以设计为基础的企业产品，Type 1 Tools，一个为了 1 型糖尿病的孩子或是家长所开发的教学工具。这件事是以数字化的形式开始的还是以传统的方式开始的呢？

Type 1 Tools 早期的开发路线主要基于我们传统的印刷品设计经验。所有早期的产品都是印刷品。有多种原因形成了这个决定：第一个也是最重要的是，我们知道该如何做，我们也拥有最充足的生产资源来做这件事。

其次，这使得我们可以自主全面地控制产品线的设计，我们不需要别的创意人员来插手开发我们的产品线。最后，我们能够快速将产品推出市场，而不用依赖他人。整个过程都在我们感到安全的专业范围内进行。

为了宣传您的商品，网站变得很重要。为了使这个平台变得高效，您都学到了哪些东西？

一旦产品设计完成，我们就得找到最高效的方式将其推向市场。2004 年，基于网络的电子商务刚刚兴起，这明显是我们这个新业务的最佳选择。

建立这个网站的过程明显已经跳出了我们的安全范围，因此，我们主要靠网站开发合伙人来合作。从 Type 1 Tools 发展到 HealthSimple，明尼阿波利斯的公司 IdeaPark 成了我们主要的网站开发合作伙伴。

目前，我们正与我们的主要业务伙伴合作开发新产品。这些新产品主要基于网站和其他在线科技。

◀ FlashCarbs®

设计师： Lisa Powell, Doug Powell

客户： Type 1 Tools®

摄影： Various stock

软件： Adobe Illustrator，Adobe InDesign

◀ Typel Tools® Web Site

设计师：Lisa Powell, Doug Powell, Brigette Peterson (with IdeaPark)

客户：Type 1 Tools®

软件：Adobe illlustrator, Adobe InDesign

事实上，我在这个领域里拥有的最重要的技能是如何找到最好的、最有才华的合作者，以及如何与他们合作。

据我所知，在凭借着这个产品获得成功的同时，你也放弃了很多您的以服务为基础的客户。这是否意味着你变得更倾向于交互设计了呢？我想我正在逐渐向这个方向转换。但是我必须承认，我觉得我对于网络并没有太多直观的感受。

在为网页和掌上电脑提供内容的时候，基本的设计思路会变吗？是的，我想无论在设计上还是内容的复杂性上，都有了转变。这种在手机或者网站上与信息互动的经验是传统的印刷品无法给予的。特定的组建必须为这些应用重塑，例如排版、颜色和图像。

然而，其他的一些组建事实上会变得更为复杂，例如，动态图片、音效和其他一些基于时间的媒体。

对于设计师来说，想要获得成功是否必须要进入这个基于时间的和基于动作的媒体呢？

我想在尘埃落定之前，谈这个有些为时过早了。目前，我们处于快速转型期。我怀疑，在（大概）未来的时间内，当步伐放缓，会有很多新领域不断涌现出来。我觉得期待设计师在 2020 年变成所有媒体形式的专家是不现实的，而我也觉得这也并不会完全是印刷品和新媒体之间的争斗。我认为我们下一代的设计师将面对的是具有非常复杂需求和期望的客户，而这些设计师需要找到一条路来为这些需求服务。

我想您从前可能更依赖于合作。这种合作是如何达成的呢？对于创造性、技能等，是否有高下之分呢？

我们有一个关系紧密互相信任的合作团队已经一起合作多年。他们通常是高级的创意专家或是小型的专业公司。这种合作关系自从 1989 年开始我们的设计实践起，就在不断发展。事实上，我会把我们的合作资源当作最宝贵的财富之一。

现如今您的企业需要更多的媒体平台，那么您在招聘新人的时候都会有哪些期待呢？通常都是招一些设计人才或是技术人才吗？

目前，我们公司依然只有三个人，但是内部员工数量很快就将增加。我们依然会和别人继续合作，特别是一些特殊专业技术。但我们也需要在内容开发研究、传统设计和生产领域增加人手。我觉得新员工需要了解当代文化，对于周围的世界具有强大的好奇心，并对这份工作有强大的动力，能够具有基本的业务技巧。■

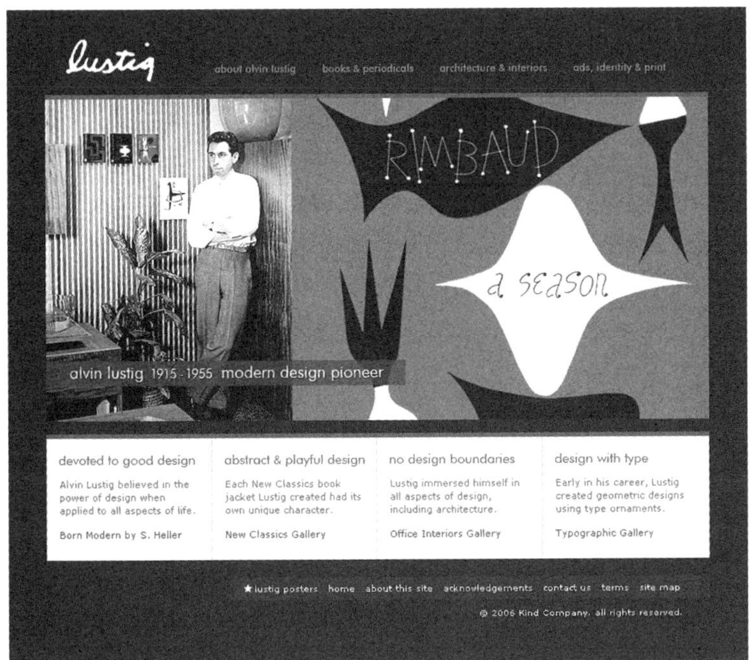

◀ Alvin Lustig Archive

www.alvinlustig.com

时间：2006 年

客户：Self-initiated

设计师：Kind Company

软件：illustrator. Photoshop Dreamweaver, Flash

致谢：

图片：Elame Lustig Cohen

文字：Steven Heller

案例研究

阿尔文 · 鲁斯迪（Alvin Lustig）网站

Greg D'Onofrio 和 Patricia Belen, Kind Company, www.kindcompany.com

是什么原因让您和您的合作伙伴共同致力于创建一个鲜为人知的设计先锋阿尔文 · 鲁斯迪（Alvin Lustig）的网站？

我想你已经给出了准确的原因，阿尔文 · 鲁斯迪（Alvin Lustig）鲜为人所知，但他却是非常重要的设计先锋，他需要被带到平面设计的前沿来。我们从搜集的书里看到了一些他的作品，而当我们试着寻找更多案例的时候，我们发现这其实并不容易。在那一刻，我们看到一个机遇摆在我们面前。我们想，让我们和他人一起共同学习他的作品的最佳办法是建立一个关于他的作品的全面的网站。最后，我们将他的作品广泛提供给了分布在全世界各地的各种浏览者。我们认为这是我们对设计行业的一个小小的但是重要的贡献。

这是你所做的第一个网站吗？

并不是，Kind Company 为像我们一样的小型企业（我们只有两个人）提供品牌识别、印刷品设计和网站设计方案超过三年了。而对于网站设计来说，我们很幸运地做了小型的静态网站，我们也完成了一整套品牌解决方案，如果一切顺利的话，我们还会做电子商务。这个阿尔文·鲁斯迪（Alvin Lustig）是最初的几个由我们自己发起的关于平面设计历史的项目。

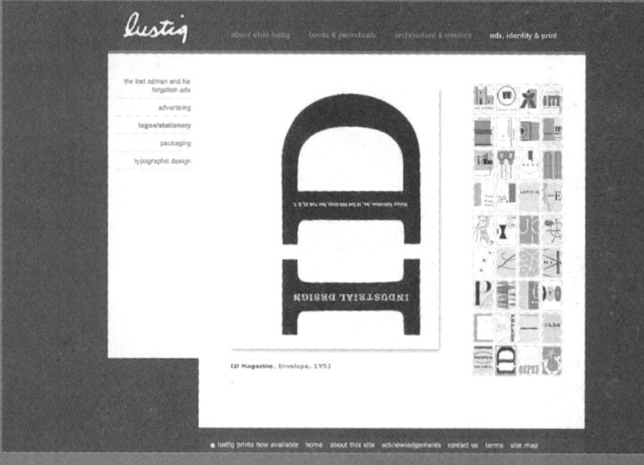
lustig
about alvin lustig
books & periodicals
architecture & interiors
ads, identity & print
the lost adman and his forgotten ads
advertising
logos/stationery
packaging
typographic design
INDUSTRIAL DESIGN
ID Magazine, Envelope, 1953
★ lustig prints now available home about this site acknowledgements contact us terms site map

lustig
about alvin lustig
books & periodicals
architecture & interiors
ads, identity & print
the lost adman and his forgotten ads
advertising
logos/stationery
packaging
typographic design
Paramount Furniture, Logo, 1949
★ lustig prints now available home about this site acknowledgements contact us terms site map

lustig
about alvin lustig
books & periodicals
architecture & interiors
ads, identity & print
the lost adman and his forgotten ads
advertising
logos/stationery
packaging
typographic design
Card for Alfred Stendahl, 1939
★ lustig prints now available home about this site acknowledgements contact us terms site map

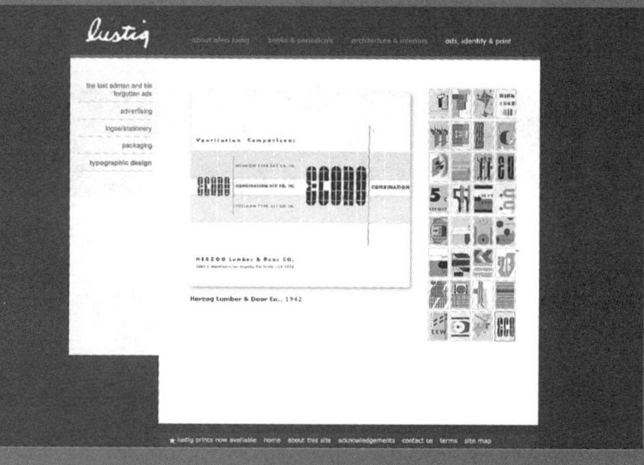
lustig
about alvin lustig
books & periodicals
architecture & interiors
ads, identity & print
the lost adman and his forgotten ads
advertising
logos/stationery
packaging
typographic design
ECONO
HERZOG Lumber & Door CO.
Herzog Lumber & Door Co., 1942
★ lustig prints now available home about this site acknowledgements contact us terms site map

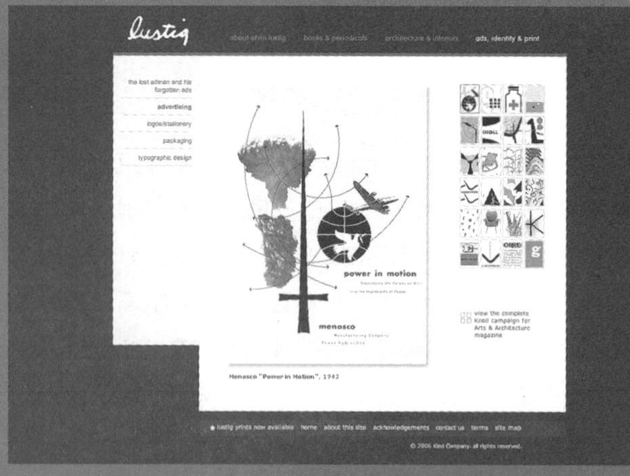
lustig
about alvin lustig
books & periodicals
architecture & interiors
ads, identity & print
the lost adman and his forgotten ads
advertising
logos/stationery
packaging
typographic design
power in motion
menasco
Menasco "Power in Motion", 1942
view the complete Knoll campaign for Arts & Architecture magazine
★ lustig prints now available home about this site acknowledgements contact us terms site map
© 2006 Kind Company. all rights reserved.

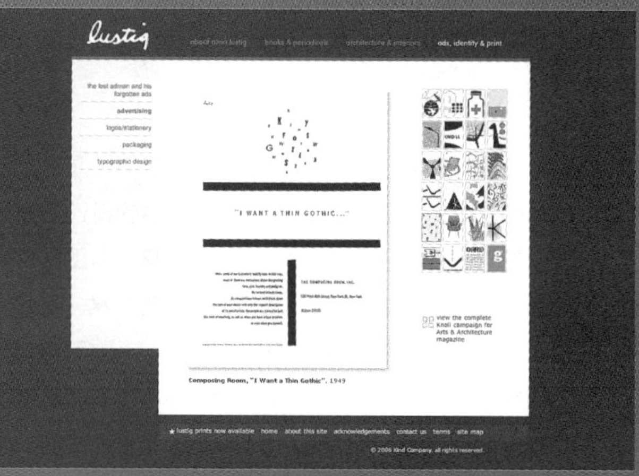
lustig
about alvin lustig
books & periodicals
architecture & interiors
ads, identity & print
the lost adman and his forgotten ads
advertising
logos/stationery
packaging
typographic design
"I WANT A THIN GOTHIC..."
THE COMPOSING ROOM, INC.
Composing Room, "I Want a Thin Gothic", 1949
view the complete Knoll campaign for Arts & Architecture magazine
★ lustig prints now available home about this site acknowledgements contact us terms site map
© 2006 Kind Company. all rights reserved.

随着技术的发展，解决问题的方式是无穷无尽的，这本身就是一个制约因 素。从一开始，在功能和美学之间找到一个平衡就是我们的重要目标。

您是如何为这个网站组装和决定内容的？

我们只想以一套完整的解决方案的形式来呈现阿尔文·鲁斯迪（Alvin Lustig）的作品。我们一直相信，如果一个项目值得我们去做，那么这个项目就值得我们好好去做。最初，由于我们的强大动机和我们的疯狂，我们以为凭借着自己的力量就能搜集到所有信息。幸运的是，我们联系上了 Elaine Lustig Cohen，她不仅提供给我们数码照片，还慷慨地支持我们在这方面所做的努力。如果没有她的全力帮助和指导，我们是几乎无法完成如此复杂的一件事的（存档里有超过 400 张相片）。

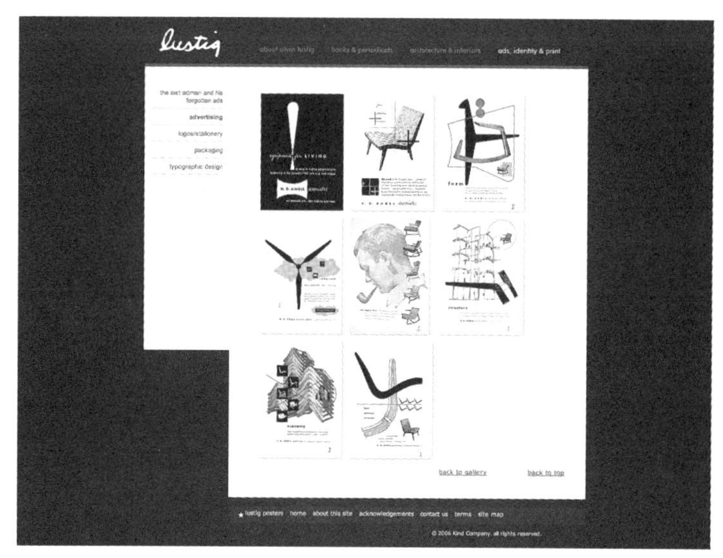

除了内容之外，还有什么是建立这个网站您所担忧的呢？

我们并不想这个网站只是在展现照片。我们明白需要一些文字来解释阿尔文·鲁斯迪（Alvin Lustig）的作品。我们读了一些您 (Steve Heller) 写的相关文章，所以我们决定来联系您，看是否能把您的文章用在我们的网站上。您的文章把这些作品联系到了一起，给网站提供了凝聚力。这是我们不可能办到的事情，因为我们并不是作家或是学者。所以，我们希望能借此机会感谢您和 Elaine 把如此重要的元素带入了这个网站。

您曾经受到过任何技术限制吗？如果是这样的话，您是如何进行弥补的呢？

随着技术的发展，解决问题的方式是无穷无尽的，这本身就是一个制约因素。我们决定用基本的 HTML 代码和层叠样式表 cascading style sheets(CSS) 来保证网站的简洁。我们认为 Flash 会是一个图片库不错的解决方案，它可以使得画面和画面之间的过渡比较自然，也不会有不必要的弹窗或是辅助导航系统弹窗出现。从一开始，在功能和美学之间找到一个平衡就是我们的重要目标。

建立这个网站最重要的目标是允许用户快速、清晰、愉快地访问阿尔文 · 鲁斯迪（Alvin Lustig）的作品，这比网站的设计风格重要多了。如果网站做到了这一点，那就 是作为设计师的我们的成功，这是非常以用户为中心的。

从设计的角度上来看，您是否希望该网站能强调阿尔文 · 鲁 斯迪（Alvin Lustig）的方式，您又是否希望能够寻求一个对他现代主义风格的对位呢？

我们并没打算将网站发展为阿尔文 · 鲁斯迪（Alvin Lustig）风格，就算我们的确这么想了，这也是做不到的。我们希望 能突出阿尔文 · 鲁斯迪（Alvin Lustig）的设计，而不是这个 网站的设计。我们由他的作品的概念和他的现代主义受到 启发，但我们希望能保持我们自己的风格，干净，简洁，易 用，实用。建立这个网站的最重要的目标是允许用户快速、清晰、愉快地访问阿尔文 · 鲁斯迪（Alvin Tustig）的作品，这比网站的设计风格重要多了。如果网站做到了这一点，那 就是作为设计师的我们的成功，这是非常以用户为中心的。

除了时间之外，这个项目里最大的挑战是什么？

网站的组织架构和图片的分类是个很大的挑战，我们得将阿 尔文 · 鲁斯迪（Alvin Lustig）的作品进行分类。而由于他几 乎在所有的设计领域都有涉足，所以这是非常不容易 的。Elaine 极大地帮助了我们理解和分类阿尔文 · 鲁斯迪（Alvin Lustig）的作品，其中的大部分我们都没有见过。我们最后选择使用一个清晰的导航系统，然后借用您的文章来做各章节的介绍——“关于阿尔文 · 鲁斯迪”，“书籍和期刊”，“建筑和室内”以及“广告，标示和印刷品”。这很好地解决了分类的问题，而您的文章详细介绍了他短暂但多产的职业生涯的各个方面。

与书本不同，网站可以随时进行改变，你有什么最想改的 地方吗？

从总体上来说，我们对于这个网站是满意的，最终的结果满足我们最初对其的要求。由于我们不是专业作家，我们一直在寻找新的方式来改进我们想表达的内容和我们表达内容的方式，这就是网站的好处。最终，我们重新编辑了一小部分文字内容，加入了一些阿尔文 · 鲁斯迪（Alvin Lustig）的文章。另外，有一些章节，像是新方向，新古典画廊里，读者可以在同一个页面里浏览所有的照片。我们希望能够把这一功能加入章节里去。我们很高兴能看到他的作品相映成趣地摆在一起。

这种易变性的另一方面就是网站的维护。这就像你有一个孩子一样。您打算如何打理这个项目呢？理想状态下，随着更多的人熟悉阿尔文 · 鲁斯迪（Alvin Lustig）的作品，会有越来越多关于他的文章问世，加入这些新的视角对于这个网站是很有利的。不把网站上线作为工作的结束是很重要的。和别的原因一样，一份对于阿尔文 · 鲁斯迪（Alvin Lustig）生平的全面专著会对我们所遗漏的内容很有帮助。总的来说，这个项目已经成了公司爱做的一件事情，任何可以改善它使得人们更了解的阿尔文 · 鲁斯迪（Alvin Lustig）的举措我们都愿意全力尝试。■

lustig

about alvin lustig | books & periodicals | architecture & interiors | ads, identity & print

the book jackets of alvin lustig
industrial design magazine
catalogs/brochures
knopf
magazines
meridian books
new directions
new directions: modern reader
new directions: new classics
noonday press
ward ritchie press
other publishers

the book jackets of alvin lustig

by James Laughlin, New Directions - Print Magazine, Oct/Nov 1956

The first jacket which Lustig did for a New Directions Book - the one for the 1941 edition of Henry Miller's *Wisdom of the Heart*- was quite unlike anything then in vogue, but it scarcely hinted at the extraordinary flowering which was to follow. It was rather stiff and severe - a non-representational construction made from little pieces of type metal chosen from the cases in the experimental printing shop he had set up in the hinter regions of a drugstore in Brentwood. A less fecund talent might have been content to work that vein for years, but not Lustig. A few months later, I remember, he was showing me how he made extraordinary forms by exposing raw film to different kinds of light in a friend's darkroom.

Whatever the medium, he could make it do new things, make it extend itself under the prodding of his imagination. What the true nature of that imagination was I never fully understood until the last year, when he had lost his sight, and when, to our amazement, he not only continued to work, directing the eyes and hands of his wife and assistants as if they were his own, but produced some of his finest pieces, such as the final cover design for the magazine *Perspectives USA*.

In the middle years, when opening each envelop from Lustig was a new excitement because the range of fresh invention seemed to have no limits, I had supposed that his gift was a purely visual faculty. Or, watching him play with a pencil on a drawing pad, I thought that he had some special magic in his hands. Only at the end, when I knew he could not see the forms evolving on paper, did I realize that his creative instinct was akin to that of the poet or composer. The forms took shape in his mind, drawn from a reservoir seemingly as inexhaustible as that of a Klee of Picasso.

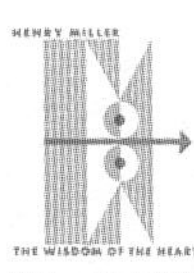

Wisdom of the Heart, Henry Miller

Perspectives USA

Mallarme Poems

Nightwood, Djuna Barnes

Lustig's solution of a book jacket problem was seldom a literary solution. He was no verbalizer; as a matter of fact, writing came hard to him. His method was to read a text and get the feel of the author's creative drive, then to restate it in his own graphic terms. Naturally these reformulations were most successful when there was an identity of interest, but it was remarkable how far he could go on alien ground.

In discussions of values in art the positiveness of his assertions occasionally suggested egotism; he would submit himself to it fully and with humility. I have heard people speak of the "Lustig style" but no one of them has been able to tell me, in fifty words or five hundred, what it was. Because each time, with each new book, there was a new creation. The only repetitions were those imposed by the physical media.

I often wish that Lustig had chosen to be a painter. It is sad to think that so many of his designs must live in hiding on the sides of books on shelves. I would like to have his beautiful *Mallarme crystal* or his *Nightwood* abstraction on my living room wall. But he was compelled to work in the field he chose because he had had his great vision of a new realm of art, of a wider social role for art, which would bring it closer to each and every one of us, out of the museums into our homes and offices, closer to everything we use and see. He was not alone, of course, in this; he was, and is, part of a continuing and growing movement. His distinction lay in the intensity and the purity with which he dedicated his genius to his ideal vision.

VIEW BOOK & PERIODICAL GALLERIES

→ catalogs/brochures	→ new directions	→ noonday press
→ knopf	→ nd: modern reader	→ ward ritchie press
→ magazines	→ nd: new classics	→ other publishers

back to top

★ lustig posters | home | about this site | acknowledgements | contact us | terms | site map

理解杜尚网站 ▶

时间：2002 年，2003 年

设计师：Andrew Stafford

摄影：Man Ray, Philadeiphia Museum of Art, Biblioteque National, MOMA, Arturo Schwartz

软件：Flash，Photoshop

案例研究

理解杜尚（Duchamp）

Andrew Stafford, www.understandmgduchamp.com

是什么促使您建立像 understandmgduchamp.com 这样复杂的在线文档呢?

这都始于世界上最难以捉摸的艺术作品之一，The Large Glass（它还有一个名字叫 *The Bride Stripped Bare by Her Bachelors, Even*）。我有一些关于如何帮助人们理解这个作品的解释（感谢 Calvin Tomkins 和 Richard Hamilton，没有他们就没有这个网站），以及如何呈现这个解释的想法：一份简洁连贯的说明以及一个与之匹配的交互动画。如果没有 Flash，这个网站就不可能被建成。

直到 The Large Glass 章节几乎完成的时候，我意识到，如果我想要以正确的方式来做这件事，那么我将必须把杜尚的整个作品背景都放进来。所以，我承担了网站其余部分的工作。如果网站整体有一种有机的感觉（我希望它的确有），那是因为文字和图片 / 交互 / 互动是共同发展的，它们之间有紧密的联系。

我注意到您的创作时间从 2002 年延续到了 2006 年。您真的花了那么久的时间来酝酿、创作，最后完成这个网站的设计吗?

第一版是 2002 年发布的。从那之后，每年都会有一到两个显著的变化，几乎都是新的交互设计和动画，有两次对大部分的描述性文字进行了再编辑。但我真的觉得我已经完成这个网站了。我是认真的。

那么这个网站除了那些动画之外，还有什么是无法转化为印刷产品的吗?

还有那些交互设计和一个音频文件 (1915 年 ,6 帧)。交互设计是非常重要的，因为用户能参与进来。有时候用的是物理的方式，但更多时候运用的是用户自己的想象力。而这正是杜尚艺术的本质（Bicycle Wheel 这个作品的其中一个观点或是主要的观点便是煽动观众来动手）。不要忘了，在网络上发布内容几乎是免费的。“让商务见鬼去吧”便是我的座右铭。

by 

FULL WINDOW | TEXT ONLY

Making Sense of Marcel Duchamp

1887-1903 1904-11 1912 1913 1914 1915

Marcel Duchamp (1887-1968), the painter and mixed media artist, was associated with Cubism, Dadaism and Surrealism, though he avoided any alliances. Duchamp's work is characterized by its humor, the variety and unconventionality of its media, and its incessant probing of the boundaries of art. His legacy includes the insight that art can be about ideas instead of worldly things, a revolutionary notion that would resonate with later generations of artists.

Three Paintings

Chocolate Grinder

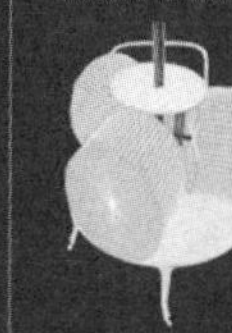

Family Life

Student Days

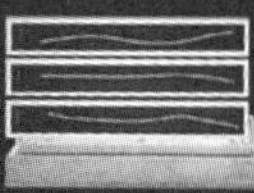

3 Standard Stoppages

Bicycle Wheel

Copyright © 2002-2006 Andrew Stafford Photo © 2002 Man Ray Trust/ADAGP Contact: mail@understandingduchamp.com

by Andrew Stafford

FULL WINDOW | TEXT ONLY

Making Sense of Marcel Duchamp 1946-66 1 2 3

1924 1925 1926-34 1935-45 1946-66 1968 notes

Behind the door is a three-dimensional construction, like a museum diorama. There, in mid-day lighting a naked woman sprawls on a bed of dry twigs, face turned away, with her legs spread, exposing her vagina. She holds aloft a glowing gas lamp. In the background is a landscape of forests amid mountainous terrain. In the distance, a tiny waterfall shimmers.

The full title comes from one of Duchamp's notes for *The Large Glass*: "Etant donnés: 1. la chute d'eau 2. le gaz d'éclairage." In English: "Given: 1. the waterfall 2. the lighting gas." Water and gas are the elements animating both *The Large Glass* and *Etant Donnés*. But from these common premises the two pieces proceed to astonishingly different ends.

Etant Donnés, interior

PREVIOUS NEXT

Copyright © 2002-2006 Andrew Stafford Artwork copyright estate of Marcel Duchamp Photo: Philadelphia Museum of Art

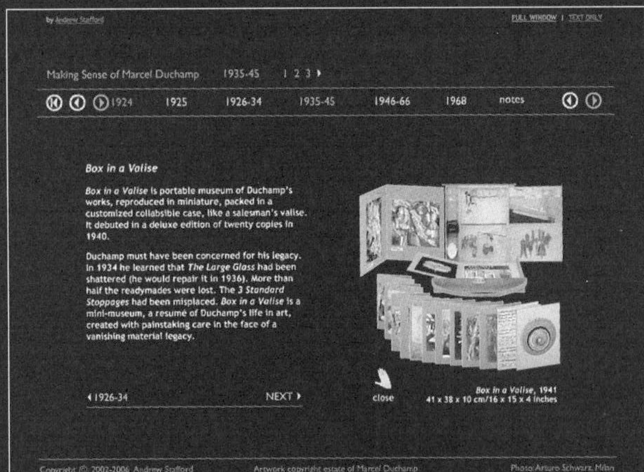

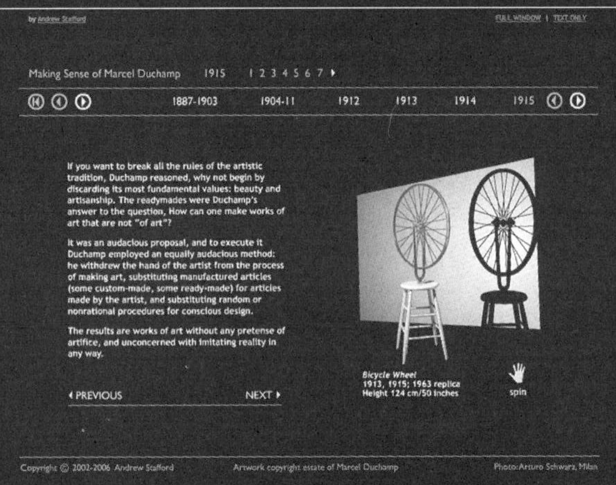

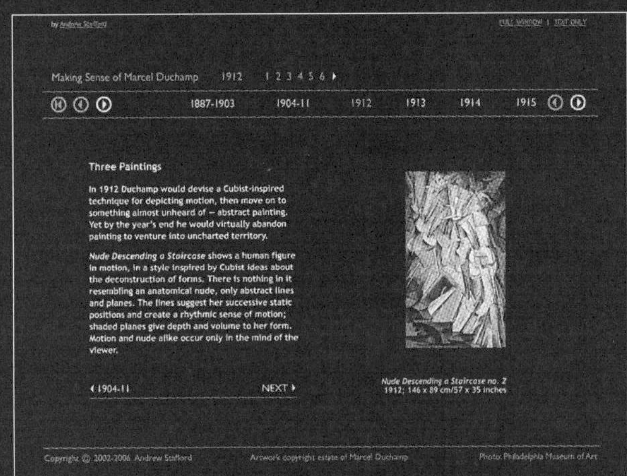

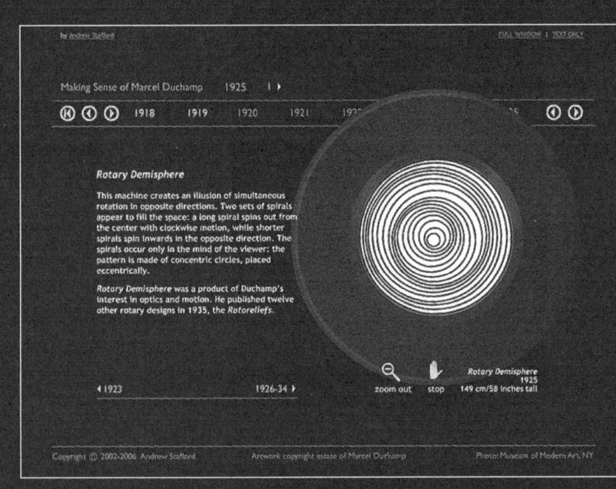

by Andrew Stafford
FULL WINDOW | TEXT ONLY
Making Sense of Marcel Duchamp 1925 1
1918 1919 1920 1921
Rotary Demisphere
This machine creates an illusion of simultaneous rotation in opposite directions. Two sets of spirals appear to fill the space: a long spiral spins out from the center with clockwise motion, while shorter spirals spin inwards in the opposite direction. The spirals occur only in the mind of the viewer: the pattern is made of concentric circles, placed eccentrically.
Rotary Demisphere was a product of Duchamp's interest in optics and motion. He published twelve other rotary designs in 1935, the Rotoreliefs.
1923
1926-34
zoom out
stop
Rotary Demisphere
1925
149 cm/58 inches tall
Copyright © 2002-2006 Andrew Stafford
Artwork copyright estate of Marcel Duchamp
Photo: Museum of Modern Art, NY

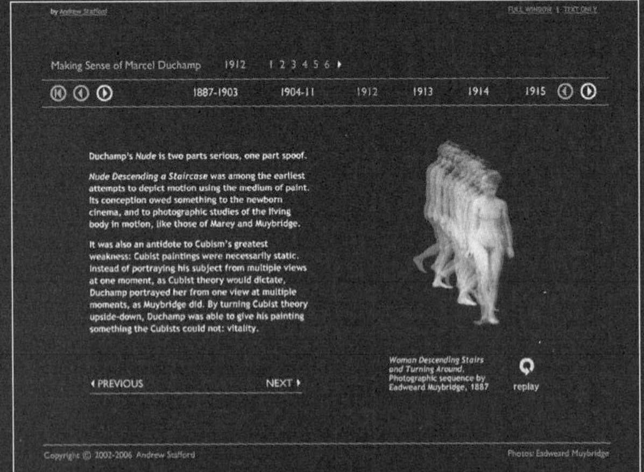

by Andrew Stafford
FULL WINDOW | TEXT ONLY
Making Sense of Marcel Duchamp 1912 1 2 3 4 5 6
1887-1903 1904-11 1912 1913 1914 1915
Duchamp's Nude is two parts serious, one part spoof.
Nude Descending a Staircase was among the earliest attempts to depict motion using the medium of paint. Its conception owed something to the newborn cinema, and to photographic studies of the living body in motion, like those of Marey and Muybridge.
It was also an antidote to Cubism's greatest weakness: Cubist paintings were necessarily static. Instead of portraying his subject from multiple views at one moment, as Cubist theory would dictate, Duchamp portrayed her from one view at multiple moments, as Muybridge did. By turning Cubist theory upside-down, Duchamp was able to give his painting something the Cubists could not: vitality.
PREVIOUS
NEXT
Woman Descending Stairs and Turning Around, Photographic sequence by Eadweard Muybridge, 1887
replay
Copyright © 2002-2006 Andrew Stafford
Photos: Eadweard Muybridge

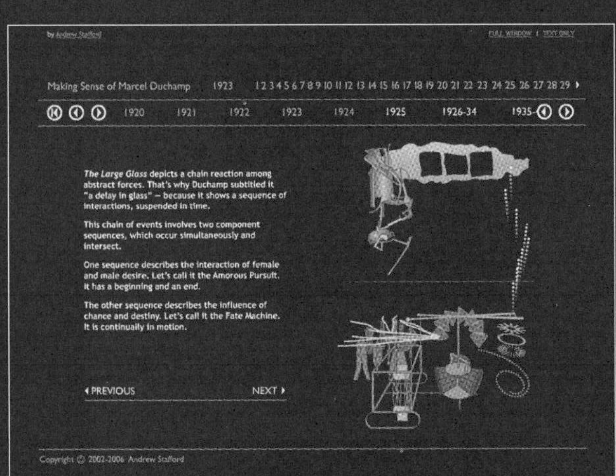

摄影：Eadweard Muybridge

◀ 理解杜尚网站

时间：2002 年，2004 年

设计师：Andrew Stafford

插画：Andrew Stalford

摄影：Mise (如示)

软件：Flash, Photoshop

交互设计是非常重要的，因为用户能参与进来。有时候用的是物理的方式，但更多时候运用的是用户自己的想象力。而这正是杜尚艺术的本质。

您的设计背景是什么？您是从数码设计开始起家的吗？

我是自学的。我绝不是一个平面设计师。我是一个关注内容的人。对于我而言，设计的成功永远是一场恶斗，需要经历太多的实验和挫折。[呼唤 Muller-Brockman, Allan Haley, Tschichold, 特 别 是‘Form of the Book,’Tufte, 国 家 地理（*National Geographic*）, Frank Capra 的“Hemo the Magnificent" 和的动画电影“唐老鸭漫游数学奇境”(Donald in Mathemagic Land)。] Aspen Web archive (ubu.com/aspen/) 给了我很多关于排版和 HTML 的联系机会。

建立这样的一个网站需要对编码和编程有深入的了解。您给这个项目带来了什么？有什么是您需要去学习的？别人又为您做了哪些工作？

我带给这个项目的，就像我所说的，我是一个注重内容的人，所以我具有能清晰、高效地解释复杂项目的能力。我同样也能带来：我想要完成的远景；良好的解决问题的能力；良好的软件技巧 (Flash)；而我也不得不从头开始重新学习如何使用 Flash；学习如何为在百字的小专栏写短小精妙的文章。别人为我做的：特别感谢我的朋友和编辑 Nick Meriwether，他在我稿件一拖再拖的情况下，依然认真审查我的笔记，确定遗漏，并和我谈话，让他们参与到讨论中来。

如今您有多少时间是花在“让马塞尔 · 杜尚更容易让人理解”这件事上？

我每周几次花几分钟时间来审查访问日志，我会大概每年几次的样子给整个网站作一次彻底的检查。

您是否打算，或者计划将来继续对资料进行深度挖掘呢？

我期待能找到一个类似的项目来让我做相似的事情。我已经有了一些主意。

您如何定义什么是网络上的好设计呢？

对我而言，好的设计取决于网站的内容是否有意义。设计是为了寻找信息的底层结构，这样的结构是设计之外的、实实在在的存在。找到这个底层结构，将其用于指导设计，例如排版、字体、颜色等，就能提升网站的设计质量。■

案例研究

纽约时报阅读器项目

Nick Bilton，纽约时报艺术总监

您是以印刷品设计起家的，而您现在从事着数字工具的工作。是什么让您对屏幕上的世界感兴趣的呢？而又是从什么时候开始感兴趣的呢？

1982 年我六岁，那年我得到了自己的第一台电脑（一台 Spectrum Sinclair ZX），从那之后，我似乎还有过别的电脑。我对于像素描、油画之类的可以将画布和纸弄得一团糟的事儿都特别感兴趣。我原来学的是美术专业，有一天，我在学校的计算机房等我的一个朋友，我在一台计算机里发现了字体文件夹，那对我来说是个重要的转折点。我被这种只要选择一个不同的字体就能快速转换页面设计效果的事给惊呆了。

为了成为专家，您是如何学习您所需要的技巧的呢？

我总是能够通过左点点右点点的探索就学会了用某一个软件。一些基础的知识是我从我大学的教授那里学到的，然后一些进阶的软件主要是通过尝试解决问题中反复尝试来学习的。我也有一些大学的同学同样对于这些数字化设计工具感兴趣，所以我们会每天相互交换新技巧。我们曾经是，嗯，我或许应该说，我们现在也是设计书呆子。

您是否需要自学呢？或者说学校会提供给您基本的教育？

就像有些人体育就是很好一样，计算机和应用程序一直对我来说都很直观。

印刷品设计和基于屏幕的设计对于您而言有什么相似之处吗？

我学到的最基础的一点是，如果不被炭笔或是油画棒弄脏，你永远也无法真正学会绘画。通过使用 Photoshop，我几乎可以重现所有的绘画技巧，但如果我并不是从纸笔开始学会绘图，或许我就永远无法明白这些技巧。我想对于所有使用计算机进行创作的艺术家和设计师来说，在学校学习传统绘画技巧是很有必要的。

什么是关键的区别呢？

其中一个最令人沮丧的情景就是看着毫无传统设计背景的人试着去做交互设计。一个人怎么可能在不知道如何在平面上做设计的条件下，做好动态图像和排版设计呢？许多为我的网站项目工作的设计师不理解网格设计以及页面的平衡。

纽约时报阅读器

时间：2007 年 2 月

客户：《纽约时报》

设计师：Nick bilton, Kelly Doe, Tom Bodkin

设计总监：Tom Bodkin

软　件：Adobe Illustrator, Photoshop, InDesign, QuarkXpress, Microsoft Sparkle, Macromedia Flash and Dreamweaver

编程：Microsoft 和 Nick Thuesen, Dreamweaver, Nick Bilton-《纽约时报》

通过使用 Photoshop，我几乎可以重现所有的绘画技巧，但如果我并不是从纸笔开始学会绘图，或许我就永远无法明白这些技巧。

这只是成为一个出色的设计师的一部分要素。当我为交互项目工作的时候，我总是在脑海里解决问题，然后把想法移动到平面上，然后再将其变成互动设计。

当您为纽约时报阅读器项目工作的时候，您是否会有不同的想法呢？这个项目将本来通过纸介质来传播的信息通过屏幕来传播。

这个挑战在于我们需要为不同尺寸的屏幕做设计，也同时要为具有各种不同阅读嗜好的人做设计。它必须是一个对任何用户而言都易于上手的体验，无论是新手还是在线新闻迷。我认为这个阅读器项目是一个超越时代的存在，而这也是为这样的项目工作时所必须要考虑的其中一个因素。1998年的时候，我为掌上电脑设计一些应用程序，这个经历也是一样非常困难的，但是也很有趣，很具有挑战性。

如果您能够重新再进入学校学习，您还会把自己奉献给互动设计吗？还是依然对印刷品设计心存眷恋？

我想不会的，我依然会走我曾经走过的老路。我或许会更多地探索数字化领域，像是编程或是亲手操作电脑的体验，通过设计来控制对象。如今，有一拨人试着整合设备和设计，我觉得这是个有趣的挑战。The Graffiti Research Lab 就是其中的一个例子 (http:// www. graffitiresearchlab.com)。

您是否依然觉得您还是一个设计师？您的这些技术性工作是否让您更觉得自己是一个技术专家呢？

我非常确定我依然觉得自己是个设计师，但我是个极客设计师（geek-designer）。我热爱技术，它可以帮你完成很多事情，但是如果只有技术没有设计，大多数的技术都是无用的。举个例子来说，就是像是 20 世纪 60 年代的电影字幕的设计师。他们曾是传统设计师，但是他们得明白胶片和不同类型的负片、显影以及拍摄，才能明白如何将他们的设计运用到运动的图像中去。对于我来说，这和我现在在做的数码项目是雷同的。我不想仅仅是为书籍设计一个漂亮的封面，我希望能够好好读完这本书，我希望能明白书是如何制作出来的，用什么样的纸张进行印刷，你可以对墨水做什么。

对于现在与当年您入行时相比，什么样的变化是学生或是别的想从事这行的人需要知道的？

当我刚入行的时候，大多数学生会选择一个流派，然后想办法进入这个领域。而今天，即便你只想好好做书籍设计，你依然需要明白如何去建立一个网站来展示你的工作。学生们在尝试交互设计和动觉体验之前需要明白那些基本的设计原理。■

Square Feet
A Tunnel From the Past

Discounts Help July Auto Sales C3
Multiple Buttons on the Mouse C5
Workers Get a Seat at the Table C6
Rupert Murdoch Steps In at Post C7

Business Day

The New York Times

CIBC Pays To Settle Enron Case

An Agreement For $2.4 Billion

A suit accused the bank of creating false investments.

Shouted Down

A Political Furor Built on Many Grudges

China Retreats Now, But It Will Be Back

Not Just TV: Cable Competes for the Office Domain

Adidas Is Said to Be Close To Deal to Acquire Reebok

▲

工作日“中国油”

时间：周三，2005年8月3日

客户：《纽约时报》

设计师：Nick Bilton

设计总监：Tom Bodkin

软件：Adobe Photoshop, Adobe Indesign, Adobe Illustrator, 和CCI Nick Bilton —《纽约时报》

Personal Business
A Copied Cat

A Week for a Rally on Wall Street C6
Changing Landscape for Europe's Banks C3
A Big Gain in Personal Incomes C4
Saturday Interview: A Moving Man C2

Business Day

The New York Times

JOSEPH NOCERA

Janus Funds: Everybody Loves a Loser

Few consequences for managers who mess up mutual funds.

Is Your House Overvalued?

Where Homes Are Not Priced to Rent

Vision Loss Is Reported In a Few Users Of Viagra

An American Executive Paycheck in London

▲

工作日“整顿房地产市场”

日期：周六，2005年8月3日

客户：《纽约时报》

设计师：Nick Bilton

设计总监：Tom Bodkin

软件：Adobe Photoshop, Adobe InDesign, Adobe Illustrator, 和CCI Nick Bilton —《纽约时报》

案例研究

网络漫画

Jesse Willmon, www.com-mix.org

您是如何成为一名网页设计师的?

我申请了 comedycentral.com 的工作，他们在这之前只设计了一个网站。我从一张传单上知道了网页设计，而一年以后，艺术总监走了，我就是唯一一个留下的设计师。网站一直在扩大规模，现在我们有了九名设计师，我是艺术总监。我们的业务范围包括:电视剧迷你网站，门户网站，手机应用，机顶盒应用，在线游戏，动画和宽带电视播放器。我是所有这些事的总负责，确保它们能与电视网络的风格相匹配，并利用交互设计的优势将这种风格融入进来。

您对漫画一直抱有极大的热忱，是这种热忱最终将您吸引到您目前的工作中来的吗?

起初并没有。把我吸引到 Comedy Central 网站的原因是我当时所看的电视节目都在这个网站上有，我想成为我喜欢的事情的工作人员的其中一员。随着我对业务的熟悉，我逐渐发现我可以将我喜欢的元素融入网站设计中去，就像是漫画。漫画是我看待设计的一个重要组成部分，而我认为漫画在 Comedy Central 网站也是一个重要的组成部分，因为它让所有的设计都保持了轻松愉快的气氛，能够改变来访者的心情。

作为作者计划的一员，你为在纽约视觉艺术学校（School of Visual Arts）的艺术硕士（MFA）的论文主题创立了一个叫做 COMMIX 的网站。这是一个可以让用户通过他人的艺术作品来进行他们自己的漫画创作的网站。是什么启发你做了这样一个网站呢?

这个最初的想法来自 Chris Capuozzo 的网页设计课程。在那段时间，我看了很多《傻猫》（Krazy Kat）的书，我想如果我能拥有自己版本的《傻猫》（Krazy Kat）那该有多棒。所以我制作了一个“制作你自己的《傻猫》（Krazy Kat）”网站，这的确挺有意思，但并不是真的那么有趣。当人们使用这个网站的时候，他们要么复制《傻猫》的对话，要么制作像《猫和老鼠》（Tom and Jerry）那样的漫画。于是我有了让人们把他们喜欢的漫画人物都混合进来的想法。就像是，你可以让大力水手和 Veronica 相爱，或者是 Calvin 和 Garfield，还是迪克·崔西（Dick Tracy）开枪打中了查理 · 布朗（Charlie Brown）?

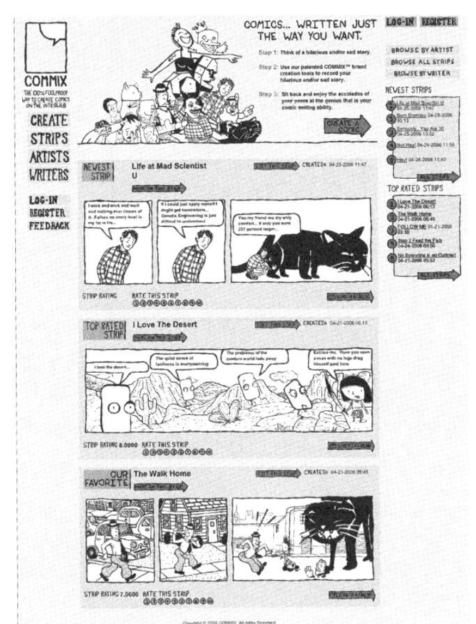

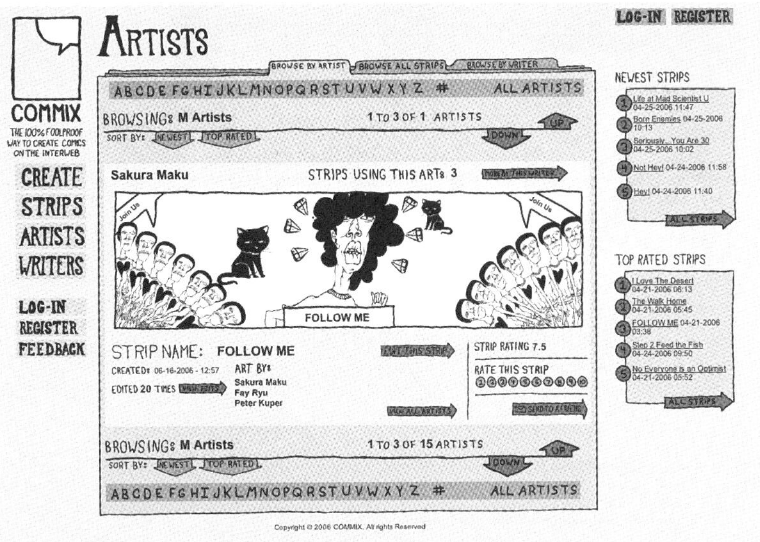

接下来，我的任务就是找到艺术家愿意让我把他们的作品放在我的网站上。

除了要让几十个艺术家同意别人使用他们的作品，还有什么设计和技术的问题是你需要去面对的呢？

最主要的问题是，我需要确保所有的这些作品可以合并为一个完整的漫画。为了做到一点，我对艺术家能做的事设定了一点限制。所有的作品都要求是黑白两色的，所以最起码，所有的故事都保持着同样的色调。同样，他们所有作品使用的比例是一定的，这保证了所有的作品都可以放进用户界面里去。由于有些艺术家的作品有非常多的细节，所以文件的大小成了一个问题。我必须在保持艺术家作品精神和能够在我的网站上使用这两者之间取得一个良好的折中。

这是如何完成的呢？

关于这个网站的一切都是围绕着数据库进行的。所有这些作品和文字都需要储存下来，包括这些资料在故事板中的位置。之后，所有浏览网站的人都能对这些进行调整。对这个网站的设计来说，最重要的是那些复杂的数据库不能展现在用户的面前。它需要让人看上去像是全世界最简单的在线创作漫画的方式。

整个网站都统一保持着手绘风格，您是否对您的用户有别的方面的考虑呢？您在设计的过程中是否充分考虑了用户的审美观呢？

我想我一直在考虑终端用户的审美需求。这个网站的操作核心是基本的拖放界面，你必须保证那些并不是设计师出身的或是从未使用过 Photoshop 的人也能轻易上手。所以出于这个原因的考虑，我将网站设计为手绘风格，使其操作看起来不像是一个复杂的技术。

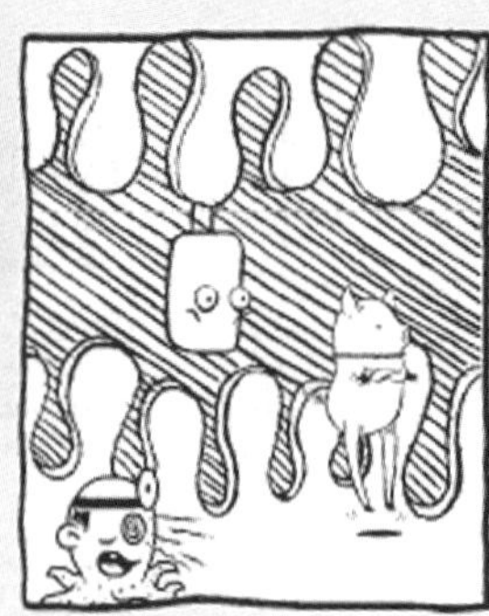

我认为设计实际上掩饰住了一些网站的技术限制。如果网页的设计是简洁干净、组织良好的，人们会期待能用其做出很完美的作品来。但是由于这个设计看上去很轻松，人们愿意给它多一点耐心。如果你有一个设计看上去价值百万美元，它就得用起来像是价值百万美元的样子，但如果你的设计看上去只值一百美元，但是用起来像是价值百万美元，比起华丽的界面，第二种状况会让人们感到更高兴。

那么关于测试 COMMIX 呢？按照您的喜好来设计是一回事，然后确保它是可用的，您的用户会回头则是另一回事。您是如何确保这一点的呢？

好吧，测试 COMMIX 是由我在 Comedy Central 网站的一位同事完成的，他整天都想着网站。做网站的人一直不断思考的问题是如何给网站添加新的内容。人们会回到你的网站，如果你能给他们一个恰当的理由的话。所以对我来说，寻找新的艺术家来增加新的作品，突出显示网站的新作家，增加评分让人们可以直观地看出好坏，使得人们能够更容易分享他们的作品，这些都是一直在做的事情。像 COMMIX 这样的网站，靠的是有人来创作漫画，然后把它分享给他的朋友，他们朋友再来接着创作。

这是一个创业型企业。在您创立这个企业之前，你都为此学了什么呢?

靠网站来赚钱和将网站当作一个赚钱的工具是件很困难的事情，这需用很长的时间来建立足够大的用户基数使得你的网站可以靠广告收入赚钱。我最需要学的事情是漫画业务是如何运作的，漫画是如何被创作出来的，漫画家之间是如何认识彼此的，如何认识一帮漫画家，如何确保漫画家持有他们版权的同时允许我在网站上使用他们的作品……所有这些都是我必须想明白的问题。建立任何像是这样的网站，你都必须不仅了解网站的业务，也得同时了解你作为特色的内容的所有一切。

这个网站有多么注重合作呢? 您为此聘请了专门的团队，还是您自己完成了这个网站?

制作这样的一个网站永远是一个合作的过程。基本上来说，由我来作设计、接触艺术家、框架、艺术品的制作以及用户互动界面。在我完成所有这些事之后，会有一些复杂的编程需要做。所以我由动画 / 脚本的专业人士来对 Flash 模块进行编程，然后由数据库程序员来完成所有的后端工作，使其真正运作起来。他们一直在告诉我什么能行，什么不能行，

▲
www.com-mix.org

客户：SVA MFA Thesis

设计师：Jesse Willmon

艺 术 家：Ivan Brunetti, S.Y. Choi, Molly Crabnpple, Patrick Donan, Caroline Gould. Gabriel Gutieirez, Tom Hart. Paul Hoppe, Nora Krug, Peter Kuper, Mike LaRiccia, Alec Longstreth, Sakurrt Maku, James McShane, Sarah Perry-Stout. Fay Ryu, R. Sikoryak, Mark Stamaty. Maggie Suisman, Gary Taxali, Jack Turnbull, Britton Walters

软件：Flash, Teamsite. Dreamweaver, PHP, Illustrator

所以这个网站的变化取决于它是如何被编程的。最终，这俩人完成了所有的工作，因为网站开始能自己建立新的页面了。所以最终，我变成了唯一一个还在维护这个网站的人。

您所预想的 COMMIX 的未来是如何的？它是一笔可兑现的资产吗？又或者这只是试水？

我认为 COMMIX 在将来会变为可兑现的资产。从艺术家到用户，大家对这个网站的评价都还不错。在类似这个网站上进行的测试表明了其在未来有转化为商业的能力。给人们一些简单的工具，然后看他们都能做些什么是个令人兴奋的事情。这个网站的成功完全取决于用户的参与。如果它并不能成为我期待的样子，我想我会继续努力并能找机会和一些艺术家们聊一聊，仅仅这个原因就已经足够让我努力把 COMMIX 维护下去。

除了那些您在 Comedy Central 网站以及在 COMMIX 项目中得到的能力，还有什么是您想要在网页的控制和网页设计中提高的呢？

有一个关于网页设计的规律，那就是其所依赖的技术是在不断变化的。我在 COMMIX 和在 comedycentral.com 使用的都是最新的技术，今后它们一定会过时，所以你必须跟上技术的步伐，但是永远要记住，网页设计永远是用来将相互不认识的人联系到一起，使他们进行直接的交流或是通过界面进行交流。所以我需要在未来放在首要位置的是弄明白人们是如何聚集到一起的，之后我的网页设计能力会为这个而服务。■

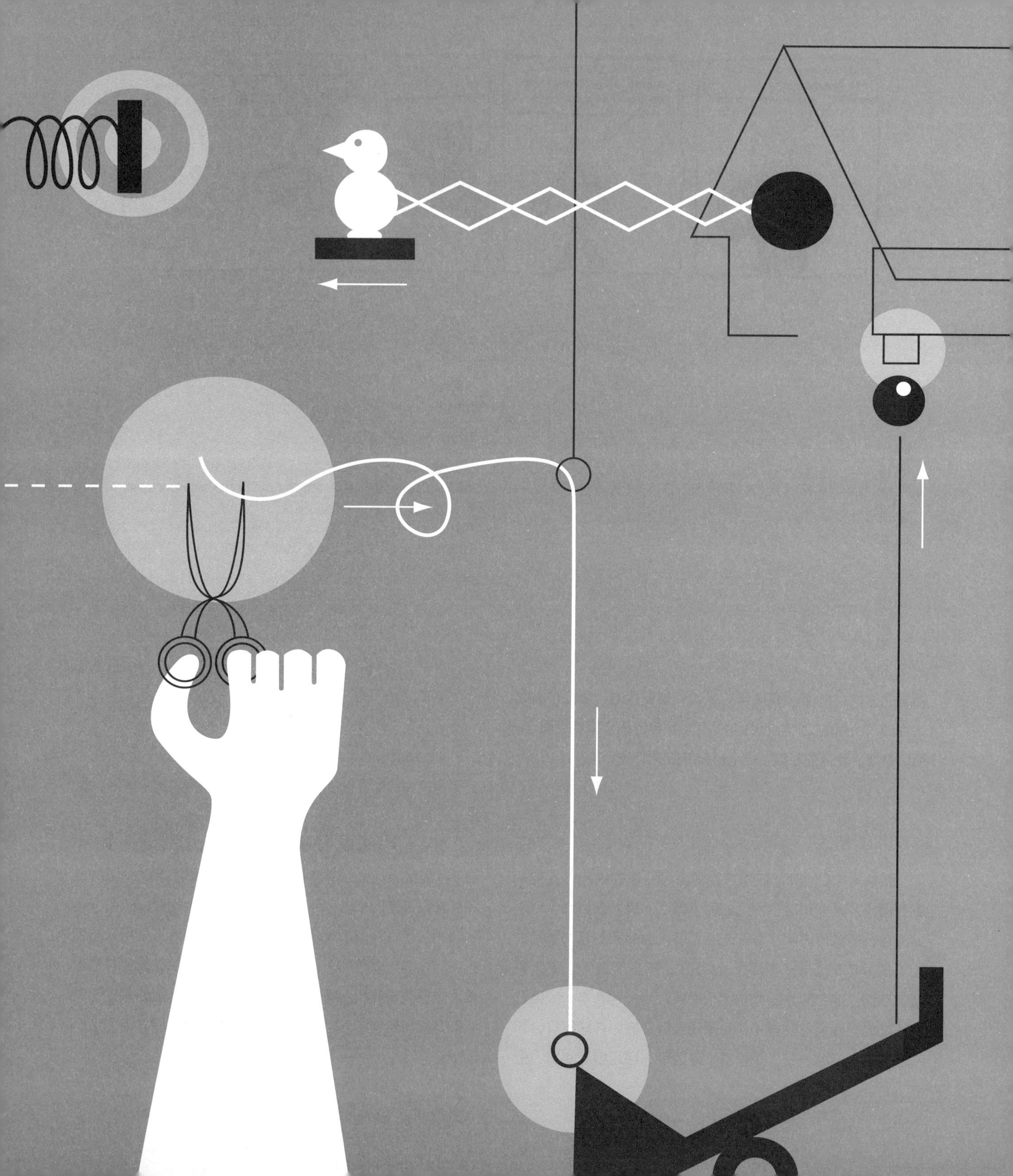

第七章　动画设计

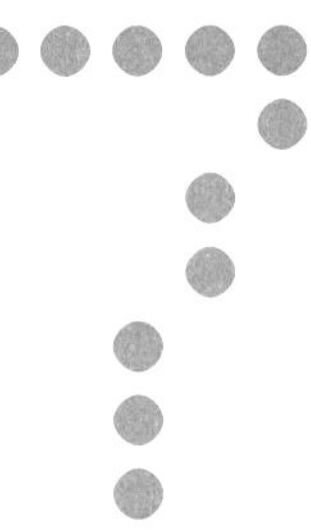

在其原始的交互形式下，动画设计始于1914年，温瑟·麦凯（Winsor McKay）在全美的舞台上直播他的动画作品《恐龙葛蒂》（Gertie the Dinosaur）。

不像更早期使用的更为原始的技术，麦凯这一突破性的发明是它可以与他虚构的伙伴一同玩耍。在这部电影里，麦凯走上了舞台和恐龙进行对话，就仿佛它是真实的一样（谁说不是真的来着？）观众反过来得到了前所未有的体验。自那之后，动画电影从吉恩·凯利（Gene Kelly）和老鼠 Jerry 一起在《起锚》（Anchors Aweigh）中跳舞到《谁陷害了兔子罗杰？》（*Framed Roger Rabbit?*）里的性感女郎，变成了真人演出和动画角色的合二为一的模式，这在数码技术出现之前可不是一件容易的事儿。

动态影像标题序列，无论是真人、动画、拼贴或是蒙太奇，是设计的另一个流行的方向。1955年索尔·巴斯（Saul Bass）创建了一个流派，定义奥托·普雷明格（Otto Preminger）的《金臂人》（The Man with the Golden Arm）是表现主义图形和现代字体设计的美好结合，它把抽象和象征主义带入了当代电影。巴斯在之后的几年里创作了几十个具有标志意义的片头——《迷魂记》（*Vertigo*），《夺魄惊魂》（*North by Northwest*）和《狂野边缘》（*Walk on the Wild Side*），这些片头之后都被片头设计师竞相模仿。

而另一位真正的原创者是巴勃罗·费洛（Pablo Ferro），他用耗时的光学技术，为几十部电影制作了情绪化的、描述性前奏，其中包括为一部1968年的电影《托马斯·克朗事件》（The Thomas Crown Affair）发明的多屏幕技术。这种技术被那个时代的其他电影制作人所用，他们尝试着用这样的技术来让他们的电影看起来很“当代”，在大约十年时间里，我想这招奏效了。

这种字体、图片和动画的神奇融合激发了平面设计师去创作超越印刷品平面限制的作品。在任何设计的过程中，这种能够使静态的元素腾跳、翻滚、扭曲的能力都是一种趣味。如果这听起来很平淡，那么就等等吧，你的第一次对于动画的尝试总会出现的，你总是会明白的。

但是在过去这十年的数字革命之前，没有一个大型的、功能强大的昂贵电脑和像 MAYA 这样的软件，动画制作是相当困难的。在过去的十年里，软件渐渐变得普及了。事实上 iMovie 使得业余爱好者也能很快上手做剪辑，为所有人，特别是对于设计师而言，在各种平台上使用各种媒体设计动画都提供了大量的发展可能性。而像是 YouTube 这样的网站使得动画的创作和传播就像印刷品和图片文档那样容易，甚至手持设备也可以制作和展示动画作品。

在很长时间里，动画设计，至少那些高端动画，是经过专业培训的结果。现如今，熟练掌握软件是连初级设计水平的人也必须掌握的技能。而因为交互设计的出现，平面设计和动画设计之间的界限越来越模糊。

在 20 世纪 90 年代中期，许多设计师在 CD-ROM 里通过将音频和视频合成在一起来初尝动画设计的滋味。随着 Flash 的问世（最初被叫做 Futuresplash），网络很快就充满了到处乱跳的按钮，带着波纹线条的菜单以及形形色色的各种动画，这些动画作品开始从电脑屏幕慢慢回到了银幕上来。1996 年，麦特·韩森（Matt Hanson）创立了第一个数字电影节 onedotzero。《蓝丝绒》（*Blue Velvet*）的著名导演大卫 · 林奇（David Lynch），完全用数码方式制作了他最新的电影。

随着越来越多的设计师接受了动画设计，电影和电视行业开始接受此类设计也就变成了一个顺理成章的事情。当音乐视频开始将实景拍摄与动画结合起来之后，整个行业开始明白，设计师不仅能利用这个工具来完成片头设计。音乐视频中开始有各种色彩和杂乱无章的划痕遍布整个屏幕，或是从萨克斯管中长出花朵来。就像 National Television 的 Chris Dooley 所说的，导演开始将设计插入他们的脚本中去，“将酷炫的漩涡形状围绕着艺术家”。

与此同时，更多的图形元素以各种方式被搬上了银幕，像 Mike Mills 这样的平面设计师开始称他们自己为视频导演，他们能给讲故事带来一种全新的视觉方式。

动画部件的集成度越来越高，从高端到低端，进入到各种直播或是在线的娱乐节目，图形信息和环境动态看板（例如，时代广场上硕大无比的广告牌）改变了通信设计的定义，并从根本上改变了平面设计公司和工作室的人员配备。如今，传统的设计师聘用动画设计专家，而那些年轻的组织则将动态和静态的设计结合为一个无缝的实体。动画的出现模糊了传统竞争之间的界限。曾经只有广告公司会制作商业广告。而现如今，设计公司被理所当然地认为具有制作商业广告和视频的能力。简单来说，整个多媒体的世界都处于不稳定的状态，而动画设计就是这个不稳定的起源。■

从平面高手到动画高手

采访 Jakob Trollback, Trollback + 公司的经营者，纽约

是什么使得一个平面设计师变成了动画电影和视频的专家?

我觉得平面设计在静止的条件下显得非常正式。印刷品具有强大的能量，但恐怕物理学家会将其称之为势能。这就是为什么平面设计如此困难，找到特定的公式来让能量爆发。从另一个方面来说，动画设计则是关于动能的。它在线性的时间轴带领下运动，创建紧张感和节奏感。在我二十几岁的时候，我曾是一个狂热的音乐爱好者和一名 DJ，并使用平面设计来调节混动气氛。最终我意识到，运用我的技能，将图片流和音乐结合在一起会让我更高兴。

在时间和空间中创建视觉效果，最大的挑战是什么呢?

我所看到的 90% 的图像并没有任何意义，它们的轻浮最终让我很厌恶。

您主要控制故事线还是控制设计呢?

如果你想要让人们感到特别，你必须对你的设计是什么以及你将如何展现出来做得非常讲究。

如果你想要让任何人明白你在说什么，你就必须从内部（或是外部）制作一整套社会和文化价值。这就是为什么好的动画设计更接近讲故事。

有时候客户只是想要新东西，那么工作的核心就是如何创造出一些别人从未见过的东西。这可能是一个非常大的挑战，它会迫使你去研究各种文化表现形式所发出的声音。但是最后，如果没有故事（虽然令人费解），它就不会感动任何人。

您是如何学着在多媒体行业工作的? 这其中有多少是技术，有多少是设计直觉呢?

我一向对科技之类的东西很在行，并且和这些优秀的软件打交道让我觉得很放松。我用很多年的时间来学习如何让各种东西在屏幕里移动。了解如何拍摄，制作动画，以某种顺序剪辑来让人以某一种特定的方式来感受作品（沉重的，苍白的，轻快的，冷的，生气的，高兴的，等等）这些就是技术。接下来，你得使用一些魔法来找到特殊的角度，使其看起来很独特。

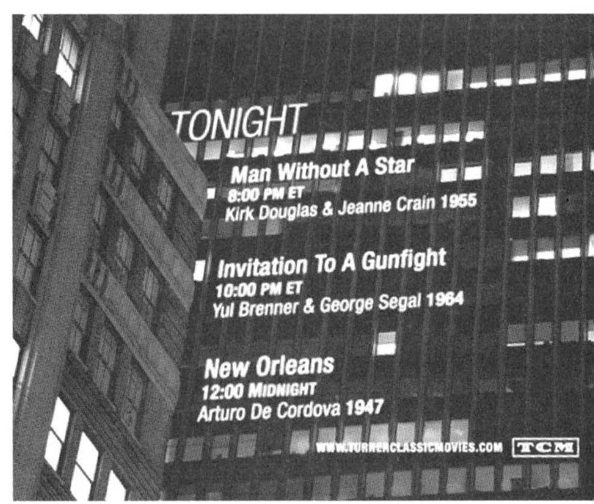

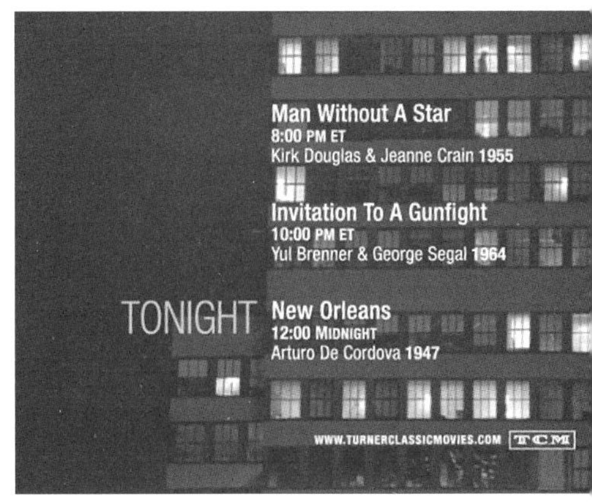

到目前为止，您做过的最让您满意的作品是哪部呢？

这真的很难决定呢。这些年里，有很多作品都让我很高兴，但是，显然经营一家公司意味着我并不总是亲手在做这些作品，这对我来说才是最满意的结果吧。

我很满意我为 Lifetime 执导的短片，以及一些最近的一些广告片，像是 AMC 和 TNT。我依然很喜欢我为 TED 会议制作的许多开场，以及我为《夜落曼哈顿》（*Night Falls on Manhattan*）制作的片头。

基于您个人的经历，您认为一个设计师该如何进入动画设计行业呢？

充满了热情。没有什么比这个更重要了。

但是具体来说，一个动画设计师必须具有什么样的特质呢？

韵律。切分音。聆听 Bill Evans 钢琴演奏 Miles 的《*All Blues*》，特别是其中他独奏的部分。你必须要尝试着与其完全合拍。与此同时，你享受着不可预期的喜悦。

这是一个真正的礼物，我认为这种在音乐和动画之间的联系是即将发生的。

当你理解了这一点，并且可以感受到这种韵律，你就可以带着你的想法，用你的各种工具，图片，颜色，字体，艺术文化和耐心来进行工作了。

附：奇迹的确很少见，但也的确会发生。■

▼ TCM Menus

客户：Turner Classic Movies

时间：2006 年

设计师：Nathalie de La Gorce

导演：Jakob Trollback

创意总监：Jakob Trollback

软件：Final Cut. After Effects

NEXTgencode.com ▶

客户：HarpeiCollins 和 Michael Crichton

时间：2006 年秋

设计：Jon Milott, Cary Murmon, Matthew Cooley

软件：Illustrator, Photoshop, Flash. After Effects, Final Cut Pro

充满了奇思妙想

采访 Cary Munion, Honest 共同负责人，纽约，www.stayhonest.com

您起初是印刷品设计师。对您来说转行进入网站和动画制作行业容易吗？

Jon（Jonathan Milott, 共同负责人）其实是从网页设计师起家的，最起码这是他离开学校后的第一份工作，而我在一家公司的网页和动画设计部门工作，所以，其实我有机会在这方面获得一定的工作经验。另外，我们都在帕森设计学院（Parsons School of Design）学习动画和网页设计，所以我们都知道我们不想一直待在印刷品设计这一行里。

因为我们自己的网站证明了我们能作网站设计，人们对我们的网站也都反应很好，所以其实对我们来说，拿到这类型的项目反而更容易一些。我们在很早的时候得到一个特别难得的机会，设计纽约现代艺术博物馆的鲍拉·安东内利（Paola Antonelli）策划的一个网站，所以一个为纽约现代艺术博物馆的网站立马给我们带来了声誉。争取动画类的工作比较难，所以我们一直在做我们的个人项目，动画短片，为朋友工作，为自己的网站工作，一直不停地给别人发我们的分本，扩展我们的人际网，直到大家开始相信我们。

对于技术和数码设计的美学，您都有多深入的了解呢？

要真正最有效地运用这些媒介，你应该了解目前最先进的技术以及那些技术的限制。但从另一个角度来说，总是有办法通过别的方式来做同一件事，所以最好不要去担心什么是软件能做的，什么是软件不能做的，解放你的想象力来做事就好。和客户在一起的时候，我们在解释我们的审美理解的同时，通常需要去解释与工作相关的一些技术问题，所以对这两个方面，我们都需要有所了解，这样我们才能清楚地解释它们。

Honest 有一个很复杂的网站（www. stayhonest.com/)，有很多花哨的内容也有很多的实际内容。你们制作这样一个复杂的网站是基于什么样的原因呢？

我们希望我们的网站是有趣的和富有创造力的，所以我们应该能够反映这一点。

……另一方面，如果我们对客户的需求并不抱有十足的热情，我们也不会去接这份工作。

我们同样也认为，作为一个企业网站，不应该仅仅是作为过往作品的展示空间，应该同样是一件作品。我们希望来到网站的人们能够通过网站，在看到过往作品之前就能立马能感受到我们是谁，或是我们能做什么。我想去回答您的问题，最简单的答案就是，我和 Jon 都是很全面的人，所以我们有一个很全面的网站。

通过建立一个具有众多惊喜的网站，你是否在吸引某一个观众的同时，希望能过滤掉另一个观众呢？

哦，那是当然的。似乎人们要么爱死我们网站了，要么就讨厌死它了，而这就正是我们想要的效果。如果人们联系我们想和我们一起工作，我们希望他们会有热情，而不会观望他们是否会喜欢我们。如果我们做不到承诺给他们的服务，那么对于双方而言，都是一种时间上的浪费。另一方面，如果我们对客户的需求并不抱有十足的热情，我们也不会去接这份工作。我们的网站似乎会吸引那些目标和我们一样的人，这并不是审美的问题，因为不喜欢我们风格的人依然会喜欢我们体现在网站上的热情和创新精神，而希望我们能把这种热情和创新精神带入他们的项目

除了运用图像来引发机械感，几乎是一种未来感，您使用音效来增强效果。音效设计有什么重要之处呢？

根据我们在电影项目中学到的经验，音效的设计占了整个设计成功元素的 50%，有时候甚至更多。

这在网站设计上会稍有不同，因为你并不能指望人们总是把他们电脑的声音打开，或是有足够好的音箱来听出那些细微之处，但我们想奖励那些的确能听出细微之处的人。我们希望网站能够像一部互动电影，所以为了达成这一目标，音效设计是非常重要的。我们的目标是为网站建立一个完全互动的体验，并且完全不会让人觉得我们的网站已经被完成了。

您为一些非常潮的公司做网站设计，例如 Kate Spade, Issey Miyake 等。您是否根据他们的需求来调整您的设计风格，还是您将自己的设计风格与他们的同步呢？

他们通常是同步的，因为在这些公司各自的市场范围内，他们是创新者，而这正是他们如此成功的原因。同时这也一样是他们如何看待我们的工作的，他们选择了我们与他们合作，看重的也就是这一点。他们希望能够在新的方向上稍稍推动一下其品牌的发展，或许没有别人做的那么戏剧化，但是依然慢慢在推动这种发展。他们并不希望将我们的风格带入他们的项目；他们希望能够把我们这种思考问题的方式带入他们的项目。

是什么决定了做事的方式呢，您是否会让印刷品设计的经验影响网页设计和动画设计呢？又或是让网页设计和动画设计反过来影响网页设计？

Honest Magazine Issue 2 ▶

客户：Honest

设计工作室：Honest

插画：Christopher A. Rufo

软件：Adobe Illustrator, Photoshop, InDesign

这和创意本身密切相关。无论是印刷品设计，网页设计，动画设计，又或是所有这些设计的综合(其实我们最喜欢的就是这类综合混搭)，最重要的都是如何和项目的核心设计概念发生关系。我们一定会先确定设计概念，然后将这个概念应用于任何设计平台。

有什么事情是您想通过您的公司实现，却还没有来得及做的呢？

我们还未执导过故事片，我们想试试看，事实上我们现在已经在写脚本了。

您在招聘新人的时候都会考虑哪些因素呢？每个人都必须熟练掌握各种软件吗？

对我们而言，好的概念永远是最重要的，因为这是很稀有的品质，而且你很难教会人如何想出好的概念。如果他们对软件非常精通的同时又能富有创意，那绝对会在应聘时给自己加很多分的。喜欢电子游戏，工作卖力(就像我们一样)，良好的排版能力，特殊的幽默感，强烈的个性，对设计以外的别的事情感兴趣，这些都是加分项。■

◀ www.stayhonest.com

客户：Honest

时间：2005 年冬 / 春

设计：Jon Milott 和 Matthew Cooley

软件：Adobe Illustrator, Photoshop, Flash, After Effects

挑战极限

采访 Beatriz Helena Ramos，Dancing Diablo 创始人，创意总监，纽约

▲
PBS

客户：PBS

指导：Beatriz Helena Ramos

制作人：Diego Sinchez

艺术指导和设计：Adriana Genel/Beatriz Helena Ramos

2D 动画师：Vane Rodriguez- German Herrera/ Mariana Capriles/ Beatriz Helena Ramos

CGI 动画师：Jose Luis San Juan/ German Herrera

编辑：Beatriz Helena Ramos.

您曾经是插画师，你是如何对动画感兴趣的呢？

作为一个插画师，你试着去讲故事。无论是在为漫画画插画还是为广告做故事板，所有你在做的都是以图片来讲故事。从某种意义上来说，动画是会动的插画，所以这个飞跃对我而言是自然而然的。

在一些特定的情况下，我们的动画强烈依赖于插画。我们先完成插画，然后再给它带去生命。

您是如何成为 Dancing Diablo 的一员的呢？

我在动画行业工作多年。作为一个艺术家，你越是多才多艺，你在这一行的竞争力就越强。我努力让自己成为一个色彩专家。然而，有一次我想做些不一样的事情，而不仅仅是颜色。我想参与到整个过程中的各个环节，我也希望我能决定如何来讲故事，以及作品的最终外观。我以为我只有成立自己的公司才能达成这一目标，于是 Dancing Diablo 就出现了。

数码科技对于你对待媒体的工作方式形成了多大的改变呢？

改变了太多。我们现在做的工作在十五年以前是完全不可能实现的。而如今，我们在没有几个人的小工作室里完成尽可能多的项目。同时，新技术能给以创意来解决问题提供新的方法，也能给我们带来新的风格，它同样也会影响计划的设定和预算的计算。

作为一个通用的规则，我们会在每一个项目中使用新的方法。实验成了我们创作过程的重要组成部分。我们总是在探索新的领域和新的挑战。

我依然把数码技术当作一种工具，而不是一个媒体。从风格上来说，我们尽可能地用双手来做设计：草图，绘画，制作木偶，建立微型模型等。我们尽可能以传统的方式来做事，而只在必须的时候才使用数码工具。

有什么事是在数字化时代之前你们所无法做到的呢?

感谢数码科技，我们现在能很快看到结果。这个过程快到可以瞬间完成，就像科技使得通信变成了可以瞬间完成的事情一样。原来需要几周来解决的问题，现在几个小时就能做完了。

更具体而言，我们现在能用 Maya 重建一个三维的环境，然后可以在其环境中使用相机，就像你在现实生活中使用相机一样。

对于定格动画，我们可以直接用不那么昂贵的软件在电脑上用相机捕捉那些高清图片来进行拍摄，这让我们可以在瞬间看到动画的外观，并立马进行修改。这让我们能够更好地控制最终的产品。而在过去，光是为了观看你拍摄的结果就需要等上好几个星期。

如今 2D 的动画也可以直接在电脑上完成。我们可以用压感笔在数位板或是屏幕上直接作画，使用软件而不是用动画看片台来工作。通过数学计算，我们甚至能让电脑帮我们做一些动画。

数码技术另一个有趣的方面是，它可以让我们与我们的海外工作室轻松沟通。我可以在我纽约的办公室指导完成一个在委内瑞拉的项目。我通过即时消息来管理我的团队，通过摄像头来对他们下指示，用 Skype 来发起在线会议，使用 FTP 服务器来传送我们的大尺寸文件，而所有的这一切都是低成本的。

在您所有的项目中，您认为哪个最有挑战性呢?

作为一个通用的规则，我们会在每一个项目中使用新的方法。实验成了我们创作过程的重要组成部分。我们总是在探索新的领域和迎接新的挑战，总是在把自己推向极限。我找不出任何项目觉得是最具有挑战性的，每一个项目都有自己特殊的挑战。

动画是个非常需要协作的工作。有多少时间您是用在技术上而不是用在创意上的呢?

虽然我总是在尝试使用最新的技术，我也惧怕拥抱新科技，但是对我来说，科技明显并没有创意重要。

我觉得，科技是为创意服务的，而不是反过来。

我只会在新软件和新的数码工具能够让我实现创意目标的时候才会花时间学习它们。

◄ MTVU

客户：MTV

指导：Beatriz Helena Ramos

制作：Diego Sánchez

角色设计：Reginald Butler/Beatriz Helena Ramos

背景设计：Antonio Cannobio

背景颜色样式：Michael Lapinki

2D 动画：Reginald Butler/Aaron Brewer

动画师：Vanessa Rodriguez/Mariana Capriles/ Leonardo Nieves

字符数字颜色：Michael Lapinski/Reginald Butler

©Dancing Diablo

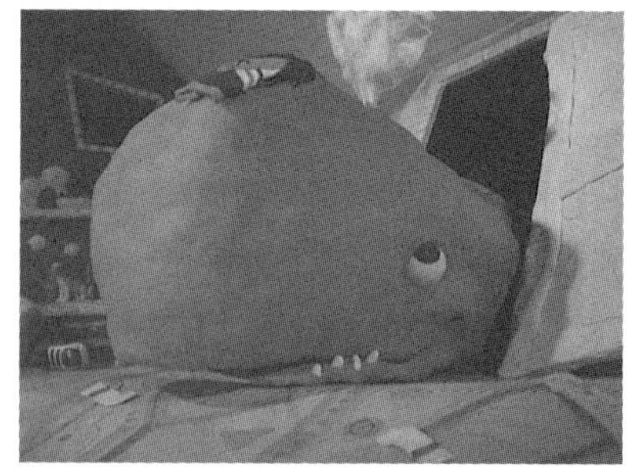

Franklin Institute

客户：Franklin Institute

指导：Beatriz Helena Ramos

制作：Diego Sánchez

艺术指导：Beatriz Helena Ramos/ Adriana Genel

设计与造型：Michael Lapinsk/ Beatriz Helena Ramos

角色塑造：Eileen Kohlhepp

定格动画：Eileen Kohlbepp

影视特效动画：Reginald Butler

©Dancing Diablo

对于您的工作而言，是否有必要了解数码技术的复杂性和那些细微差别?

肯定在一定程度上来说是真的。我认为理解数码世界很重要。当然，我不认为你需要作为一个软件专家或者知道 90% 的软件功能才能做我们的工作。软件是非常复杂的，很多时候，你只需要知道其中的一些功能就好。

当您作为 Dancing Diablo 的一员为项目找人的时候，你都看重候选人的哪些特质?

对我来说最重要的是人的艺术气质。我所关注的是敏感和品味。我想知道他们的草图、雕刻和绘画技巧。我想知道他们对于颜色、构图和设计是否会有复杂的感觉。想象力对我来说非常重要，因此，我对于他们自己的项目非常感兴趣。这可以让我进一步认识他们的理念、纪律性、爱好和影响。最后但不是最重要的，我会问他们都掌握了哪些我们正在使用的软件。

教人使用软件是很简单的，只要有足够的时间，大多数人都可以变得擅长软件。但是，我们很难教人如何想出好的创意和变得敏感。■

制作图文视频和视频图文

采访 Chris Dooley,National Television 负责人，洛杉矶

什么是 National Television?

National Television 是由导演 Chris Dooley,Brumby Boylston 和 Brian 创建，作为一个创意型的工作室，它注重通过设计和动画来讲故事。

我们在 2004 年年中打开了我们的电脑，但是尽管每个人在这之前的四年都有大量的工作，我们选择在第一年把我们所有项目的分本制作出来，避免将来我们和别的公司合用分本。这对于建立我们这个工作室的基调或者说声音非常重要。我们在短时间内作了大量的工作，2005 年的 6 月，我们启动了网站并展示了我们的分本。

您是如何被训练为一个视频导演的？您是否一开始就确定了这个目标，还是您从其他方向转到了这里?

我在学校的时候的确拍了点东西，但是我当时主要注意力还在平面设计上。执导音乐录影带是在大工作室工作的直接结果，我们在这里可以做一些富有影响力的工作。在这同一时间里，有几件事情同时发生了，这让真人实拍和动画图形之间的界限变得模糊。首先，随着数码电影越来越普遍，小型的真人实拍对于设计师来说是个很方便的解决方案。而随着音乐录音带经费的紧缩，增加插座成了它们的唯一指望。

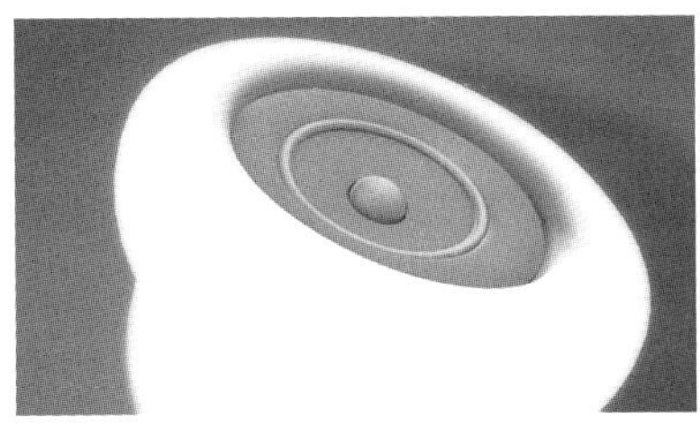

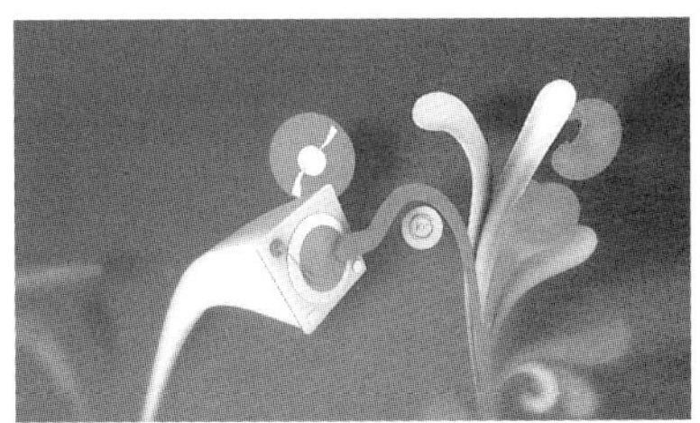

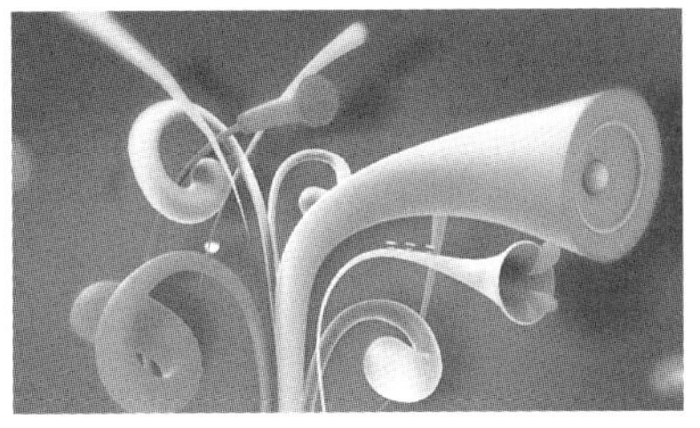

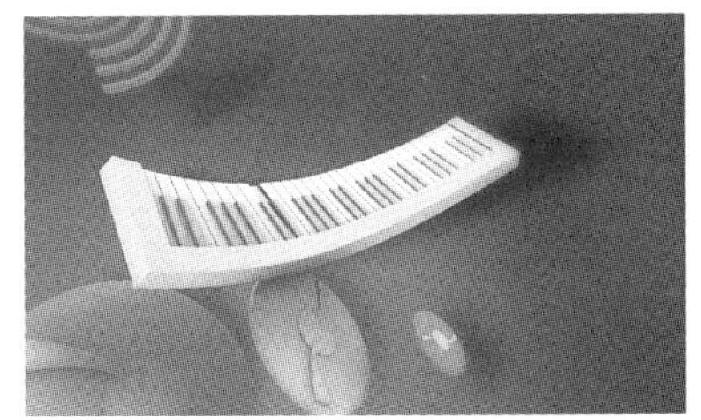

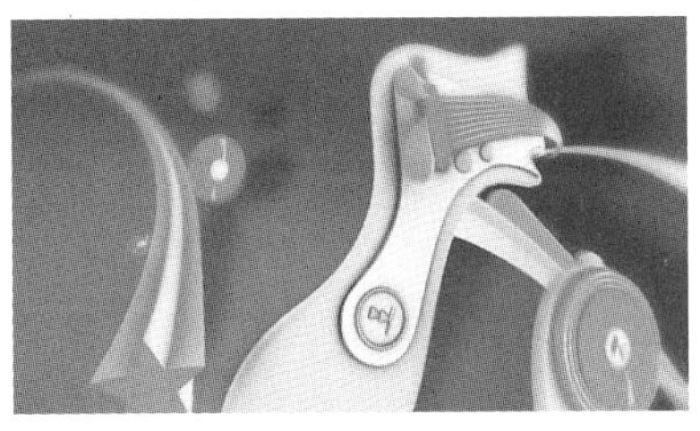

▲
Coke 和 iTunes “Free Music”

客户：Mother, 伦敦

指导：National Television

执行制片：Jareo LibitsKy

艺术执导：Chris Dooley

3D 动画：Kevin Walker, John Nguyen

随着设计师继续为独立乐队做低成本、高图片质量的视频、唱片，导演们开始注意到他们了。反过来，正版音乐导演将图形写入他们的条款中去，有时候这只是一行字："找个人在艺术家周围画些漩涡"。而在别的一些时候，我有幸和像 Chris Applebaum 这样的导演合作，他对于如何合理将真人实拍和平面 设计合在一起很感兴趣。

然后……

在此之后，唱片公司开始尝试请动画图形工作室来直接执导我们自己的音乐视频。

从另一个侧面，National Television 的合伙人的早期合作作品就是为一个叫做 Beulah 的乐队做的全动画音乐录音带。我们完全不知道我们在做什么，我们开车到旧金山，在主唱的客厅用 DV 拍了乐队演出的视频。那段视频应该会使我们出名。

看着你的分本，我有一种拼贴的感觉在作怪。你是否会把这个称之为 National Television 独有风格呢?

我觉得对于我们的分本的最大赞美是缺乏特异的风格。根据我的经验，你在解决问题的过程中越是追求特定的外观或者流行趋势，你的设计就会越快过时。我同意我们的工作有感性的成分，但我想为之辩解一下，它更像是一个幽默的口吻或是态度来定义我们的工作，使我们的分本脱颖而出。

您曾经为 Virgin Oigital, Comedy Central 和 MTV 工作过，它们都是非常流行的"年轻"公司。National Television 是否打算主攻年轻市场呢?如果是这样的话，你要如何接触到你的市场呢?

无论是年轻市场还是别的什么市场，由我们感性的一面来将市场和我们的工作联系起来。我认为客户会识别出我们工作中的幽默和机智，然后他们会明白这些特质能够如何应用到他们的产品和服务当中去。从我们所做的事转型到销售像是 MTV 或是 VH1 这样的频道对我们来说是相对简单的。令人兴奋的是当潜在用户看到了同样的作品，他们明白了如何将其用于像高档运动鞋、薯片、健康吧和长距离通话服务等的市场营销上去。在过去的几年里，我们并没有为吸引客户而很大程度上改变我们的方向，但是客户都肯定愿意尝试新的东西来吸引他们的市场。

作为一名导演，您是如何工作的呢?您是否会想象、创造和制作呢?您是否会把碎片拼在一起，来看是否会发生什么有趣的事情呢?换句话来说，这是个需要亲自动手的工作吗?

我们是个小公司，人们来到这里希望我们能通过特殊的方式来解决他们的问题。从很大程度上来说，这是我们在周围所建立的感性。这就是为什么我们每个项目的创意性都非常重要。我想因为这是我们自己的公司，我们对于工作的质量有更大的压力，有时候发现我们会在包装盒上花费很长的时间，偶尔也搬搬重物之类的。

在一些情况下，项目完全由我们三人完成（我们从剧本协作到设计到完成动画），而在其他一些情况下，如果创意需要，我们会带来设计师或是动画师来帮助我们。我们都相信要雇佣最佳的人选。其中的一点是要找到能理解我们工作态度的并且能和我们合作愉快的人。从第一天起，我们就很幸运地被很多富有才华的人包围了。

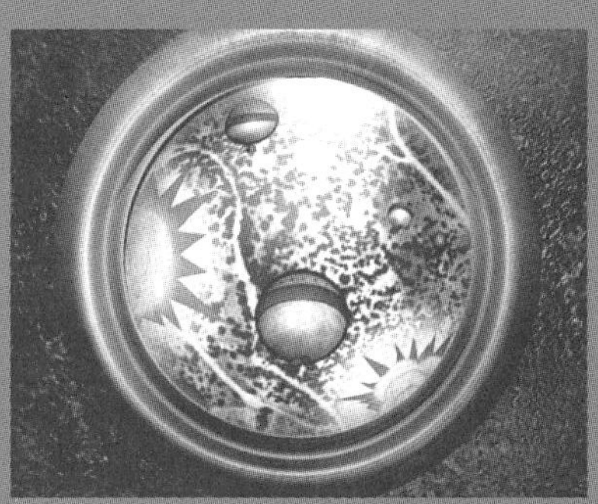

▲

G4's Late Night Peep Show

顾客：G4 Network

指导：National Television

执行制片：Jared Libitsky

艺术指导和设计：Chris Dooiey and P.J. Richardson

2D 动画：Preston Brown. Earl Burnley

3D 动画：Hamoo fm

一个传统的项目通常会满足这样的时间表：在我们从客户手上拿到了项目介绍之后，我们会有一个初步的头脑风暴，所有人会来讨论这个项目可能可行的方向。与此同时，制片人会开始制定计划和设定预算。事实上，这也是创作型过程的一部分，因为时间和经费的限制会直接影响到我们解决问题的方案。

偶尔，我们会被要求起草真人实拍和音乐录影带的条款，在这种情况下，我们会努力让我们潜在的概念方向和设计风格符合这些条款。一旦这个项目到手，我们就开始设计合适的故事板来从开头到结尾说明整个故事。与我们合作的设计师通常会在这个时间点介入设计。

如果有一个主意我们大家都非常喜欢，我们会向客户只汇报这一个方案。然而，通常情况下都不会发生这件事，一般我们会向客户汇报若干方案，然后客户会在其中选择一种，又或是在进入动画阶段之间调整其中的一些内容。我们针对客户选择的故事板来选择特定的动画团队，然后带入所有我们能带入的任何需要的资源，来获得最好的最终效果。

直到目前为之，你做过的最有挑战性的工作是什么？它是如何测试你的勇气的呢？

作为最基本的原则，最长的计划最容易将你耗尽。这个行业吸引我的其中一个原因就是周转时间快，生产时间短。除了这个行业很适应我的多动症之外，它同样让我学着去相信我自己的直觉，不要去再次猜测什么才是适合顾客的最佳方案。

就像所有其他基于客户的行业一样，另一件可以让工作变得复杂难做的事是，有一拨人需要我们让其同意我们的方案。正因为如此，我们通常在进入一个大项目的时候会询问在这个项目中，有多少审批步骤，即使只是为了在合约作废的时候保证不会因此造成工作室大面积的停工。

而对于最有挑战性这个问题，我想冠军应该是去年为 Orange 公司的品牌 New School 所做的工作。因为母公司是一家英国的广告商，而 Orange 又是一家英国的企业，我的整个团队和我需要去逆转我们的工作时间表（白天睡觉晚上工作）来得到客户的批准和举行电话会议。实在是太不健康了，但是真的很值得。

另一件事，如果所提供的产品量过大，我们的工作也会变得很困难。在这种情况下，这既是一个生产挑战也是一个设计挑战。我们最近为 Fox Sports Net 的整个职业棒球大联盟赛季完成了一个模块化的工具包。由于地区众多、潜在队伍的对决以及对本赛季受伤队员的计算，我们最后有大约接近五百个不同的元素需要在赛季开始前提供给客户。

◀ Virgin Digital "Exercise Your Music"

客户：Ground Zero

指导：National Television

制作：National Television

艺术总监和设计：Brian Won, Chris Dooley, Brumby Boylston, Ben Lee

2D 和 3D 动 画：Brumby Boylston, John Nguyen, Kevin Walker, Wonhee Lee, Camille Chu

由于 National Television 的名字里带有电视，您现在是如何定义电视的？您只为 CRT 进行生产（或是等离子电视），又或者你发现了别的选择？

我不理解为什么人们说他们不看电视。对我来说，电视比别的艺术作品都要迷人。电视需要新的攻关，因为我发现我总是在和人解释电视有多迷人。这不一定永远是商业行为，但是我相信，如果我将我余下的职业生涯都投入电视，我会很开心的。我们有针对网络专门的节目，也有专门在店内展示的动画。这是一个有趣的挑战，这就意味着，他们需要一个新的讲故事的方式。如果这是一个病毒或是一个网站运动，它们需要在被反复放映的情况下依然保持趣味性，而这正是 Virgin Digital 多项作品的成功之处。对于那些在店内展示的动画，它们得是可循环的，从结束的地方继续开始，就像 Nike "Nature"spot 一样。

我想由于我们的骄傲，我们不提供给你手机或是掌上电脑的内容。只是因为为了这么小而短暂的内容要提供实在是太大量的工作了。我们黑胶唱片的设计者如果被告知他们的作品被用于磁带或是 CD 套上，他们也会有同样的感受吧。

在为 National Television 招人的时候，您都多应聘者有哪些要求？而事实上，你需要什么样的工作？

我们最看重的，是解决问题的能力，能够以我们所不能的新角度来看待问题是关键。如果他所能做的事和我们所能做的事一样，就没有理由去雇佣他了。如果你发现你能满足客户的要求，并且你能把你的方案卖给客户，你就会发现你不愁工作。

另一个重要的一点是性格。我们是并且很有可能会一直是一个小型的精品公司，我们紧密与客户配合，彼此之间也紧密合作。如果你无法融入，或者有人不喜欢和你一起工作，那么你很有可能很快就离开了。

最后，我想最难找的品质是领导能力。有想法是个好事情，但是如果你需要大声喊别人才会听你说话，那么其实并没有人听你的。

从非常实用的观点来看，我们雇一个人是因为我们看重他的特长，如果一份工作需要大量的 3D 建模和动画，我们会建立一个动画团队。这同样适用于设计和动画的每一方面。在过去的几年中，我们所有人都发展了一个由富有才华的朋友组成的团队，我们不仅和他们一起工作，也和他们一起玩。

Nike Free ''Nature*

顾客：Nike

指导：National Television

制作：National Television

艺术指导和设计：Brian Won, Chris Dooley and Brumby Boylston

2D 和 3D 动画：Brumby Boylston, John Nguyen, Robin Roepstorff

MTV 之前，动画之后

采访 Graham Elliott, Optic Nerve, Inc., 布鲁克林，纽约

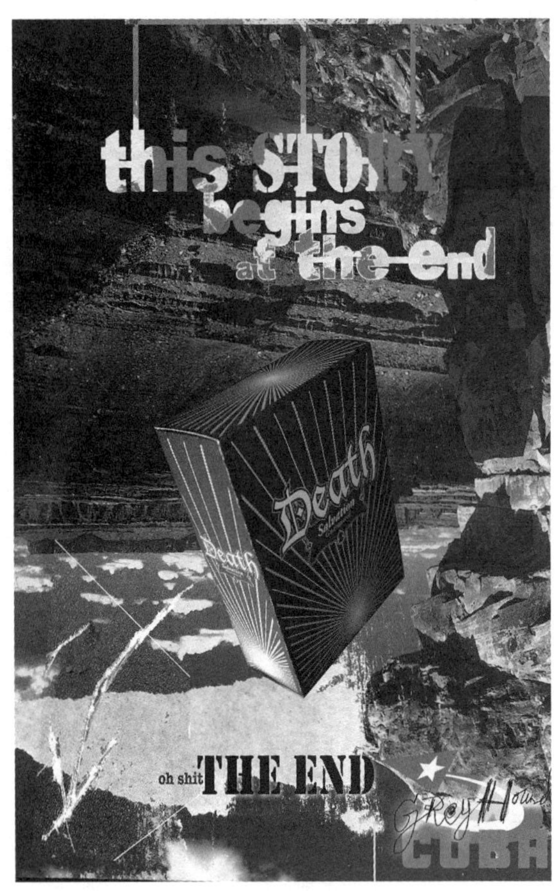

▲
Greyhound to Cuba Poster

时间：2006 年

客户：Optic Nerve Productions

设计师，插画师，摄影师：Graham Llliolt

软件：Photoshop,Illustrator

您是如何成为音乐视频和短片导演的？您在这之前是个设计师吗？

我是皇家艺术学院毕业的，我有一个插画专业的硕士学位。我当时在 Mac 之前的那个十六位的 Artron 电脑上做迷幻拼贴画，这在伦敦应该是第一个。Vernon Reid，摇滚乐队 Living Colour 的负责人，让我帮他的专辑做封套。在纠缠着他做音乐视频之后，我生平第一次执导了"Glamour Boys"的视频。

您的工作是大量的元素拼贴和快速剪辑。这种风格是如何发展而来的呢？

我是在 MTV 出现之前，所以我怪不了那个。在干了一阵插画工作和太多的对于单张图片的调整之后，我觉得到达了一个临界点，于是我转换了风格，走了另外一条路。

您是在讲故事还是在提供感觉呢？

我现在想变得更叙事一点，讲故事让我很兴奋。我一直想成为一个单人喜剧演员，所以让工作更幽默很对我的胃口。我知道我之前的作品太注重视觉效果了。

你的风格是对当前技术背景的反应吗？还是你自己本身就是这样的风格？

我并不认为我的风格被现有的新技术影响了，我的大部分作品一开始就相当有机。但是移动图像的民主化制作变成了无比强大和令

www.opticnerveny.com ▶

时间：2007 年

客户：Optic Nerve Production

设计师，插画师，摄影师：Graham Elliott

软件：Illustrator, Painter, Photoshop. Flash 8, Alter Effects, Cinema 4d. Maya/Final cut Pro/Poser

人兴奋的事件。我刚完成了我的第一部电影，基本上所有的事情我都能在 MAC 上完成。编辑、录制画外音，制作音乐，制作片头和片尾，然后是作者互动 DVD，设计和打印封面，最后是制作完成求职信!

您在您的个人网站上说您正在为年轻人制作动画，您怎么知道那个年龄段的人想要什么呢?

我在视觉艺术学院（School of Visual Arts）教授音乐视频。我的学生是我最难缠的评论家，他们还没有学会说废话，也不害怕会和我断绝关系。我给他看我的作品，如果我在他们面前自视高人一等，他们会直接告诉我。

您已经精通广告短片，音乐视频等。您最近的电影 Greyhoundn to Cuba 保持了您一贯的风格，是一个较长的电影。除了长度之外，这部电影与您别的作品有什么区别呢?

这个项目给了我机会来讲述一个耐人寻味的故事。这是一个我自己发起的项目，所以我必须学着去剪辑。仅仅是把 54 小时的视频文件，剪辑为 90 分钟的电影就是一个极大的挑战，它需要一种全新的工作方式。我需要建立一个纪录系统来跟踪所有的媒体文件，同时确保我的大脑依然在进行创意活动。这件事我酝酿了六年，最后花了九个月剪辑。一般来说，如果一件事拖的时间过长，我就会觉得很无聊，但我知道我必须把这件事完成。这件作品的长度和没有客户可以对作品给出修改意见是最主要的区别。

如果一个新手需要制作一部关于年轻人的电影，他需要了解什么呢？他们需要追寻大众吗？还是寻找他们自己的方法和风格?

虽然我进行了小组讨论和过多的研究，我的确认为你需要走出去了解到底外面都发生了什么。我为 Nike 做了一些调查，我和一些滑板爱好者混在一起一段时间，我意识到他们感兴趣一些我完全不了解的东西。■

抽象数据调节者

采访 Twenty2product 工作室主管 Terry Green，旧金山

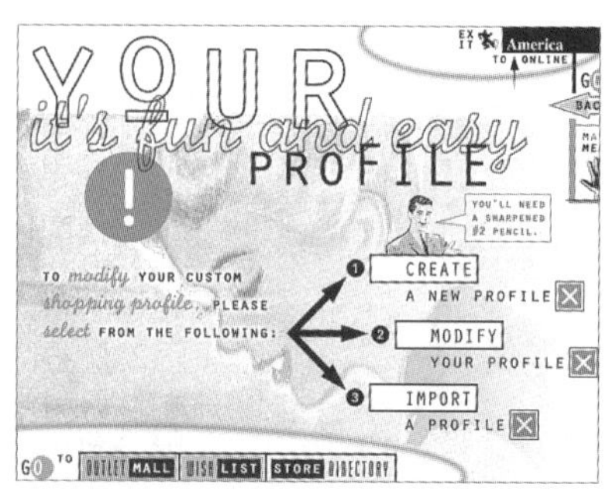

AOL Market Place

客户：Colosswal Pictures for America Online

时间：1995 年 4 月

设 计 师：Terry Green 和 Non-Zso Tolson (Trventy2product)

插 画：Eric Donelan 和 Bob Aufuldish (Big Cheese and Zertguvt fonts)

软件：Adobe Photoshop 和 Illustrator

您的一些作品给人非常抽象的感觉。各种颜色和形式的叠加形成了动态的图样，而其他工作就是接单直接的衔接（就像您为 Tivo 所做的工作）。您是如何平衡这两者之间的关系的呢？在您解决关于数字化的问题时，什么是决定的关键呢？

客户决定了我们作品的本质，我们从不假定客户的业务，我们会比他们了解得更多。试图进入到客户的世界，用他们的语言和思维来讨论问题是一件很有趣的事情，然后试着借用我们的能力来让我们变成他们如何被世界所理解的沟通者（翻译器？）。这个过程发生在每个项目里。

我们热爱制作图像的过程，我们的工作基本上就是在现有的沟通案例中提取出成功的部分，然后试着解释为什么这是成功的，弄清楚那些具体的做法是如何让沟通者与被沟通者都得到满足感的。

我们可以很自信地说，对于任何设计问题而言，并不会有一个统一的解决方案。所以我们一般会给客户介绍多种方案，然后仔细聆听客户解释为何有些对于他们是有用的，有些是无用的。

当您设计一些交互项目的时候，您是以美学作为出发点开始设计，还是在一开始就确定了网站的设计目标呢？

客户通常会有一些清晰的目标，但是作为顾问，我们收取服务费来给出建议重新定义目标方向，如果有必要的话，我们会增加网站的功能。我们期待访问网站的人能得到一个令人难忘的体验，但是我们的目标是能够满足人们最初选择进入这个网站的期待。最终的结果可能会看起来像是一张海报，但它的确是像软件一样，是一个工具。

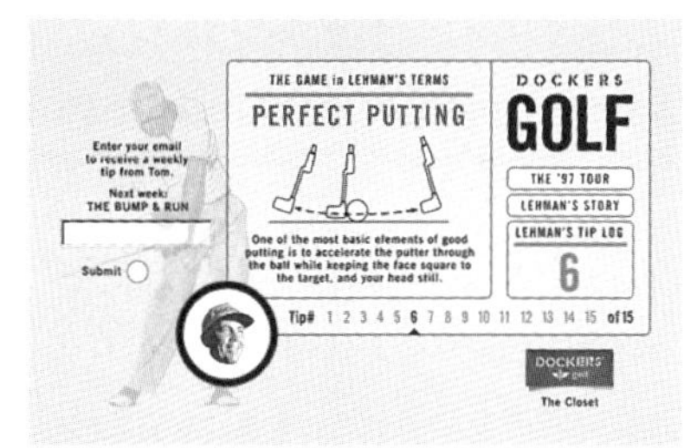

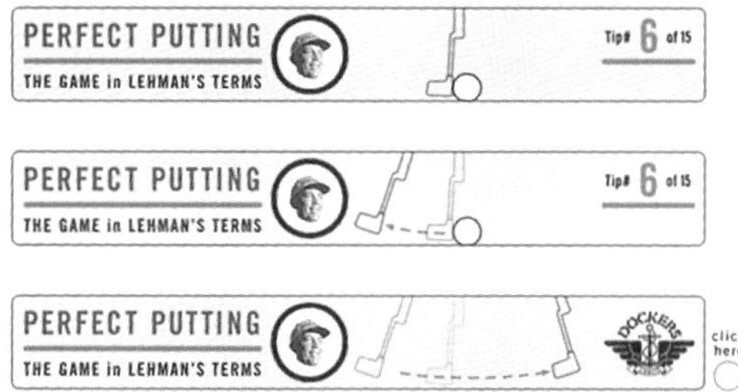

◄ Dockers Golf

客户：Phoenix Pop Productions for True North/ Levi Strauss

时间：1997 年 4 月

设计：Terry Green 和 Nori-Zso Tolson (Twenty2product)

软件：Adobe Photoshop 和 Illustrator

您所做的事里，有多少是有您期待传达的信息的本质所决定的？例如，你为 Fox Sports Net 旧金山的马拉松做的数据图示，可视化组建是否完全基于事件的性质？

我想主要是基于访问者的期待吧；对于如何在体育赛事中报道统计数据，访问者有一些特殊的期待，而且当这些图示占据屏幕的时候，就会缩短实际观看比赛的时间。这就是为什么这些图示通常都会尽可能小地缩在屏幕的一个角落，就像你在游戏里看到的那样。

除了这些传统的显示数据的方法之外，设计师不停地在调整系统优化（调节器），而且对我们来说，我们喜欢这种可视化图形带来的挑战。我们的确会注意客户／广播公司的目标是将这些快速而易于被理解的关系在比赛中呈现出来，允许人们能快速把注意力转回到比赛中来，这会让我们在工作中保持冷静，并让我们的客户满意。

在为网站做设计的过程中，您是太以图像为基础又或是过于考虑美学呢？

当然啦，这就是为什么网页设计学科现在被分成视觉和交互设计两个方向的原因了。我们公司在学科分方向之前就这么做了，我们对于正常／自然的信息流的感觉来自满足观众不断变化的期望的渴望，将他们的注意力导向图形和动画。动态图片和交互项目也有形似的目的。

美国在线（America Online）的购物应用似乎因为有太多的选项，弄的用户很困惑。您如何界定密集度和复杂性呢？

是的，那真是一片混乱啊，真难以想象用户界面（UI）看着就像旧货市场一样。有时候，这种复杂的形式才是交流的方式，而不是那些单独的构建。不过我其实在这些细节上很懒。我们一段时间之前做过那些。我的确记得我们讨论过 Sergio Arigones 做的《*MAD*》杂志的页边空白的图案设计，大家都同意可以有一些有意思的东西在那里，而这些有意思的东西也不一定要和页面内容相关。

当来自 Levi 的 Dockers 的人邀请您设计一个网站的时候，他们对于想要什么是否有一个清晰的答案呢？还是您提出的这个幽默的高尔夫主题？换句话说，您有多少的设计自由度呢？

我们的目标是将信息传达到一些特殊目标客户群中去，那些刚准备进入承担成年人的责任的人。我们期待能够帮助他们建立一个事业成功、成家立业、担负得起房贷的形象。Dockers 已经当我们刚开始出设计概念的时候，总是有大量的许可。在方向定位了之后，限制就逐渐多了起来，所有的组建都必须相互关联。大多数企业都意识到，它们需要一个企业网站，这对我们来说可是件好事，这就意味着我们的工作更多了！

委托他们的代理公司来写一本关于生活方式的书，并与一名职业高尔夫球员签下了代言协议。他们认为高尔夫和别的相比会更适合这个品牌，大家都爱老虎伍兹。高尔夫时装适合多种场合，而且能增强个人的休闲形象。

我们可以自由地去理解这一切，然后找到一个适当而巧妙的方式来进行视觉处理，为竞标赛期间出现的 16 个高尔夫提示标语设计动画，以及一个可以让你扫描之前放出的高尔夫提示标语的网站。

我们同样为网站另一个回答关于生活方式的问题的板块工作，例如什么样的酒搭配鱼比较合适之类的问题。我记得这个项目我们做得很快，因为是别人分包给我们的项目，钱并不多。

现在绝大多数的大公司都在网站组建设计，您是否觉得这样一来许可更多了还是更少了呢？这一行的新鲜感是否还在呢？

当我们刚开始出设计概念的时候，总是有大量的许可。在方向定位了之后，限制就逐渐多了起来，所有的组建都必须相互关联。

大多数企业都意识到它们需要一个企业网站，这对我们来说可是件好事，这就意味着我们的工作更多了！

当您在为 Twenty2 招聘新人的时候，您都会注意什么？您希望设计经验还是软件能力呢？

我的合作伙伴 Nori 和我两人都希望能够把我们公司保持为一个两人的工作室，而我们也希望将我们的工作重点一直保持在为互动项目制作动态图形和视觉设计上。当我们寻找合作关系的时候，总是关注那些和工程、生产相关的工作。■

从印刷品的角度开始

采访 OPEN 负责人 Scott Stowetl, 纽约

您从印刷品开始起家，至今您还保留一部分的印刷品业务份额。您为什么会换到动画这个行业来呢?

对我而言，这并不是一个转换。作为设计师，我们一直在处理不同的设计限制条件。动画项目就像编辑性的、环境化的、交互性的工作一样，只是加入了新的限制条件而已。我的确喜欢去做我不知道如何完成的项目，所以这是其中一个原因。但是我认为，对于每一个项目，我们的完成方式都是类似的。我们思考所要传达的信息是什么，以及我们如何传达这个信息，然后是我们要传达给谁。

对于您来说，将静态的页面转换为基于时间的媒体（在这里，故事线是跨越时间和空间的主要元素）是否是很难的一件事呢?

我认为页面是基于时间的媒体，故事线也同样是一个主要因素。书籍的设计和故事板的设计之间也有很多相似之处，他们都关于常量和变量。在我们的工作中，我们经常从印刷品的角度开始。每一页（或是每一帧）都应该作为一个整体来工作。而讲故事在我们的任何项目中都是最重要的部分。

您是否需要去学一些新的技巧来完成这样的改变呢?

我想我必须得处理的、最重要的事就是工作流程不停在变化。当我们在M&Co（一个 20 世纪 90 年代纽约的新锐设计公司）做广告节目的时候，我们用了故事板和字体集，然后去编辑站接着工作。这些年过去了，变成了和动画公司合作，然后是在屋里和自由职业的动画师合作，而现在，大多数的动画师都在家工作。如今，设计师和动画师之间的界限已经不存在了。

您的印刷品和动画项目之间是否有自然和坚持如一的桥梁呢?

我为我们在动画作品中的排版设计能力而感到骄傲。作为一个把自己当作排版师的人来说，我想对于在每一个媒体环境下都严格要求自己是很重要的。所以我们在屏幕中所用的字体与我们印刷品中设计的字体是一样精致的。在有些情况下，我觉得我们似乎能做到将排版引入到三维或是四维中去。

对于一些人来说，转型是很困难的。思考屏幕上的字体和图像是否是你的第二天性了呢?

不是的。总有一些关于动画的工作是略伤脑筋的。对于印刷品而言，这些元素是静止不动的，这里有图像，那里有文字，剩下的交由印刷本身来解决。但是在屏幕上，总有新的东西需要你去考虑，除了设计之外，还有音效、音乐、真人实景和剪辑以及所有与之带来的新的技术。

对于您来说，被您带上屏幕的故事里，哪个是最具有挑战性的呢?

对于我来说，对于一个设计师的基本要求一直都没有变，甚至在特殊的技能列表每 一天都在变化和扩展的情况下。

▲
BRAVO Network 重新设计

客户：Bravo

时间：2004~2005 年

设 计 师：Susan Barber, Rob Dileso, Gary Fogelson, William Morrisey, Scott Stowell, Corinne Vizzacchero

软件：After Effecte, Final Cut Pro, Illustratro, Indesign, Photoshop

我们曾经做过两类动画设计：那些以帧的形式而为内容存在的（例如，节目包装和网络重新设计）以及那些只有内容的（例如短片和视频）。在第一类里，我觉得为 PBS 的 Art:21 做的包装是最有成就感的。我们需要去开发一个概念，既抽象又有意义，但又是能发展的，它至今已经八年了。

而在第二个大类中，就数为 Jazz at Lincoln Center Hall of Fame 的新人制作的视频了。我们最初的计划是为“那些憎恨爵士乐的人”制作一个视频，然后把他们转化为乐迷。然而这两个项目中都有一个共同的挑战，那就是需要和特定的人群对话（艺术爱好者，爵士迷），但与此同时，还得同时深入到主流观众中去。所以，一切都得同时为业内和业外人士理解。

您现在是否定义您自己是一个平面设计师？又或是您对您的头衔有别的想法？

我通常就说我是个设计师，但我会为自己是个平面设计师而骄傲。一个专业术语可以包含新的工作类型，新的媒体，为什么要变呢？

当您寻找新的设计师和实习生的时候，您希望招到什么样的人？他们是否得是个基于时间思考的精明的动画师，还是他们必须是个好的设计师？

如果能找到对于动画有设计经验的人自然最好，就像如果什么人刚好是个摄影师或者会画画，会写文案什么的，这都是一样的。但是好的设计师就是好的设计师。

在数码世界里，什么是好的设计师？

对于我来说，对于一个设计师的基本要求一直都没有变，甚至在特殊的技能列表每一天都在变化和扩展的情况下。你必须有一颗保持开放的心态，知道如何介绍你的概念，对细节很认真。当然，你还得对随时发生的意外情况要有心理准备，无论是什么样的意外。■

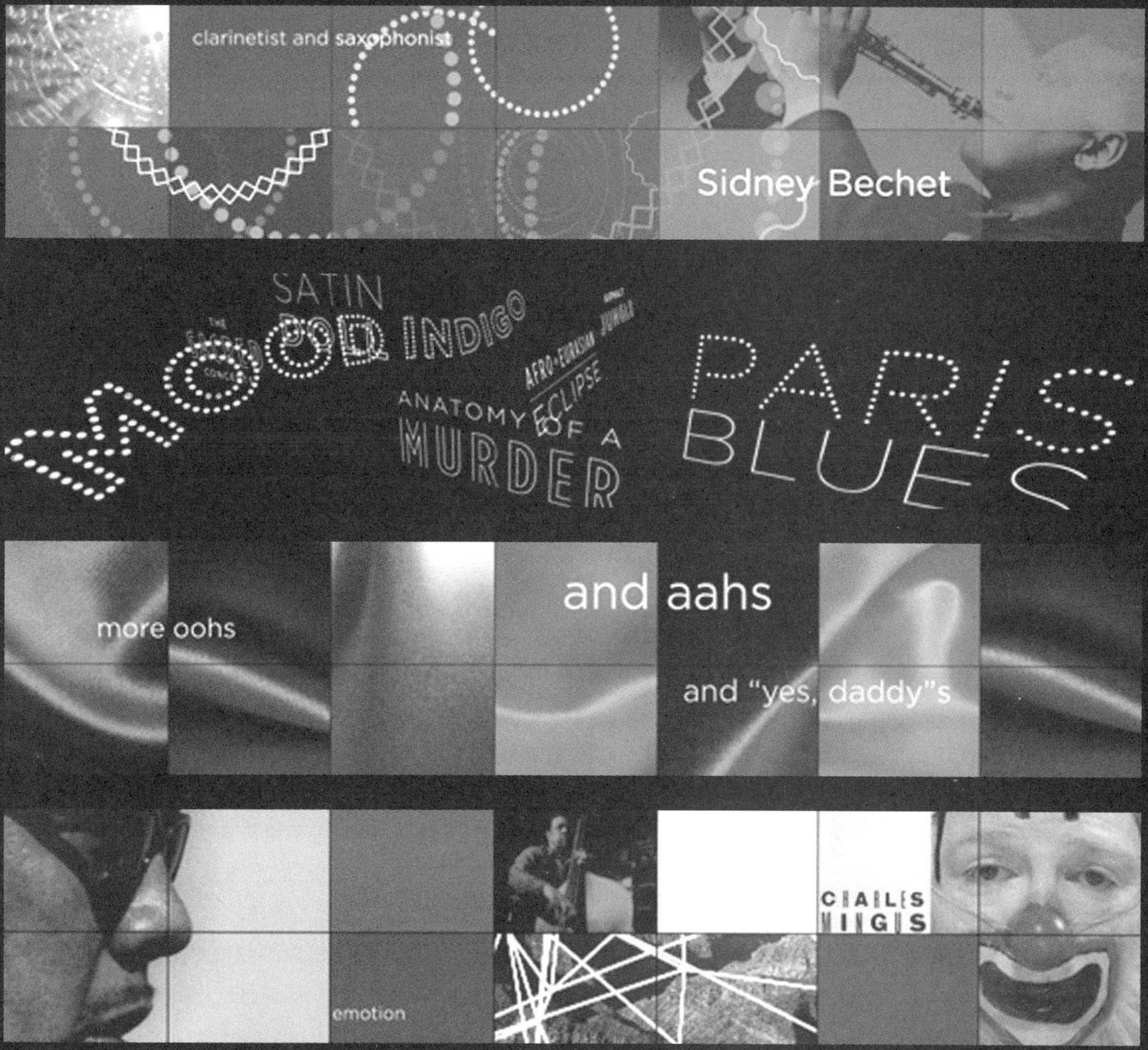

▲ **Ertegun Jazz Hall of Fame 新人视频 2004 年和 2005 年**

客户： Jazz at Lincoln Center

时间： 2004~2005 年

设计师： Susan Barber, Cara Brower, Bob Di Ieso, Gary Fogelson, Scott Stowell

编程： After Effects, Final Cut Pro, Illustrator, InDesign, Photoshop

动画的黄金时代

采访 Fred Seibert, Frederator 主席，纽约

Ren、Stimpy、Beavis、Butthead 在 20 世纪 90 年代曾有一段动画的黄金时期。我们是否还处于这个黄金时期呢？

我想我可以把这个时代称之为“白银时代”。这让我很难相信，虽然我们处于创作力旺盛的年代，但没有什么能和当年的 *Looney Tunes*，*Tom and Jerry*，*Felix*，*Donald Duck*，*Pinocchio* 这些相比。

这是一个惊人的十五年，而且也看不到尽头。原创动画片还在上升期。开始是 *The Simpsons*，接着是 *R&S*，*B&B*，然后是 *Rugrats*.*South Park*，*Dexter's Laboratory*，*The Powerpuff Girls*，*Cow and Chicken*，*Johnny Bravo*。而在刚刚过去的四年里，*The Fairly Oddparents*，*Jimmy Neutron*，以及第一个这个年龄的巨星，现代版的 *Bugs Bunny*，*SpongeBob*，以及 *My Life as a Teenage Robot*，*ChalkZone* 和 *The Grim Adventures of Billy and Mandy*. 许多人会觉得我小心眼，如果我忽略了《玩具总动员》(*Toy Story*) 和《海底总动员》(*Finding Nemo*)。

电视业务在 20 世纪 80 年代发生了巨大的变化，它在 20 世纪 90 年代趋于成熟，而这种成熟使得动画作为商业艺术形式得以复兴。1983 年，在美国，平均每户居民拥有四个频道，到了 1988 年，同样的家庭拥有了 27 个频道（而更多的家庭会有 50 个甚至更多的频道）。推出受大众欢迎的节目的巨大竞争压力催生了电视网络的出现，之后更多的电视网络随之出现，传统的电视台就像罗马被烧毁一样，再也没有了当日的元气。

事实上，观看那些更有趣的电视台的观众数量是否在增加呢？

广播公司依然拥有最大的客户群，赚着更多的钱，所以，人们嘲笑那些他们认为是暴发户的业余制作的节目。传统网络所分担的观众的流失量可以说是可以忽略不计的。与此同时，基于有线电视的网络正在学习新的商业节目技巧，省下他们的钱，参与到节目制作的经费大战中。他们意识到，抛弃传统的网络费用观念进行创新才是吸引观众的好办法。

总而言之，创意被打压的社区的野心在这个我们依然感到创意在不断爆发的今天，遇到了以有线电视为核心的资本。

©2007，Channel Frederator

对于电视和电影的标准似乎被越推越高，儿童票价看上去更为冒险。这是否意味着具有挑战性的动画片具有很大的市场？

无论别人怎么想，观众可不傻。在 Hanna-Barbera 的《*The Snorks*》和 Hanna-Barbera 的《*Dexter's Laboratory*》之间，他们看的出来哪部才是好的喜剧片。

话虽这么说，我也不敢确认，在有了电缆之后，我们的市场是否变大了。人口稍微增加了一些，而他们每周依然看着同样数量的电视节目。但是看看竞争环境。天啊！平均有超过一百家频道在竞争你的电视时间。在过去，一家电视台期待着能分到 30% 的市场占有率，现在他们能得到 5% 就很高兴了（有线电视得到 1% 或者 2%！）。结果就是，每一个节目和每一个频道之间争斗越来越厉害，他们需要用每一个角色和故事进行竞争。

1980 年以前，观众没有选择的权力，如果你想要看卡通，那么看一个不怎样的卡通总比什么都没得看强些。如今观众一定满意了，他们可以观看别的节目，看个 DVD，或者上网找别的卡通看看。

恁一直走在动画的前沿，您是如何发现您的这份天赋的？

这不就是那个神奇的问题吗？十年以前，我还不需要看那么远。在动画界的战壕里，上百名训练有素的动画师拼命在制作《*Yo Yogi!*》（一名叫做 Yogi 的少年熊在商场里的冒险）或是 *Fish Police*。这些人经历了残酷的专业训练，却依然在死亡线上挣扎，希望能够救活这个行业。我们放出话——来我们需要动画师加入我们（有大概 40 年的时间，这些具有创造性的人才只是管理者实现他们想法的工具而已）。有超过五千个动画作品竞争我们的第一组 48 部短片。数十个世界一流的竞争正在准备中。

如今，我们的网络无处不在，因为我们的竞争激烈，我们挖出了最有用的才华。那些拥有卡通中心的美国城市和其他一些国际城市几乎没有不参与进来的。我们正忙于建立世界各地的开发中心。

黄金时代的艺术家是如何获得成功的？对于今天的学生来说，他们是否有更多的机遇呢？

正如你想象的那样，有很多相似之处，但也有太多的差异摆在黄金时代与今天之间。

©2007，Channel Frederator

在 20 世纪前半叶，对于动画行业来说，这是个狗吃狗的世界，虽然其真的是无辜的。许多艺术家进入这个行业，因为用人的需求实在是太旺盛了（基本都是男性，而且是白人男性），比起别的漫画的出路来说。但并没有什么正规的培训，所以他们得找到一个愿意教他们的工作室，教会他们这种新艺术形式的雏形（事实上，有时候他得发明这些步骤）。他得弄明白如何去绘画、制作动画，当然啦，还得明白如何来讲故事，一个有趣的故事，让他的人物角色比别的竞争对手的更吸引人。

My Life as a Teenage Robot

创作：Rob Renzetli

艺术总监：Alex Kirwan 和 Rob Renzetti

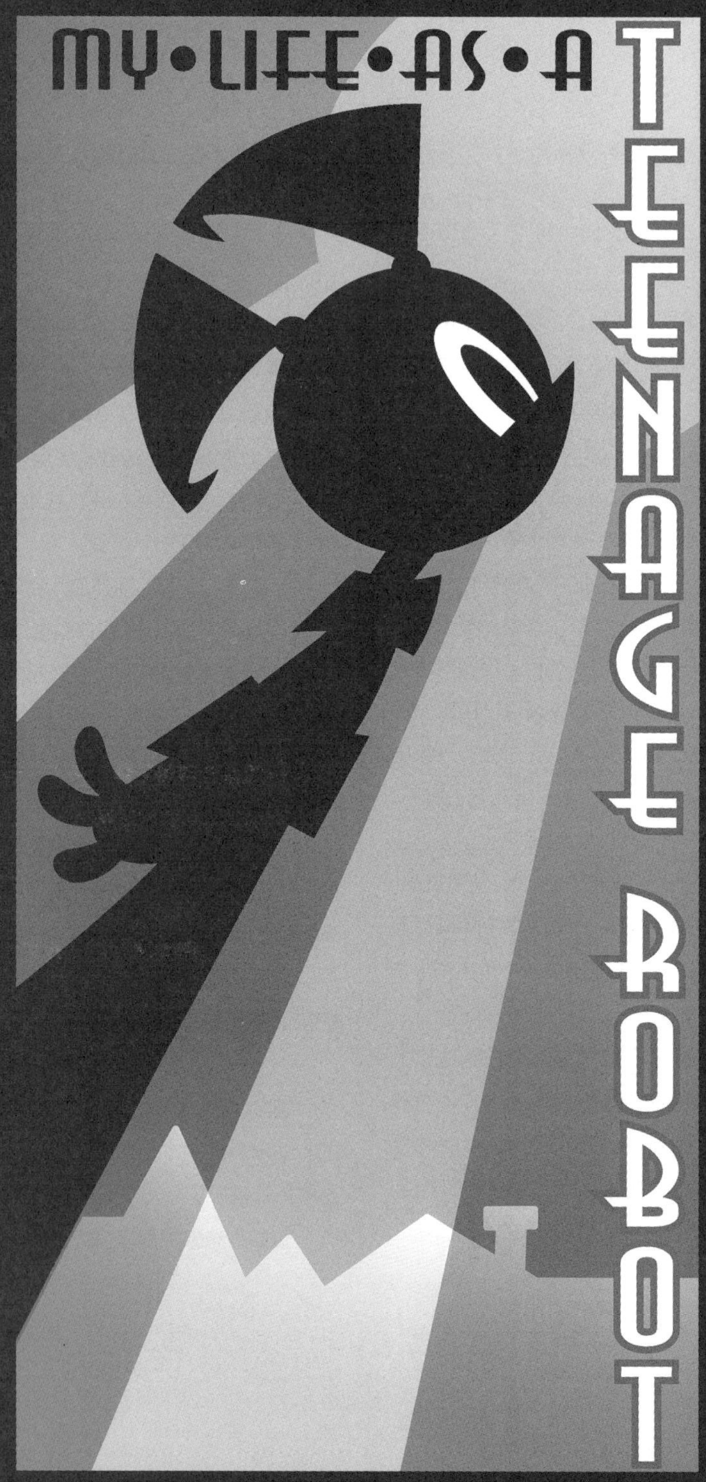

直到20世纪40年代，依然没有一个地理中心。纽约和加州有最好的工作室，芝加哥和迈阿密也还不错。雇佣关系是基于人和人之间的关系的。通常是儿时的伙伴或是曾在入门级的工作室一起学习过。有时候，一个艺术家朋友会把一个完全没有被训练过的人拽进来，帮助他成为一个写故事的人，或是成为一个制片主任。另外，动画片的各个组成部分都是现场制作的，所以有足够的空间来训练助理动画师、模型师和布景师又或是想要拿到导演金戒指的动画师。

The Fairly Odd Parents

创作和设计：Butch Hartman, ©2007, Channel Frederator

与过去的学徒制度相比，今天的学校扮演了什么样的角色？

现在有学校可以进行一些基础的训练，有一些工作室也会利用他们手上那些稀缺的资源来培养人才。虽然我们大部分的创意活动都是在工作室进行的，排版和动画经常都会外包，所以对于艺术家而言，机会更少了。而我们也期望哪怕是入门级的动画师也具有基本的技巧。

但是市场比原来更开放了，什么人都可以加入进来。虽然这依然还是个白人男性的天下，但是走进任何主要的工作室，你都能看到男性和女性，非裔，拉丁裔，亚洲人，非洲人。

如果有学生一心想成为一个卡通创造者，有什么他必须具备的素质吗？如果只拥有技巧够吗？

你知道的，无论何时，对于卡通来说，成功的要素都是相似的：

才华：你必须具有“才华”。我会让生物学家和心理学家解释“才华”到底是什么。

技巧：动画是讲求严格的，商业动画就更严格了。如果你不会画，那么你就玩不了这个游戏。而如何你不会画，讲故事或者导演对你来说就更难了。

野心：对于一个伟大的创造者来说这是最无常、最容易忽略和最容易被误解的元素。那些想要做到商业成功的人，为他的或是她的电影带来了额外的魅力。试图吸引观众，与他们的期望、梦想和他们的幽默交谈，是这个现代世界的魔术。我一直很欣赏披头士乐队，因为他们创造了巨大的艺术财富，但他们并没有渴望聚敛大量的财富。伟大的卡通应该被这样的艺术追求所驱动。

对于如今还在学习卡通和动画的孩子来说，他们会有一个什么样的未来？

他们可以拥有他们想要的任何未来。■

第八章　游戏设计

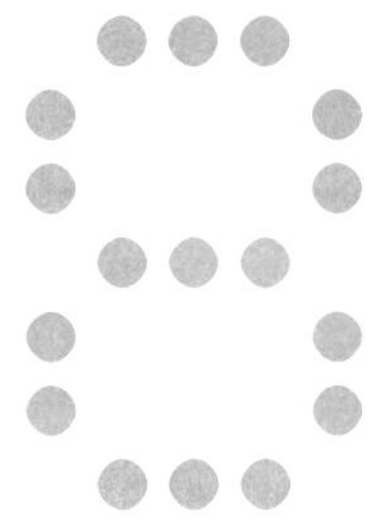

有许多理由会让我们爱上游戏。数码游戏产业的收入已经超过了电影产业。不仅仅是因为游戏比电影更好赚钱[1]，而是因为游戏提供给设计师一个得到金冠的机会：游戏可以将动画设计、交互设计、产品设计整合进同一个产品，而你可以在游戏里把这些设计一把炸掉！

除了游戏设计好赚钱之外，这也还是一个相对较新的行业，对于设计新手（可能例如正在看这本书的你），看起来很有成为这个逐渐壮大的行业的明日之星的可能。

如果你想要在游戏设计行业发展，你需要一些特殊的技巧。具体来说，你需要知道如何去用动画和 3D 建模工具，例如 Maya 和 3DS MAX。但是同样重要的，你需要有创建别人愿意参与的角色和故事的能力。

那么，是什么让游戏那么有趣呢？你是否能对此问题给出一个有趣的答案是你职业成功与否的关键。尽管可能存在无数种答案，对于如何制作一个好的游戏，还是有些通用的原则的。例如，让一个游戏变得有趣，得让人想在游戏中赢。必须有一个让游戏玩家去争取的目标。在《吃豆人》（PacMan）这个游戏中，目标是吞噬各种点，同时小心不要被鬼攻击，而对于大多数游戏，绝大多数的目标就是存活下来，但是如何存活下来则有各种各样的方法。但对于像是《模拟人生》（Sims）或是《第二人生》（Second Life）这样的游戏来说，就不仅仅是生存的问题了，这里的目标是如何以独特的风格来创建一个正常运作的城市，或是和火辣的队友一起积累财富和得分。另外一个原则是，游戏需要越变越难，不然的话，一旦玩家逐渐适应了游戏的玩法，他们就会对这个游戏失去兴趣，电子游戏往往都有进阶的级别。有时候，像《德州扑克》（Texas Hold 'Em）游戏变得越来越难并

1　http://www.synopsys.com/news/pubs/compiler/artllead-no kia-julo3. html

不是因为游戏本身变难，而是因为你的对手变强了。我们的目标是学着比别人算牌快。

所以，如果你感兴趣进入游戏设计行业，时刻在身边带一本笔记本，你可以随时写下关于游戏的灵感，然后让其他人也一起参与进来。没有什么比和真实的人一起工作更能让你更快地理解游戏设计的原理了：你会很快发现，他们的行为很少会和你预料的一样或是和你期待的一样，但这就是游戏的一部分。试试这个挑战：如果你能让一群八岁的孩子积极参与这个游戏超过半个小时，你不仅帮了他们父母一个大忙，你也许还为自己发现了一个新职业。■

Parappa on PSP ▸

时间：2006 年

世界和角色设计：Rodney Alan Greenblat

原始游戏概念：Masaya Matsuura

照片：©2007 Sony Computer Entertainment, ©2007 RG/IP

设计奇思妙想

采访 Rodney Alan Greenblat, Rodneyfun.com 创建者，纽约

您是第一个为电脑设计游戏的设计师/艺术家。您的游戏是疯狂 Greenblat 角色和数字游乐园的世界，就像 Dazzeloids 和 Parappa the Rapper。我好久没看到他们了，最近发生了什么呢？

2003 年，我决定退出角色设计和数码媒体行业。在 Parappa 2 快要收尾的时候，这是第二个续集，我觉得我受尽煎熬，想要回到我一个人待在工作室、独自创作的状态中去，做我自己想做的作品，无论他们是什么。

这是一个艰难的决定，但是我能感到 Parappa 和他的朋友们发展势头趋缓。我试着努力推动索尼和其他一些牵扯到这件事的公司的努力，来发展和扩大经营，但这变得越来越不可能。一切都在改变，而在日本的流行文化里，一切都变得非常快。我在我依然出名的时候离开了这个行业，我依然被我的粉丝们爱戴着。

自从互联网泡沫破裂后所发生的这一切，我们进入了 Web2.0 的时代，从您进入这个行业起，大环境改变了多少呢？这些变化与你的预期有何不同？

我们从来没想到互联网会变得这么强大。现在电脑基本是当作上网工具售出的。对于网络会变成另类群体和一些真正古怪的人的惊人社区的判断，我是对的，但是我绝没有猜到这个社区居然变得如此之大！

我想在 20 世纪 90 年代，我和朋友们对网络的形容不过是它将成为书本和电视的结合体。对我而言，eBay 完全改写了网络的定义。我认识到，书本或电视所能包含的概念只是网络很小的一部分而已，而真正的力量则是海量的用户，eBay 那样的资料库对于网络环境来说是固有的存在。

作为艺术／玩具行业的先驱，我希望别的艺术家可以从我这学到些什么，或者超越我的成就。

您最近的工作似乎是大型油画。虽然这么多艺术家转向了数字化设计，为什么您转回了布面丙烯画呢？

我非常怀念那些实体的画图工具和在工作室里手工绘画的感觉。计算机绘图非常灵活，但是基本上，这就意味着坐在椅子上一坐就是几个小时。我怀念满身尘土各种颜料然后不停走动的感觉。我喜欢木工活和制作陶瓷，然后上漆。

计算机给不了我这种快乐。面对一张硕大无比的空白画布或是制作一个巨大的雕塑都是难以置信的巨大挑战。数码多媒体在我现在这个阶段无法带给我这种物理的体验。

我知道您并没有真的离开网络这一行。您有一个充满了玩具、动画和艺术品的网站 http//www.whimsyload,com/。您希望您网站的浏览者从这个网站都能得到怎样的信息呢？

Whimsyload.com 是一个人们了解我的作品和我的最新工作动态的地方。人们同样可以在这个网站买到我从日本带回来的一些罕见的商品，以及别的一些印刷品、明信片，还有一些我挑选的原创作品。我一直在努力更新网站的数据库，使得人们可以在网站上看到我最新的艺术作品。我的一些 20 世纪 80 年代的作品还没有在网站中上线，但是我正在努力更新中。

您制作了一些原始的类似素描刻蚀风格的动画，如《Grin Tree》。创作这些作品的目的是什么呢？这是委托作品吗？或者您只是还不想完全离开数码设计这一行业？

我还没有把它们加入到网站中，但是我的确很喜欢它们。我最初创作它们是为了自我娱乐，同时为我的网站增加一些原创内容。我也想制作一些抽象的动画作品，不过我不知道我什么时候才有时间来做这件事。我还是想继续做点关于数码的事儿。这听上去的确很不错。

对我来说很有意思的一点是，您在早期和 20 世纪 90 年代中期的设计风格被用于制作乙烯和塑料玩具。您是否同意这种评价呢？

我并不觉得我的作品正被年轻设计师和艺术家所使用。作为艺术、玩具行业的先驱，我希望别的艺术家可以从我这学到些什么，或者超越我的成就。更多的艺术家和设计师能够受我的作品启发，我能增长自己的业务能力。我认为这种能量能够让我持续进行创作，这正是我希望能做的事。

即使您不这么觉得，对我来说，您影响了日本的玩具爱好者。嘿，他们创造了一个叫做 Rodneyfun.com 的网站，关于“Rodney 的所有事”？

Rodneyfun.com 是被我在日本的代表机构所创建的。这是为我在日本的爱好者所建的展示我的作品和个人的网站。

您是否熟悉 Jim Flora 的作品呢？您的很多可爱又怪异的动物形象创作会让我想到他的尖锐的、蠢蠢的插画。

Rodneypod

Date: 2006

Small wooded constructed sculpture that contains an iPod and battery powered amplifier. This work will supply original music for an upcoming exhibition. It will be part of a series of small metaphysical appliances and shrines.

Photo: ©2006 Rodney Alan Greenblat

▲

Dazzeloids

时间：1994 年

客户：Voyager

设计师：Rodney Alan Greenbtat Jenny Horn

致谢：编程：David 和 erson

软　件：Director，Freehand，Photoshop，Studio Vision(sound)

©1997 Rodney Alan Greentiat

是的，我觉得他的作品相当不错，我觉得也有这种可能性，他的作品是受我的一些作品启发，但我不知道这是否是真的，但它的确增加了我的业能。

您是否打算在数字化作品上花费更多的精力呢，或者您希望在这之间取得一些平衡？

虽然我现在更关注油画和雕塑，但我期望能将数字化的魔力加入这些作品中。我最近在创作一些盒子形状的雕塑，盒子有一个秘密的门，里面藏着一个 iPod Shuffle 和一个由电池供电的放大器和扬声器。这个雕塑将同时播放一些我一直在创作和录制的非常古怪的电子极简音乐。音乐里含有长长短短的空白间隔，当三到四个雕塑一起随机播放音乐，它会创造一种我所期待的那种卡通的、抽象的现代派神社气氛。等我做完了我可以发你一些这个项目的照片。

我在亚利桑那州图森的 Centella 美术馆有一个绘画和雕塑的展览 (2006 年 9 月 15 日到 10 月 21 日)。我也会在今年秋天回到日本来举行我的新抽象作品的数字化艺术印刷品限量版展览。举行展览的公司叫做 Art Print Japan，它在全日本都有画廊。

对了，闪电小兔（Thunder Bunny）是从何而来的呢？

闪电小兔（Thunder Bunny）是一只云兔子，他不小心从它的窝里跌下来，跌到了一只大蛋上，之后他被一群孩子收养了，最后又回到了他妈妈的身边。这是我 1997 年写的一本儿童书，我为它还配了插画。它由 HarperCollms 在美国出版发行，相当成功，后来又在日本流行了起来。

1999 年我为日本市场又写了续 集，《嗨嗨帕妃亚美由美》（PuffyAmiYumi）中的 Ami 帮我翻译了此书。索尼将闪电小兔和其 logo 印在了很多玩具、文具和衣服上。2001 年，索尼和一家叫做 Avant 的知名动画公司制作了一个 29 分钟的电脑动画电影。我为其写了故事和一部分的音乐，也做了故事板。该电影的视频和 DVD 在售卖闪电小兔的相关产品的店里进行了售卖。■

文化游戏制作

采访 Eric Zimmerman, Gamelab CEO, 纽约

▲
Shopmama

客户：Published by iWin

时间：2006 年 8 月

设计师：Gamelab

软件：Orbital

©2006. Gamelab

您是为何会成为一名在线游戏设计师的呢？在这之前，您是否是一名平面设计师呢？

事实上，我在成为一名游戏设计师之前接受的是艺术家训练。我的本科专业是绘画，接着我念了一个艺术和技术的艺术硕士（MFA）。但是其实成为一名游戏设计师从某种方面来说，把我带回到我的原始状态。

当我还是一个孩子的时候，我总是在创造游戏，而不仅仅是玩游戏。我在五年级的一个科学作业里设计了一个棋盘游戏，在这个游戏里，玩家是人体内的一个食物颗粒。我为我的家人制作了主题棋盘游戏，所以我们可以在假期一起玩。我和我的朋友一起为塑料战士之间的战斗制定了详细的规则。

从居住区里经常可以看见的踢罐子游戏到复杂的关于星球大战任务动作的角色幻想游戏，那些我小时候的游戏经常被我和别的玩家重新设计。这都对我日后的游戏设计工作产生了巨大的影响。

当然，我也是随着电子游戏的兴起而一起成长的那一代人。当我还很小的时候，我用电视机玩《魔法气球》（Pang）游戏。我五年级时候的最好的朋友有一部雅达利游戏机（Atari），20 世纪 80 年代初，我的整个初中阶段都玩我的 Apple II+ 或是在街上玩。

作为即将毕业的艺术学生，1991 年，我环视着周围的娱乐环境和流行文化，电子游戏作为一种文化的形式，正在发生彻底的改变，对我而言，它比任何我能找到的东西都重要。这可是在《世界时装之苑》（VR）和《连线》（Wired）杂志逐渐兴起的年代，所以有很多好机遇都在等着我。作为一个艺术家，我想要创造一些新的和原始的在这个世界上从来没出现过的东西。

所以我进入游戏设计行业的决定是由三个因素综合决定的：我儿童时期对于游戏创作的热爱，我成为一个文化制作者的长期学习以及制作新事务的现代主义者的信念。

您的工作基本都是网络游戏。这和那些游戏光碟有什么本质区别呢？

◀ Out of Your Mind!

客户：Published by Gamelab

时间：2007 年 3 月

设计师：Ganrelab

软件：Orbital

关于在线游戏的一切——谁在玩这些游戏，人们如何发现这些游戏，如何购买这些游戏，玩家在游戏中想寻找什么——这和单机游戏、电脑游戏都完全不一样。

事实上，虽然Gamelab(我与Peter Lee在2000年共同创建的公司)专注于网络游戏，我过去的工作和我现在关于游戏的工作跨越多个媒体。我一开始制作使用CD-ROOM的电脑游戏，这是主流游戏产业的一部分。我同样创作纸牌游戏和棋盘游戏，博物馆里玩的真实游戏，还有成千上万人在会议和活动中所玩的社交游戏。

这些和在线游戏以及桌游有什么区别呢?

从游戏设计的角度来看，这些游戏之间并没有本质的区别，但我认为有基本的相似之处。是什么让游戏成为游戏，是什么让游戏对于玩家来说变得有意义，以及游戏是如何被设计的，在不同的游戏载体之间可以说是相似的而不是不同的。当然，不同的媒体能给人带来不同的游戏体验。你无法在单机游戏里得到面对面的社交卡牌游戏的那种互动，而你也无法在卡牌游戏里看到单机游戏里的那种过场动画，但是基本的设计原则还是不会变的。

那么从商业角度上来说呢?

从商业的角度来看，不同游戏载体之间的区别是非常大的。Gamelab倾向于在线游戏是因为我们想要做一些试验性的工作，这些小型的在线游戏让我们有机会制作更多我们感兴趣的游戏而不是那些耗资上百万美元的大型单机游戏和电脑游戏。关于在线游戏的一切——谁在玩这些游戏，人们如何发现这些游戏，如何购买这些游戏，玩家在游戏中想寻找什么，这和单机游戏、电脑游戏都完全不一样。这些因素都是会影响游戏设计的。

您如何决定设计怎样的游戏?这是一个团体的合作成果吗?

在Gamelab，创作游戏概念是一个持久的合作工作。有时候，游戏项目的参数由给定的情况而定。

例如，如果我们要为乐高(LEGO)做一款游戏，通常是被指定的对象(男孩，8到12岁)，以及一个指定的需要在游戏中展示的产品(例如乐高玩具的新产品线)。此外，由于是乐高游戏，我们希望能让游戏本身反映出乐高的游戏精神，成为模块化、建造类、富有想象力的游戏。从这些参数中，我们会得出一些最初的概念。

其他时候，我们会有一个更开放的机会来创造新的游戏概念，例如出版商希望我们创造一些新的思路。在这种情况下，我们需要去创造一些我们自己的概念。从一个游戏到另一个游戏，我们有一个正在进行的设计概念和一些感兴趣的领域。我们其中的一些兴趣点在于开发新的互动形式。另一些可能在于讲故事和游戏。还有一些则关于探索新的音频和视频语言。

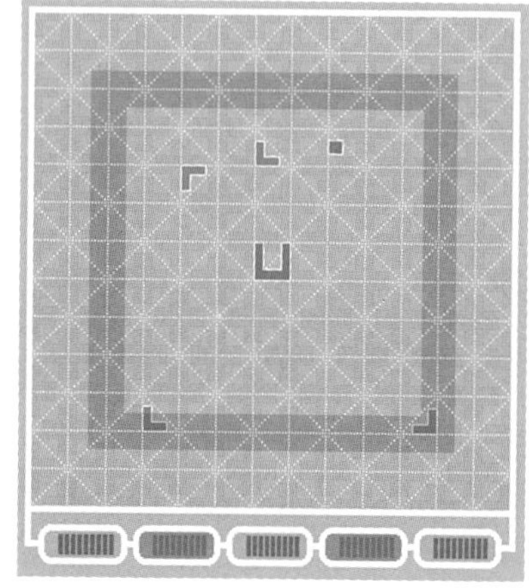

◀ BLiX

图形 / 编码：Peter Lee

游戏设计 / 审核：Eric Zimmerman

声效：Michael Sweet/Audiobrann

这些小的想法在头脑风暴中慢慢出现（又或是在日常工作中出现），接着它们逐渐变成完整的游戏体验。我更倾向于认为实际的游戏其实是我们日常工作的剩余部分，是 Gamelab 从一个项目到下一个项目，从一个概念到另一个概念的转换中在文化海洋中留下的痕迹。

一个游戏设计师需要多少编程和编码经验呢？

我们对此并无要求，但是一些相关经验对此会很有帮助。游戏设计师并不是程序员，他们也并不是视觉设计师。他们创造游戏规则并帮助改变游戏体验。就拿桌游做例子吧：一个桌游设计师并不会最后亲自来画桌上的图案，实际上也不会来生产这些桌子，但是游戏设计师的确设计游戏的结构，并决定所有的规则，使得玩家知道自己在每一轮都应该做什么。

编程是个有用的技巧，因为知道一点编程知识可以帮助一名游戏设计师了解什么是电脑能做的，什么是电脑不能做的。但这个技能并不是必须的。事实上，因为游戏设计师和程序员双方的工作都非常有层次、有条理（程序员的编码和游戏设计师的游戏规则），他们通常交流很愉快，而且学习其中的任何一样都会对另一样产生很大的帮助。很多游戏设计师是程序员出身，其中一些同时作为程序员和游戏设计师在工作。但是现如今，由于日渐壮大的设计队伍，人们变得越来越专业，通常在工作中也只有一个角色。

为了进入这个游戏行业，都应该学习些什么呢？

就像电影或是其他一些复杂的媒体，游戏设计需要很多拥有不同技巧的人来共同完成。你可以学习编程、平面设计、动画设计、音乐和声效设计、项目管理、游戏设计以及其他与游戏相关的专业，从新闻到商业都是其中的一个选项。

编程是个有用的技巧，因为知道一点编程知识可以帮助一名游戏设计师了解什么是电脑能做的，什么是电脑不能做的。

对于游戏来说，有什么好的网站推荐 吗?

人们学习游戏最好的网站是国际游戏开发者协会的官方主页 www.igda.org，其中有专门的一部分关于“如何涉足游戏行业”，这里还包括了提供游戏相关专业的学校的列表。这个网站还包括一份白皮书，我合作撰写了为想要学习游戏设计，想要最终成为游戏设计师的人所提供的推荐课表。游戏开发人员社区的网站 www.gamasutra.com 也非常有帮助，这个网站日常一直会更新很多新的内容。

您希望看到怎样的年轻设计师?

最重要的是这个人需要真的爱游戏，对制作游戏富有热情。那些刚刚进入游戏行业的人还需要一些基本的职业技能。人们通常会被雇佣为游戏程序员、视觉设计师、游戏测试员，还有别的一些特殊的职位。很多人都想成为游戏设计师、艺术总监和创意总监，但这些可都不是入门级别的职位。

另外，太多的大学过程过于强调实际的工作能力和软件操作知识，而缺乏对批判性思维和解决问题能力的训练。大部分的游戏开发公司都不希望找一个知道如何使用特定软件功能的机器人。更为重要的是，无论你从事是何种职业，无论是视觉设计、交互设计、音乐创作等，你都具有精准的直觉。我更希望看到一个潜在的游戏设计师向我展示原创的纸牌游戏，而不是华而不实的电子游戏。任何公司都能像你展示如何使用软件，而且不管在什么情况下，软件工具每过几年都会变。你能展现给潜在雇主最重要的东西是你的激情和你对于所具有的工作上的才华。■

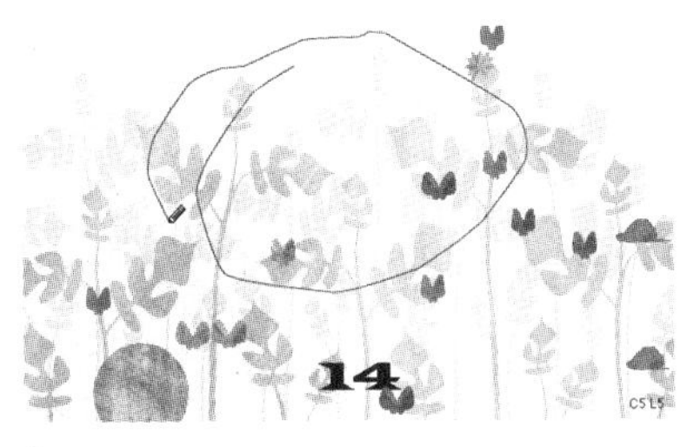

▲
LOOP

编码：Ranjit Bhatnagar

平面设计 / 游戏设计：Frank Lantz

图像：Peter Lee

游戏设计 / 审核：Eric Zimmerman

声效：Michael Sweet/Audiobrain

第九章 数字行业企业家

根据《哈佛商业评论》(HAVARD BUSINESS REVIEW)最近的一篇文章,“艺术文凭是现在商业世界最火的文凭”。那是个好消息。更好的消息是,设计师们因为他们的头脑被雇佣,而不仅仅是他们可以生产一个不咋地的幻灯片汇报文本。设计师可以为商业世界带来一个独特的视角。

MBA 可以学到怎样把东西变成利润,设计 MFAS 可以学到怎么样把东西变得有用同时好看。他们学习如何判断终极客户的需求,给产品及服务塑形,以满足他们的需求,不管哪个需要,是移动一亿美元,还是找到一个可以与你分享你的大功率高速中型车的神奇之处的旅行伙伴。

数字化工具使得在桌面上创造出新的产品变得越来越可行。不仅孕育构思,还在实际上开发和生产原型,甚至是最后的成品。有一些产品可能本质上不是物品,但是网页将呈现产品的概念(看看 MFA 视觉艺术系设计师作为作者的作品,第 201~202 页)。被数字化的能力推动,设计师们有他们二十年前做梦都想不到的选择。设计仍然是驱动力,但是概念既是燃料又是引擎。设计师为这些概念寻找方向,组织他们走向世界的方式。

数字化设计越来越成为企业与它的消费者之间联系的点。你对一个企业的认知来自于你对它的网页的认知。这有效吗?你能够迅速完成你的交易吗?它是否给了你作出决定时需要的信息?

……设计师要么为客户工作，比如设计网页，设计过程，为商业概念做插画，要么他们直接越过中间人，带着他们自己的产品和服务直指终端用户。

我们招聘时寻找的品质，现在也被同样用来审视屏幕上出现的界面。企业们也学会了：如果我们不喜欢看到的东西，很有可能我们再也不想光顾。总而言之，当网页让你的消费者更容易找到你的时候，这也使得他们更容易地找到你的竞争力。

大公司需要设计师来为他们工作，但是设计师们需要大公司来工作吗？越来越多的设计师们一走出校门就自己创业。这些设计师要么为客户工作，比如设计网页，设计过程，为商业概念做插画，要么他们直接越过中间人，带着他们自己的产品和服务直指终端用户。尽管这是一项尝试性的选择，只要记住：好的设计比它看起来的要难多了。同样地，设计与商业的结合可能会困难重重。■

作汇报

对于一个设计师（或者任何艺术家），以及尤其是一名企业家来说，最不好干的事情就是推销你自己。自我标榜对于艺术来说并不陌生，如何最好地表现一个人的作品需要一个自我批判的敏锐度。选择一个正确的工作（知道应该退出什么也是同样）去做某个特定的行业得靠经验的积累。

今天，这么多的作品集都可以上传到互联网上，有很多种方式可以来表现：

1. 选择一个集中的或者有组织的网页（比如 AIGA.org）。这个好处是网页的中立性和表达的简单性。

2. 设计一个个人网页，这有双重的好处，当表达你工作的其他元素的时候，还能呈现你的网络审美。

3. 创造一个网上工作室，呈现你与其他设计师一致的作品。有可能批判性的大众会帮助你得到工作。

4. 发电子邮件来推广，不管是引导潜在的客户或者雇主到你的网页，还是在网页附上你曾经做过的项目的链接。

不要向客户或者雇主发太多的电子邮件毛遂自荐——每四五个月一次已经足够了，也仅仅在你有完全新的东西展现的时候。

如果你设计自己的个人网页，不要使得它很难下载、不易观看或者难以操作。大不了让你的设计才华全副武装自己，让你完成的作品说话。

学生数字化企业家

这开始变成陈词滥调了，说个人电脑将曾经“远在平流层”的、高不可及的企业家的世界带到了地球。可能这样说不是特别准确，但是你能知道大概的意思。个人电脑和 MAC 是伴随着软件而来的，软件让很多人可以制作书本、网页、编辑电影、记录音乐以及做视频。事实上，人们可以很容易地在网页上做自己的书本，包括影像或者电影、音乐声轨，也可以上传到网络上变成一个影像博客，真神奇。

尽管很多软件的神奇性是对于业余人士来说的，但是要获得专业的工具来保证印刷和传播的质量也是很容易的。“计算机时代”在这么多不同的领域给人以希望，也正在传递大量的具有开拓精神的可能性。

每一年作为 Author Program 的学生加入视觉艺术系艺术硕士（MFA）必须开发一个以网络为基础的业务，不仅要设计的好看（也是卓越的），也要或多或少地有企业扶持——如果不是资助型的。按传统设计师们被要求要确定信息，网络设计当然是一种确定（以及确定层级）信息和想法的方式。

这个班级，CHRIS CAPUOZZO 教的，他是纽约 FUNNY GARBAGE 的创意总监，他让学生们挑战开发功能型的概念，运用数字化领域作为平台。当然，很多这些概念都可能在真实世界开发，但是网络对于绝大多数消费者和很多企业家来说，越来越变成第二个自然界，在那里他们可以展望和购买商品及福利。

这里有一些基于网络的作品，是 2007 级视觉艺术系艺术硕士设计班的作品：

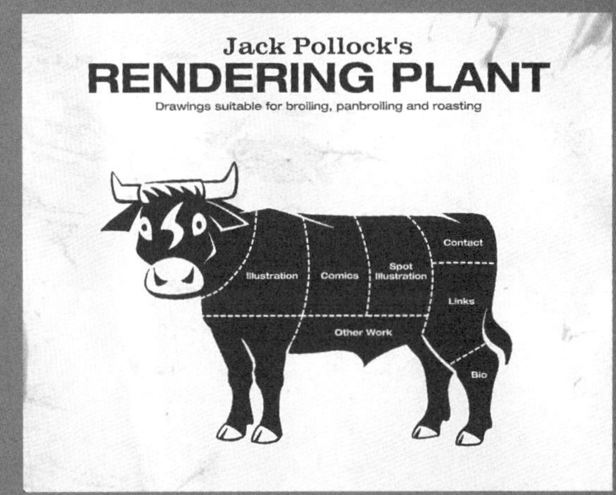

Jack Pollack's Rendering Planet

设计：Bekky Pollack.

一个致力于销售插画和绘图的网页

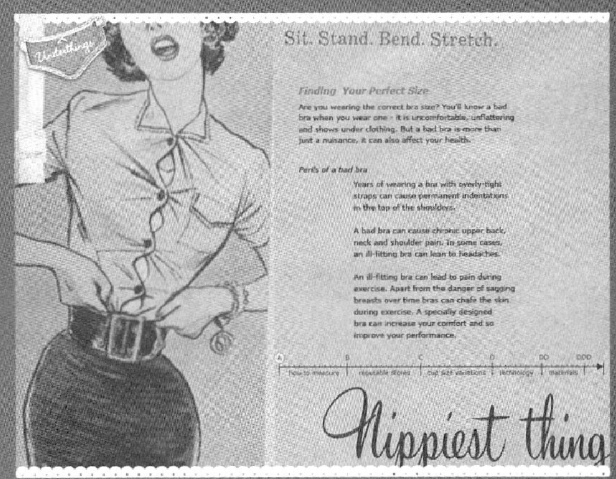

Underthings

设计：Jessica Jackson.

一个专注于历史性的女士内衣裤和那些曾经穿过的人们的网站

Snapshots

设计：Lara McCormick.

一个追忆 Lara 的父亲的纪念性网站，将他的摄影作品聚焦于此

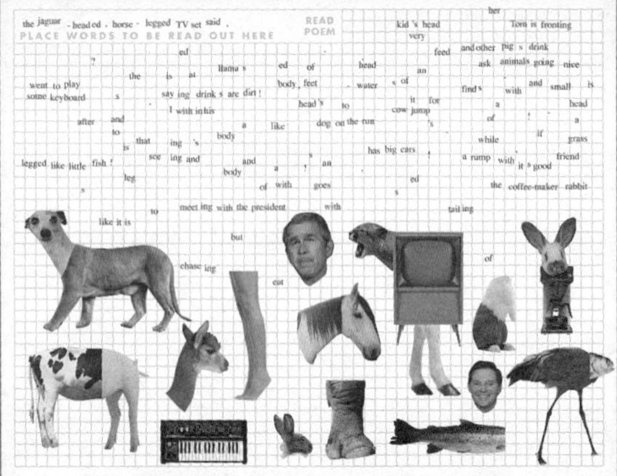

Reconfigure

设计：Maria DeLaguardia

一个网络游戏，鼓励用户们抛弃旧的、创造新的词汇以及图片

Rest in Piece

设计：Shannon Lowers.

一个致力于关注纽约大都会地区音乐家坟冢的网站

Dream Factory

设计：Pelin Kirca

一个梦幻世界，在这里用户们可以编造他们自己的超现实主义小说

ClearRX

设计：Massod Amed

一个网站按时间顺序整理了展览，是关于 Deborah Adler 创作的 Target Clear Rx 处方药剂瓶

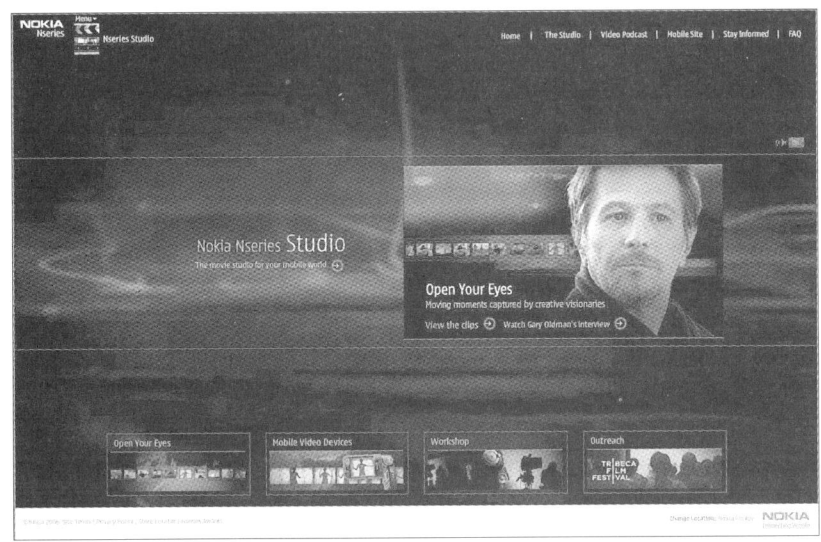

◀ Nokia Nseries Studio

R/GA 创立了 Nokia Nseries 工作室，一个移动视频倡议，为了加速移动视频的网络传播。在 2006 年 4 月，包括 Gary Oldman 在内的创意先锋们被赋予权利来拓展视频芯片，通过使用新的 N93 设备进行了最初的发布。后来，这个网页开放给所有人。R/GA 2006

建立多平台

一个与 ROBERT GREENBERG 的访谈，R/GA 总裁，纽约

在某种程度上，你的公司是通过做电影的标题和电视商业开始的。你那会儿预见了动作和设计的一体化水平吗？如果是，这个是如何影响你未来的计划的？你预料了未来吗？

R/GA 是基于动作和设计建立起来的。实际上，我们的标志是“移动的图片，通过设计”。原始的 R/GA 期望是承担制作伟大的静态印刷 / 排版以及将动画运用到其中。我们那个时候高度专业化。我不确定是否我“那会儿预计过未来”，但是我可以说我们早于任何动画图形和动画片。

过去的这些年，你雇佣了印刷和动作设计师。你现在是否仍然觉得拥有印刷行业的背景重要呢？还是印刷业的宗旨已经完全融入到数字化媒介中？

每一个来 R/GA 工作的富有创造力的员工都有一个基本的印刷背景，这仍然是我们行业的一个良好基础。然而，前些时候，当寻找潜在员工的时候，我们不得不雇佣一些作品集的图片上有动画的人。然后，数字化生产的翻译非常麻烦。人们不是那么了解技术，甚至数字化图像动画这个概念都是新的。我们不得不训练人们用新的方式思考和设计。

现在看来，我们所有我们公司的候选人软件操作方面都有一个很强的背景，比如 PHOTOSHOP, INDESIGN, ILLUSTRATOR，以及基于苹果的声像和视觉编辑技术。今天的设计师，尤其是更年轻的一代，更能自然而然地了解计算机，所以即使他们有一个仅限于印刷方面的背景，他们仍然能够很快适应数字化媒介。

现在的设计师必须学习设计灵活的模板。他们需要可以在四种屏幕上工作，这四种我们通常定义为移动电话、个人笔记本电脑、电视以及动态的 / 数字化的标志系统。

既然像手机和 IPODS 这样的其他平台是完全新的载体，设计的定义或者说是规律，有变化吗？

现在的设计师必须学习设计灵活的模板。他们需要发展可以在四种屏幕上工作，这四种我们通常定义为移动电话、个人笔记本电脑、电视以及动态的、数字化的标志系统。不是简单的重定格式，而是知道在所有四种屏幕上时，设计的样子和感受。

我喜欢将其比作给音乐专辑封面做设计。过去，一个设计师被要求做一个 LP 封面的设计；随着技术更新，要做盒式录音带和 CD 的封面，设计师们不得不学习这些新的格式。那就是我如何看待广告的。艺术总监和设计师需要学习如何在所有这些形式下工作，所以他们才可以有这个才能为他们的客户执行真正的、综合的战役。

现在在 R/GA，你的客户会要求你为新媒体发明新的形式和系统吗？还是他们希望你延续你已经开发的模版？

很多我们的客户都是高创意技术 / 电信公司，比如诺基亚，Verizon，Verizon 无线，Avaya 以及 Lucent 都是 R/GA 的客户。我们经常因为他们而改变，让他们的消费者以新的方式参与进来。这些品牌要求信息和平台跟他们的产品一样有创造力。

在 R/GA，与其他人相比，你一直都保持在前沿，比如婚礼技术和审美。这个时候，什么是你最刺激和最有挑战的冒险呢？

我们最有刺激性的挑战现在是要在我们的客户品牌和他们的消费者之间创造一个双边互动的对话。我们创建这些对话的方式非常不同，这取决于客户的需求。比如说，给 IBM 做的，我们建立了一个高度信息化的网络系统，覆盖一百个国家，包含 450 万页面。与我们为耐克做的工作形成对比，这些网页都含有非常多的经验性内容，有很多影像和音像文件。IBM 的网页是要设计成为消费者们提供信息；耐克则想要启迪他们的消费者。

R/GA 有数百个员工。你怎样保证对工作质量的驾驭？

质量是由我们事务所新的、有组织的架构控制的。我们是有机合作的团队，有艺术总监，广告文编写人，技术人员，用户体验专家以及数据专家。每一个团队坐在一起，通过网络，外联网，网页，我们的网络站点，无线设备以及一个媒体设置管理系统联系。在某种程度上，每一个客户团队都像一个超级事务所一样运作，这促进了创新。质量由一个富于创造的生产者和可以预计这个项目的项目经理进行深度控制。我们有超过 450 人就地工作以及 40 人左右的精英团队。

当你要雇佣新的员工时，什么是先决条件？他们必须有技术专业才能还是创新知识？这些技能在一个人身上容易找到吗？

你当然需要技术能力，但是现在很多设计师多少都有一些。我们寻找的品质是有一个出色的设计作品集，设计工具和软件知识，强大的沟通能力，激情，以及想要做出以前从没有的东西的意愿。如果富有创造力的员工能讲故事，这会加分。

我们建立了一个伟大的设计团队，可能是最大的，有大约两百名设计师，但是他们不太容易找，我们比较幸运，拥有客户源以及能够吸引、支持最具创造力天赋的环境。

耐克摇滚明星练习：“Hip Hop”

耐克想激励世界范围内的女性通过舞蹈来表达她们自己。R/GA 与耐克一起工作，来指导并且为 Rihanna's single，“SOS.”创作出一个全方位、互动的音乐视频。网页的浏览者可以选择完全不被打扰地观看视频，点击一下即可以学习到舞蹈的动作，或者选择购买这个视频。

R/GA 2006 年

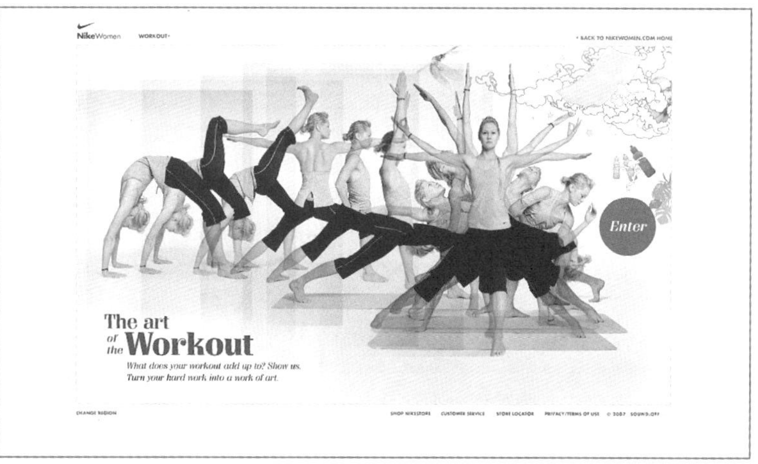

好的，坏的和技术

一个与 CLEMENT MOK 的访谈，CLEMENT MOK PRINCIPAL，旧金山

你开始作为一名设计师是在苹果工作，同时你引领了我们的数字化革命。什么是你从那段经历中带走、却又仍然在你今天的咨询和规划工作中用到？

可能从那段经历中我带走的最重要的一课就是关于创造和定义标准。因为它是一个新媒介，数字化媒介有它自己的局限性，当然也有长处。作为一名工作在这片完全未知领域的设计师，挑战在于你有机会、同时也有责任去定义和塑造什么是最好的实践。如果你在那里足够早，你就可以创造其他人会去衡量的标准。如果在一个产品、一个服务或者一个概念的初始阶段你缺席了，那么要去影响和做一些你希望形成的影响就更难些。

随着这些轨迹，你是怎么感知这个领域？尤其是这个技术和由技术生发出的创造？在过去二十年是如何变化的？

技术是而且将持续成为一个伟大的平衡器，它创造好的东西，但同时也给设计、设计实践以及设计专业化带来一些负面的变化。技术已经创造了很多门类的设计从业者，它使得各行各业的设计师更有效地集中，但同时也使得他们创造一些真实的、可怕的灾难。仅仅“因为你能够做，并不意味着你应该做”！

那么这最终会引导至哪里？

这会引导至更好的设计以及对设计解决方案的更好欣赏。

有很长一段时间，你是一个亲力亲为的设计师。现在你正在使用你积累的知识和经验与像 SAPIENT 这样的公司进行磋商。如果要去做策略处理，什么样的专业技能转变（或增加）与审美上的不同，是必须的？

解读和准确表达我的客户的问题的能力，用一种他们能懂的语言是至关重要的。确保“我们”，客户，设计师，工程师以及其他投资人，都同意在这种新的角色下，解决同样的问题是一个关键的、应该有的技能。能执行并且准确表达审美仍然重要，但是这现在是在次一级的位置。

这表明了方法上的转变，是一种传递以及综合的方式。我不会把一个问题看待为一个项目，我看待问题为一个系统，一块与另一块之间相互影响。解决方法必须在文化上能适应，并且在经济上是可行的。

你如何定义体验式营销？

体验式营销就是通过控制互联网的力量设计、建设以及联合消费者的体验。

有多少是基于设计原则，有多少是基于其他商业考虑？

这取决于你是怎么考虑设计原则的。在我的世界，我一直都用大“D”设计原则，它是一个世界，在那里，彼此之间并不总是对抗，它是关乎于创造一种平衡，社会的、用户的以及商业的需求都需要被处理。我并不是在呼吁设计降到最低的共同特性或者创造一些完全没有

IBM.com ▶

设计公司：Studio Archetype, Inc.

创意总监：John Grotting, Mark Crumpacker, Clement Mok

品牌内容战略师：Judith hoogenboom, Tom Andrews

创意整合：Donald Chestnut

艺术总监：Bob Skubic, Tom Farrell

信息建筑师：Isabell Ancona, Richard Weber

设计师：Philip Kim, Brendan Reynolds

生产：Betsy Gallegher

程序：Juan Molinari, Henry Poydar,

IBM 的《a cast of thousands》.

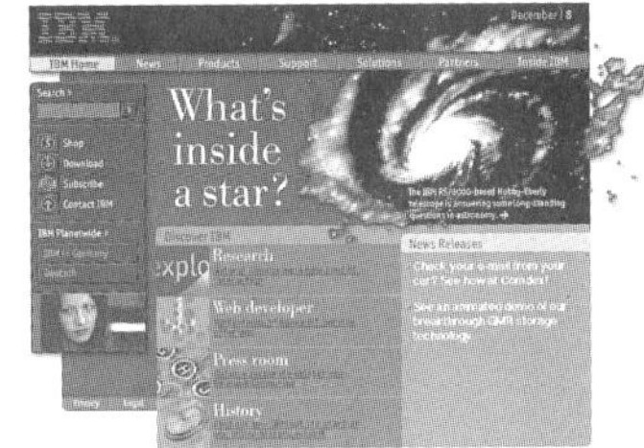

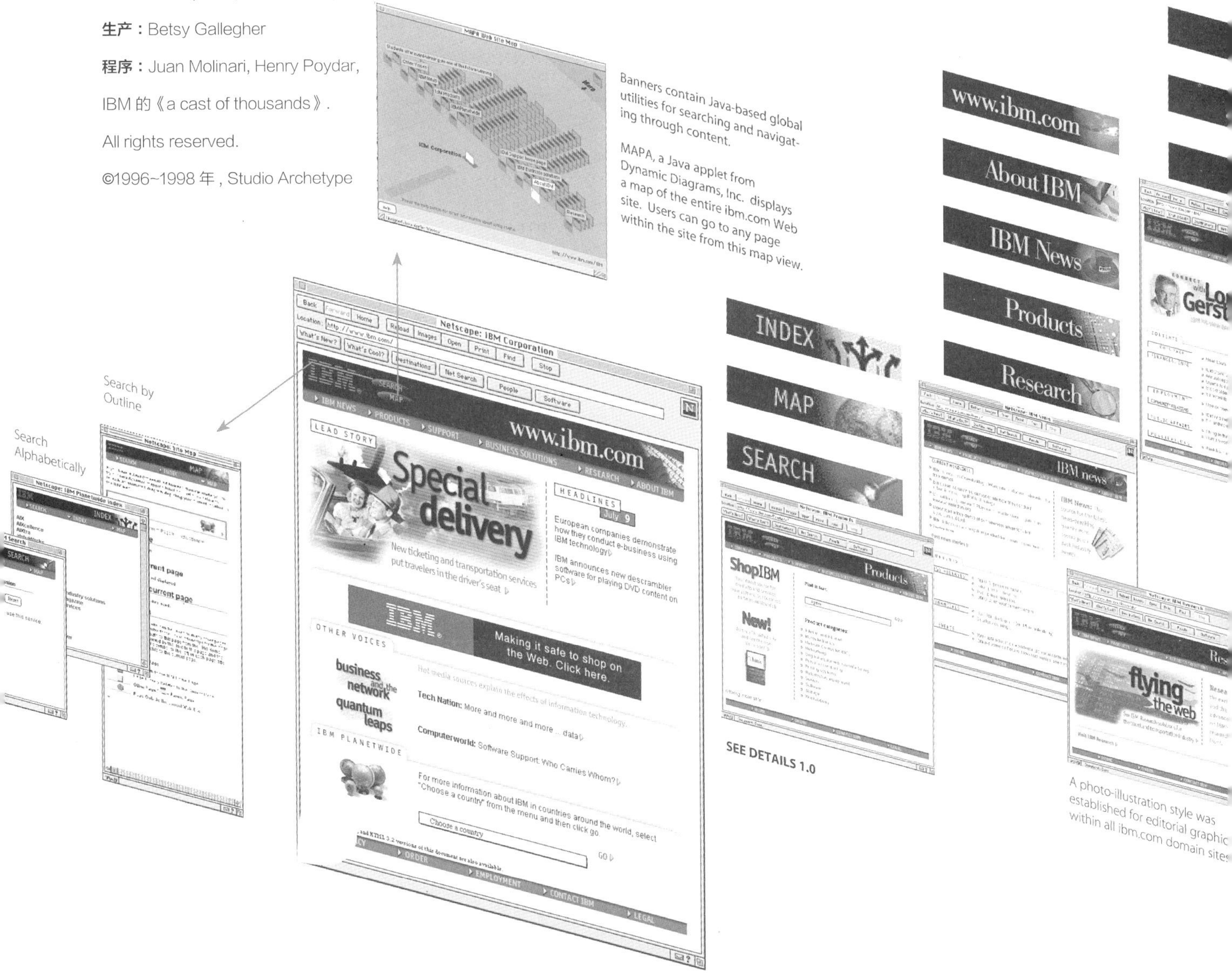

Banners contain Java-based global utilities for searching and navigating through content.

MAPA, a Java applet from Dynamic Diagrams, Inc. displays a map of the entire ibm.com Web site. Users can go to any page within the site from this map view.

www.ibm.com

About IBM

IBM News

Products

Research

INDEX

MAP

SEARCH

Search by Outline

Search Alphabetically

Netscape: IBM Corporation

www.ibm.com

Special delivery

Making it safe to shop on the Web. Click here.

SEE DETAILS 1.0

A photo-illustration style was established for editorial graphics within all ibm.com domain sites

在这个时间点，我确实认为数字化媒体设计师们倾向于解决一个从用户需求角度而来的问题，审美的部分不是出发点。

灵魂或者观点的作品。有效地制造和推广产品的能力也是需要设计技术的问题。

你是否认为一个数字设计师刚开始的时候需要知道怎么评定商业需求，或者这会随着经验而来吗?

在这个时间点的话，我确实认为数字化媒体工作的设计师们倾向于解决从用户需求出发的问题。审美不是驱动力。只有当一个类别已经成熟或者是可以被当作商品的时候它才会有效。伴随着新的寻找程序的空间，技术平台在不停地发生变化。设计师们需要评估哪一种技术将要被有效地利用，以及设计是要到市场发展的哪一个阶段。只有带着这种理解，你才能做出合适的东西。

一些评论家坚持网络正变成文字和标志的大杂烩，没有设计标准。你会怎么回应这种看法? 传统的设计考虑在今天仍然适用吗?

媒介还太年轻，不会有设计标准。如果他们不喜欢正在进行的东西，他们需要提供有意义的相关的设计解决方案。市场终将定义工业标准。传统的设计考虑仍然适用，因为我们可以从中学习，借鉴并且融合到新媒介的东西很多。

如果你正在给一位将跟你们合作的客户做自我推荐，他将监控他网络的呈现格局，你会强调什么品质和专业素质?

同样的，这取决于客户有什么类型的商业问题需要解决。这仅仅是一些目前在我心里比较重要的：

1. 这家公司或者个人是否有创造和管理系统的经验或者知识?

这个设计与未来的发展相匹配吗?

他们有技术竞争力吗? 如果没有，他们是否有能力组建一个团队?

2. 能理解网络项目是一个市场的、商业的或者说是技术平台，而不是一个一次性的项目。

3. 能准确表达过程从而作决定的能力。

你认为自己从设计到评估的演变对今天的设计师来说是否是一个典型的职业生涯轨迹?

我想它应该只是设计师将要发展的很多职业道路中的一种，因为技术的普及使得大家都能来执行并且传播创造性的内容。真正能区分一个专业人士和一个业余人士的是，要提供价值，而不仅仅是纯粹的美学。那些想要在纯粹美学方面实践的人们仍然会有一席之地。除非你是一个超级明星，否则你的贡献会因为被忽视而被边缘化。■

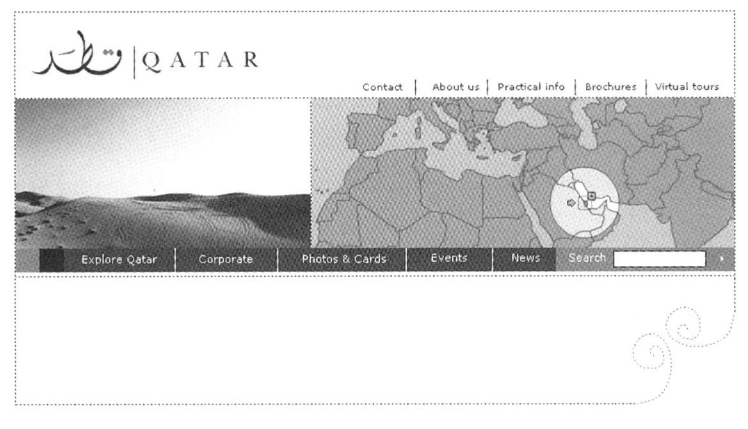

◀ Experienceqatar.com

时间：2004 年

客户：Ministry of Tourism / Qatar

设计师：Tarek Atrissi

摄影师：Rashed Al Mohannadi

软件：Photoshop, Illustrator, Flash

©Tarek Atrissi Design

全球化扩展

一个与 TAREK ATRISSI 的访谈，TAREK ATRISSI 设计公司负责人，阿姆斯特丹

十多年前对于一名设计师来说，在城市工作是十分必要的，因为他或她的客户住在那儿。在互联网世界，这个有影响吗？在你阿姆斯特丹的工作室里，你是如何在全球范围内找到工作上的客户的？

我发现它确实是最好的，也是最有效的工作方式，互联网变成一种与客户沟通的非常容易和方便的方式，尤其是以网络为基础的项目。非常实际的是，任何以网络为基础的项目，终极成果都会被用户在网上看到，通过他们自己的电脑屏幕，因此这也是用户来观看项目进程的最好的方式：在他 / 她自己的屏幕上。根本就不需要光彩亮丽的印刷品或者是一个大型的投影仪。

实际上来说，互联网是一个更好的给客户汇报作品的方式吗？

普遍说来，即便是印刷或者标志设计的工作，与远距离的客户进行沟通已经不再是什么问题。关键是创造你的网上汇报成果，它们能够反映出进程和工作，也能通过设计作品取得客户的信任。你可以使用网络媒介使得汇报更加丰富，更加可信。现在一切皆有可能，甚至是以短小的网上音像连续镜头来开始。

这样工作的缺陷是什么？

我与全球范围的客户工作。唯一要处理的困难是调整时差，以使得沟通保持通畅。但是客户们与一个不那么近的设计工作室工作的时候通常都是心平气和的，尤其是如果他们一开始就通过网络了解到你的服务的话。在实践中那是个非常好的改变，因为一方面它扩展了你的生意，面向不同的市场和文化。另一方面，它也给你这个自由度去继续工作，即使当你出差的时候。

你曾经在印刷业工作。从概念和审美上来说的话，用互联网工作有什么本质的不同吗？

从概念上来讲，它是一个完全不同的方法。在互联网，一个人必须知道并最重要的要素是要有相当清晰的信息体系结构。同任何环境一样复杂，用户们必须能够快速而清晰地找到他们的路。

相当了解这个媒介，才能够创造合适的想法和概念。技术可能因此与先前的思考和推理概念的过程有很大关系，这同样适用于视觉设计。排版的细节是不同的——清晰度和用色也是。网络项目在不同的屏幕和不同的设置上呈现不同的效果，视觉设计必须能适应这一点。网络同时也具有高度的互动性，这也可能是区别于印刷业工作的主要的点：你正在设计的是一整套用户体验的事物，因此，每一步必须都要想到跟用户做最好的沟通。

你为其他人创造了网络环境。在创造成功的互动体验的时候什么是最重要的议题？

——最重要的要素是要有相当清晰的信息体系结构。同任何环境一样复杂，用户们必须能够快速而清晰地找到他们的路。定义一个好的结构和使用性 / 引导性是最关键的步骤。

然后很重要的是，提前想清楚关于任何互动 / 以网络为基础的项目的更新及长期存在性。现在，同样必要的是要建立一个牢固的内容管理系统，让调整的人能容易地管理内容，而不用牺牲掉先前的设计、概念、或者互动的设计。当然，挑战就在于要思考所有这些，让技术部分很好地发展，同时仍然为创造性、趣味性和强烈的、创新的视觉设计留好空间。

除了为客户工作，你也创造了一种企业家网页，就像你的 Arabic Typography SITE。为客户做和为自己做有什么不同吗？

作为一个“网络设计企业家”，你会有一张非常清晰巨大的图画，它涉及一个网络设计项目的各个方面：你知道你的目标，你的商业计划，你的目标客群，你的内容，你的技术能力，以及你认为会最好地展现你的野心的视觉图像和排版设计。这些使得你能够更快做出决定，并且很快、很自然地建立一个网络环境，作为一个设计师，会让你在你的视觉设计方法里游刃有余。

所有这些使得项目更简单地执行和发展。我觉得这个方法对于所有项目来说都是一样的，但是如果是一个自己的项目，你就扮演了双重角色，既是设计师又是商业人士，这让你从两方面都拿出最好的东西来。而这也确实是这样的，当开发 www.arabictypography.com 的时候，这使得这个网站很快就达到了它的目标。它在网上用阿拉伯书写字体提出了技术的缺陷，它将一个创新的阿拉伯设计带到了网络世界，为阿拉伯字体和设计创造了一个网络平台和展示空间。

好像每隔几个月，这个媒介就会有一个新的软件出来或者一个新的发展。你是如何跟上队伍的？又是如何将这个进程整合到你的工作中的？

当你是主动积极地在网上努力搜索任何以网络为基础的融合平台的时候，

Arabictypogrphy.com ▶

时间：2000 年 / 2006 年

客户：Arabictypogrphy.com

设计师：TAREK Atrissi

字体：Samir Sayegh

软件：Flash

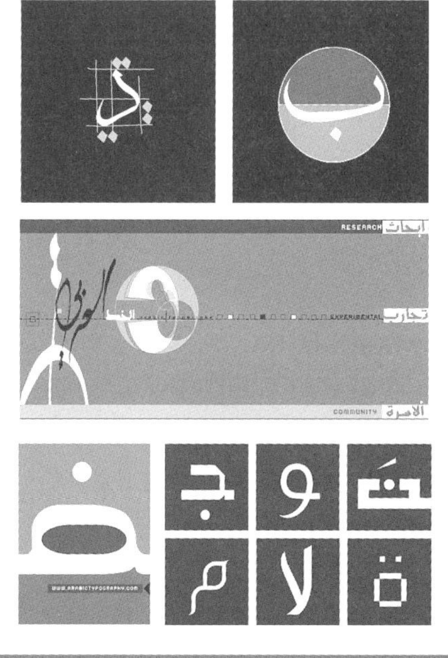

Branding / Digital Design ▶ for the Dutch Muslim TV

时间：2007 年

客户：Nederlandse Islamitische Omroepp

软件: After Effects, Photoshop, Illustrator, Flash

当被教育为一个数字设计师的时候，非常重要的是那种教育经历教会你如何自学。

你可以理解客户和用户的期待。另一方面，人必须不断保持学习并且跟上技术的步伐。当被教育为一个数字设计师的时候，非常重要的是那种教育经历教会你如何自学。我回忆我在荷兰的交互设计的学习，学校从来都没有教授过我们如何学习软件的课程。我们必须自己去学习，逻辑是因为软件更新换代很快，我们必须有与任何新软件工作的能力。那也适用于很多趋势、技术话题以及网络设计的设计方面。

说到进程，你觉得是否必须与现有的程序工作，还是要用自己的发明、发现来推动进程这个外壳？

你必须非常具有探索精神，也要很愿意去推动缺陷，所以我经常寻找新的可能性，努力在下一个项目中运用任何有趣的、我经历过的技术或方法。因为我们在工作室的工作集中在多文化项目上，我们经常要与不同的语言打交道，所以不同的文案书写经常会是整个复杂网络应用中的问题。我经常发现很多程序都不那么容易与非拉丁语系兼容，我们也经常开发出应对的特殊项目，我们自己的解决方法这也是任何数字化设计师都需要有的精神。

什么是你认为技术还没有，但是应该要有的，以此来使你的美学作品更让人满意？

技术发展得很快，很多东西好几年前看觉得很有限或者让人沮丧的，现在都解决了。从这点上来说，我唯一的愿望就是如果文件大小不再是网络应用的一个限制就好了，如果我可以少去顾虑一些用户的网速以及下载时间，我会感到在设计中要自由很多，很多创造性的工作也能做出来了。屏幕上的小字体的版式我也觉得还是有些缺陷。

你与年轻人共事，当然你自己也不算老。下一拨设计师，你会寻求什么样的来合作？

我希望他 / 她是一个多领域的设计师。现在来说似乎十分必要，既可以做传统的图像设计又能做网络 / 交互设计。牢固的视觉设计和视觉沟通能力，以及一个敏锐的印刷商的技能仍然是最终的必需品。但是我期望设计师可以对数字化作品有基本的、连贯的技术指导，比如 Flash、HTML 程序的基本知识，音像编辑，但是为了与一个高级技术员工沟通，同时也要能理解更多的复杂程序，这还需要他 / 她有学习和开发新技术的能力。未来的数字化设计师应该对行业内当下的潮流有一个很好的了解，也要能将这个知识添加到我们正在工作的任何项目中。■

未来的设计办公室

一个与 Thinkso Creative 的合伙人 Brett Traylor 的访谈，纽约

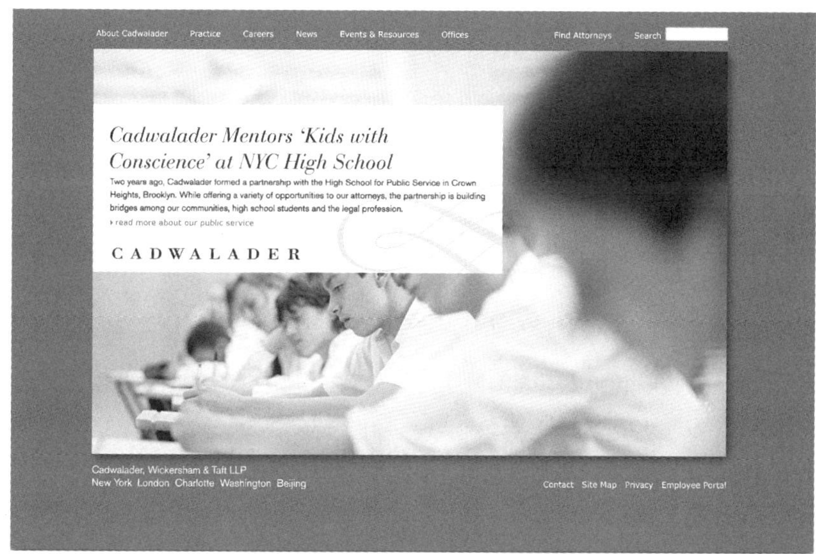

◄ Cadwalader 网站

时间：2006 年 7 月

客户：Cadwalader, Wickersham & Taft LLP

设计师：Brett Traylor 以及 Jedd Flanscha

软　件：Adobe Illustrator CS2, Adobe Photoshop CS2

©Thinkso Creative

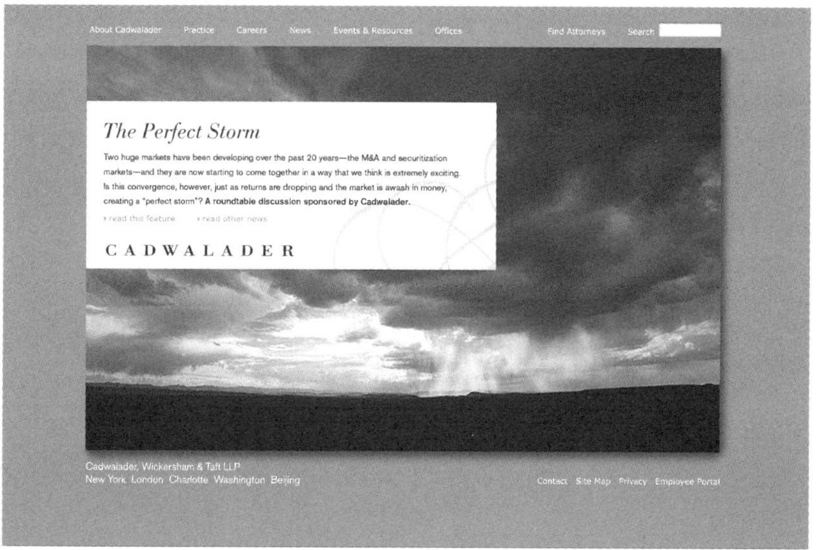

你更多的是一个传统型的设计师。你现在的工作有多少是在数字化领域呢？

无疑，我们在数字化领域正在做越来越多的设计。对于主流来说，还是花了一些时间来更加自在舒服地与电子化的概念互动融合，不论它是在网上，在一个机场的自助书报摊，还是在他们自己谋生的杂货铺，但是这些东西现在已经变成了一种生活方式。在互联网的迅猛发展中获取的生意也从失败中恢复过来，并且我们逐渐意识到，这种需求在网络世界目标更明确。

这里面最核心的是，品牌特色是持续性地展现一种特定的个性，最好是以一种无缝连接的方式。

直接回答你的问题，工作室做过的这 5 个项目中，有 3 个是很确切地与互联网相关的项目，另外两个是包括了数字化的元素。我们常常建议包含一些电子化的内容，用以平衡众口难调的市场胃口。

互联网网址已经变成一个用来彰显公司的独特性的重要场所。在你的战略布局中，网页有多重要？

最近“韦氏大辞典”将谷歌作为一个词汇添加进它的词汇库，网页现在已经变成一个企业的标准名片，这一点儿也不足为奇。即使是对于我们客户的消费者中知之甚少的，也使用网络作为他们的首选资源来进行搜索和接触一个品牌。如果作为设计师和商家的我们会忽视掉这种实际行为上的变化的话，那就真是个傻子。一个概念，一次竞争，或者是一个品牌辨识度在网络上的运用，对我们来说通常都是一个重要的考量，尤其是为那些没有传统店面或者销售非具体实物商品的客户。在这些情形中，很多时候，互联网就是他们宣传企业品牌的地方。

与印刷业相比，你为网络做设计（实际上是，你为网络做设计时的思考）有什么不同吗？

当我还是个男孩的时候我真的很爱读“选择你自己的冒险之旅”的平装书，里面说到，取决于你做的决定，故事会有不同的转变，最后为那个特质产生一个独特的结果。这不太像我们做网络的方法。我们设计的很多网页必须是要面对很多不同的观众，他们可能一直都会出于不同的角度需要不同的信息。不能忽视或落下任何一个人，并且每一种特质都必须能够以各自适合的方式来结束他们的故事。信息必须被使用者以多层次的方式被组织、传递和消费，这使得网络相关的设计跟传统的印刷业相比是如此的不同。

你公司的三位主要负责人，是否有人是专攻数字化媒介的？如果是，你寻求的是什么样的竞争优势呢？

Thinkso 的一个优势在于，可以说是经验，我们都来自不同创造力和不同品牌营销的背景，我的合作伙伴伊丽莎白就是一名战略沟通专家，也是一名作家。另一个合伙人阿曼达负责带领品牌营销以及项目战略制定；而作为创意总监，我试图寻找那些宏观层面的想法，从而能在概念上和美学上将事情联系在一起。

所以我们三个将我们的核心竞争力带到每个项目中，不管媒介是什么。没有确定哪个特定的人就一定是数字媒介专家。因为我们是不同的人，有迥异的兴趣和观点，我认为我们的合力正迈向新的潮流趋势，也正成为最好的实践，这样会比单单只依靠一个专家更丰富、形式更多样。

最近“整体性”是一个很大的词。你们是如何进行合成媒体的？它必须是无缝的吗？还是每一个不同的媒介服务一个特定的功能，这个功能被认为必须有媒介专属特质？

再没有什么事情比起花时间在“将

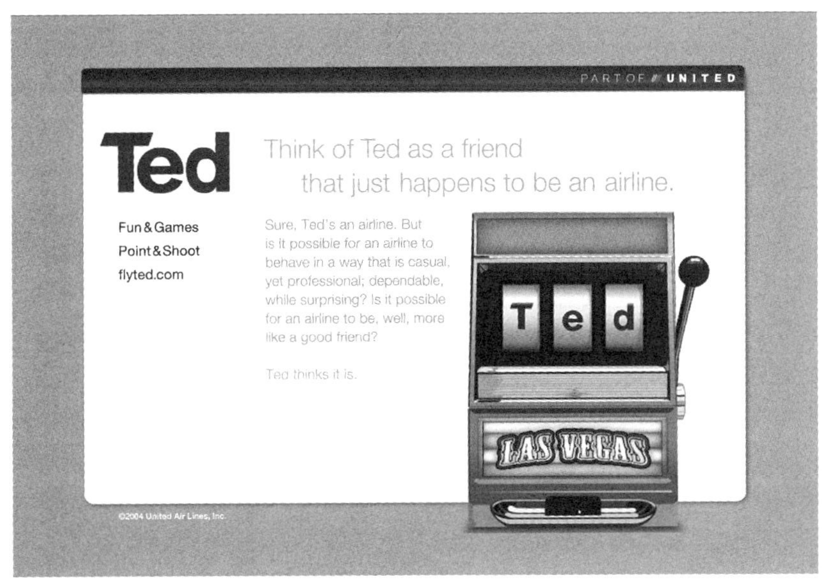

◄ **为美国廉价航空 Ted 开发的促销影音互动网站**

时间：2004 年

客户：United Airlines

设计师：Brett Traylor, David Neswold, JoAnn Leonard, 以及 Tim Rawls

作者：Brett Traylor

软件：Macromedia Flash

©Thinkso Creative

媒介运用到我们崭新的 MediaIntegrator 3000 上”更让我享受的了。新鲜的、合成的、内容的味道，轻巧的捆绑式媒介包从传送带发出的声音……抱歉，你讲的很对，它确实是这些日子的时髦术语，但是我不是很确定它是否意味着那么多的内容。归根究底来说，另一个选择是什么？破碎瓦崩？

这里面最核心的是，品牌特色是持续性地展现一种特定的个性，最好是以一种无缝连接的方式。但是就像一个人在不同的事情会有不同的行为方式，品牌个性也应该被允许这样做。如果从战略的角度出发，用一个特定的倡议作为一个切入点是说得过去的，设计师们应该保留这样的权利并且付诸这样的实践。

从网络到手持设备，有这么多数字化媒介在身边，你是否发现设计的标准正在发生变化？因为技术上的限制，你是否也降低了你的审美标准？

在我看来，很肯定的一点是，如果它是我们工作室所做的工作，我不认为用数字化媒介工作需要降低设计标准或审美。然而，我倒是同意可能对于不同的设计应用会有不同的设计标准。比起在一本精美印刷的样本中呈现的东西，或者是通过高清电视看到的东西，一个 skywriter 在烟雾中的渲染肯定要受限得多。

在数字化自己的世界里，有这些相同条件的子集。无论他们是否认得出，用户非常了解这一点。他们并不会期待在他们手机上出现的东西看起来跟出现在他们扁平屏幕上的一样。来满足这种期待的设计，意味着提供最好的设计解决方法，并且应用程序还能支持。这在形式和功能之间做了撞击和平衡。

你的客户中想要数字化的比例是逐渐加大的吗？还是说这个比例是一样的，比如跟三年前一样？

对数字化和交互设计的诉求是与我们对互联网的利用直接成正比的。我们越使用它来管理我们的生活，追逐我们的激情，设计师们就必须变得越熟练，来满足这种需求。这个事实，以及过去三年来稳步增长的，对技术越来越精细的要求和对互联网运用的需求，很容易就将我现在正在做的数字化工作数量翻一番。■

一桩概念化的生意

与 idiagram 的 MARSHALL CLEMENS 的访谈，林肯，马萨诸塞州

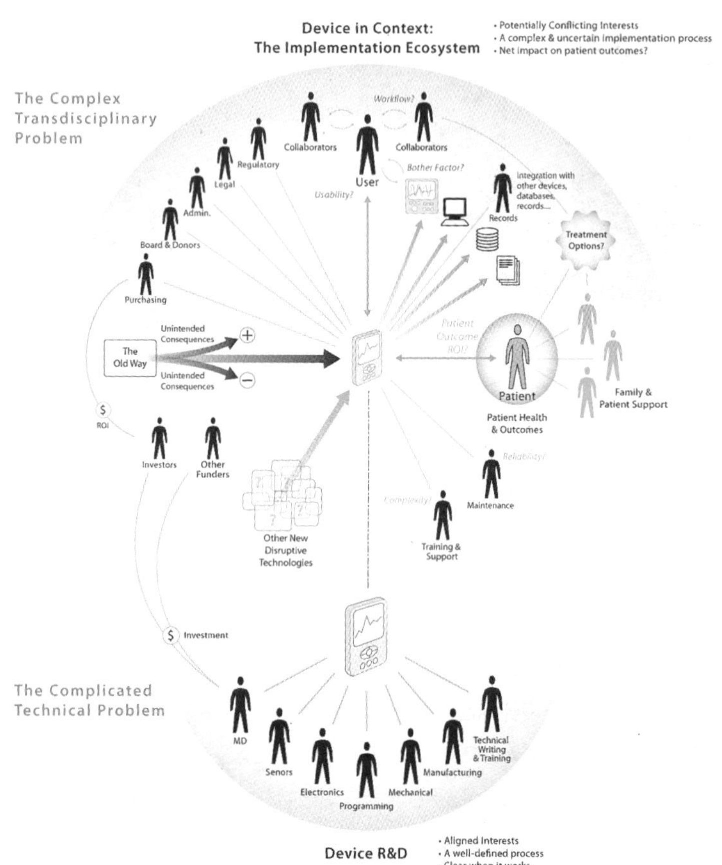

▲
Medical Device Development

时间：2004 年

客户：CIMIT——医学与创新中心

设计师：Marshall Clemens

软件：Adobe Illustrator

你最初成立你的公司 Idiagram 的目标是什么？

首先，它不是一个合理的需求，它来自我父亲的继承，它是自营的。一直以来我都是非常自主的人，自学成才，所以成立我自己的“店铺”似乎是非常自然的选择。第二，我没有任何的教育背景、资格或者经验来做我想做的事情，所以几乎不太可能有人会雇我。第三点，我有多领域的视野，掌握了视觉表达的新应用，我没有看到其他人在做这个，因此也没有任何地方可以让我去学习或实践我心里的想法。如果我想实现这个模糊的愿景，看起来我只能指望自己去摸索出来。

数字化媒介是否培养你做复杂工作的能力，远好过那些纯粹的（或者说是惯常的）设计师们？

这是肯定的。尽管在学校学习的读书生涯我是一个卖力的涂鸦手，但我还是尽量不被困在手绘技巧里。如果我局限于钢笔和画刷，如果我没有拥有数字化工具带来的绘画配件工具，我绝不可

能从事图形设计的职业。

我认为数字化工具也可以给予其他人能动性，这些人有优秀的概念和良好的图形感知能力，但是他们可能缺乏艺术技巧或者是没有那个耐心来学习、获得它们。关于复合物，只需要对数字化媒介的最基本掌握能力，即强大的编辑能力、复制、粘贴能力等，就能使得建造所谓的复合视觉模型变成可能，而这是我们一直以来被呼吁要去创造的。用钢笔和纸张也许也有这个可能，但是用来编辑和修改的时间和因此而来的沮丧可能很快会消磨掉一个人的耐心。

创造浩瀚的图形标识、风格，（软件中的）调色盘同样也让我们可以在多种模型中有效地运用一种持续的视觉语法。图形的分层排放能力也是非常关键的。它允许一个整体可以被切分成可控的部分，保证这些小块有机地组合在一起，同时可以根据需要切分或者黏合。

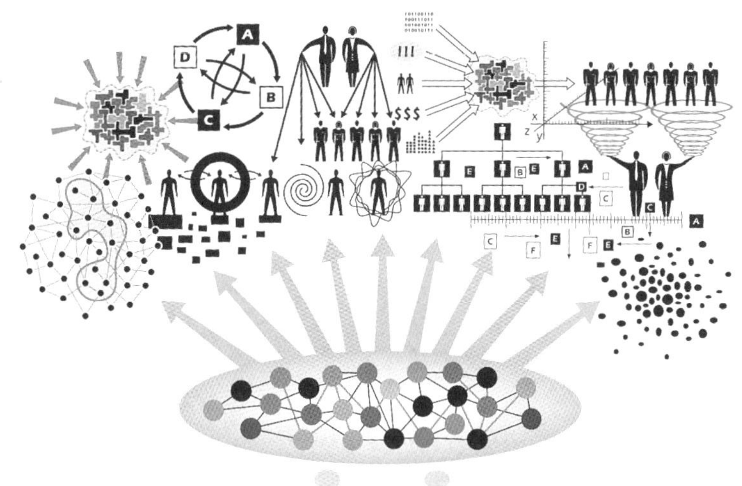

◀ Strong Exploration

时间：2000 年

客户：ISCE——融贯论与实创论研究所

设计师 / 插画师：Marshall Clemens

软件：Adobe Illustrator

©Marshall Clemens 2000~2007

你是任何事都在电脑上做吗？

需要说明的是，我一般手绘完成我所有的前期概念的工作。笔和纸比起键盘和鼠标要迅速直接得多，它们似乎对我创作思考的过程干扰也少得多。

你在做一些叫做合成插画的事情，是从系统科学中提取出来的。你是如何运用这些工具，最终以什么结束？

对于我的工作来说，仅仅只有一项简单的诀窍：就是关于从系统的兴趣中绘画，它的零部件，因果逻辑联系，层次阶层以及有机的动态行为。我花了十年的时间来学习和实践如何精通，但是最基本的原理非常简单。

这种精通的一部分是要掌握图形的拆解；一部分是要对系统如何运作有一个比较深入的了解。有一些自相矛盾的是，你试图用插画诠释的系统越复杂，值得注意的是图形元素就应尽可能地清晰和简单。你需要无情地将与视觉信息无关的片段擦去。如果是要作出简单的插画，特定数量的风格化的细节可以表达图片效果，而对于复杂的插画，过多细碎的风格很容易占主导，反而模糊了你想要试图表达的关系。

你的一项插画作品中，你说到，“管理就是知道要去运用什么以及何时运用”。我想问的是，所有的这些合成插画图形方法管理框架都是真实的吗？

一些客户说得非常清楚，关于内容他们不会考虑任何的条条框框或者建议。不管你是否已经提出任何有帮助的

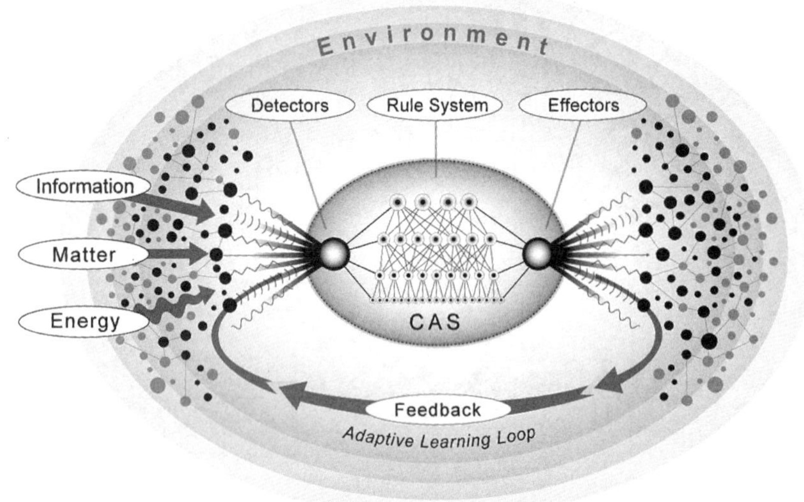

◄ Complex Adaptive Systems

时间：2000 年

客户：Macroinnovation Associates

设计师：Marshall Clemens

软件：Adobe Illustrator

建议，他们只是想要某个人将他们的想法诠释出来。尽管我并不经常跟他们分享他们的观点，所有我遇到的客户，老实说，都认为他们的观点是合理的。在管理理论中，当然没有提及“赶时髦的胡诌”有什么缺点，但是对于一些客户，有一点通常显而易见，那就是“客户永远是对的”。

所以，这些复杂合成的插画是正儿八经在帮助客户将他们背后的概念进行可视化表达？

将他们的观点用插画的形式诠释出来的过程，是在帮助他们变得合理而不是不合理。这是一个非常难以描述的过程，也是一个非常难以售卖的价值主张，但是大多数客户评价说，在将他们的观点可视化的这个过程中，他们实际上也在修改、调整和改善他们的观点，并且随之将其变为更深入、更清晰、更容易理解的内容。这种通过可视化模型制作过程、而在无形中逐渐清晰的条理及见解，通常来说与插画本身同样有价值。

我猜想你肯定知道 ISOTYPE 标识系统的创始人 Otto Neurath，你是否认为运用标识来引导和讲述故事是一种最有效的图形方式？

Neurath 是一位重要的信息化设计先锋，但是我认为他关于标识可视化语言的概念在某种程度上来说有局限性。最近，ROBERT HORN 已经在很大程度上拓展了可视化语言的概念，但是在我看来，一些重要的见解始终没有提及，比如关于我们如何“利用图片思考”以及这样的思考对于什么是有用的。有一系列的认知学的科学研究，从 J.J. Gibson 的生态感知开始，还有 Stephen Kosslyn 关于视觉感知的成果，Lackoff 和 Johnson 的关于象征隐喻的研究成果，这些指向了一个更加复杂、精细以及有效的可视语言设计。尽管我可能是第一个承认它的人，但我仍然在努力了解它到底是个什么东西。

你认为你自己是一名设计师，一位插画师，信息建造师，还是一位别的什么所谓沟通方面的多面手？

当然是别的什么所谓的多面手。

我正在做的有两个重要的方式：合成概念和知识可视化，这与插画和信息设计都剥离开来。首先，并非聚焦在数字信息或物理事物的可视化解读(比如，数字化信息的 Tuftian 显示），我追求的是对于更加抽象概念知识的诠释。第二，这是个复杂的部分，我对于仅仅就简单、单一的概念做包装并不感兴趣，这一点优秀的插画师可以比我做得更好，我喜欢捕捉一系列复杂系统网络化的概念。我想要通过网络知识追求合理化，并作决定。

在我的实践过程中，图形仅仅是在复杂处境中，帮助人们解决问题，作决定以及更清晰地沟通的工具。这是一个综合的领域，集合了图形化的专门知识以及围绕建造精准的系统化的模型、促进群组知识共享而需要的一套其他知识和技巧。

所以，这是根本的图形设计……

好的图形设计技巧是非常重要的，但是如果没有其他东西，比如模型以及设备知识，就太容易创作出一些毫无意义的插画，而非有意义的作品。

在完成你要做的工作中，什么技巧是你拥有的最宝贵、最无价的技能?

根本上来说，是系统性的掌控能力，从所有隐藏的冗语赘词中去粗取精，提取出来精髓的概念和机制。这是一些只能通过一定数量的学习和实践才能得到的东西。第二，是持续的自我纠错的能力，能够持续地发问并且审视自身的作品以及同僚的作品。不停地发问非常重要，“这对于要表达和诠释的，已经是最好的了吗？是最清楚的吗？最精确的吗？最有用的方式吗？”这可能有一点疯狂，但是好的作品包含了这个持续质疑和努力寻求进步的过程。

如果要找个人跟你一起共事，你期望他有什么样的技能?

除了必须的、具体的知识和技术技能以外，我希望与这样的人共事，可以拥有基本的智力、好奇心和人文情怀，这样的人致力于找到正确的答案，而不仅仅是他们自己的答案。最好的一起工作的人是那些愿意为了他们的观点热情地争论不休、然后考虑他人意见，一旦有更好的想法出现的时候，进而会立即改变他们看法的人。

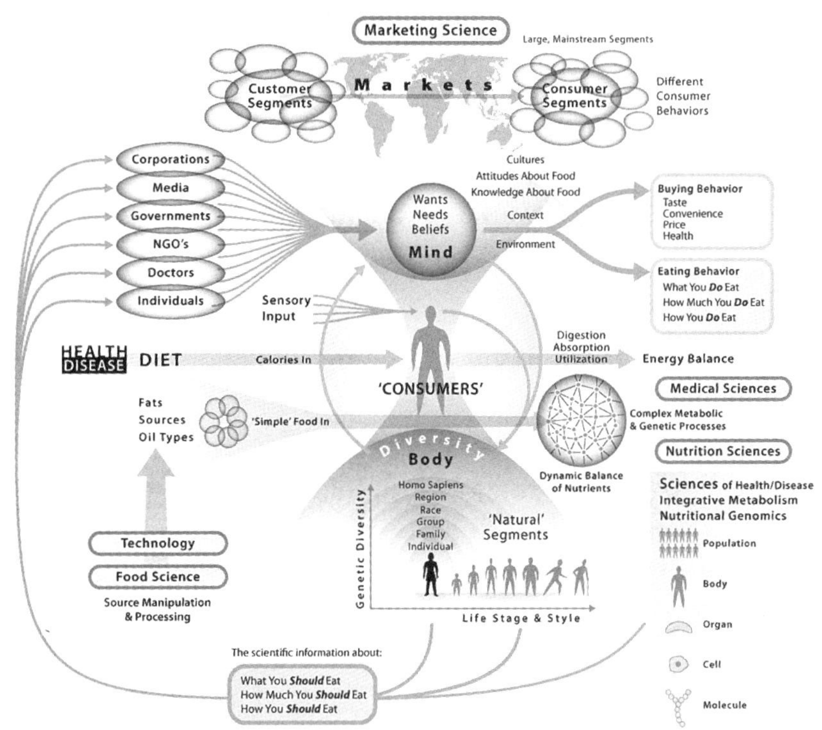

▲

Lipid Nutrition Landscape

时间：2004 年

客户：Bunge Limited

设计师：Marshall Clemens

软件：Adobe Illustrator

©Marshall Clemens 2000~2006 年

让钱引路

与 Trasury Services，JPMorgan Chase 的客户体验总经理 Michael Roberts 的访谈

我们来谈谈钱吧。告诉我们你是做什么的。

我在 Trasury Services 工作，它完全是关于帮助小的，大的，巨大的公司管理他们的资金。

所以，你的角色是什么？

我的头衔是客户体验总经理。我的团队负责交互设计、模型研究以及我们以网络为基础的产品使用。我同时也会审查任何出现在客户面前的屏幕显示或者编辑内容，以及做所谓的客户体验规划，这包含观察客户与我们生意之间关联性的每一步的互动，然后尝试去完善相应体验。我监管客户沟通的很多方面，也是集团客户研究项目的发起人。

当你在处理那么大数量的金额时，对系统作改变是不是非常困难？

嗯，是的。即使是很小的改变都会异常显著。除非完美，不然没有什么能有机运转。我们有巨大的测试循环系统。我们做质量保证测试，这样主要是为了保证我们要求的东西最后确确实实与被做出来的东西一致，同时力求用户接受测试和变更满意度管理，这是为了保证所有为调整变更而做支持都按计划实施了。

比如说，呼叫中心是否知道如何解释这样的变更？帮助中心是否能描述如何使用？销售团队是否知道它？

为这些项目要花费极多的时间。我们也正在开始做更多的用户体验测试。我的团队现在正在做的工作将要在市场上停留九个月，我们正在计划做的变更却是从现在开始两到三年的计划。这种复杂性的部分原因来源于系统的尺度大小。如果是一个大的项目，可能会有好几百个人参与其中。

好的。那么你是如何让你的老板信服某一个改变是十分确切必要的？

嗯，你当然不能仅仅说，“它看起来会更好的。”我们必须把所有东西量化。我曾经与非常高级别的执行长官，甚至是银行的行政执行总裁讨论过实用性。我是这样描述的：如果产品是没有用的，它们只会增大呼叫中心的规模。每一通电话都花费我们一定金额的钱。客户们持续不断地问同一个问题，我可以这样来展示：如果在界面中作一个改变，会减少多少次它们打电话来咨询同一个问题的次数。

同样的，花费的时间也会少得多，教会人们使用一个好设计产品的时间，训练员工们来支持一个好设计产品的时间，所以这些都是我能通过计算得出的节约成本。当我坐在一堆高级行政长官中然后说，“如果我们做 Y 的话，可以节约 X 美元”，他们是会听的。

我们不会讨论设计。我们是讨论生意。优秀的可使用度，产品质量以及首尾相顾的客户体验都是我们生意成功的基石。我已经训练我的团队以一种我们能从头到尾以事实作支撑的观点和声明来交谈。

你必须了解这是生意，然后才是设计，在这种体制下，是一个生意的模式和功能。你当然也要能够有策略地思考，而不仅仅是关于设计，也要跟各种关系有关。

告诉我们你作为一名设计师的背景。

我的大学本科学位是在特拉华大学拿的，学的是视觉沟通和图形设计，硕士学位是伊利诺伊理工大学获得的，学的是设计规划和管理。然后我从学校毕业，在芝加哥的 Doblin Group 工作，作了大量的策略研究。我学习到如何帮助客户真正了解他们的需求是什么。接着我在网络咨询公司 Sapient 和 Scient 工作。

在 JPMorgan Chase 我刚开始的时候，我当时正在研究像 ATM 使用之类的东西，以及一些比如如何鼓励年纪比较大的客户群体使用网上银行这类问题。当我来到 Trasury Services 的时候，我着手建立一个团队。现在我在企业的管理团队中。

听起来好像你的团队现在不怎么做设计了。

实际上我们做很多设计以及很多的分析和测试工作。

当你雇佣设计师的时候你想要什么样的设计师?

我的团队跟整个项目生命链中的每个人都有合作，所以我会愿意雇佣那些擅长处理人际关系，善于协调，以及有这个热情去处理真正重大问题的人。设计和使用功能在这里是新鲜事物，我们需要用我们的同僚和伙伴可以理解的方式去诠释。

我甚至也不会打电话给某个人来面试，除非他们有与大客户合作的显著经验。他们需要了解这里的氛围和环境，以及是如何作出决定的。他们需要知道他们将要从事的事情是什么，我不希望当他们来到这里的时候会感到失望。

我还希望他们谈吐得体，值得信赖，这样他们才能与这个组织里的其他人齐头并进。根本上来说，不要古怪的设计师。你必须了解这是生意，然后才是设计，在这种体制下，是一个生意的模式和功能。你当然也要能够有策略地思考，而不仅仅是关于设计，也要跟各种关系有关。

你能否举例说明一下这种策略?

协调意味着付出与获取。就现在而言，比如说，我们正在进行一个项目，这个项目是在我的团队全面介入之前就开始了的，对于是否需要做出特定的使用改善存在分歧。我们有一个大约十项调整的列表，但是调整需要耗费时间，而产品马上就要发行了。因此，与其仅仅挖自己的脚跟将项目滞留，我们还不如说，“好吧，我们想作十项调整，但是这两项非常的重要。赶紧去做这两项，我们在后面会着手其他的。”

什么样的设计师在这种机制下能做得好?

在我的团队中干得出色的人非常投入，并不因时间更替产生变化。我们始终严丝合缝地配合着。在作商业决定的时候，这也是非常罕见的机会能够学习如何坐在桌子边，被严肃地对待。我想说，我们正在决定的不仅仅是如何进行调整，摆在第一位的是：应该调整的是什么。我们有我们的一席之地。并且事实上，我们的流动率很低。我雇佣的人都愿意留下。■

SANTA CRUZ COMMUNITY
SURF ART CONTEST
$100 PRIZE
DROP BOX AT NATUREMART
ON MAIN STREET
DEADLINE AUGUST 14TH!!
ART CONTEST
THE WAY OF ZEN
ART CONTEST
ART CONTEST
ART CONTEST

◀ The Sprout Trip

时间：2005 年

指导：Thomas Campbell

出品人：Woodshed Films

指导和设计师：Geoff Mcfetridge

动画：Geoff McFetridge, Johannes Gamble, Brian Covalt

音乐：Mike Andrews

个人的生意，个人的旅行

一个与 Champion Graphics 的业主 Geoff Mcfetridge 的访谈

你积累了一定的实践经验，是超越传统图形设计定义的。你从事图形、印刷、电影、视频甚至玩具方面的工作。是什么启发了你可以这么多面呢？

我感觉所有这些的根源基于我总是对我周围的世界抱着一种非常审视的态度。任何常规的东西都会让我感觉不舒服。

当我那会开始学习做图形的时候，就有一种叫做商业艺术家的东西。我的大学本科专业叫做视觉沟通。你必须画画，还要学习排版，以及很多用毡头笔做的东西。到我快毕业的时候，我们有一个计算机实验室，现在他们已经把名字改成阿尔伯塔艺术设计学院。我们经常被逼得要在做一名插画师还是做一名设计师中作出选择，但是按逻辑来说，应该哪个选择都不是。那样思考问题，目光非常短浅。

那么你是从哪里开始突然醒悟的？

从高中直到现在，我做滑板和滑雪板的艺术养家糊口。所以当我周围的导师们告诉我要作选择的时候，我就作了个选择。我一直画画，为商店作设计，做一些衣服的线条和海报，为滑雪板设计整个的线条。后来我逐渐意识到，我周围的人对工艺有非常棒的认识，但是对什么是一名设计师，我是以一种过时的方式来运作的。

然后我去加州艺术学院读研究生，这里没有开展什么工艺性的东西，但是，取而代之的是，一种非常令人惊艳的审视的概念发生在设计上。在加州艺术学院，他们真正支持这种想法：设计师跟作家一样，这在当时看来还是有些激进的。我在加州艺术学院的论文是关于在青少年艺术世界应用这些想法，而不是在更成熟的设计范畴。

有一种 McFetridge 风格，但你也反对陷入在某种受束缚的风格当中。而一个最显著的迹象是对具有装饰性的元素的热爱。你如何定义你对图形的敏感度？

我打一个比方：在冲浪的时候，尤其在长板冲浪时，有一种东西叫平衡；在浪尖上，也是在你的冲浪板上，浪推着你朝前，但是冲浪板帮助你保持住，因此你不会随着浪移动过多，甚至越过浪尖。同样的，操作应受一致性的钳制，复杂却简单直白，应该进行有目的的装饰。这是推动行为的能量源泉：毫无意义的抽象派还原艺术，形状为基础的诗歌，用陈词滥调作画，极简主义的迷幻作用，熟悉的创造性，你之前从未听说过的陈词滥调……

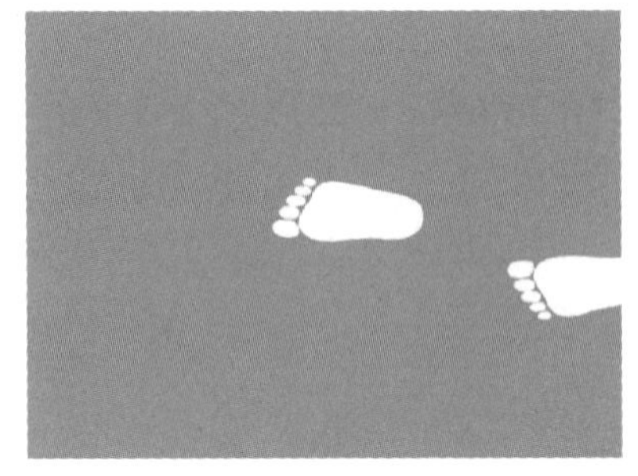

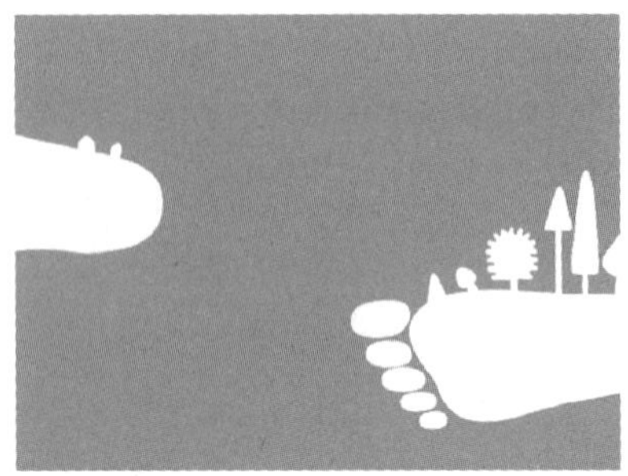

我同样认为我在工作中找到的狭义的理论给了我在风格上的一些空间，让我可以继续工作。很多作品试图找到一种所谓的清晰度，而它本身恰恰是一项没有休止的询问。开发视觉语言是无穷无尽的。找寻简单的、通用的图片以及重新让他们谈论熟悉的观点，通常这看起来像是一个没有尽头的游戏，比如象棋或者是方格游戏——你不会增加部件，你只是将他们到处移动。当所有的部件都不见了的时候，游戏结束了。

希望当你在看我的作品的时候，可以真正发现它是什么。这是真正需要说明的。很多作品看似熟悉，但是很新。有一些看起来非常简单，但是有时候它又显得谨慎，像是有种涂鸦的感觉。我喜欢作品很清晰，不要太绕，或者是假装成它并不是的东西。如果我是一个魔术师，我会耍把戏，然后立即揭示他们是如何做到的。我希望人们看到作品的时候说，“我也可以做那个”，但是然后也会觉得“我真希望我可以想到那个！”

数字化媒介对于你现在做的东西的形式和内容有多重要?

每件事都做好当然非常重要，但是我通常都会隐藏我做的东西的数字化因素。

在你心里，你是否将你动画和电影的工作从你印刷和文字的工作中孤立出来?

不，我都是来回调整。现在我有很多电影和动画的工作搁置着，因为我没有什么灵感。我现在这一整年关于图形方面的工作价值就是开始带入一些电影和动画的观点。

你谈到了很多为大量观众而作的个人工作。你是试图改变想法，移动这座山，还是仅仅只是为了表达感受?

如果你能够通过某种方式影响某个人，如果你能够让一个人因为一只塑料茶杯而哭泣，那么你就是正在改变他们感受事物的方式。如果人们能够对周围正在发生的事物更审视，我会非常高兴。我们都是我们感官的囚犯。个人来说，我经常努力在我自己的世界中找到一个更清晰的观点。我的工作也是做同样的事情。

你工作室你做的那个看起来很像布告栏的告示栏是一件非常不错的公共空间作品。但是我很好奇，它是艺术呢还是设计？这有关系吗?

我能把它叫做设计，但是然后称呼我自己为一名艺术家吗？在现实中，我叫我自己为一名设计师。我经常这样做，然后叫我做的东西为艺术，所以我是“设计”了一件艺术作品吗？我做的这么多东西都是将艺术当做设计来传递。这又回到了感知这件事情，人们与事物的关系。比起艺术来，我们让更多的设计进入到我们的屋子。

©Geoff McFetridge-Champion Graphics

我们的壁橱中全都是它。我做很多的作品都是基于这个告示牌的概念想法。每一件都是一个拼贴画的一部分，我们下意识的以为某一个人张贴了所有这些不同的部件。这种随意性于是暗示了一种个人品质，在它背后的“某个人”。在告示栏的这件作品中就是一个巨人。

让我们回到数字化：什么是你现在可以完成，而当你没有借助这项新的媒介工具的时候，是不能完成的？

数字，以及每件事情。如果没有它，我可能没法完成任何我已经完成了的事情。有很多人在我之前做了我做的事情，但我是那些早期的设计师当中的一员，我们完全只在电脑上工作。我知道我在1989年到1990年之间做的滑雪板是最早一批被当做数字文件传递的。然后当我开始做动画图形的时候，我观察到同样的革命发生。这样的好处就是开始从事并且知道很多老方法，同时也有很多新方法，当所有事情都开始数字化的时候，向光学印刷师傅和摄影操作师傅们学习。

十年以前，我们听说桌面出版将会改变创造性活动的方法和传播方式。在你的经验看来，会不会有更多改变？

现在很多责任和机会都被放到设计师身上，因此对于该做什么现在有一点混乱。可能我们现在都是作者，但是我们将会写些什么呢？我听说很多沮丧的设计师们想要自给自足，而不是干份工作。但是他们同时也发现这个世界并不需要另一家T恤公司。

我认为这些年轻的设计师们会与贪婪的企业搏斗。图形设计没有任何理由要变成专为市场服务的工具。我想孩子们也正在开始想把这个弄清楚。我的策略是在公司经济体系中独立工作；下一代将会有一个属于他自己的完全独立的经济。

你是否会呼吁那些设计师们，尤其是那些进入现在这个多媒介数字化世界的设计师们，聚焦在一个或者多个竞争力上？

打开思路，当时机是对的，靠自己的力量努力。如果你的力量被分散得太广，把它们追回来。如果你打算在很多领域工作，那就意味着你必须真正有效率并且集中精力。我做很多不同的事情，但是都是用一种非常系统的方式。只有当这种方式的确能促使你前进的时候，做一个多面手才是值得的；它本身并没有什么意思。Michele Gondry 曾经玩乐队，也曾经画漫画书。■

Keep Loose
Clothing
Away From
Machinery
Safety First

Do Not
Drink
Gasoline

Safety First

Safety First

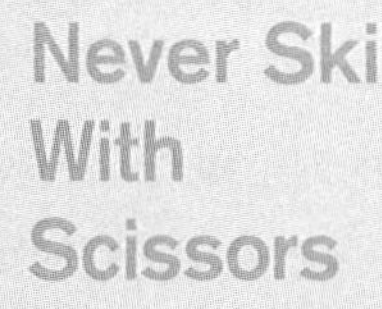
Never Ski
With
Scissors

发明娱乐

一个与 NBC 环球数字媒体（NBC universal digital media）副总裁、创意总监 Dvid Vogler 的访谈，纽约

你是以一名印刷设计师起家的。开始数字化的过程是怎样的?

这是一个温和的娱乐故事，所以请纵容我一下。我从印刷设计到互动设计的转型是一次快乐的偶然事件的结果。很多年以前，当我最开始效力于 Nickelodeon 的时候，我被安排负责设计所谓“空气之外”的产品。这包括了印刷、消费者产品、市场材料、提升等工作。同时，我对早期网络媒介的前身非常着迷。虽然我白天是一名印刷艺术总监，但是到了晚上我就变成一名对电脑痴迷的忠实粉丝。

好吧，我正在等待有趣的那一部分……

胡乱捣鼓这个叫做“互联网”的新东西纯粹只是我的一个蠢笨的爱好罢了。冒着我自己会变得过时的风险，这是真实的早期日子，当三个玩家控制了迅速发展的网上媒介：Prodigy, CompuServe, 以及一个杂乱的小开衫，叫做 American online。当然，这些网上媒介那时候还并不是真正的互联网，而仅仅只是用他们自己的专有的拨号软件做出的粗糙的、封闭的系统。

在 1994 年初，我父母的公司，Viacom，非常有远见地将脚丫伸向了互联网这摊水，他们决定将 Nickelodeon, Nick at Nite, MTV 以及 VH1 放在 AOL。Viacom 的那些持有人认为互联网是一个不熟悉的领域，他们持有一种怀疑的态度来看待“网络”（以及数字化设计）。他们有很好的理由。当时谁也不知道一个大品牌如何能将经验转化为金钱，以及如何判定将资源投入到一个未经证明的媒介上的成本。但是，评论家们当时已经在预测会有大事件发生，而互联网呼之欲出的嗡嗡声也在二十世纪九十年代中期诞生。

那么，这种转型是什么时候发生的呢，这在你的生命中是一件愉悦的事情吗?

所以这就是我如何从印刷领域被哄骗到数字化领域的：有一天我在 MTV 网络的咖啡厅，非常偶然地邂逅了 Dan Sullivan，我的一个朋友，他在管 Nickelodeon 的杂志部门。Dan 向我透露说他最近开始负责启动一个新的机构叫做“Nick Online”。（你们都应该记得，回溯到那会儿，整个杂志出版的世界被认为是最靠近在互联网“出版”的商业模式。因此，许多娱乐联合大企业开始转向那些做得很成熟的杂志来寻找答案。）

Dan 说他需要一个创意总监来帮助他把这些事情弄明白。因为他很清楚我对互动设计热情非常高，我开玩笑地建议说我可以是他的一种资源。就在第二天，那公司的高薪酬就把我俘获了，给了我一个我完全无法拒绝的待遇。他们很正式地要求我从已经确立的印刷产品的世界转型，将我所有的时间全部投入在做数字化产品上。

一年之后，用很少的资金，和 Dan 一起共事，我们将 Nickelodeon 品牌在他们原本叫做“通讯空间”的基础上开展起来。（天哪，当你回过头来看它的时候那真是一个令人尴尬的词条。）这里是不是非常精彩？当你的兴趣变成你全职的工作的时候这是非常奇妙的事情。所以非常感谢 Dan，也真的纯粹是机缘巧合的，我从此就开始了数字化的道路。我到现在还不能确定我到底应该感谢他还是诅咒他。

你做的很大一部分工作是为了娱乐创造产品以及环境。要酝酿一个切实可行的数字化想法，你是怎么做的呢？

通常对于任何好的顾客产品，你都是从顾客入手。我会说我在网上创作的创意源泉跟我之前做传统媒介的工作非常相似。通过了解你的观众以及他们的渴求，你可以最好地服务于他们。不论媒介如何，我认为将顾客置于第一位不仅对于设计是好的，对于生意本身也是好的。

很自然的，我们创造的某种经验跟网络的特有内在属性息息相关。最好的解决方法并不是仅仅从其他媒介将娱乐或者设计再利用，而是借助不同用户的特质及其参与、沟通。

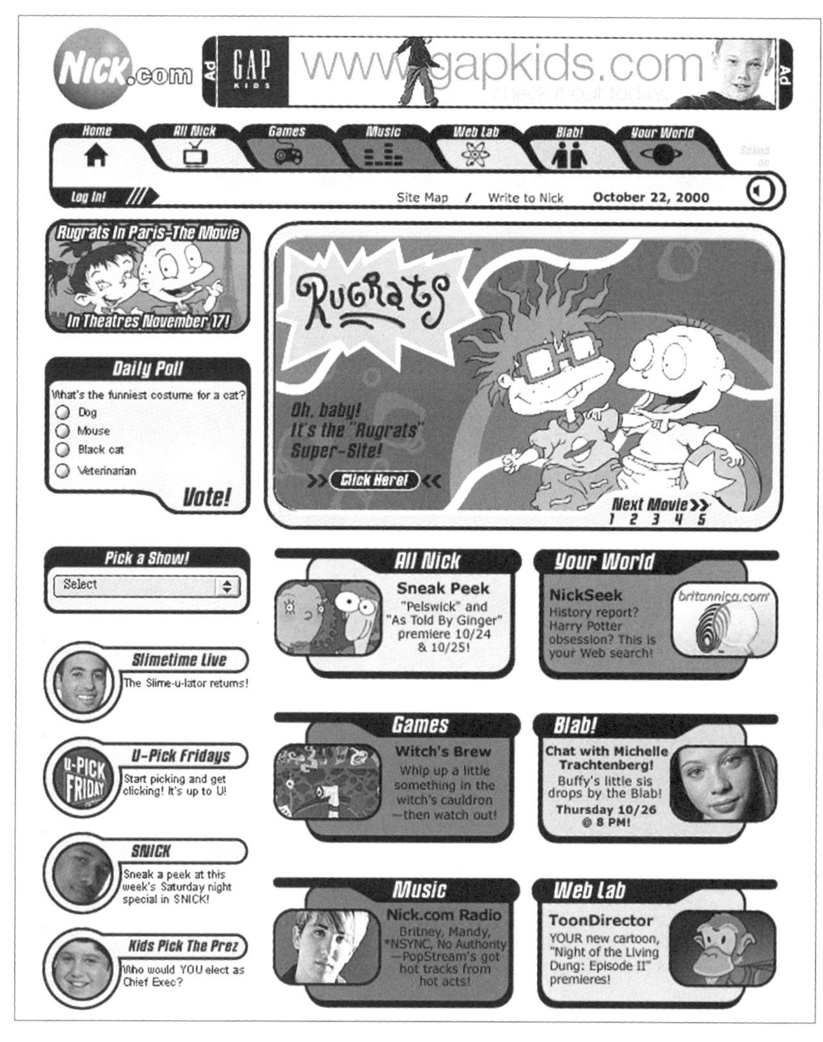

▲Nick.com

时间：2001 年

客户：Nickelodeon Online

设计师：Dvid Vogler, Michael Redding, Jason Arena

软件：Adobe Photoshop, Adobe Illustrator, Flash

在一个被专家和外行人创造的无穷的内容世界里，最伟大的区分器就是质量。最好内容的设计和执行将会最终脱颖而出。

不像印刷，它从根本上来说是独白，数字化设计则更多的是对白。它不是单一的视觉对话，设计师传递信息给读者。它是一种和声奏鸣，让不同的用户和不同的声音互动及发生相互作用。建立在这个基础之上的创意性的概念，通常是那个跟终端用户共鸣最好的。他们不仅更切实可行，而且提供了更多的乐趣。

除了概念性的考虑之外，如果要使得你的想法变为现实，你的媒介的什么方面是你必须知道的？

在 NBC-Universal，我们用来判定这个的标尺被归纳为“三个 C”。我们部门的领导，Beth Comstock，在她最近在电视广告一年一度的主旨发言中描述到了这个。非常安全的回答是，在数字化时代，它全是关于背景环境、社会团体以及内容。请允许我对这个进行诠释。

成功的设计方案取决于有经验的背景环境。你为起居室设计的可达数字化产品自然而然会跟你在 Ipod 上看到的不一样。我非常怀疑会有多少人瘫倒在沙发上，然后朋友们过来在他那个两英寸的手机上看美国橄榄球超级杯大赛。但是对于一个往返交通的人，乘坐 Metronorth 火车每天去曼哈顿，我可以非常诚实地告诉你，同样的两英寸屏幕对于观看新闻以及短片是再完美不过的了。所以在正确的背景环境下，设计方案能够在合适的位置上发光发亮。

社会群体在哪里参与进来呢？

可能最内在的方面就是群体的力量。这取决于你是跟谁对话，对于这个你会得到一个不同的定义。对于一些用户来说，社会团体这个概念最恰如其分的例子，就是你在 myspace.com 这一类网站的体验。

对于其他人来说，它就是类似聊天室之类的东西，迅速的回复，对等的资料共享，或者是最基本的广告栏。这里常见的纽带就是，社团就是将所有有着共同兴趣的人们集合到一起，给他们一个地方进行互相交流。一张打印的纸可做不到那样。我想说任何创意性的概念，如果能够利用群体的力量，那么对于数字化媒介来说就是非常适合的。这也适用于所有的可能性，不论你是在内容这一方还是在广告这一方，或者是居于两者之间的一些东西。

比如说，有一个非常酷的市场想法，是我 Modem Media 同事 Tom Beeby 和 Mark Galley 为 heineken 一些年前准备的。它有一个噱头，叫“Heineken Hoax”。简而言之，这个想法是想让用户们对朋友们开玩笑，通过给他们一些可以创造虚假网站的工具，这些假的网页充斥着定做的各种恶心的标题。这是一个只能在网络上来开展的体验，也真正利用了群体极具生命力和传播性的特征。我在这没法全部解释，但是相信我，它真的非常好玩。现在就把这本书放下，去 google 搜索词条“Heineken headlines"。去做吧，今天发送一个骗局，诓骗一个朋友吧。

那么第三个"C"呢?

最后，第三个"C"当然是内容。在一个被专家和业余的人创造的无穷的内容世界里，最伟大的区分器就是质量。最好的内容设计和执行将会最终脱颖而出。

所以，"三个C"的词条非常简单，但是经常被忽视。我坚信它作为你苦思创意性概念想法的向导是一种很靠谱的方法，它也与所有的数字化设计师相关。

你与Nickelodeon，迪士尼以及其他娱乐公司工作过，你也在一开始就经历了数字化革命。这些年以来什么发生了改变呢?

我是有机会与一些很大的品牌以及非常受欢迎的内容机构合作共事。他们中的很多人都是出生在影视世家，他们也面临着同样窘困的挑战，即从一个线性的媒介发展为一个非线性的媒介，互动的那种。但是好的故事演绎的建造基石是永恒的，经久不衰。好的内容就是好的内容。

最大的改革煽动者显然在这两个事情上有绝对的优势：技术以及宽带。在数字化改革的最初期，我们的体验总是受限于速度和分辨率。用户观看环境的限制通常会悄悄影响到创作的过程，并且泯灭掉很多的美感。

对于一个28.8波特的宽带，设计师想要优化他们，几乎就没有办法了。

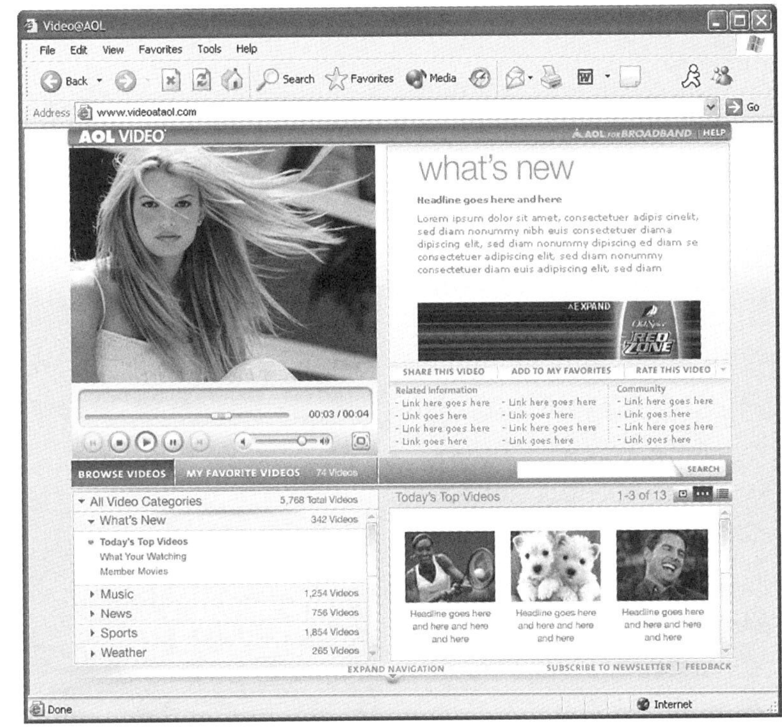

▲ AOL Video Interface System

时间：2006年1月

客户：American Online

设计师：Brent Pruner, Paulo Melchiori, Dvid Vogler

信息建筑师：Terence Nelan, Curt Knox

软件：Adobe Creative Suite

速度的缺失当然影响到了我们实践工艺品的方式。原来有许多很好的想法，但是技术基础设施并没有那么能足以支持这种创造。我们都知道对于真正的"互动体验式电视"的承诺会到来，但是仅仅是当大众拥有足够大的渠道获取到他们的时候。

那一天几乎就在这里了。你今天能在一个小时内下载的一个DVD，在1985年可能需要3年！在下一个10年，同样体量的资料将仅仅只需要5分钟。就现在而言，这个国家60%都已经覆盖了宽带设备，每一刻钟这个数字都在增长。宽带变得越来越快，体验也越来越丰富多样。这样的进程将会自然地改变数字化设计师解决问题的方式。

什么是你为 NBC-Universal 开发的最有挑战的产品，为什么呢？

就像我们说的，NBC-Universal 处于协商中，是为了获取 Ivillage，那个成功的并且广为人欢迎的为女性开发的网站。只要那个生意谈妥了，我们会集中全部的精力来运营那个网站，同时将 NBC 最好的品牌融合到 Ivillage 的体验中。我可以保证这种结合的过程将会是一个很具有调整的项目，但是也会是一个相当值得的项目。对于读者和内容的设计师们来说都将是互联网历史上激动人心的时刻。

你会想要回到印刷业吗？

我从未觉得我离开过。尽管我长篇大论地讨论互动设计，我也对于数字化设计进行过没有意义的妄自评论，我有时候仍然是不依赖互联网工作的。我热爱印刷业，更具体的说是，杂志和书籍设计，这是我在从 Pratt Institue 毕业后开始的地方。

当你雇佣数字化人员的时候，你想要什么样的？

首先最重要的是幽默感、灵活性以及好奇心。互联网设计行业是一个如此具有片段性，可变性的世界，任何致力于这一行业的人必须心胸足够开阔可以破坏规则，用于尝试新鲜事物。这些年过去，我发现这个行业那些宣称自己知道答案的人通常都没有什么头绪。我赞同有一些狂热的佛教谚语说的，“智者很清楚他什么都不清楚”。那么，这可能对于任何工作在互联网行业的人来说都是真理。一个伟大的数字化设计师应该拥抱未来，但是也尊重过去。■

Celebrity Rants ▸

时间：2005 年

客户：Questrel Inc.

设计师：Dvid Vogler, Mark Pagano

作者：Dvid Vogler

音效以及 F/X 编辑：Dvid Vogler

技术：Art Holland, Chris Cole

软件：Flash

VERY SHORT LIST 项目 ▸

时间：2006 年秋天

客户：VERY SHORT LIST

艺术总监：Emily Oberman, Bonnie Siegler

设计师：Holly Gressley, Cheslsea Cardinal, Alison Matheny

程序：Adobe Creative Suite

©2007 数字 17（Number17）（公司）

案例研究

Very Short List

Bonnie Siegler, Very Short List 和数字 17（公司）的合伙人，纽约城

从设计印刷业到电视图画，你现在开始进军到网络设计——但是不仅仅是设计和开发内容。这如何区别于你其他的设计工作呢？

Very Short List 与我们做的其他项目不一样，因为我们只是它的发明的一部分。那也就是说，不管它是什么，我们相信我们作为图形设计师的工作需要在不同程度上，把内容的部分带入项目。关于网站设计，我们发现其贡献变得越来越大，因为在某些时候，网络设计师、图形设计师与电影导演是对等的。我们决定了基调，告诉观看者什么地方该看，什么东西应该注意，以及通过网站地图控制整个故事。

对于阅读这本书的企业家来说，为什么你会决定做这项服务？你是否觉得有什么空洞需要被填补，或者有什么其他的动机呢？

我们真的相信这个观点，因为我们就是这项服务的观众。我们渴望这类东西。这对于你自己以及你的同行也是一项额外特殊的服务设计。

你是怎么变成 Very Short List 的合伙人的？最初是怎么开始的？

我的一个朋友有一个新生意的想法，我们帮忙开发，然后就最终变成了 Very Short List。

总是有很多需要沟通交流，但是空间永远都不够，这在网络世界尤其真实。你必须要花额外的注意力在每一个网页的设计上，以保证网页有足够的空间“呼吸”。

那是因为你是一名设计师，还是因为你是内容的提供者？

都是。所有的五名合伙人都会为项目带来一些特别的东西。

在一个网络冒险游戏中成为一名合伙人到底意味着什么呢？有多少是你可以控制的？你获得了多少额外的、更多的利益？

我们跟 Barry Diller 的 Inter Active 公司（IAC）合作来帮助这个项目实现。我们跟创造者一样有很大一部分控制权。对我们来说，知道有多少利益还太早了，如果有那就有。

从技术角度出发，什么是你同时作为一名印刷业设计师以及一名动画设计师需要知道、而你过去并不知道的？

我们以前也设计过网站，但是创作一个基于网络的生意，完全是另一场游戏。我们不需要知道程序的技术方面，但是我们的确非常需要知道怎样提出好的问题以及作出好的决定。

你体验了一种不同的设计吗？通过那个我想你可能会有自己的一套特定的、对于字体以及图片风格的倾向。在网络的世界里，这些东西改变了吗？

不能这么说。因为有不同的限制和不同的可能性，但是我们的敏感性还是保持一样。

很多人抱怨网络设计，说它所有的信息层和字体非常丑陋。你是如何在一个需要承载如此多信息的网站避免杂乱和丑陋的？

无论任何东西的设计，这都是一个巨大的挑战，真的。总是有很多方面需要沟通交流，但是空间永远都不够，这在网络世界尤其真实。你必须要花特别额外的注意力在每一个网页的设计上，以保证网页有足够的空间“呼吸”。

你是否要让目标群体对你的设计进行测试，来决定什么可以往下做，什么不行？

有些时候我们会，但是我们在 Very Short List 不会这样做。只要我们进入到一个地方，所有的合伙人都热爱它，我们就会跟着它走。

为了更好地适应网络特质的交易，你在招聘工作人员的时候是否想要招有特别技能或天赋的呢？如果是，那是什么？

我们总是想招那些人，他们有很好的想法，能够以一种漂亮和本真的方式沟通交流。如果他们能在一个媒介做到这些，那么他们在其他媒介也能做到。

如果这个网站变得很成功，那么网络会不会变成你新的开拓领域？

我们对于目前在网络方面做的工作非常享受。既然电视和网络会同时在你的桌面上出现，我们真的认为我们工作向网络的转变，更多的是一种界限的溶解。■

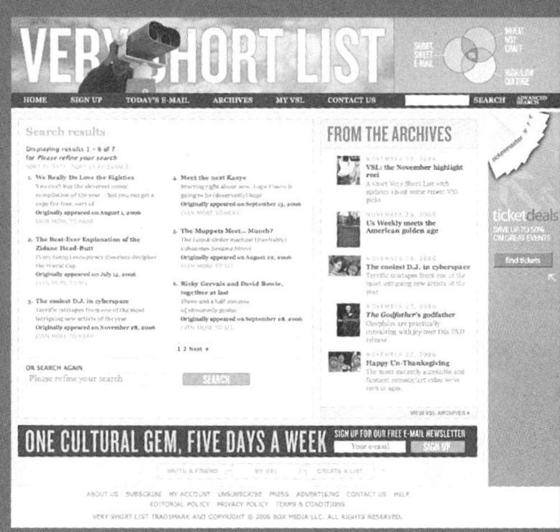

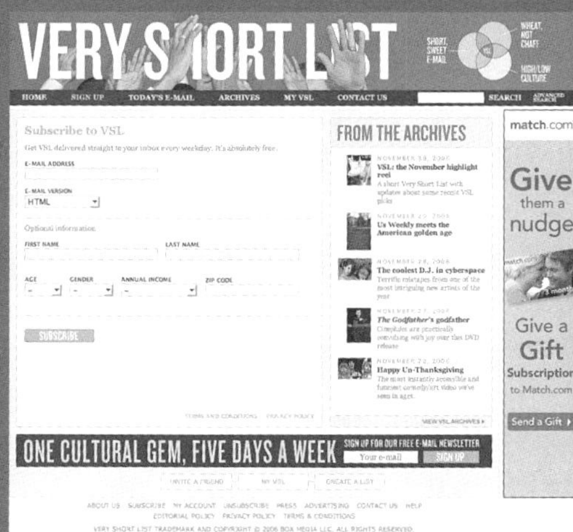

VERY SHORT LIST

OCTOBER 4, 2006

This fall's best new singer-songwriter (watch his music video)

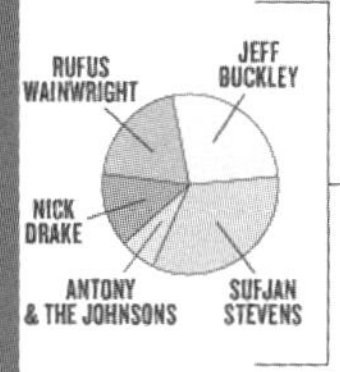

MUSIC VIDEO: Chris Garneau's "Relief"

Starting early next month, when Chris Garneau performs at the CMJ Music Marathon in New York — the cool-music record industry convention where artists ranging from R.E.M. to Eminem got some of their earliest exposure — watch for a ripple effect: As usual, music journalists will be descending on the conference looking to anoint the best new talents, and Garneau will be one of them.

Actually, he already has serious momentum: He's signed with an A-list indie label called Kosher Records, where his poignant, spare, orchestral songs about love and loss fit right in. His patron and producer is hot-again performer and composer Duncan Sheik. And Garneau's delicate crooning connects nicely with the ongoing male singer-songwriter Renaissance that began in the '90s with Jeff Buckley and Elliott Smith and is currently embodied by chamber-pop star Sufjan Stevens — i.e., sensitive boys not afraid of sounding real pretty.

But most helpfully, Garneau's first single, "Relief," teetering on the edge of melancholy and hopefulness ("I love the way you dance / We can work it all out"), has an equally lovely music video.

▶ **VIEW** the music video for Chris Garneau's "Relief," directed by Dori Oskowitz and Daniel Stessen // alternate link HERE

▶ **LISTEN** to four songs, as free streaming audio, from Garneau's upcoming debut CD, *Music for Tourists*. (Absolutely Kosher Records, employing the sort of pent-up-demand limited-edition marketing approach that's worked so well lately for the likes of TV On the Radio, is doing a limited release later this month of Garneau's Music exclusively through its website, absolutelykosher.com. National retail and digital release is set for January.)

▶ **MORE** VSL 'Music' picks

SIGN UP FOR VSL

FORWARD TO A FRIEND

ADD THIS TO MY VSL

PRINT THIS VSL

GO TO VSL HOME

ABOUT US SUBSCRIBE MY ACCOUNT UNSUBSCRIBE PRESS ADVERTISING CONTACT US HELP
EDITORIAL POLICY PRIVACY POLICY TERMS & CONDITIONS

IMPORTANT: PLEASE ADD VSL@VERYSHORTLIST.COM TO YOUR ADDRESS BOOK TO MAKE SURE WE DON'T GET CAUGHT IN YOUR SPAM FILTER.

第十章　博客

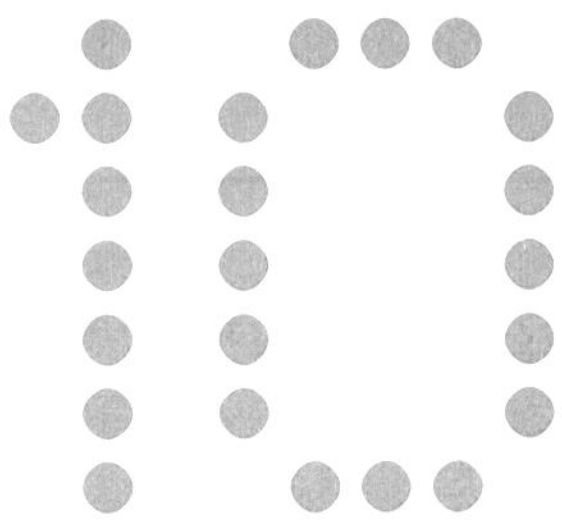

想知道谷歌的设计师是什么样的？去KEVIN FOX的博客和FURY上看看，找一找在搜索方面的发展方向以及他在雅虎的思考！在《纽约时报》工作怎么样？数字化设计总监Khoi Vinh在他的博客Subtractio上发表了意见。因为很多博客都是以第一人称写的，他们提供的不仅仅是对行业关注热点的了解，更是通过一个专家的眼睛在看世界。游戏设计师对什么感兴趣？什么会刺激到一名动画师？

在Core77背后的人们是工业设计的学生们，他们觉得他们需要一个在线的专栏，在那里思想可以被收集、碰撞以及进行资源共享。他们是在1995年发起Core77的，那会儿刚从学校出来，现在看来他们已经成功地从无到有，建设了最顶尖的设计网页之一。他们除了学校给予的一点点资助以外没有其他资金，但是他们的确有热情。一开始看来是个困难的问题——即他们没有一个组织或公司作为靠山，后来都变成好消息。当他们仍然在想办法谋生的时候，他们已经能够发出一种独特且独立的声音。

如果你正在考虑开始做一个你自己的博客，要注意的是：把它做好要花的时间比你预期的要多得多。但是博客不管是智力方面还是经济方面的确有它的优势。开创你自己的博客，不仅给你一个机会可以展示你的设计能力，它还给你提供了一个空间，让你捕捉你的思想，迫使你自己将之清晰地表达出来。能写得让人信服，可能是一个数字化设计师需要掌握的第二重要的技能。那些不知道如何评价你"作为一名数字化设计师"的客户，可能能够欣赏你的写作才华。博客也给潜在的老板和客户一个舒服地可以洞察你个性魅力和兴趣爱好的方式。需要记住的是博客毕竟是公共资料，所以你可能要为你在某些领域的长篇专著寻找另一个发泄的出口。

在你开始你自己的博客之前，你应该考虑为其他人作贡献。发一些评论是一种简单的开始方式，但是很多有声望的博客，像 Core77，也接受投稿文章。如果你有一个观点或者看法，你认为其他人可能会感兴趣，把它写出来。因为博客的稿费都非常微薄或者几乎没有，他们经常寻找免费的内容。■

设计播客

自从音乐播放器苹果生产以后，这个高贵的媒体交流设备推进了我们接收音乐和图片的方式，它为每个媒介企业、文化机构以及商家都提供播客。这些合成的音频及电视节目现在如此流行，以至于它们已变成常规的信息和娱乐节目，服务于成百上千的人，他们可以简单下载，在去学校或工作的路上收听或者观看。

在这个信息化的时代，设计师们越来越多地参与到播客的生产中来，它不是单纯的一个视觉量级（比如，为音像程序设计标题或图像），而是作为内容的供应者（比如，写剧本，执导，甚至播报）。播客主题的范围非常广泛，很多都是跟设计有关。

如果不是很精通，那么设计师至少有责任去理解整个播客的生产。尽管它还没有变成数字化设计的一个特定风格，它也是网络创作的一部分，它与更广义的行为有关，甚至是杂志设计。既然传统印刷媒介整合了新媒体，播客（至少在可以预见的未来）将被用作补充现在的流媒体文化大餐。

一个设计师怎么变成播客专家？尽管有一些技术课程教授基础知识，大部分的技能还是主要靠实践习得。实验和犯错是通往娴熟的道路。最基本的播客就跟在一个数字录音机上记录一个声音一样，更有抱负的设计版本需要排版和其他动画的辅助，做这个的方法就跟任何动画设计程序一样。要使得一个播客可以被放出来，特定的压缩软件是必要的。但是一旦基本的技术掌握了，播客就跟白纸似的，任由设计师想要做得复杂或是简单了。

废话探测器

一个与密西西比州立大学图像设计副教授 Kate Bingaman-Burt 的访谈

你是一个 29 岁、在密西西比州立大学任职图像设计专业的副教授。你是怎么以及为什么会变成一名设计师的？

我一直想成为一名记者，直到 20 岁那年，有一个人告诉我他们喜欢我的手写体，然后雇佣我做一个程序包项目。我英语专业已经修完了，所以我想我也可以选一个图像设计的专业。我在《图像设计 1》课程的半路上意识到，这可能是我可以发挥的领域。它就像记者行业，我可以沟通并且考察很多不同的话题，但是我喜欢我手边能有好些不同的工具来尽我所能使用来实现它，而不仅仅是 Microsoft Word。

你出生在数字化的世界。但是是什么激发你将博客用作既是表达想法又是教书工具的？

我是 2002 年开始我的网页 Obsessive Consumption 的，当我写下我的日常开销时，我压根儿都没有意识到我在玩博客。到我开销明细记录的第 28 个月的月底，博客这个词条被越来越多地使用，也就是在那时候我意识到我正在做博客。当我 2004 年开始教书的时候，很显然这变成一种沟通方式，我应该用它来与我的学生们交流。

你的主页是 Obsessive Consumption。这个名字不言而喻，但应该不是诱因。是什么促成了这个网页？

这个网页是分阶段出现的。第一个阶段是由想知道东西的历史而激发的，为什么人们买了他们买的东西，他们是如何与他们的个人物品互动的，只是最普通的伴随着个人消费的情感。我决定记录 28 个月我的个人消费情况，然后开始做一些关于消费的工作。

第二个阶段是与开拓债务有关，而且略感尴尬的是这伴随着过度消费，也伴随着对于开销的世俗方面的拓展。这个时候我开始画出我所有信用卡的情况。

第三个阶段我认真地做了要写博客的决定。我想要我的网页有更多动态的内容，而不仅仅是一个作品网站，就像一个静态的纪念物一样。所以随着这个最新的重新设计，我继续画出我的信用卡情况，以及继续做一些个人消费的工作，但是我也开始将我每一天卖的东西画出来并且将之放到网上。

我非常高兴的是将一个作品集网页与一个动态的、有驱动力的网页融合起来。这个版本对我来说是最好的，但是我也很兴奋地想看到第四个阶段是什么样。

博客是沟通，设计也是沟通。它只是另一种有效发布信息的方式。

作为一名设计师，你对网络的局限性很有意识，让我们叫它“传统意识里的好设计”。你是怎么克服了这个困难，或者你确实是克服了这个困难吗，使得网络产品与印刷的一样好？

——我的心病之一就是看到一个网站的时候它的功能就像一个印刷的册子一样：静态的内容不再属于任何互联网，如同封闭着的花园再也互不相关。印刷品可以激起没法出现在网络上的情感，但是一个动态的网站可以让你参与进去。

我对每个东西都有不同的期待。我意识到一个网页不可能是一个真实的物体。当我接触我的网站的时候，我很确定他们可以做到某些印刷制品没法做到的。好的网站让观众参与进去。相比印刷制品他们传递着更多情感，与观众有着更多互动。

在你很生动的网页上你用了很多手绘和拼贴画。通过这种风格或者方式你想要说什么？

我很坚持所有 Obsessive Consumption 上的东西都是我自己做的。我在屏幕上打印 T 恤，我缝制有美元标志的娃娃，我做纽扣，我缝制印章，以及我画出信用卡的情况和日常购买物品，用我那只信得过的 Pilot v5™ 的黑色墨水笔。手绘的线条是颤抖的，整体是涂绘的。我的作品不可能有任何一件会被误认为是通过一台机器或者批量生产出来的。

在你看来，博客与设计有关吗？如果没有，那它是什么？除了是一个愉悦的消遣外？

博客是沟通，设计也是沟通。它只是另一种有效发布信息的方式。这可能是用了一种过于简单的方式去看待它。但的确，我认为它是与设计相关的。有好的、有效的设计，也有不好的、无效的设计。有好的、有效的博客，也有不好的、无效的博客。

你也曾经开设过一个学生博客，叫“废话探测器”。这增加了学生的什么体验呢？

当我 2004 年开始教书的时候，我就开始使用博客，“废话探测器”是在我将我所有的班级合并关联成一个大的博客的时候发生的。当我意识到，我的广告课程班级的学生查看我关于形式课程的博客，而形式课程的小孩儿在查看我图形设计课程的博客的时候，我决定将博客合并。主要观众是我的学生，但是我也非常欢迎密西西比州立大学设计系以外的人们，如果他们能够喜欢它的话。我的学生们喜欢它，因为他们能有一个地方找到他们的所有作业，到期应上交时间，以及很多他们特定任务的相关链接。

你教图形设计一课程，排版二课程，以及广告一课程，在所有的启蒙课程中，有多少数字化媒介你会灌输给刚入门的设计新生？

我强调手绘技能和思辨能力超过了技术能力。我们做一些项目是可以继续培养他们的手绘，但是计算机应用是他们作为设计师的必备发展的很重要部分（尤其是如何有效地使用互联网进行搜索）。

很多学生真的对电脑感到害怕，尤其是女生们，我会尽量去神秘化，告诉他们按下那个键或者在一个程序里到处点击都是可以的，尽量尝试。我还记得我最开始的时候也是被电脑吓到。对有些人来说它就是一台吓人的机器。我也会让他们知道，比起操作一台电脑，想出优秀的概念是更难做到的。他们经常可以通过阅读一本说明书来学习一个程序。但是你没法通过阅读一本说明书来找到一个原始的想法。

你会建议学生直奔数字化世界，还是从传统媒介开始？

两者兼有。我发现这两者变得越来越没有界限。我不认为还会有太多的区别。学生们对技术很有头脑，但是他们也应该重视传统技艺的重要性。有时候我会惊讶于他们对传统的兴趣，有时候我会担心他们没有这个兴趣。我让我的学生们先在纸上开始一个作业，逐渐充实那个概念，然后再转向计算机，使用计算机就像一个工具一样，将他们的概念精确表达。我不希望学生们将技术当作拐杖。

crapdetector.com ▸

时间：2006 年

客户：crapdetector.com

设计师：Kate Bingaman-Burt

程序：Typepad

从博客到商业（或者相反）

一个与 Coudal Partners 公司的主要负责人 Jim Coudal 的访谈，芝加哥

你的网页 / 博客是在设计领域最受尊重的设计之一。你是怎么以及为什么会选择这种方式作为推广你自己的方式的？

老实说，当我们 1999 年开始做 coudal.com 的时候，我们做它是想要一个沙盒，在那里可以玩一些工具和技术，对一些网络设计和出版的奇怪想法进行分门别类的整理。一件事导致了另一件，它也有很多方式成长，但我们今天仍正在做这些，只是有更多的人在关注而已。

至于说将它作为一个为我们的设计咨询机构做推广的工具，它还是很成功的。我们每个月都从网站上获得很多咨询机会。我们有一个很漂亮的工作作品集，我们很高兴将它展示给潜在的客户们，但那不是我们的网站要说的。

就像这里的某个人说过的那样："如果你在一个酒吧里跟一个女孩聊天，首先你不能谈的是所有你约会过的那些女孩们。"这个网页给了一个很诚实的介绍，关于我们是什么样的人，我们的激情在何处，我们如何工作的，如果某个人能从网页上得到这些，基本上我们有了一个建立关系的基础。如果他们不能得到一丁点信息，我们可能就不会跟着他们回家。

你现在的工作如果数字化（尤其网络为基础的）与传统相比，是多少比多少呢？你预计传统的东西是否会被推开呢？

现在是对半分。我们热爱印刷和传统设计的实践艺术品，我们也热爱网络和交互设计的实践艺术品。一个滋养着另一个，我们也做了很多电影。我们做的东西越多，我们就变得更好。

电影是你们数字化专业的结果吗，还是你需要学习电影的语言？

都有一点儿吧。我们这些年为客户生产了好些电视商业产品和长格式的工业电影，像在网络上使用传统印刷技能，我们都各就各位，在新媒体上使用雇佣工作中发展而来的手艺。我们倾向于选择那些符合我们兴趣和符合当下我们员工技能的项目。现在我们的主要作家，Steve Delahoyde，恰好是一名熟练的电影制作人和编辑，所以在寻求解决方法的时候，我们会更多地想到用电影和音像的方式。

在进行设计实践的时候你们有用一些简化了的方法或者风格吗？如果是的，在数字化领域工作是如何改变你对设计的态度的？

我们做任何任务的基本方法都非常的一致，不管是为连锁餐馆命名还是编辑一个电影，或者设计一个网站、标识系统。我们到一起来，讨论、争论，照看并不统一的、各自的方式，然后我们又重新到一起来将一些东西抛弃掉，直到我们确定下来。

我们会将一些阻止我们发现其他东西本质的东西摈弃掉。我们的设计主管 Susan Everett 和我在细节上总有分歧，但是我们都同意上面说的那一点。

什么是你在这个数字化领域（比如，简单性或是复杂性）觉得最可贵的特征或者是价值？

我们会将一些阻止我们发现其他东西本质的东西摈弃掉。

人们的交谈是最核心的。我们认为每个人都能通过理解人们日常对话的方式得到一些关于沟通交流的知识，尽量避免追逐潮流的泡沫和空泛的市场说。

你觉得你有一个独特的风格吗？这个风格今天重要吗？

我不知道它是否重要，但是我们倾向于规范的网格系统的排版，简单几何形式的设计，经典的印刷，以及我们在书写时更精炼的句子和更积极的主张。

你有不少员工。什么是你认为的核心职位，你在寻找什么样的员工呢？

非常坦诚地说，好像唯一在这里能得到工作的方式，是从这里开始实习或者是首先与我们进行自由职业合作。我们吝惜地维护着工作室随和、合作的文化，这也影响着我们作引进新人的决定。如果你已经正在跟我们工作，我们会更容易决定我们是否会留下你。

设计天赋是否比技术能力更重要呢？

不得不说理解设计的基本技术非常关键：印刷，排版，操作，写出清晰的编码等等。但你不会雇佣一个不会钉钉子的木匠吧。一直很惊讶的是我们看到一些学生和潜在的员工们缺乏这些技能。一个差劲的头条会是这些技能缺乏的直接后果。

我们一直说的是，我们对技术能力不是特别在意，即使是技术天赋。凌驾于所有之上的是品位。一个人热爱的与他们能做出来的同样重要。一个能在两个类似的价值观中作主观判断，并且聪明地守卫它的人，是我们会感兴趣的人。

我们还有另外一个简单的规则。两个人在所有方面对某一个职位都同样合格，如果其中的一个人擅长写作，那么我们每次都会雇佣她。显然，会话式写作是逻辑清晰的标志，这是一个在设计界被大大低估的技能。

▲ www.coudal.com

©Coudal Partners, Inc.

你觉得新手们最需要知道的是什么？

克制是一个设计师最大的工具。给我看少量的、杰出的、精致的作品，而不是满筐的“还可以的”作品。在你告诉我们你想做这些之前，花些时间去了解我们做什么。寄一些不一样的东西给我们，另外，看在上帝的份上，在信封上把我们的名字拼写正确好吗，亲。■

博客作为世界观

一个与音乐家、演奏家、博主 Nick Currie(Momus) 的访谈，伦敦

你是一名音乐家，演奏家，作家以及网络管理者，你是否也可以把自己描述为一个设计师?

不会，但是我倒是一直对设计感兴趣。我对它的认识是在文化层面上的而不是实际操作层面上的。我想我的母亲对我有很大影响，她对设计的兴趣是因为觉得这是一个阶级的信号，是资产阶级的象征标志。

你是否认为音乐是一种形式上的设计，更确切的说，图形设计?

不怎么是。但是我注意到的确是有一种音乐类型，你可以将之视为图形设计的一个分支。我想某种类型的电子设备可能满足条件：音乐，看上去更关乎风格而不是物质，出于自己的原因歌颂表面的东西。通常，做这类音乐的人非常适合图形设计，有非常棒的唱片套，像设计师一样对待他们做的东西。

这些天，被定义为是一名设计师或者一名音乐家变成了一件在笔记本上选择程序的事儿。我不确定在上传 Ableton Live 和上传 Illustrator 之间有什么很大的职业区别。当然也有声音设计，你可以在所有的接入设备和滤波器中操作声音。但是总而言之我认为音乐在某种程度上更富有灵魂。

我认为整个环境、音乐的社会意义与设计的环境截然不同。音乐经常将我们与神圣的或者禁忌的东西相连接。设计就更复杂、更实际一些。这是一个相对新的领域，是工业化的分支。同时两个领域的职业架构也不一样：音乐是你为你自己做的一些东西，依据内心的触动到自我的表达。设计倾向于是你为你的客户做的一些东西，提出一个具体的问题，然后自我压制。可能会有集合，但是我想这些区别还是会存在。

你是怎么与你的数字媒体互动的?

我最近什么都喜欢通过 Click Opera 博客（imomus.livejournal.com）来做。那个也对我是一种设计输入，但是基本上还是在 Livejournal 的体系里工作。由于这个网页，我更关心东西的外在观感。在 20 世纪 90 年代，我一直都在作改变，测试激进的皮肤，闪动的图像，巨大的绘画。

从根本上来说，HTML 是非常简单的，只是文字和图片。我做很多东西都是通过眼睛。我想我真的是一个依靠直觉的设计师和摄影师。我有一个独特的审美，但是我缺乏准确度、知识以及规矩。我喜欢鲜亮的颜色（橘色，粉红，红色）。可能看起来会有一种特定的共产主义或第三世界的感觉。它综合了清教徒似的自律，以及某种特定的艳丽与魅惑。有后现代的玩笑，但是本质上它是非常真诚的。尽管多少显得廉价，但仍然是有对美的追求的。

imomus.livejournal.com ▶

时间：2002~2006 年

设计：Momus

软件：Photoshop 以及 Microsoft word

你富有创造力的生活中，有多少是在数字化环境中创造并参与到其中的？

我正以一名不可靠的导游出现在 Whitney Biennial，所以我正在真实的世界里对真实的人们用扩音器讲故事。（扩音器是电动的还是电子的呢？我猜应该是电动的。）如果我在录制音乐，我就是在数字化世界，但也不总是那样。它也会从电动过渡到电子，尽管在我的生活中经常是这两者的混合物。

博客是很明显的数字化。总之，我不怎么关注奇数创新或者发布。至少在我看来它们都是在说故事，将东西乔装打扮一番。

如果技术让我们可以在任何地方做任何事，那么一个地方的生物的价值是什么？

这对我来说是一个核心问题。它扩展成了必需品和意愿对立存在的问题，或者说是自我限制与自我建设，或者普遍性与风味，或者全球化与本土化。人类社会关系是圆的（或者为了一个计算机特性，或者一个合成器），好呢还是让它是个扁的？我是想要我的合成器听起来像世界上的任何东西呢，还是听起来就像个合成器？那么，这个问题的简单答案就是，“我想要我的合成器听起来像任何东西，包括一个合成器。”

关于全球化 / 本土化同样的，其实是我想要变得全球本土化：我想要是从某个地方来的，但是可以去任何地方参观。但是我们得问问自己这是否可能。

地方特色不仅仅是关于从某个地方来；它是关于要停留在那儿。很难既拥有自由又拥有地方特色。人们经常怀疑我是一个苏格兰人，我也这么怀疑自己。多种族是伟大的，当然，但是说到地方特色，它就有点像鸡尾酒了。总是有误解，对它混淆不清。

你是否觉得，就像你似乎正在实践的，设计与设计师之间的传统界限已经发生了改变？

我是希望生硬的界限能快速减弱，尤其当因为主题占优势的时候。比如，昨晚我在 Williamsburg 的一个书店参加了一个 Vito Acconci 做的阅读交流。现在 Vito 有一个很不错的职业。他一开始是一名诗人，然后变为一个表演艺术家，然后是一名建筑师。但是在他做过的这些领域里，他保持了惊人的连续性和一致性。他的建筑是具有语义的，如同原版小说。他的表演和展览装置又包含了诗和建筑。还有他的主题通常私人和公众之间界限很小。

我真的非常喜欢这一点，一个个人的兴趣爱好可以演变成在这么多不同领域做原创工作的内在动力。我喜欢业余主义，尤其当热爱这个部分在最前头的时候。并且的确计算机正促使这场革命激发你的兴趣来谈论，但是我想补充的是通过计算机我们可以做所有类型的、……我觉得当没有人为你思考付费时，你的思考才是最好的。就是这种自由的感觉让付费了的工作值得付费。

具有自我意识的、非计算机或者是后计算机的行为。所有东西的全面数字化在材料、形式和行为中创造了一种兴趣，这让它们不止步于简单的数字化。如果说这场革新有部分是基于张开双臂迎接计算机的人们的话，那么它同样也是基于那些与其分道扬镳的人们的。

有什么东西是你作为艺术家所缺乏的，而你又希望自己曾经学过，或者感觉你觉得为了跟上时代你现在必须学习的?

我雇佣设计师（像是 James Goggin 或者 Florian Perret）来做我的唱片封皮套，尽管我也可以自己做一些唱片封皮套，以前偶尔也做过一些。但是我雇佣他们，因为他们远远超过我的技能和敏感度，确切地讲是因为他们不是业余人士。我自己意识到我的欠缺及失败，作为一名设计师恰恰是引导我走向所谓的专业设计师的东西。他们让我能够跟得上时代。不过我又倾向于与那些发现我的想法能刺激到他们工作的人共事，所以这是一个双向往复的过程。值得说的是，“浅尝辄止”与“业余主义”让一个人足够了解一个领域，并意识到这些专业人士是多么擅长他们在做的事。

在数字化领域你将你自己放在什么位置?

我只希望互联网保持开放、廉价以及跟现在一样具有可达性。我不想让它集中化、专业化、走向电视、走得太快。我想看到来自更多国家的更多的人们在那儿。我希望看到网络翻译能更完善（尽管我也喜欢它现在的不足，最近我很多词汇都是来自一些不太好的网络翻译）。

至于说我，我的博客引领至一个在 Wired 的专栏，但是我现在非常小心，不让我这被付了费的活儿，减少了我每天早上醒来后只用思考“今天我要写些什么”的欢愉。我认为去问题寻找的行为是非常重要的，我觉得当没有人为你思考付费时，你的思考才是最好的。就是这种自由的感觉让有偿工作变得值得让人买单。那就是实验室，研发（Research & Development）。所以我的计划是保持每天早上在实验室待几个小时！■

案例研究

CORE 77

Core 77 的合伙人 Stuart Constantine，纽约

Core 77 已经在年轻设计师中吸引了一大批追随者。你们认为这应归功于 Core 77 本质核心的什么方面呢？

Core 77 一开始就是一个爱的实验室，现在也仍然保持着。所有参与到开发中的人都对设计、互联网、交流、时间以及辅助设计、设计论述非常感兴趣。这个网页反映了我们自己的真正的观点，这个让观众有了共鸣；当你欺骗的时候它们是能察觉到的。对于设计师而言重要和适合的东西我们也有一个非常广泛的定义，而我们的读者们喜欢这一点。这经常会使得我们与资助商和广告商更难合作，因为他们总是想要彻底的与他们的产品和制作方保持紧密联系，但是我想这也不是什么新鲜事儿。

最开始做 Core 77 的时候是什么样子？在你真正能够在这个网页全职工作之前持续了多长一段时间？什么时候你意识到这个事情可能真正可以干下去？

在头十年，我们为客户做设计工作作为公司的主要收入来源；2006 年是我们停止所有客户工作的第一年，我们将所有的时间和精力投入在网页上，结果客户工作对于谋生来说要容易得多！但是我们的确热爱我们做的事情。实际上，在办公室，我们会提醒我们自己我们是那些我们知道不讨厌自己工作的极少数人。

伴随着其他形式的设计，数字化技术奖工具和产品的成本降低，使得年轻设计师们可以建立属于他们自己的东西。这在工业设计也是一样吗？还是工业设计仍然被能买得起绚丽设备的大型商店所控制？

这在工业设计绝对属实。不仅仅是数字化技术，同时，沟通和交通因素也起到了作用。这是全球化。现在许多小商店也可以通过标准化的机器做他们的 3D 产品，在中国拥有原型后通过联邦快递寄送。互联网的普及让新兴设计师比起以往任何时候，都更快速地得到更多的关注和了解，并且用比以往来说更少的开销。

对我来说，有了设备，比如 Iphone，形式和互动似乎正在越来越不可分离。是吗？所以，这对于未来意味着什么呢？

我们去年有一个活动，叫做“产品和他们的生态系统”。表面上，这意味着每件物品都将变得充满力量和复杂。（如果有时候被嘲笑，互联网冷藏库是标准）但是同时，事情现在趋向简单化。可能所有东西都没有必要与其他东西联系在一起？但是你肯定会看到越来越多联系设备的方式。更重要的是，将会有越来越多的机会来联系使用这些设备的人，这最终会对人们如何使用他们产生一个更大的影响。

所以工业设计与产品设计的区别是什么？是不是就跟他们说的，工业设计让人听起来似乎是你会把雪茄卷到你的套筒里？

确实是有一点儿那样。如果你告诉某个人你是一个工业设计师，你经常会得到一个迷惑的眼神作为回馈。然后你说，“你知道的，产品设计，”然后对方就会出现少许的意识。可能产品设计更多为消费者服务，而工业设计是一种商家对商家的形式？

所以，现在图像设计，工业设计，以及建筑，看起来都是彼此分离的领域——但是它们都在使用数字化工具，很多这些工具都是相似的，如果不是完全一样的话。你觉得这些领域将来会合并吗？

我不认为那个会发生。只是因为一个人能做一页纸的排版，不可能意味着他能建房子。因为这些领域都有共同的审美、关系、空间、层级等的理解，因此这些人彼此可以对话。他们也可以对对方做的挑战表示欣赏。但是你会雇佣一名建筑师来做杂志吗？每个领域都是高度专业区分的，当然可能会在个别的行为中有一些穿插，但是我不觉得将他们融合成一个什么类型的超级设计师可以解决一切问题。

你同时管理一家很受欢迎的求职工作台。你是否有意识对于工业设计的雇主们想要找一个什么样的候选人？有一些特殊的技术或者程序水平吗？对于找工作的人你能给一些大众化的建议吗？

如果是刚入门，雇主们会想要找一些能做基础工作的人。这意味着他们应该在他们的手指尖有一个技术的兵工厂。草图绘制仍然是最重要的。在这些技能之外，对整个过程思路清晰地定义和诠释，那么你就是一名强有力的候选人了。

可以将你的意图进行沟通，在它们后面有原创的，强有力的概念也很重要。在高级层面，雇主们想要找那些能在很多领域工作、并且能跟许多不同类型的人工作的人。IDEO，比如说，要找的人是“T”形人才，能在很多领域处理广泛的知识能技术，在某一个领域很精通。团队中能有那样的人是很好的，我们都知道设计是一个团队活动。■

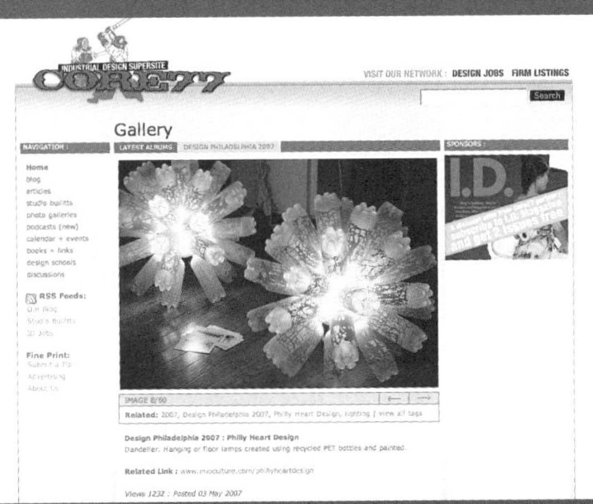

ICFF
May 19-22 2007

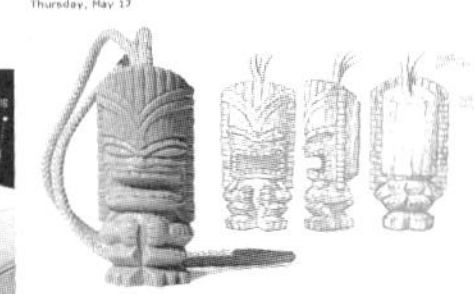

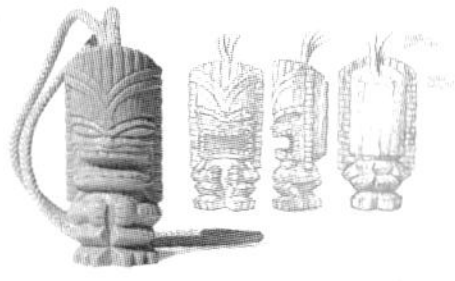

The Case of the Shrunken Tiki Twin

Reclaiming Design panel discussion at HauteGreen 2007

Wireframe art stories

EleeNo WebTime Elite watch

www.core77.com

Site Design and Development: Core77

第十一章　屏幕之外的数字设计

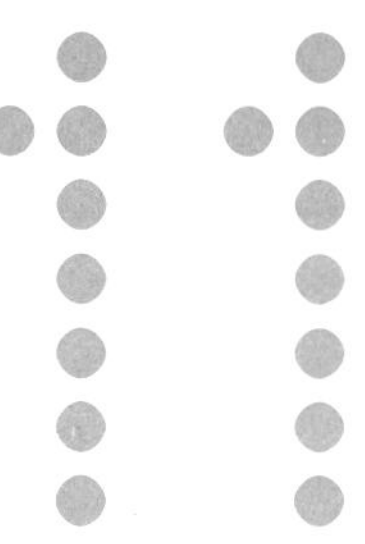

从现在开始的多年之后，你可以告诉你的小孩，在过去，计算机是桌子前的盒子，他们可能会相信你。数字化设计实际上是从银幕上跳离出来了，将建筑覆盖着一层交流化的皮肤，或者是缩小到跟手机一样大小。技术发展得如此之快，以至于仅仅列举新的数字化应用程序就能占满好几页的空间，而它还一点儿都没有痕迹想要慢下来。

伴随着这些新的机会也带来了新的挑战。在与 Adam Greenfield 的访谈中，我们谈到没有交互界面的设计，它是不可见的，但是，同时，存在于任何地方。在 Time Warner Center 工作的 Cavan Huang，有相反的问题。①他设计交界面，覆盖巨大墙面，甚至一直跟着你延续至电梯。②他的媒界表层在时代广场延展整个城市街区，对全球及当地市场波动，世界时刻事态进行有机回应。它一天二十四小时，一年三百六十五天，都被某些人注视着。你怎么去调整一个一直被关注着的展览呢？

数字化设计一个最让人激动的事情是没有人知道答案。你最好这样说："目前来说，还不错。"有可能会发生什么呢，在将来，设计师们都会专注到这些新屏幕和网络中，我们甚至都没有今天这些名字。你可能可以修一门叫"不可视信息设计"的课，"建筑·尺度交界面设计"，以及"极小屏幕设计"。但是那样你就要问你自己：多久前开始，这些新技术就跟桌面电脑（我正在猜想着那会是谁的陈旧物，尽管我在某一个上工作）走同样的路线了？

有一件事似乎是肯定的：数字化设计已经开始远离屏幕，而你没法再重新把它塞回去。用正确的框架去做，机会总是无限的。但是很重要的是我们要意识到我们仅仅才开始，而不是演化进程的终点，所以站队的时候要格外小心。■

无所不在的电脑运算

一个与 Adam Greeneield 的访谈，《Everywhere:The Dawning Age of Ubiquitous Computing》的作者

你工作的领域通常被叫做“无所不在的电脑运算”，首先，你能不能给我们定义一下呢？

这个短语“无所不在的电脑运算”是最近被 Mark Weise 创造的，他从 20 世纪 80 年代末开始在 Xerox Parc 工作。他将普适计算看作我们与我们运用的数字工具的关系中下一个逻辑阶段，这是一个不可避免的历史转变结果，基于这种转变，从很多使用者共享同一台机器到很多设备为一个使用者服务。就像 Weiser 描述的，无所不在的电脑运算是一种信息处理，将屏幕抛在身后，被广泛散置在建造的环境里：“看不见，但是遍布木制品的各个角落。”对于信息技术中被界定成计算机的盒子的这个概念已经悄然发生了变化。普通物品正在被重新建立成地方，在这些地方世界上的事件被汇集、考量、行动。

你是否可以给出一个正在做的无处不在的系统的例子？

我刚从韩国回来，他们正在致力于一个叫做 T-Money 的系统，这是一个无接触的付费系统，包含有一个无线频率识别（RFID），装备了智能卡片。它让你能够买任何东西，从公交车票，到一本书，到买午餐，只需要晃一晃这个小魔杖。我们也去看了一个装有无处不在系统的“样板间”。主要的界面是一个无线壁挂式的板子，做电话用；一个立体声响，一个日历，它会告诉你你邮箱里是否有新邮件，它会提醒你如果你忘了把垃圾带出去，它让你可以控制你的家用电器和灯。

这种高度集中化完全可以通过现有的技术实现。好，那么我现在想象一下这样的场景：没有中央控制台。想象一下这些系统是互相可以交流的，然后自动地依据使用者的行为来调节它们自己。明白我想说的了吗？

如果我们有这个技术，为什么我们不用它呢？

如果简单回答，那就是我们正在开始，尤其是在亚洲。这真是一个协调的问题。在韩国，一些大型公司控制着大多数的制造，这样要使得这些公司共同合作采用这个技术，就比起在美国要容易得多。控制台要工作的话，它的每一个部件都得工作。所有东西得一起工作，而到现在为止，还没有太多设计师可以创造出这样的系统。

我们想要看到的是这种对于技术创造的巨大拓展。问题在于，我们做好准备了吗？设计师们做好准备了吗？设计师们能明白它吗，且将之转变为一些美丽而有用的东西吗？

所以在这种情况下设计就不是创作图片或者物体，它是协调互动？

对的。如何设计一个互动的体验可能没法集中在屏幕上，或者甚至是一系列屏幕上，而是包含了不可见的关系，而这可能连使用者自己都没有意识到。无所不在的电脑运算最核心的本质是它发生在物质世界之外，在一个网络世界，它更加多变，更加复杂，且在不可预测的环境中。到现在人们已经有了一整个十年的对于网络的经验，设计师们已经变得开始习惯了随着网页发展，或多或少标准的系列可交付成果，从情感版块到示意图，以及技术使用的情形。但是当他们处理多互动系统的时候，无所不在的系统要求设计师适应多用户需求，每一个都要自如地游移在三维的空间和时间中。一个完全的新形式的地图是非常必要的。

你使用什么资料呢？

那非常粗糙。无所不在性自己不会从物体中冒出来，而是发生在与环境中散布的其他系统发生关系时。到现在为止，设计词汇表甚至都不存在，交付成果也不存在。我们对于我们需要哪种设计资料来集中的讨论手边的挑战，甚至都没有一个统一的意见。短而言之，当我们边走边看，搜寻其他领域的帮助来弥补：从建筑蓝图，到舞蹈编排，再到生物模型。

这种新技术方法对设计和设计师来说意味着什么呢？

我们想要看到的是这种对于技术创造的巨大拓展。问题在于，我们做好准备了吗？设计师们做好准备了吗？设计师们能明白它吗，并且能将之转变为一些美丽而有用的东西吗？

我们正在谈论的技术会影响你每天的日常生活，在某种程度上来说你可能从来都没见过，所有东西从你如何管理控制你的屋子到如何为你的食物付费，所有一切。一个没有被好好设计的系统可能真会是个灾难。我们比以往任何时候都需要设计师。

数字化设计师对于这些新机会应该怎么准备呢？

显然，只会用 Photoshop 是远远不够的。设计师还得要理解复杂的系统，以及，至少就现在来说，最应该学习的地方是其他领域。城市规划是一个可以开始的好地方。城市是如何工作的？为什么我们要住在里面？为什么交通信号灯是像现在一样工作？但是，从一名视觉设计师的角度，核心应该还是在细节上。比如，当我在韩国的时候我见到一台笔记本上有一个睡眠指示：它只是一个闪烁的灯。开一关，把那个拿来与我的 MAC 上的睡眠指示相比，它是由苹果公司的 Jonathan Lves 团队设计的。宏大的吸入物出现在当灯变亮或者变暗的时候。我的 MAC 实际上看上去就像在睡觉。现在，两台电脑都有同样的功能。但是唯有这一点它干得很漂亮。当技术变得越来越流行和不可推卸的时候，这些小的、细微的美的接触会使得所有都不一样。■

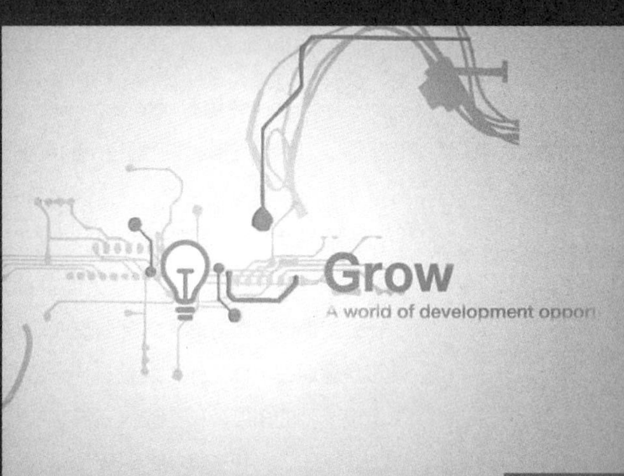

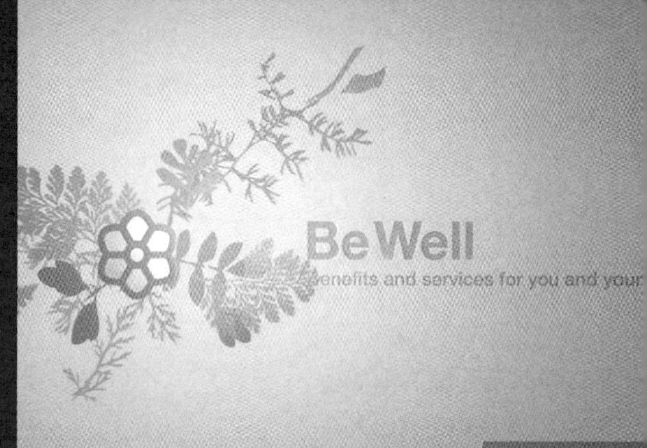

▲

Grow, Be Well, Enjoy"

时间：2006 年

客户：Time Warner Corporate Responsibility

设计 / 产品：Cavan Huang

格式：Broadcast across a network on 50 英寸 and 65 英寸 Plasma Displays (1280 x 768), 17 英寸 LCD Monitors (1024 x 76),15" CRT Elevator Monitors (720x480)

技术：Adobe Illustrator, Adobe Photoshop, Adobe After Effects, Apple QuickTime, Apple DVD Studio Pro, Windows Media Encoder, Inscriber

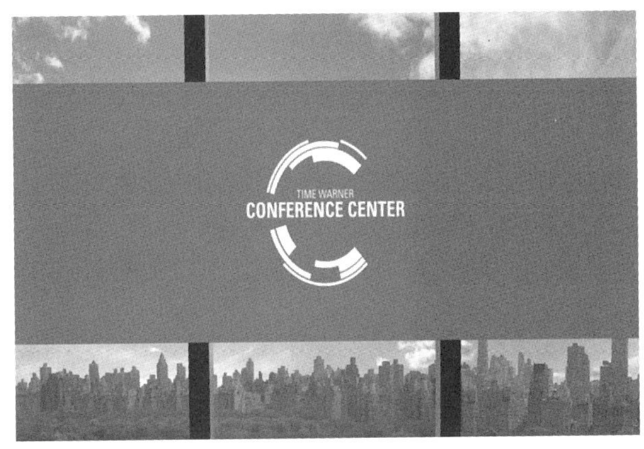

◀ Animated Identiy for Digital Sinage

时间：2006 年 3 月

客户：Time Warner Corporate Real Estate

设计 / 生产：Cavan Huang

摄影：Adrian Wilson

软件：Adobe Illustrator, Photoshop, After Effects, Apple Quick Time, Apple DVD Studio Pro, Windows Media Encoder, Inscriber Infocaster.

让建筑数字化

一个与 Cavan Huang 的访谈，Time Warner Center 的数字设计师，纽约

描述一些你在 Time Warner Center 的角色。

我是负责分布式媒体的设计师。我为 Time Warner 的分布式媒体系统设计、生产以及管理创造性的内容。分布式媒介系统是一个内在的网络系统，有高级投影，等离子屏幕，媒介墙以及灯光系统，组合在 Columbus Circle 公司的总部。包括一个 9 英尺（2.74 米）高、60 英尺（18.3 米）宽的媒体墙放在大厅以示欢迎，以及在每层的接待处的两边放置的 50 英寸等离子，每个电梯厢内 15 英寸的屏幕，还有一个最新最先进的放映厅，8 个高档的 Christie 数字投影仪是它的特色。

你创作什么样的内容?

现在，主要的内容是数字标识系统，可以简单到是一个动画 logo，推广给一个赞助商，也可以复杂到是一个短的、以动画为基础的时间叙事通知。我们争取做的一件事情是使用标识系统来创造一个视觉肌理，能与建筑的元素和内部主题保持一致，以及能反映 Time Warner 制作的故事叙说媒介。

入口处媒体墙上的内容如何与电梯里的内容相关呢?

现在，它的确不怎么相关。我们正在着手开发那种程度上的关联。最终，办一个活动的时候（比如，一个电影回忆）媒体墙会作为欢迎幕布，指引来宾到电梯处。电梯会延续这种体验，通过放映一个短片，其中包括了从媒体墙中提取的特色元素，但是也添加了新的角度。电梯的优势在于你有人们无法被转移的注意力，他们没有别的地方可以去。另外，还有音效，这也丰富了体验。未来的想法是包括一个更有机互动的元素。不管是媒体墙还是电梯都会为在空中更新的内容增色（比如，通过互联网上的 RSS 种子，CNN 或者 Columbus Circle 外的现场直播，天气报告，等等）。

设计师们必须紧跟时刻变化的技术。这个不会减少传统媒介的价值。相反，这意味着我们的设计调色板扩大了。

你在中心跟谁一起工作来使得这些项目完成？

在公司，我跟 IT 部门，AV 部门，房地产以及协调沟通部门一起工作，也会有多第三方的供应商——五星公司是在标识系统中一个很关键的合作伙伴之一。一开始，我是直接与 Lisa Strausfeld 工作。

在技术方面，我与 Techomedia Solutions 工作。这个公司安装了媒体墙和互联网以及 Broadstreet Productions，一个 AV 公司一直负责高清环比系统，现在正在媒体墙上播着。其次，我与会议中心的室内建筑师 Manctni Duffy 一起工作。

告诉我你的背景。

艺术和设计是我早在高中的时候就追求的爱好，但是我从没想过它会变成我的专业。我也对历史和城市规划感兴趣。然而，我工作的第一个项目就是我们高中的交互式光盘存储器，我为之制作并执行了音轨。在大学，我为辩论锦标赛设计了短的动画 Powerpoint 汇报。我也为学生社团和各种组织开发了出版物和网站。

在我毕业之后，我成了一名网络和交互设计师。后来逐渐清晰的是，我喜欢设计的叙事部分。在 2000 年，创造网站和 CD 界面是有局限性的，所以我决定在 RISD 取得我的硕士学位，在那里所有我做的东西，都是从形式学习和印刷到符号学与叙事研究。那三年我丰富了我的工作经验，成了一名设计师。毕业之后我很快就拿到了这份工作。

对于做这一类事情的设计师我知道的不是很多。当你需要灵感和概念的时候你会去看谁的作品？

这是一个非常独特的工作，我认为我自己非常的幸运。由于工作的多重领域性质，我会去寻找很多不同类型的资源。我看后时代设计师以及拼贴艺术家（尤其是未来主义者），现代建筑师（欧洲当代的），电影（黑色电影，动画片，科幻片），音乐录影带（Michael Gondry），动作图像公司（Imaginary Force）。差不多每周我都会去 Chelsea 展览或者 MoMA 做一趟朝圣之旅，看看其他艺术家们都在做什么。

你的工作其实说明设计方法总体都在演变，这个你怎么看？

数字化标识系统以及动态图形设计因为可以传递信息，显然变成一种越来越热的形式。让大型的数字画布一直保持更新，有很多好处，这让数字化媒介更有竞争力。比如，当你将一个大型的等离子屏幕展现的动画海报挨着一张静态的海报，等离子屏幕会得到更多的关注。设计师们也必须紧跟时刻变化的技术。这个不会减少传统媒介的加之。相反，这意味着我们的设计调色板扩大了。■

建筑与技术

一个与五星公司的合伙人 Lisa Strausfield 的访谈，纽约

在你拿到建筑专业硕士学位之后，你拿了一个媒介艺术和科学的硕士学位。在那个时候，这些领域对很多人来说应该看起来都是毫无关联的。自那之后，你却投身到很多项目，是运用数字技术来改变物质世界。你是否可以谈一谈网络世界和物质世界之间的关系？

我一直都很关注建筑和数字技术的协同作用，我觉得我的结构化的设计思维是被我大学本科的计算机科学的训练所影响的。（我的专业是艺术史，但是我修了一个计算机科学的第二学位）。我对于回答这个问题的后面部分有困难，因为我正在对将媒介放置在环境中的这种超越不抱幻想。我需要再想一想这个问题。

对于一个新媒介，只要人们可以买得起（以及或者变得时髦），它就会变得哪哪都是。这些天，时代广场不是唯一一个充斥着高科技媒介的地方。在这个世界完全饱和之前，需要一个冷静的时期吗（如果这样可能的话）？需不需要有一个时间点，某一个人出来说：“我们需要标准”？

最近，我听说一个名声很不错的欧洲钢铁啮合生产商有一个新的产品：镶嵌着数字化控制的 LED。这个效果具有让人意想不到的吸引力。这表明，所有的建筑现在都可以被透明的音像显示器包裹，用一种现货供应产品。我们现在到了一个程度，每一件我们环境里的物质表面都可以变成一个数字化的展示。我不认为这只是一时的流行，我还很期待这种类型的技术的另一面。

在过去五年或者更多的时间里，公司或机构安装大型数字化设备，都是因为有一种渴望，希望展示的图片是带有技术前瞻性的。如果不考虑展示的内容和信息，它根本什么都不是。每个人都是精力充沛的，这将不会是一个什么区别物。我的希望是我们能首先集中关注在特质、消息以及整个的信息，然后再决定什么是展示它的最好手段或媒介。

这本书叫《如何成为一名数字化设计师》，我们也很纠结“数字化”这个头衔真正意味着什么。“数字化”是定义了一系列工具呢还是一个输出方法，还是处理项目的方法？或者，既然所有东西都在计算机上完成，它是否变成了一个毫无意义的调节器？在设计的环境下，你认为数字化是否还有任何意义？

一方面，作为调节器的数字化正在变得没有意义，因为年轻的设计师没有别的设计经验。另一方面，数字工具和数字化思维完全地、永久地改变了我们实践和思考设计的方式。只要技术继续它不可避免的进化进程，设计将会继续转变。比如，设计实践已经从它唯一、排他的手工艺品关注点，转移到包括了能激发手工艺品的设计系统。

为 Bloomberg L.P. Corporate 总部做的环境图形及动态信息展示 ▶

开发时间：2005 年 4 月

客户：Bloomberg L.P.

艺术总监：Lisa Strausfeld

设计师：Lisa Strausfeld，Jiae Kim

标识及导向系统：Paula Scher

设计机构：Pentagram Design, 纽约

项目摄影：Peter Mauss / Esto

在未来十年内，你认为你会做哪种项目？会是网站？建筑？还是什么别的？

在未来十年内，我会做我自己的客户，创造信息产品。这些产品将利用信息网络资源广泛的优势，改善我们的生活质量。

你是否认为对于设计师来说成为程序设计者也很重要？

不。反而，我确实认为对于设计师而言非常重要的是关注并且与数字化思维和文化建立亲密关系。它是现今的文化。

有些人指出，设计标准自从数字化革命以来就降低了，数字化设计（尤其是网络上的）总体上都比非数字化设计要丑。你同意这种观点吗？为什么同意或者不同意？

在网络上，在印刷领域，在整个环境中是有很多差劲的设计。坦白说，所有这些都可以改进。

但是确切地联系到数字化媒介（转回之前问的问题）：因为大多数设计师正在被要求（和教授）玩响铃和口哨的游戏，是不是有很多的差劲的网络、活跃的标志以及其他的数字化的东西？

是的。同样的，我认为客户和设计师都被数字技术的图像迷惑了。这些不必要的信号物被当做可怜的替代品，被想要传递“有未来焦点”的机构作为特色或名片。

NIKKEI
6.59 % CHANGE +0.09 LAST UPDATED 4:29

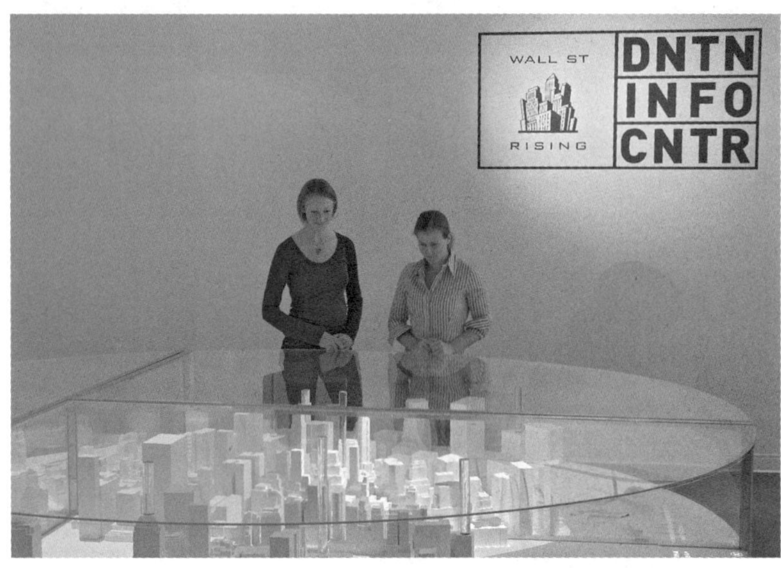

◀ **为 Wall Street Rising Downtown 信息中心做的交互建筑模型**

开发时间：2006 年 12 月

客户：Wall Street Rising

艺术总监：Lisa Strausfeld，Nina Boesch

设计师：Lisa Strausfeld，Jiae Kim

设计机构：Pentagram Design, New York

项目摄影：Peter Mauss / Esto

软件：Macromedia Flash, Adobe Photoshop, Adobe Illustrator, Jugglor

这可能不公平，但是你是怎么自省你为 Bloomberg 建筑做的数字化屏幕？非常精彩的是，去掉了那些 LED，所以你可以展现各层的信息，但是同时图片也片段化了。这背后你的考虑是什么？是不是就是简单地想避免用那些用烂了的大屏幕呢？

Paula Scher 喜欢解释那个 LED 装置的切片就像回答财政赤字一样。现实来说，我们的方法是尽可能地整合任意一种数字化装置到建筑中。在这个特殊的位置（第六层的普通空间），我们的唯一选择是做一个独立式的元素。我们尽量避免做一个大的广告牌然后弄一些透明的东西。我们开始垂直地进行切片，然后选定包裹围绕空间的水平条带。这个装置的布局与我们精心策划的信息流出的方式吻合得非常好。

关于上一个问题，当你遇到一个真实环境的项目允许你做一些不同的东西的时候，你对自己有什么评价吗？

每一个我曾经做过的项目都是不同的，在这个意义上来说，我以前从来没有做过一个像这样的项目。

在雇佣设计师和合作伙伴上，什么是你最看重的核心品质或技能？

除了勤奋、优秀的审美判断外，我希望对方是对视觉化信息有着疯狂的兴趣和热情的人。

你是否认为设计师应该适合多种平台，而不是成为某一专项的专家？

我通过教学观察到，年轻的设计师似乎对媒介更有一种不可知论，他们认为媒介的挑选（印刷，网络，3D）是他们的设计决定之一。我很乐观地看待这个事情，不管是为了设计专业领域还是为了商家的考虑。我认为掌握当然很重要，但是对于媒体来说已经不是那么必须了。■

管理交互

一个与 Antenna 设计公司的主管 Masamichi Udagawa 的访谈，纽约

你可以帮我定义交互设计吗?

交互设计是一种介入的形式。它通过插入新的刺激物改变某个人的行为——详细的，我希望。要让某个人去做某件事情，首先他们要明白的是你想从他们这里得到什么。这种认识是新的刺激物与已经存在于他们脑海中的东西发生反应的产物。所以这不仅仅是一个关于什么是新的的问题；这是一个关于接下来是什么的问题。下一步是什么，你希望他们去想和做什么? 如果这种介入太彻底，那么它将不会创造联系。

你的工作结合了物质实体和以屏幕为基础的界面。设计这两个元素的区别是什么?

我们通常将物质的和数字化的元素看做是不可分开的。我们为 Jet Bule 航线设计的登记手续系统，比如，人们要能在远达二十米的地方就能辨别到机器的目的。他们越接近，物质形式传递的信息就越多。这种叠加信息的过程通过触摸屏也在延续。它是同一个程序的所有部分。硬件和软件是一体的。

交互设计的核心概念是什么?

目的明确是最重要的，必须有一个清晰的目标。让我感到吃惊的是，人们通常都没有去问最本质的问题：为什么这个系统要存在?

你是否做过不止有一个目的的项目?

可以有一个主要的目的，然后伴随着小一些的步骤，但是每次只能有一个。

你能不能谈一谈 Power Flowers，布卢明代尔橱窗里一系列霓虹灯，当人们经过的时候它们就会亮起来?

Power Flowers 的目的很好。我们很清楚地知道我们想要参与的人们干什么。我们让他们注意到一个范例然后意识到他们正在造成它的发生。

▲
MTA / NYCT Help Point Intercom

时间：2006 年

客户：MTA / NYCT

设计师：Masamichi Udagawa 以及 Sigi Moeslinger

图片：Antenna Design

摄影师：Ryuzo Masunaga

当客户们来找你的时候，他们通常是不是心里都有一个目的了？

通常来说，客户们来找我的时候通常心里都有一个目的了。当然，如果一些东西是真的很必要请示客户，这样做会帮助他们进行决策。当目标不清晰时，要建立合作关系是困难的。但是通常来说，合作都是目标明确的。所有事都要事出有因。

当学生们设计交互系统时，什么是学生们通常会忘记的？

一个物品，无论它是一件家具、一个自动售票机，或者无论什么，需要激发一种互动。当它被生产出来，被放置在某个地方，什么功能都没有，直到它通过一种方式来宣布它的目的。使用者可能会被它的形状或因为它是动的而吸引。但是最大的困难是让用户知道和明白这个东西可以干什么，并且想要参与其中。启动这第一个行动是非常困难的，这是真的。样子以及如何摆放，或者环境，都造成对使用者的一种承诺，这种承诺也可以被称为功能可见性。

比如，我们现在在与麦当劳工作，希望能将点餐的过程自动化。交界面看起来就像是一本菜单，因为这个，它产生出特定的期待。一件事情是，你必须打开菜单来看看里面。很自然的，一开始很多信息会被隐藏。如果你一开始就一次性展现所有东西，那么人们会被搞晕。所以操作界面应该是有单个的进入点，然后有一个作决定的树状图：一个决定指向了另一个。在每一层，更多的信息被揭露出来，这叫做级进揭露。一本菜单是一个非常简单的例子，另外一个例子是 Ipod。Ipod 长得并不像音乐，因为音乐本身没有物质的形式。Ipod 的级进揭露就比较复杂。它不仅仅是它看起来如何，也是它感觉起来如何，有多重，导航系统如何工作，这些隐藏的内在信息没有被立即暴露。外在的形式是沟通交流的机制和方法。

在这些所有设计里，惊喜在哪里？

有时外表是具有欺骗性的。惊喜的感觉当然好，但不是在你点一个汉堡包的时候。不是在你买一张票的时候。在这个环境下能够让人惊喜的可能是它的系统容易操作。人们对机器界面有相当低的期待。确实没有多少真正制作得好的机器界面。所以使用起来简单可以是一个好的惊喜。

什么是不好的设计界面？

Chase 银行正在重新设计它的 ATM 机。目前，ATM 机的操作界面正在网页上做模型：它设置了导航主页，让人们可以参与到各种复杂的交易中，但是人们实际上不会用这些选择。它是一个错误的暗喻以及错误的环境。你根本不会想要进入这种信息当你后面有其他人在等着的时候，因此更多的选择意味着有更多阅读和考虑的需要，这会在相当程度上减缓整个交易的过程。

另一个简单的东西设计师通过搞错的是他们会忘记在触摸屏上是没有翻转状态的。一次触屏就是真真实实的一次点击，所以没有什么所谓介于两者之间的。或者他们制作一个触摸屏界面需要人们拖拽什么东西，这根本行不通。

23/ 6 Ulta Mobile PC ▶

时间：2005 年

客户：Fujitsu

设计师：Masamichi Udagawa 以及 Sigi Moeslinger

摄影师：Ryuzo Masunaga

你提到在 ATM 机上有更多选择会减慢流程，你可以再进一步解释一下这个吗？

一些设计师认为有少些屏幕选择自然就代表着交易会更有效率，那是完全不对的。快速交易只有通过在一个屏幕上更少的文字和更少的选择来实现。如果你在一个屏幕上有所有东西，那么使用者会有太多东西要考虑。分层的内容和选项是关键。

但是目标总是加速的吗？

记住目的非常重要。人们会与系统发生交互作用只有一个原因：因为他们想从里面得到什么东西。通过数字化界面更快速的交易通常总是一件好事情。除非系统的目的是引发人们反思，在某种程度上思考他们自己。但是，出于某些原因，数字界面不怎么倾向于去启发反思，它们擅长行动。

一些公司认为如果客户在一个网页上花更多的时间，他们是在吸收品牌或者什么东西，这是完全不对的。他们只是在但他们想要做事情的时候，对于屏幕上总是弹出来的 LOGO 感到困惑和愤怒。在屏幕前花的时间根本不保证任何什么。当时间流逝，人们对数字化设备的耐性越来越少，他们需要快速交易。数字化交易正在从反省变得可以反映某些问题。

我想我们正在开始看到在生命的其他领域，有一个抗衡的趋势：比如说，食物，以及烹饪。

你会给初出茅庐的数字化设计师什么建议？

如果你去做一个项目，你认为你知道事情是什么样的，那么你可能没法看到它们真正是什么样的。你应该带着假设或一个猜想开始，但是然后你要去证实它。即使简单的互动也可能是复杂的，理解这些隐藏的复杂性可能意味着成功与失败的区别。如果你是带着一个部队的猜想开始的，那么你的执行是多么正确，项目也会完蛋。我总是不断告诉客户：“我不知道。”这会为我之后找到答案腾出空间。■

一个与用户体验设计师、自由职业者 Kim Mingo 的访谈，纽约

你是怎样以及为什么从一个图形设计的背景转到交互设计来的?

我从传统图形设计转到交互设计有点偶然。我得到一个工作在索尼设计中心，当时他们正在开发他们的网上作品。我就做一些印刷以及一些早期网页设计的工作，那会儿索尼开始组建一个团队，致力于推进他们的客户、产品和服务之间的互动。索尼正在创建的系统功能和复杂性日益增长，这意味着有必要简化用户体验。与我习惯的视觉设计领域相比尽管它有更大的束缚，但对于我来说，这是个有趣的挑战。

你现在作为一名小型手持设备的交互设计师与之前作为一名图形设计师有什么相同之处吗?

的确有一些相同的地方。时间和对信息的表达在图形设计和交互设计中都是非常重要的。一名图形设计师比较关心当受众看着一张海报的时候，他们看到信息的方式，或者控制着，比如一本书或一本杂志的势力和时间。一个数字化的交互媒介也是相似的，可能其预测性更少，因为交互设计是有机的，不是线性的体验。当一个用户在于一个产品进行互动的时候，他们努力完成任务，重要的是信息被清晰地呈现，因此用户可以明白要成功地完成那项任务需要进行的步骤。在屏幕设计方面有很多图形设计的特点，比如排布，颜色，字体，这些都可以帮助用户得到一个视觉化的线索。

你觉得要在这个数字化的领域做出与之前的实践相比脱颖而出的设计，有什么是必须要学习的?

有一件事我学习得非常快，就是要自由的控制设计。通过印刷，在成品出来时可以有更多控制的机会。一名图形设计师通常有能力参与设计过程的每一步，从构思到制作出成品。然而，通过数字界面，即使设计师从一开始到最后都参与，最后的成果也是通过多重平台来审视的，这意味着设计的呈现可能会受到设计师无法掌控的变量影响。

做交互设计的时候，最重要的考虑是什么？你是为你自己设计，或者是为一个目标观众设计呢?

我为索尼和摩托罗拉做的交互设计都是为广义的市场产品做的。这些产品需要让极其广泛各异的人们都可以使用。这就意味着在做设计的时候，必须时刻将目标客户群牢记在心中，但是这并不意味着没有革新和发明的空间。还是那句话，理解这些革新物对将使用这些产品的消费者产生的影响非常重要。我们引进用户体验到我们的设计过程中，这意味着我们时刻都在检验我们的设计与用户的期待，以及用户与他们互动时的舒适度。

为这么小的空间做设计最困难的方面是什么?

屏幕的尺度和有限的输入物(键区)为设计带来了一系列的挑战。我想这些束缚一直是设计中最困难的方面之一。

在为摩托罗拉手持设备做设计的过程中，摩托罗拉公司有提出特定的前提要求吗，或者你做这个发明是否觉得自如?

在为摩托罗拉手持设备做设计时，我们作为设计师经常都在平台上做一个重复的设计，平台上范例就已经在那里了。这就像是在为 Mac 或者 Woindows 操作系统做升级似的。每当一个新版本开发出来，一个优于之前版本的增强版就出来了。新特性的设计应该顺着已经有的范例，这样他们才能有很好的整体性，也容易在老系统的规则基础上进一步更新。

然而，也有这种时候，一个新的产品需要改变范例，那么设计师就可以从头开始重新思考设计的问题。(同样的，还是拿 Mac 打比方，这个设计就像从 OS9 转到 OSX)。当设计一个新平台的时候，也会有前提条件；这包括必须是有竞争力的产品及技术限制，还有当然必须遵循工业范围的设计标准。

这个媒介的协同合作性如何?你还要跟谁合作来保证你的作品是完美的吗?

它是一个协同合作的媒介。我与软件工程师，使用研究者，市场人员，以及其他设计师(视觉化设计师和其他 UI 设计师)紧密合作。所有这些人在设计过程中都扮演了一个非常重要的角色。

多年前，我尽量避免与软件工程师共事，因为我当时断定他们的目的就是限制设计。经过时间的检验，我发现没有他们我无法工作，而没有我，他们也无法工作。从那之后，我开始意识到与工程师工作是非常有益的，他们的知识和思维方式可以帮助我意识到一些观点，这些观点如果没有他们的专业背景，你是永远都不会去考虑的。

什么是你需要从合作者那得到而你自己没法做的?

我显然绝对没法编程。没有软件工程师，我的设计仅仅就是纸片。

你怎么看待未来手持设计?

对于手持设备的功能的需求一直在增长，有时甚至以适用性为代价。经常太多特性渗透到一个产品中，对于设计师的挑战是如何继续使得这些特性化的产品呈现相关性，有竞争力，以及可用。现在，我觉得对这种太多特征负担有一个反应，对于这种现象的回答可能是对简单主义的回归，回到当时那些产品只能做一些事情但做得很好，而不是可以做很多事情但是并不那么好。■

NOV
Change is
MADRID

◄ 745 7th Avenue: 外部标牌

客户：Morgan Stanley

艺术总监：Mikon van Gastel

设计师：Matt Checkowski

建筑师：KPF with Kevin Kennon

软件：After Effects, Dicreet Flame, Vizrt

时间：2004 年 11 月

案例研究

745 第 7 条街道

Averysmalloffice.com 网站的负责人 Mikon Van Gastel，纽约

将 745 第 7 条街道的立面做成一种有活力的字体，这是谁的主意？

这个想法出来完全不是因为需要。时代广场区域的要求迫使客户想在它的建筑立面上添加标识系统。数量、地点以及活动都是被标识系统引导塑造的。然而，与在 KPF 工作的建筑师 Kevin Kennon 合作时，我们在标志上寄予了两个要求与期待：建筑与技术的一体化以及一个电影化的而非公然商业化的体验。

建筑界面有一段很长的同源历史。这种类型的数字化装置前身是什么？又有什么不同？

建筑标识系统的历史前身包括机械动画告示牌，霓虹标志，新闻，股票市场的价格收报机，以及 JumboTron 音像屏幕。这些标志的技术限制迫使媒介只能是以某一层添加到建筑上，而不是一体化地融入建筑里。随着未来 LED 技术的发展，对 LED 结构一体化的结构需求逐渐在减少。技术变得越来越薄，越来越小，越来越轻，同时功能越来越多。它可以被折叠，曲线使用，像一个透明的窗帘一样悬挂起来，以及像皮肤一样包裹在建筑周围。它被工程手段处理得越来越模块化。

这让我们将 LED 想象成一个建筑材料。结构一体化，我们可以将它的出现的重要性提高，它变成一种表演性的装置，或者减小到只是烘托气氛的界面。

对于这么巨大而且富于变化的公共画布，你在审美和技术上的挑战是什么？

从审美上来说，关注点在于创造一个更像是电影或音像艺术的体验，而不是广告和电视。我看了像是 Bill Viola 和 Gary Hill 之类的艺术家，他们作品中的简单时刻延展成一个具有纪念尺度的时间。我有兴趣将时间慢下来，去强化行动和姿势，而不是做一面镜子，对周围时代广场充满活力的环境进行反射。在这么夸张的一个尺度下工作的时候，少即是多。

某种程度上，试图紧握住神秘的感觉会很好。在一个像时代广场那样的环境中，好像所有东西都在向你嚷嚷，有的时候保留疑问会让你脱颖而出。并且，客户也不想要做任何形式的公开广告、合作口号，或者飞扬的标志灯。这让我们可以更关注营造意境。

745 第 7 条街道的媒介立面延展之纽约的一整条街区，用它非线性的内容，一周 7 天，一年 365 天的表达。技术上来说，它是要表达时间流逝过线性的时间点，但是这迫使设计师思考非线性的方式，以数据出发的内容。因此，信息搬上舞台，在真实的时间里有机的放置，制造出一种复杂的、连续的流线，在里面，内容是相互关联的，随着时间变化，取决于内在的和外在的变量。

通过主导性这么强的一个装置，你与公众之间建立了怎样的关系?

一种幽默、扩大的尺度、姿势以及微妙但是强有力的对于想象力的编排，建立了时代广场其余空间的对立面。要评判我们与观众建立的关系对于我来说很难，因为“9 · 11”事件迫使客户在他们的建筑被占满之前卖掉它们。只能基于这几个月以来观众的反应测试来评判作品对于街上人们的影响。我只是简单地想知道我们是否可以使得快速行走的纽约客停下一会儿来欣赏这些标志，我们完成了一些东西。他们做到了。

你用到了这个词：将公司建筑表层去物质化。

它涉及一个观点，物质的透明可以被翻译成一种文化的企业透明。我想创造一种对于陈旧的公司建筑镜像面的反馈，这些公司能看到我们，但是我们看不到里面。如果将媒介看做是一种物质，它让内容创造出透明化；它变成了一个镜头，一扇通往这些公司的窗户。它加强了里面的组织与外面的人之间的通透性。

在 745 第 7 条街道这个例子里，我们与公司合作，将建筑立面的活动转化成建筑外面的内容。进入建筑里，在建筑里工作，或者离开建筑的人们，都会变成屏幕上的角色。745 代表了一种新的范例，在那里媒介，技术以及建筑都被程序化，用来展示故事和生活事件，给公司一个面向外界的机会，也给在建筑里占有一定空间的人一些自豪感。在某种程度上，我们尽量使用这些屏幕作为内在和外在行为变化的催化剂。

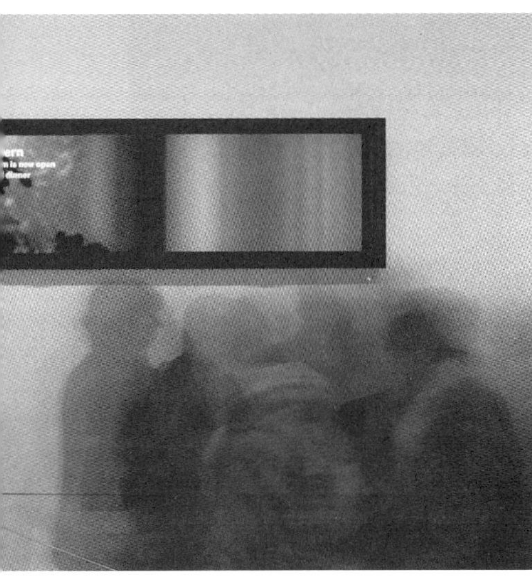

◀ MoMa Fingerprint: 内部标牌

客户：当代艺术博物馆

艺术总监：Mikon van Gastel

设计师：Tali Krakowski, Alex Hanowski

设计工作室：Imaginery Forces

程序：Kurt Ralske with Slic.Realtime

软件：After Effects, Dicreet Flame, Vizrt

你曾经受过什么训练，让你可以在如此巨大的尺度上进行设计？

——其实应该不是什么训练本身，而是个人的兴趣和专业好奇心。在我的学术生涯里，我对于通过学习相关领域，比如建筑、电影制作、雕塑以及音像艺术，来提出设计实践的可能性非常感兴趣。通过现场音乐会表演、装置艺术、数字化建筑，我对任意形式的表演非常着迷，不管它的媒介或者领域。脱离开我在荷兰学习的传统图像设计的界限，受益于我在 Cranbrook 艺术学院的研究生阶段的学习，让我可以创造属于我自己的学习参数。作为设计师，一旦你开始习惯不断地将你的创造力推到让你舒服领域之外，巨大尺度这个想法就变得没那么可怕了。

这个作品的内容和审美是怎么分配的？

我不再对这种话题感兴趣，内容对审美，形式对内容，风格对意义，设计对非设计。未来设计有意思的部分将在设计师拓展他们的环境，在那里专业得到彰显，并且影响文化。这肯定不是一个新的观点，因为设计师一直在挑战界限，但是这会帮助图形设计师建立一个自主空间。

为了保证做出来鲜活的标志，你得重复多少次不同的设计？

屏幕上的内容是非线性的、基于数据的，有多层复杂性的不同的主题也在发展。音像的层面是线性的，虽然一直在混编，这取决于做这个的设计师对变量的设置。图像层和印刷层一直因基于内部和外部参数而变化，比如世界和当地市场的变动，当天的时间，世界上发生的事情。

对于一些想要在这么大的尺度上工作的人来说，什么是他们必须学习的，他们应该如何训练自己呢？

渴望在建筑和设计创造新的空间体验形式的驱动力，要求他们至少能有一项突出的贡献。许多这些项目的复杂性要求不可预料的形式的合作以及对于新的实践形式的开放态度。多想想合作而不是竞争。因为这么多东西都是由动力和互动驱使的，很重要的是有一个即兴的态度，通过创新地使用数字化工具，就像概念的动态产生器一样，来开展生动的设计过程。■

案例研究

ELLIS 岛

Angela Greene，Edwin Schlossberg 设计纽约

这个项目是关于让访客在内容的构建过程中参与到爱丽丝岛中来。在这个过程中，设计起到了什么作用？

这个项目是基于从 1892 年到 1924 年间访问爱丽丝岛的一个访客实验数据，约为 2.2 亿次。数据资料是从原始的入岛手写证明扫描件转录得到的，当时访客进入时都要留下各自的名字。它们非常好看但是不好辨认，也并不是那么有说服力。我们设计了这个体验，一开始给访客们一种迁徙的感觉，然后继续让他们进入到必要的问题环境以找到他们一直寻找的入口。沿路会有可见的报酬：发现的真实证明；他们祖先到达时的船只。访客们正在使用数字化工具，但是他们并不会觉得是网络搜索。网络是用以模仿原始资料的平台。

你是怎么利用这个活跃的体验来吸引住访客的？

岛上的访问由两部分组成。第一部分是访问：旅客们找寻站点——我们放入了最初到达爱丽丝岛时样子的音像，以及人们在各个不同的国家搜寻他们的亲戚作为个人的诉求想要确立宗谱的简短的纪录片。在访客搜寻的过程中，他们可以添加他们自己的资料，并将其链接到官方记录（一个同步的资料库），或者查阅历史访客们的补充资料。他们也可以带走某个描绘那些证明页面的资料，以及他们祖先乘坐的船只的照片。

第二部分是自由选择的，访问的人们会到一个密闭的录音室里口述他们的经历，以及扫描照片添加到个人的家庭剪贴簿里。在对他们家族历史的记录中，访客们扮演了一个自主的个人角色。

这个项目需要的硬件和软件正在改进吗？你需要自创硬件、软件吗？

整个项目的核心是访客们的名字记录。最原始的船只鉴证在 20 世纪 50 年代被制成微缩品，然后就毁成了浆。通过从国家档案馆扫描微缩胶片我们将其制成了超过 350 万图形文件。这些证明被 Latter Day Saints 教堂派不同的志愿者翻录了两次。翻录物中有矛盾的地方被宗谱专家们过滤掉和进行相应处理。

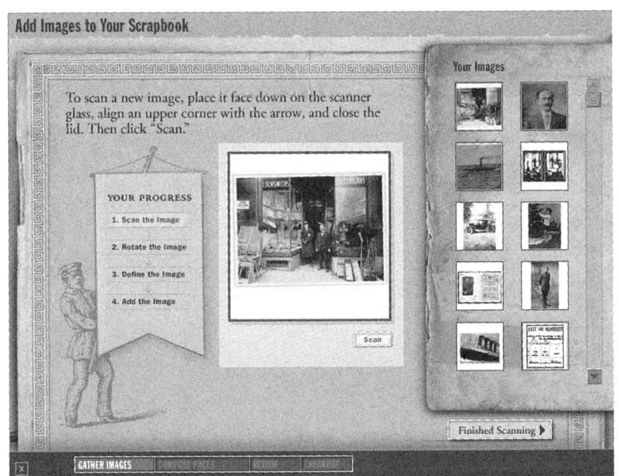

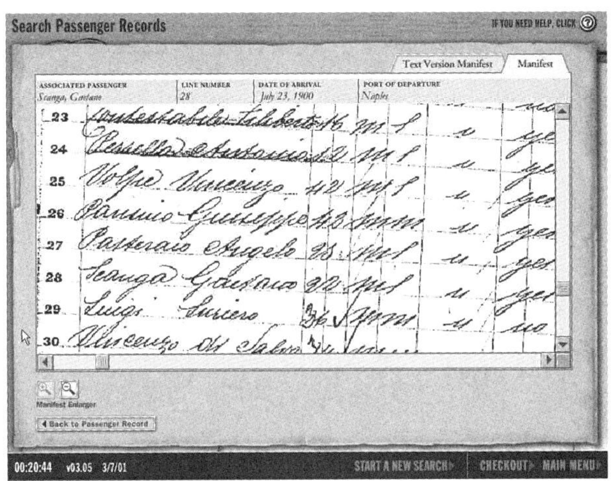

▲ 美国家庭移民历史中心

时间：2001 年开业

客户：Statue of Lierty Ellis Island

交互系统设计师：Edwin Schlossberg, Mark Corral, Gideon D' Arcangelo, Angela Greene, Clay Gish

©ESI Design, 2007

为了增加在搜索的时候寻找配对的可能性，一种模糊拼写的运算法则在计算机语言专家的帮助下产生，这是基于 1892 年到 1924 年期间的主要移民，来源于意大利和东欧国家的语言信仰的正确拼写格式。

描绘一下发生过的头脑风暴。

我们在一系列巨长无比的回忆中使用不同类型访客和他们可能出现结果的场景来设计体验感受。从大批成群集合在一起去岛上寻找集体祖先到单个的网上访客，他可能在资料库中找不到一个确切的亲属。我们设置了分支途径链接至故事、手工艺品，用户可以自己创建注释以及剪贴板，因此即使访客们可能在资料库中找不到确切的亲属，他们还是可以有一个丰富的体验。我们基于交替的近似值法和替换的名字拼写，也成功设计了搜索的工具。

在这个项目里设计的参照是什么？有什么是你和不能做的？

因为基址是一个国家纪念物，我们尽量不去影响室内。物理设计使用木头、玻璃以及半透明纱罩，艺术的描绘了岛上的手工艺品：船只海报，证明，盖章的证明以及移民们他们自己那最能说明问题的容貌。技术上也只有很小的视觉影响。

这个地方主要是通过船只抵达的，所以访客流被引导成类似人组成的波浪。给大的小的聚会准备一些工作间，配备声效控制。我们设置了一个网上参观愉悦系统来控制人流并且保证来的人不会扑个空，并且如果想要创建一个剪贴簿的话，访客们要带着准备好的材料。这样的体验也经过设计，可以在网上延续，一个永久性的家庭档案可以被不断地建设和共享。

这是一个已经彻底完结了的项目，还是技术的进步会让它成长呢？

从合同上来看它已经是一个结束了的项目。遗憾的是，我没法说它们是不是促进了技术。■

第十二章　插画

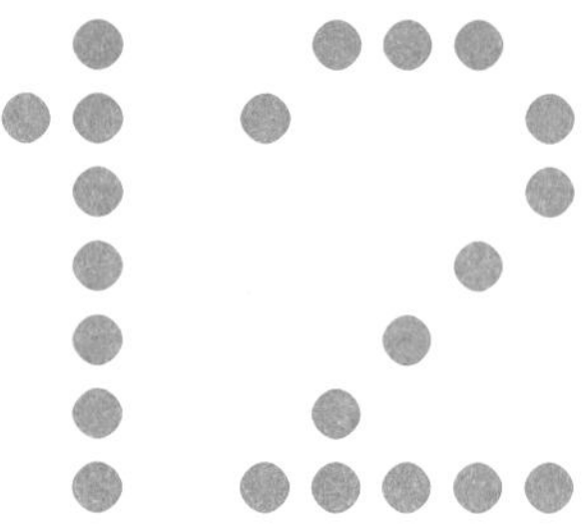

插画就是制图、绘画、拼贴以及其他在纸张、屏幕或任何其他有韧性的平面上制作标记、符号以及图片。数字化时代的插画没有什么区别，尽管具体的工具是如此的不同。插画师们运用钢笔和墨水，画刷和颜料，黏土和木头。

数字插画师也运用所有这些东西，但是是以一种视觉化的感官，运用程序，滤镜，以及一切数字化合成材料等方法。而对一名插画师最本质的定义是永恒不变的，那就是一名通过隐喻、象征意义或者寓意的手法来阐明一段文字或一个观点的艺术家，无论这些手法是以一种现实主义还是抽象主义的手法。

那么在数字化时代要成为一名插画师与在其他时代美誉什么不同。很多方面，外在以及艺术的风格都是相同的——大部分原因是因为软件是这样，能够复制一条线的简单性或者是笔刷的复杂性。尽管还是有很多种陈词老调伴随着数字化图形制作（比如，在那些使用 Photoshop 来添加阴影的人中间有一种回归性的趋势），绝大多数在计算机上进行的插画制作与那些通过传统媒介生产的相比并没有什么特色。实际上，许多插画师都开始传统化了：制图、素描、绘画，然后扫描他们的作品，最后通过电脑来制作成品。

但是千万别误解了。数字插画也有它自己的整体性，计算机激发了新型风格来定义当时的年代。在数字化语言的基础上工作，一些插画师开拓了他们的领地，为复古潮流以及未来主义的模仿品服务。其他人用计算机，比如运用喷枪，得到光滑善良的方法，这些只能从机械化技术中得到。仍然有另一些人生产含很多层的作品，这个只有数字化媒介能够提供。插画师们必须判断什么功能可以最好地帮助他们塑造想法，因为概念化“想法”的插画仍然是最普遍和无所不在的艺术形式，他们也要选择最佳表达的方法。

有些人说插画已死。设计师们用 Photoshop 制作插画迅速扩散，可能加深了人们的错觉，但是实际上，这个领域已经确实侵入编辑行业、广告行业到其他领域。尽管可编辑的插画可能没有像过去一样迅猛发展，但是它绝对没有消亡，这只需看看那些使用它的杂志便可知。而广告可能更多地依靠工作室的摄影，插画则更多地运用在推广方面，作为一种从芸芸众生中彰显自我的手段。另外，书籍、影响以及基于网络的媒介都有插画师参与，用于生产静态的和鲜活的图片。并且，伴随着数字化的选择，更多更丰富的新领域可以开拓。

数字化插画师对于新媒介进行创造性的独特整合也是非常关键的。不管是否生产图片用于推动叙事或者为一个概念确定品牌，或者是用一种交叉平台的工作方式作为图像化的故事叙述者，文字书写员，动画制作师等，数字化世界日益趋升的插画机遇都将为这个略微有历史的世界诸如新的活力。■

时间：2005 年 5 月

客户：Men's Journal

设计师：David Matt

插画师：Viktor Koen

软件：Adobe Photoshop

概念数字化

一个与插画师 Viktor Koen 的访谈，纽约

你在耶路撒冷的 Bezalel 艺术设计学院接受教育，并在纽约视觉艺术系写了视觉艺术方面的论文，取得了插画方面的艺术硕士。现在你为《纽约时报书评》、《时代》、《新闻周刊》、《绅士》做插画。当你开始的时候是一名传统的画家，现在你非数字化不用。你能谈一谈里面的原因，以及是怎么做到的吗？

1989 年在以色列，我在艺术系上学的第三年接触到了计算机。我主要是用计算机做一些排版和版式设计的东西，在我用 Photoshop 之前设计的尝试持续了好些年。在那个时候我在醋酸纤维上用丙烯酸颜料作画，然后我用了一个多层技术，让最终的效果可以符合我的想法。它比较复杂和麻烦。

最终，摄影元素对我的工作而言开始变得重要，它提供给我的不仅是参考，而且是和谐地融入我的图形中，给予一种我需要的超现实主义的感受。但是一开始的时候，我是人为的从摄影和绘画里做一些蒙太奇式的合成，然后我们才进展到数字化，也因其灵活性、效果以及媒介操作潜能受益颇多。

从绘画到数字化的转化是怎样的？

转化比较流畅也比较激动人心，尤其当我在我自己的数字作品中用到颜色的时候。当我发现自己用数字像素比丙烯颜料色素更豪放时，我的绘画沿着相反的方向，失去了色彩。对于我来说，为了让我在我的新技术里觉得舒服，只有一个人为的沟壑需要跨越，而一个决定性的因素就是我开始数字摄影，我觉得在将这些半成品组合成我自己的合成物时，这是一种完全的选择自由。

这是一瞬间发生的吗？

由绘画向数字化的转变非常漫长、缓慢、无隙。每一步都比之前的要好，我的技艺也随之进化，通过用屏幕上的元素来代替先前过程中的传统元素。

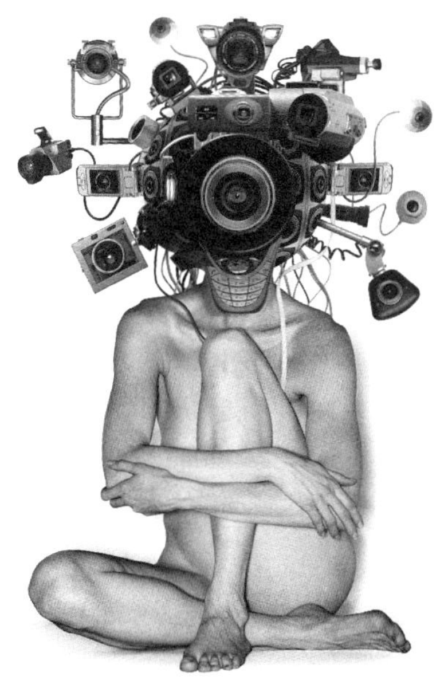

▲

时间：2006 年 5 月

客户：The *Village Voice*

设计师：Ted Keller

插画师：Viktor Koen

软件：Adobe Photoshop

我认为最重要的是，我可以逐渐替换掉表达性的或者偶然的或者甚至是魔幻化的偶然事件，将最后的图像成果用同样的数字化来塑造，所以对于我来说，计算机从来都不是一个冰冷的，只是以数字为基础的工具，而是一个将所有领域和我拥有的资源放在一起的平台。

你最有挑战的作品是什么？

去年我一直在为一系列的图画工作，名字叫 Dark Peculiar Toys(四件图画将作为七月波士顿 Siggraph 美术馆展览的一部分，这个系列将在十一月底，在柏林的 Strychnin 美术馆展览中首次露面)，一个玩具相关的字母表制造了完美的感受，不仅是因为我手上拥有的丰富的材料(我收集并且拍摄了上百个老式玩具)，并且还因为在将它们这些看起来毫不相关的形状汇编成一套字体，有序列又有功能时，我对于开创性地进行这些整合十分感兴趣。

字母表达的不是一个塑造成字母形式的玩具，而是一种元素的融合联系彼此，通过共同的主题，以及可以用来概括这种字体和我大致工作特点的一种同源表达。另一方面，Zodiac Initial 字母系列致力于为每一个标志进行特定的阐释。在这种情况下，这种经典主题的漫长历史及文化溯源当然有助于启迪灵感，但同时又有局限，因此我总是尝试从一个全新的角度去展示每一个标志。

你从哪里为材料找参考资料？

我一直都摄影，很多时候都不是基于什么目的或原因。我倾听我的视觉本能，收集片段和细节、颜色和材质。我热爱博物馆，每次我旅行的时候都要去参观。我对于物体也很着迷，通常都是些引擎的工业零件或者是武器或者工具之类的，我从不同的角度对它们进行拍摄，直到耗尽了储存卡的容量。我把这些半成品分门别类，希望当我需要的时候，我能够记得住我给它们起的名字。我也会使用买断式版权的摄影作品，以及那些我旅行时光顾的跳蚤市场上得到的旧照片。不过这些跳蚤市场大部分都是在纽约。我用一种分析式的方法来处理这些照片，因为我会将他们碎片化至它们最基本核心的元素，然后将它们重新融合成新的东西。这是某种程度上的复兴或者是第二次生命，尤其对于那些泛黄的印刷品上印制的人来说(现在已去世或者被遗忘)。

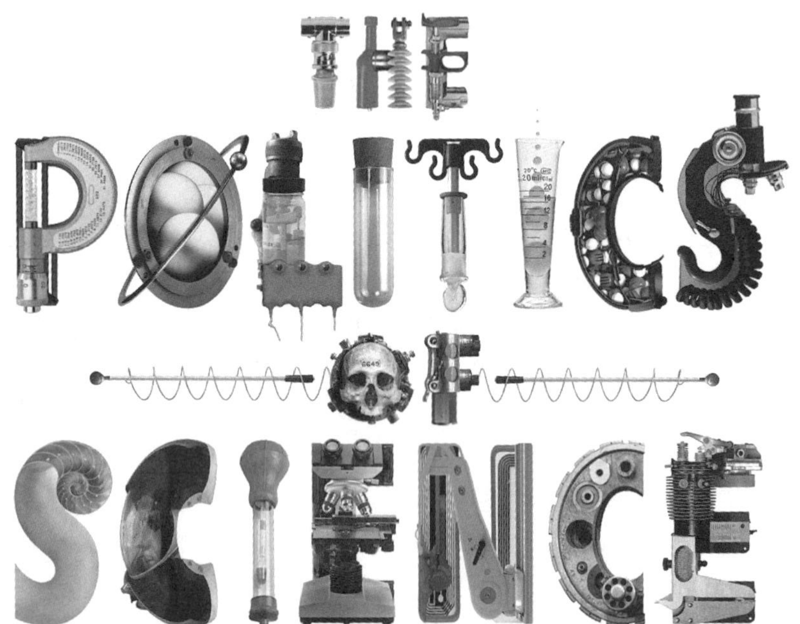

时间：2005 年 4 月

客户：《纽约时报书评》

插画师：Viktor Koen

艺术总监：Steven Heller

你的大部分工作与科幻有关。这是从哪里来的呢？在数字化媒介工作会使科幻更流行吗？

我不认为数字化媒介与我工作的科技、小说、黑暗、超现实主义、未来主义方面有任何的关系。在我还在用绘画表达我的图像的时候它就已经在那里了。我被视觉上的吸引至工业化产品的表面，如机器以及锈迹，所以这些都是我的创造物和特质觉得舒服的环境。

我的工作比起其他任何东西都要对环境主义悲观；早起对于燃气面具的迷恋与我对未来极其冷淡有很大关系。上面讲到的所有浙西渗透到我的很多商业工作中，当然也通过我使用的调色盘，我视觉幽默的逆向感受，以及我习惯创造新的技术混合物的方式，通过我拍摄当时不知怎么用的残余片段。

◀ **时间：**2002 年 4 月

客户：Attic Child Press

设计师：Viktor Koen

插画师：Viktor Koen

软件：Adobe Photoshop

在今天所有的 Photoshop 化的插画制作时代，你如何保持你的个人特色？什么使得你的作品区别于其他那些陈词滥调的作品？

做到与众不同或者在数量众多的数字制作物中有一个标签式的方式来制作图片是非常简单的。我的传统图像制作流程（数字化或非数字化）结合了我的思考过程和视觉喜好，这使得我的图像是我自己的。

我也知道人们喜好这个事实，那就是我工作的时间很长而且非常刻苦，也充分相信自己的直觉。我不是在跟计算机谈恋爱，我只是觉得它是我曾经使用过的最好的工具，因此我能够集中注意力在图像背后的概念上，然后不用计算数字化效果的美丽程度，而是信息的力度来解决其传播问题。合成，形状完美，正面和负面的空间对我来说都很重要，这也是当你没有做你的绘画家庭作业而非常容易失败的地方。在希腊和以色列学习研究性绘画的经历，在我点击鼠标的时候就用得上。我通常只有在真正面对别人的作品时才会去思考它。它如果很不错，我就会嫉妒它，用希腊语诅咒它，然后跑回家更勤奋地学习。如果它是不好的作品，我更讨厌它们。■

数字化超现实主义

一个与插画师 Ray Bartkus 的访谈，纽约

你的艺术作品很长一段时间来都是现实主义的方法（如果不是超现实主义的话）。什么时候开始，又是为什么你转向了数字化媒介?

这是我展示的我画的插画的方法：

一旦我接受了任务，我会带着一支铅笔和一张纸滑坐到沙发上，然后开始画一些表达概念的草图。如果某个任务恰好非常难，而我又被分配到我中意的内容（比如种族的，宗教的，哲学命题），我会开始做起白日梦，在那半睡半醒之间，通常一些伟大的念头会蹦出来。

只要决定了哪个概念是最适合的，我会搜集最必要的视觉素材。十年前我会去一家书店。现在，感谢谷歌，我可以直接从互联网上搜有用的资料。当然，我会用很多宝丽来照片作为参考，比如不同的姿势，光线，布料，肖像等等。（我的很多插画都被组成我的特征占据着，我的妻子，或者我的儿子，因为这些人能经常听我的使唤摆出各种姿势）。

在搜集了所有这些视觉资料来创造一个现实的、可信的图像之后，我会进到绘画，运用调整这些图像素材来让它们更适合概念的合成要求。当你想到这个的时候，用这种方法和数字化媒介，而不用绘画，其实没有什么不同。我取消了这个过程中的一步：需要将照片用画笔或者画刷复制到纸上。我现在使用数字相机，我用计算机直接处理照片，放弃了更主观的手绘，而采用一种通过相机镜头的更客观的视角。我总是瞄准那些最容易和最直接的方式将概念传递给受众。

概念上来说，我经常被标志的图片激发灵感，比如“折扣，五折”或者“危险——高电压”。这些都是立即能辨识的信息。视觉上，现实的细节经常能消磨我的时间，它们能占有你的眼睛几小时：形式，光线，阴影，以及材质。数字化摄影为基础概念带来新的思潮，因为绘画曾经那样做，但是摄影图片逐渐以一种更直接和客观的方式成了符合概念，因为在观众眼里，摄影图片更多的是与记录和客观联系在一起的。数字化媒介更少的是我本身，而更多的是我想说的。我觉得这个观念以它的数字形式变得越来越纯粹。

你的学习曲线是怎样的?看起来好像某天你还在画画，第二天你就开始用 Photoshop 了。

那是我的生活故事！我接的第一个插画任务也是我的第一个插画作品。当报纸开始变成彩印，我买了一盒水彩开始在我的工作中加入颜色，尽管一开始的时候我既没有对颜色作品的激情，也没有关于颜色理论的任何知识。出于一些奇怪的原因，客户们会为一个彩色插画付上双倍的价钱，然后我就开始享受这个了。

然后是开始为计算机带来的新的可

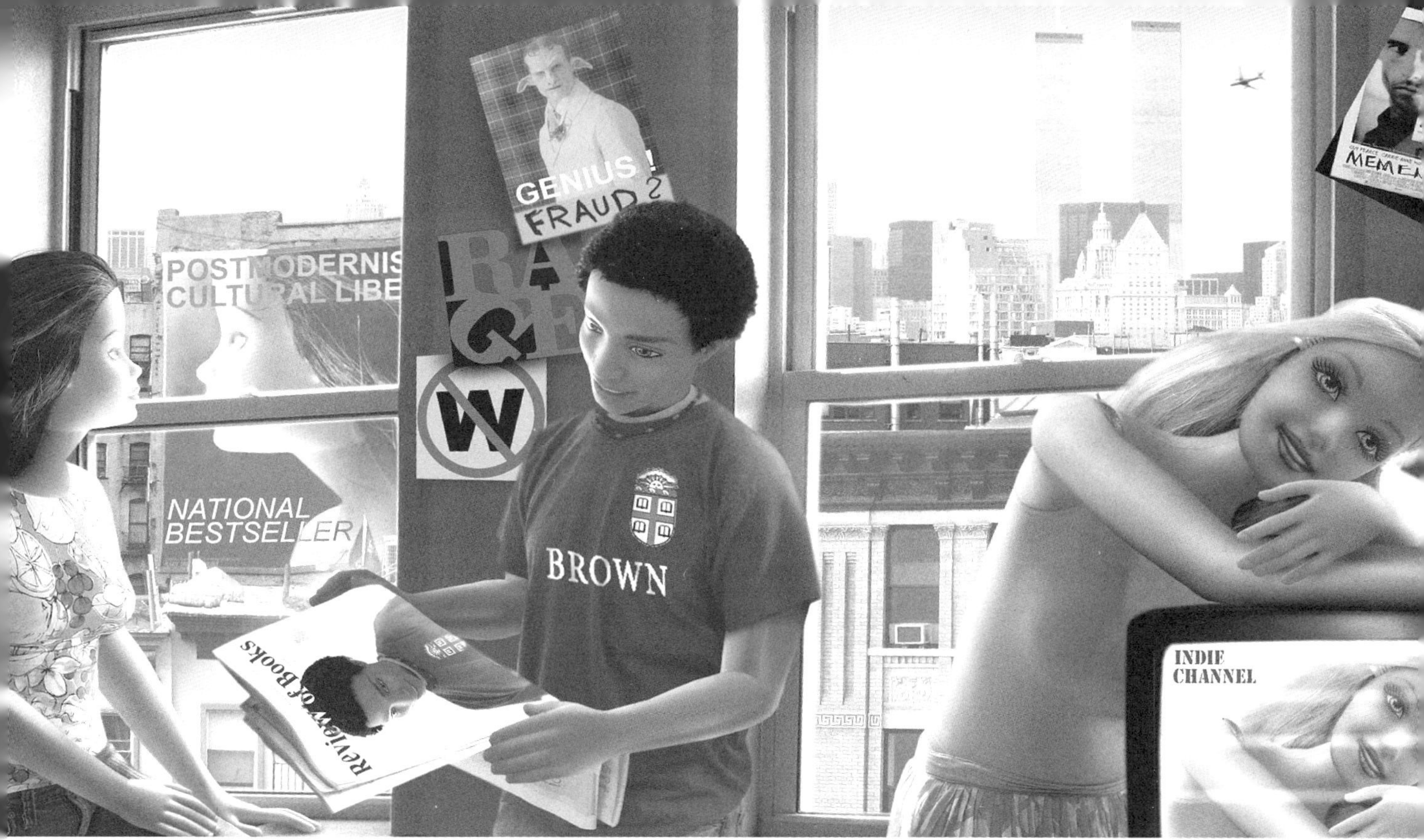

能性而疯狂。我一开始发现计算机做出来的图片有一点人工感和生硬，直到我买了第一台数字照相机，它能够轻松地组合图像来生产更多现实的照片。我有很好的视觉想象力，因此我能在心理就想好成品会是怎样：不管是绘画，一个雕塑，或者是一个室内设计，当完成的时候它会是什么样。

媒介只是一条通往那里的路，尽管我始终是开明的，也经常使用各种没有被预料到的视觉点子，这些都是我在做媒介这一路上遇到的。每一个媒介都操控着专属于它自己的规则，我尽量努力做到对每一个的局限性和优势都保持开放，尽管在最后我只是试图将早已在我心里的图像重新创造。

当然，第一件数字作品的创造花了我这么多的时间，因为我并不知道软件的诀窍，但是最后结果并不一定比我现在做的成果要低劣，我现在的作品花的时间更少，因为在今天我已经积累了很多经验。

明年在荷兰的海牙，我将与另外三名吉他手一起在乐队进行吉他演奏，虽然我们中没有任何人有音乐方面的经验，或者专业的音乐训练。在我看来，这只是自我表现的另一种媒介。希望某一天我会被问到这个问题：看起来好像你有一天还在做插画呢，然后突然有一天你就成了一名吉他演奏者？

▲
Dollhouse

客户：《纽约时报》

时间：2006 年

插画师：Ray Bartkus

艺术总监：Steven Heller

软件：Adobe Photoshop

◀ Barack Obama 公司

客户：Harper's 杂志

时间：2006 年

插画师：Ray Bartkus

艺术总监：Stacey Clarkson

你对于好概念的厉害构想能力始终保持如一，你的风格会适时转变。这是反直觉的吗？

风格对于我来说只是个束缚：我是带着一种深刻的怀疑看待它的。可能它只是一种注意力亏损错乱的形式，但是我很乐意尝试一种新的方式。我是很难跟那些在他们有生之年重复地做同一幅画的艺术家联系在一起的。尽管通过这没完没了地重复，他们最后能得到一个完美的作品，我还是宁愿选择未完成和徘徊的状态。对于我来说，很难接受和使用某一种观点，其实应该去发展不同的风格。因为我接受教育实在一个专心致志的、善于沟通的环境，我非常珍惜能可以做选择的自由和可能性。

在另一方面，我感觉插画师也有点像演员。你必须带着这么多不同的特点生活，你必须通过这么多作者的眼睛去深入了解这个世界，同样的，作为一名好的演员，你要试着专注在你的角色的特色上，而不是你自己的特色。对于我来说，如果只是坚持一种特定的风格，以及基于某一种特定的形式，延展各种我需要借助插画阐述的不同的观点。当然，因为这样，我跟很多艺术总监产生了很多问题，他们期望我有一种特定的风格，但是呢，又期望我传递给他们某些期待之外的东西时感到震撼，尽管我最好的意图总是要用最肯定的方式来表达观点。

如果我不得不使用某些新的风格来达到那个目的，我会毫不犹豫去采纳。就像某个《华尔街日报》的艺术总监说的："当我看到我们的页面上那些有趣的插画，但是我又不知道是谁做的时，我想那有可能是你。"那是最大的恭维和肯定了。

完全用数字设备设计作品，不用你的手绘出作品，你有想念什么吗？

我没什么好想念的，尤其因为有一些杂志和艺术总监不允许数字化图片在他们的页面上出现，这让我能够得以继续使用传统的媒介。我在我自己的项目里使用铅笔和水彩，我也完事了十幅大尺度的油画作品。我当然不喜欢将自己完全束缚在仅有数字化的图像里，现在我喜欢享受各种不同的媒介，通过它们丰富我的作品。

除了精通软件，在将一个媒介转化为另一个的时候，有什么其他挑战？

转化的真正挑战不是来自精通软件。真正困难的部分是打破某些艺术总监关于我的作品的固定印象。比如说，“Ray, 这是什么呀，你应该手绘，而不是使用一台电脑！我不希望你这样做。”我理解他们的问题：在这样一个富有竞争、分割清楚的领域，艺术总监能够为他们的页面在成千个艺术家中做选择，以找到确切的、他们可以预想到的媒介和风格。在编辑的压力和时间紧迫的压力之下，他们只能尽量消除惊喜，不管是好的还是不好的。

因此，艺术家的图像和风格在人口密集的领域制造了完美的商业感受，而任意一种转变都可能是潜在的危险。从我的角度来说，我的优势在于在超强时间压力下激发很多有意思的想法。因此，当接收到任务的时候，我会愿意享受选择的自由，决定用哪种特定的媒介或方式来最好地表达特定的想法。

坦白来说，你是否觉得你之前的方法变得老式，然后一个更新的、更技术的方法对于艺术生存来说更必要？

大概七年前，在纽约一个日本街道的集市上，我见到一个人用一个木制印刷机使手工制作的纸张打褶，用来做娃娃的衣服。他非常骄傲地解释道，全世界掌握这项皱纸艺术的只有十到十五个人还活着。我非常喜欢这个人对于保留传统艺术鲜活的激情，也非常喜欢皱纸的美；但是我也同样觉得，他的出现和他这些没有用的设备在喧哗的现代纽约街头是如此的不相关。我对于传统的制图或者绘画也是一样的感受。是的，我可以肯定那是一个正在灭亡的艺术形式。

将会有很多美丽的艺术作品通过使用传统的方法来创造，但是我不认为它会跟人类思想与审美的进程有关，因为它是一百多年前的东西，将会更多地变成某些鉴赏业圈子里鉴赏家所欣赏的奇物。

我当然不认同这些奇怪的想法，比如达·芬奇会在今天画油画：也许他们会为影像游戏写软件，制作影像，或者为人类基因组项目工作。至于艺术生存，我肯定你只能做你非常享受去做的事情，那么你怎么样都会度过难关的。而如果你不确定你想要做什么，只要跳到与所有人都去的那个方向相反的方向，你的情况就不会差。

你会改变你的媒介吗？

在我生命里至少有三次我真诚地希望可以改变我的媒介。■

什么是你觉得最骄傲的数字化作品，为什么呢?

对于我来说要跳出一个插画非常难，因为我可以相对容易地执行技术化的复杂作品，只是艺术总监给我多少时间的问题。所以，如果我非要挑一个出来，我可能会选择我为《Book Review》做的某一个封面，就在你离开艺术总监那个职位之前。

我做这个选择不是因为他们在技术上是多么复杂的作品，尽管他们的确是，但是因为在我完成最后的作品之前我没法先提交手稿征得同意。那是在我职业生涯中最惊险也最值得的挑战。从接到这个想法，到不经任何协商地变成纽约时报的封面，那真是值得骄傲！

让我来说一说我为 Claire Messud book 做的书《皇帝的孩子》做的插画。我必须要想出一个主意来表达正值"9·11"事件发生时，纽约青年专业人士正在努力实现他们的梦想。我必须想办法用这些温室的花朵来缓和浓重的悲剧色彩。我决定重新制作"9·11"早晨。我制作了很多同一时间内中心天际线的图片，当第一架飞机撞到的时候，然后用同样的光线表达在普通的一天上，只是这上面我添加了双子塔的照片。为了表现故事中的心理，我用了芭比娃娃，我用 Photoshop 给它穿上了真实的衣服。我面对的挑战在于将这么多不同的部分组合成一个有机的整体：市中心的摄影照片，历史参照（WTC，飞机的照片），不同比例的有真实内在的娃娃，不同的光线，等等。娃娃的特点与撞击 WTC 飞机的真实性，成功地揭示了故事线。

最后一个问题，你对于不再有原型是怎么看的？你是否觉得你的插画是用数字化的形式的短暂表现?

我床下的空间变得越来越有限，因为都是我保留的一些原型堆在那儿。数字化的形式是一个福音，一个空间拯救者让我可以在纽约浩瀚的地界中有一定的立足之地。现在我可以将成百个插画保存在一个小的硬盘里。

设计插画，的确是短暂的，它们的生命长度止于印刷品最后终结在废纸篓里。一些非常好的插画只能在它创作的情形和环境中来评判，但是更优秀的作品可以在它们值得的位置像一件艺术品一样保持永恒。幸运的是，我总是有机会可以在展览中展示我的插画作品。有趣的是数字化形式要无形得多：在作品被创造之后很久，非常容易也非常吸引人的是去改变它的维度，颜色，比例，删除某一层，增加另一层，加强原来想法的一个或另一个方面，然后作为数字化印刷物展示出来。绘画的原件就要固定化和死板化得多了。■

▲
蛋

客户：《纽约时报》

时间：2004 年

插画师：Ray Bartkus

艺术总监：Steven Heller

软件：Adobe Photoshop

Cyberhate ▶

时间：1996 年

插画师：Mirko Ilic

艺术总监：Wayne Fitzpatrick

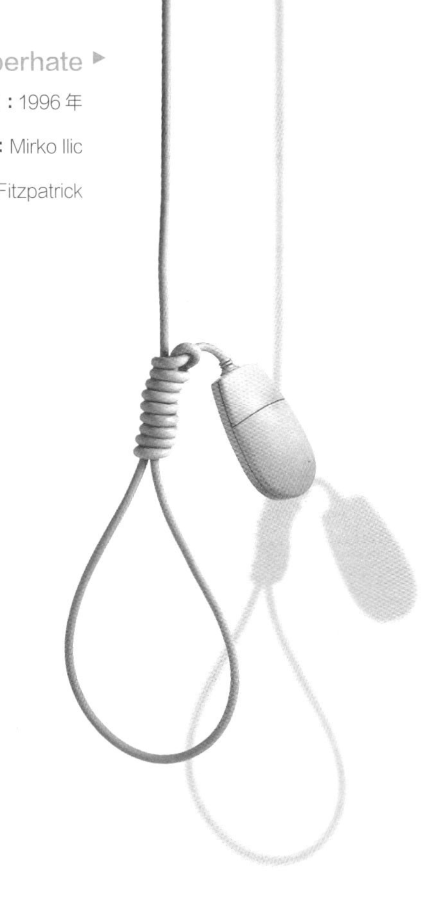

风格之前的方法

一个与 Mirko Ilic 集团负责人 Mirko Ilic 的访谈，纽约

你可以说是在运用数字工具做编辑插画的先锋人物。什么时候你开始从钢笔和墨水（以及刮画板）转型到数字化的，那会儿你使用什么？

在欧洲，我既是一个设计师又是一名插画师。部分是因为我不够好的英语，部分是因为做一名插画师要更容易些，当我到了美国之后，我主要是做插画。在我各式各样的插画风格里，艺术总监倾向于选择我的黑白画板技术，然后我立即地定型成为一名刮画板艺术家。

在 1990 年，我买了我的第一台苹果。首先，我这么做是因为我喜欢玩新媒体和新的可能性。其次，我意识到这是一种可以回到设计背景上的方法。这个电脑让我可以成为一个独立工作室，而不需要很多人做机械工作（版式，拼贴等等）。另外，计算机媒介为插画引入了新的有色彩的东西。

你的工作高度概念化。这个新工具有帮助你做出一些图片，是你用其他方式怎么也做不出来的吗？

首先，我对一直做刮画板插画觉得枯燥和厌烦了，我希望插画能够再次让我兴奋。随着经典 / 传统的技术，想法在书写中消失了。换句话说，通过计算机，你可以现实和冷静得多。同时，通过电子媒介，也有丢失插画个性和特质的风险。

你的风格是什么？

我对关于风格的思考本身这种方式很感兴趣，也是因为这个，计算机非常能满足我。

你是否担心过这些出来的效果看起来形式这么固定或者陈旧，其他人最终会入侵到你的领土？

当然经常会有这个可能，如果你的想法或者概念是依赖最新的程序或者 Photoshop 滤镜做的。但是如果你的作品是完全从概念出发的，所有其他的都会变成附属的。

技术上来说，你精通软件吗？或者你用其他精通软件的人来做你的投标？

最开始的时候，我的英语非常差，尤其是当遇到“计算机英语”的时候，这也是我如何求助于出现在电脑说明书里的语言。然而，我也知道只要我不把计算机或者程序扔到窗外，过些天后，所有的东西自己都会行得通。

你的首次尝试是？

我在 Phtoshop 的首次尝试成果是时代杂志的封面，而我对 Illustrator 的首次尝试是时代杂志某一页的一幅插画。在做这些工作的过程中，我“掌握”了软件，除了玛雅软件，那是我跟我的合伙人 Lauren DaNapoli 一起做的。她为我工作了六到七年的时间，她也知道我的思维方式，我的审美趣味。我熟悉 3D 程序的技术空间，所以我们合作得非常好。

即使你在计算机上工作，你还画画吗？

对于我来说，每一件设计，每个 logo，每幅插画，以及每个排版都是先在纸上做的草稿。那种方式会更快速、更直接。尤其是插画，非常重要的是要通过画一个手稿得到客户的认可。做一个手绘的草图比在电脑上做一个更简单。

绘画的重要性是什么？由于这些技术的出现，绘画是还跟它一直以来保持一样呢，还是有一个新的定义？

文艺复兴在西方艺术上取得的最伟大成就之一是将所有东西通过绘画带回到人的尺度。如果你不能画画，你怎么在人的尺度 / 比例上做事？绘画极其重要，不管你是一名图形设计师，还是一名工业设计师或其他。

当然，随着计算机的出现，绘画的需求降低了，受众更多地倾向摄影，或者是那些飞机上提供的安全出口卡片似的插画（矢量风格）。同时，许多插画师走向了另一个极端，通过用一种我提到的方式，叫“看啊妈妈，我没法再画画了。”我想解决方法应该存在在这两个极端之间的某个地方。

什么是你觉得最成功的或者说是最满意的图像，或者通过这种方式做出的图像？

那可能是我做的一系列叫“性与谎言”的插画，因为要通过传统插画的方法来创作类似于它的东西是非常难的。

你是觉得应该要回到传统方法，还是将传统的方法抛在身后了？接下面是什么呢（对你来说）？

不是，还是那样，我是有一点在计算机 3D 插画上定型了。我觉得很快，出于我个人的娱乐消遣，我应该开始做某些不同的东西，可能这会是回到更传统的方式。■

▼ Liberty Kiss

客户：Village Voice

“我要离开我的祖国，但是我的妻子不让我这样做”

插画师：Mirko Ilic

艺术总监：Minh Uong

Saint of the Month Club ▸

客户：Self

时间：2000~2007 年

设计师：Josh Gosfield

软件：Photoshop, Illustrator, Quicktime, Flash, Ecto, Soundtrac

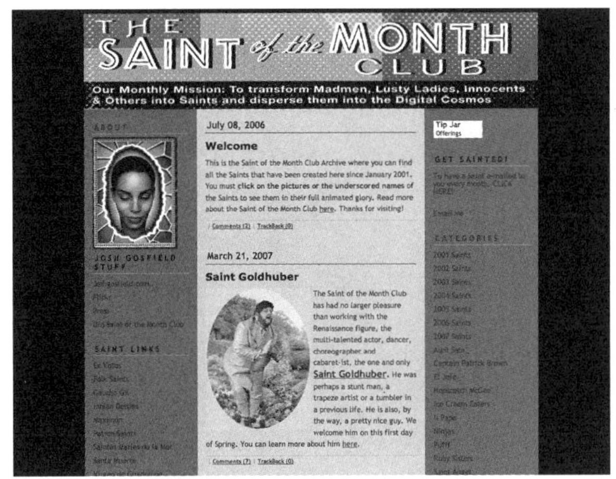

案例研究

SAINT OF THE MONTH CLUB

Mighty 图像工作室负责人 Josh Gosfield，纽约

你开始做过油画家、插画师、拼贴画家，你怎么会变成一个数字设计师？

我是一个不知满足的自学者，有容易上瘾的个人特质，我想做所有事情。我还做过电影，是一个音乐音像产品设计师，一名窗户设计师，一个木匠，一个动画师，甚至在农场住过。这像是一种艺术形式的酒精中毒。所以，当像素化的世界带着它的计算机和强有力的、能做出比 EtchASketch-y 更好的艺术，敞开大门的时候，我买了一台华冠平板电脑，自学了 Photoshop。

你的 SAINT OF THE MONTH CLUB 是建立在原始摄影的基础上的，你后来处理成讽刺的小插图。如果没有数字化媒介的帮助，这些能完成吗？

不可能。首先，因为互联网让你有可能将图片和文件发送到网络空间，而不用首先取得展览方、艺术总监、编辑或者生产商的同意，这个项目从来没有将不成功的声音传递到有更高权力的人那去，我只是做了它而已。

尽管我开始发送的是静态的图片（JPEG 形式，必须要下载），随着它们的演化，我开始增加动画以及声音在 Flash 或者 Quick Time 文件里。在类似的媒介中做那个，然后让超过十二个人和我的母亲看到它们对于我来说已经是一个功绩了。

你的网页是一个名副其实的关于颜色、形式和标志的狂欢场。你想让你的观众从这个网站带走什么？

“在视觉艺术中，“自然界厌恶真空（一种对空白空间的恐惧）是将一个艺术作品整个表面用观赏性的细节、图像、形状、线条以及其他任何艺术家能想象的东西填充。”（来源：维基百科）。我只是把它扔在那儿，希望它可以放在某个地方，以某种方式，和某个人。

你是否把 SAINT OF THE MONTH CLUB 看做挣钱的方式还是艺术，还是两者皆是？

它给我带来了一两个工作机会，但是 SAINT OF THE MONTH CLUB 主要是爱的劳动。我将自己投入到我的信仰中，如果他们愣是误解这种宇宙的超自然的能量，所以一些额外的钱财会到我这儿来，我就只能在将来为他们做更多的祈祷。

February 12, 2007
Saint Angie of Pontani
The Saint of the Month Club is honored to have the beatified beauty, Saint Angie of Pontani gracing our digital portfolio this Valentine's Day. Worship her and a big hunk of love is likely to come your way. Need more Angie or need to meet the other Pontani Sisters? Go here.
Comments (2) | TrackBack (0)

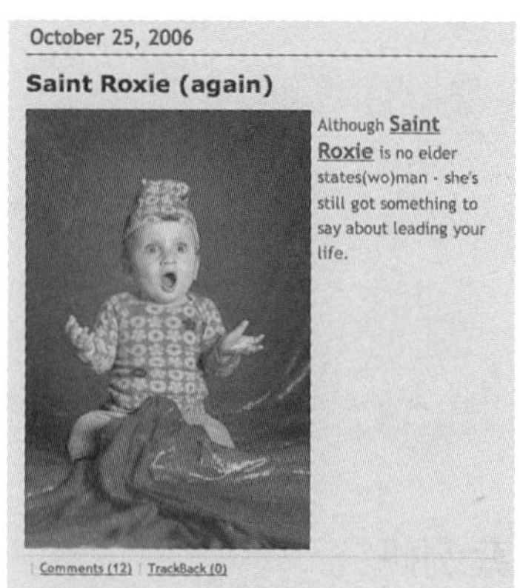
October 25, 2006
Saint Roxie (again)
Although Saint Roxie is no elder states(wo)man - she's still got something to say about leading your life.
Comments (12) | TrackBack (0)

Saint of the Month Club

客户：Self

时间：2000~2007 年

设计师：Josh Gosfield 和 Alex Sherwin

软件：Photoshop, Illustrator, Quicktime, Flash, ProTools

你花了多长的时间给你的网页做里面的内容？这是一个专业作品还是一个副业？

我花了太多的时间。有些花了长达一周的时间。一个艺术作品有强制性的规矩，要在一个月内完成挺好的，但是有时候也会成为负担，残酷地将我的时间带走。当然更多的是一个副业，而不是一件专业作品。

当你开始的时候，技术后来是怎么发生变化的？如果是这样，它是怎么影响你现在做的工作的？

不是一个巨大的改变，更多的是速度的问题：浏览器和计算机可以处理更大的文件，所以我可以添加声音和动画。常常有个问题就是要把文件保存得较小（对于那些拥有老式计算机的人和那些极少数仍然使用拨号上网的人来说），所以有时候我必须将一个特定的圣徒设立的目标往回收一收。

有什么是由于技术的局限性而让你没法完成的吗？

像是油画或者炭化笔，我看待数字媒介就像它是存在的物质一样。媒介的局限性和强度共同促成了最后作品的质量。比如，数量少且压缩的图片会让文件变小一点，比起复杂的或者流畅的动画图像。

这是设计还是艺术，还是其他什么？

这是宣福礼！

这有些年头了；你可否预料将 SAINT OF THE MONTH CLUB 带到二十一世纪？

在我为接下来做太多的计划之前，最好想想我自己怎么进入二十一世纪，但是我想我会让你知晓的，我是说，当我们到了 2180 年的时候。■

The Saint of the Month Club
The MORPHED Saints of Yesteryear
Still FREE! After all These Years
You'll Cry!!! You'll See God!!!
2001
2003
Lo Mid Hi
CLICK
Lo Mid Hi
Lo Mid Hi
CLICK
Depending on connection speed click Lo, Mid or Hi. For best quality download Quicktime 7 Mac • PC
CinemaScope

Our Monthly Mission: To transform Madmen, Lusty Ladies, Innocents & Others into Saints and disperse them into the Digital Cosmos
ABOUT
JOSH GOSFIELD STUFF
Joshgosfield.com
Flickr
Press
Old Saint of the Month Club
SAINT LINKS
Ex Votos
Folk Saints
Gaucho Gil
Indian Deities
January 18, 2006
Saint Dirty Martini
Dirty Martini! What a gal?! What a work of art?! What a creation without equal?! Ever since I set eyes on that lovely face and fabulous physique at a roller derby game in the Bronx I've wanted her to be a Saint of the Month. Need more Dirty? Go here, or here. Or check out all the wishes that Dirty will grant this year: Dirty's Wishlist
Comments (5)
November 01, 2001
Souls
Tip Jar
Offerings
GET SAINTED!
To have a Saint e-mailed to you every month, CLICK HERE!
Email Me
CATEGORIES
2001 Saints
2002 Saints
2003 Saints
2004 Saints
2005 Saints
2006 Saints
Aunt Sam
Captain Patrick Brown
El Jefe
Hopscotch McGee
Ice Cream Eaters
Il Papa

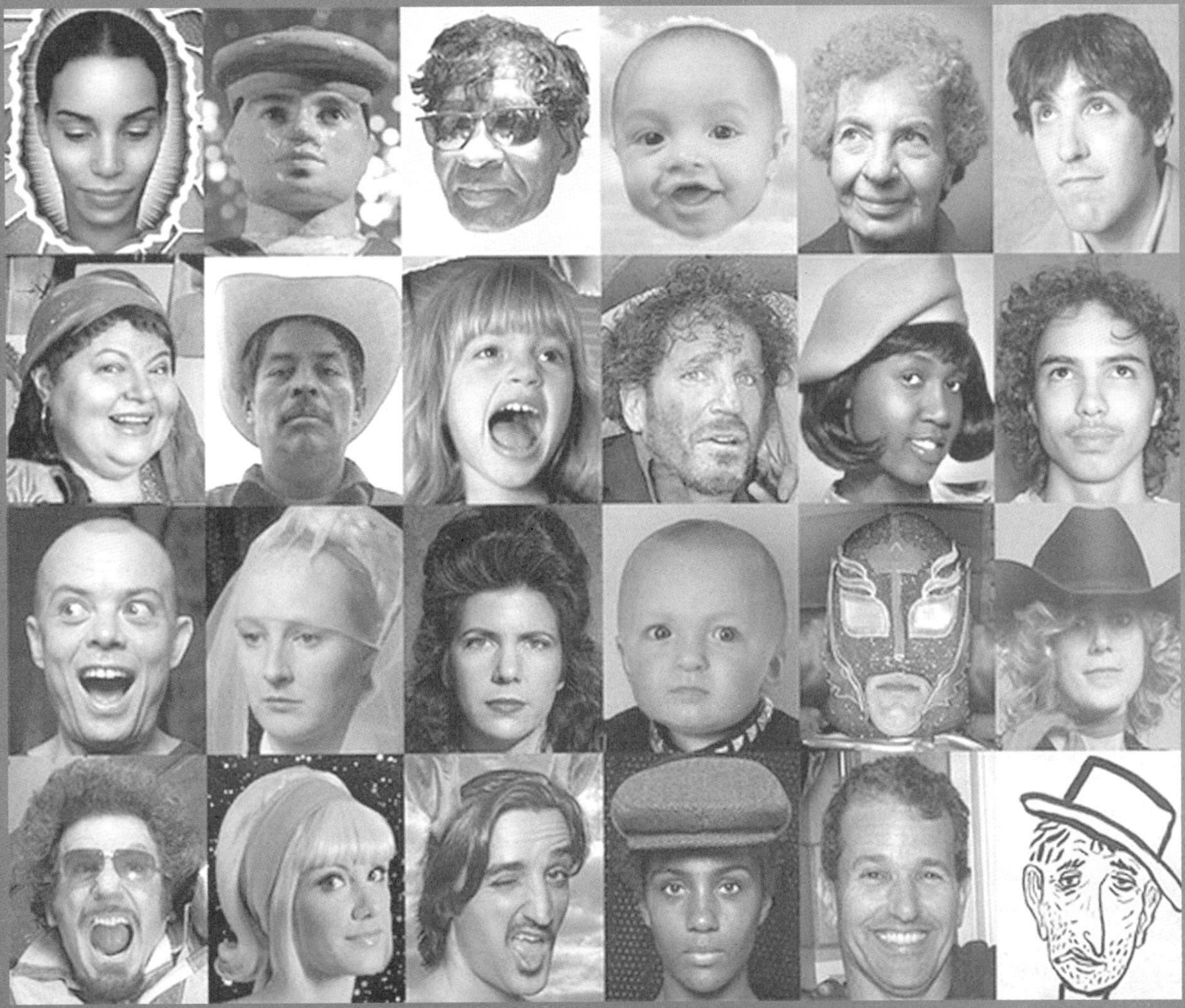

A

第十三章　印刷与平面设计

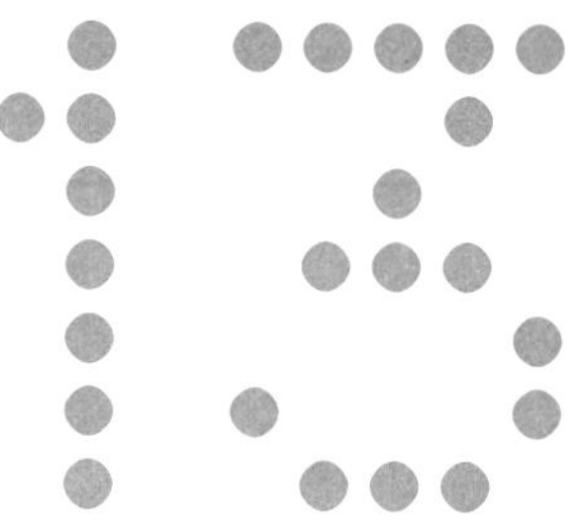

几百年来，技术的种类并没有改变，而世界却加速向未来驶去。真正的字体形式可能变得越来越复杂（确实，更无法让人接受），但是在木头和金属上制作字体的最基础的方式却始终如一。

20 世纪 50 年代，图片排版通过各种不同的形式开始萌芽。不同品牌的程序，包括 Magnetype，Typositor 以及 Adressograph，每次复制一个字母以形成标题，出现在幻灯软片上，然后用胶水或者蜡粘在板子上。主题部分也是成列放置。摄影也只是在这个进城中昙花一现而已。数字化出现之后它就逐渐衰落，因为数字化暴风雨似的侵占了记录行业，泰然自若地进入排版设计的范畴。

随着高质量印刷商逐渐进入市场，数字化铸造厂——比如 Emigre Fonts，T26，跟其他很多厂家一样，开始生产并鼓励纯粹的新的字体（有一些随着时代风格发展起来的很蹩脚，还有一些是基本经典款，每天都能用到）。如果说在之前，字体设计还是被技术工作人员霸占的领域的话，那么在这个新的数字化时代，任何人只要装了 Fontographer 或者其他的字体设计软件，都可以制造靠谱的字母（如果说之前往往都很稀奇古怪的话。）总而言之，老的方法已经淘汰了。就像八轨的磁带播放机难逃一劫一样，图像印刷彻底地退出了历史舞台。热金属印刷方式仍然继续着，但是仅仅是作为一个时代落伍之物，被那些狂热的出粹主义者继续着。

但是最开始的字体是被印刷商设定的，直到苹果推出了可以让每个人都成为一个印刷商的系统。这种将专业化的绝活儿，比如字体，进入到寻常老百姓家的事儿，仍然有不少老前辈们为此抓耳挠腮，但是计算机果断地将印刷术大众化、普及化，就像当年老的古登堡印刷出版商把民主以及文学普及

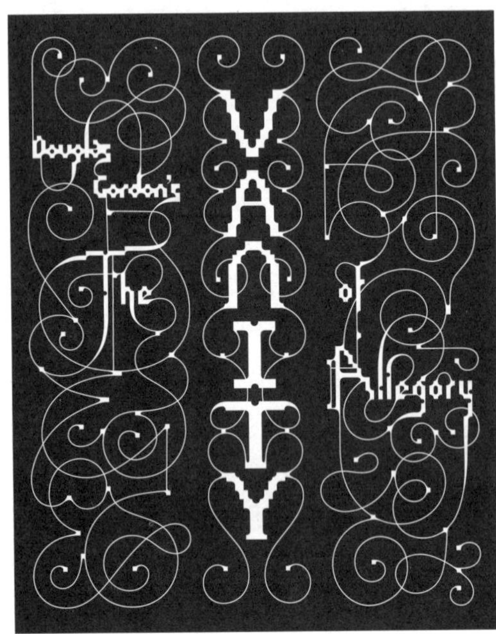

▲
美国专业设计协会（AIGA）Tape Banner

时间：2005年10月

客户：Stefan Sagmeister / Deutsche Guggenheim

艺术总监：Stefan Sagmeister , Matthias Ernstenberger

设计师：Marian Bantjes

软件：Adobe Illustrator

到全世界。每个人都可以在电脑桌面上与文字为伍，或者说是与之玩耍，一些新手也可以做得很好。然后专业的设计师仍然更精通这个媒介。了解字体历史，懂得字体美学对于做出真正专业的字体设计是至关重要的。

今天，一台普通的电脑就自带了数百种字体，但是那并不意味着我们所有的都要用。实际上，字体的丰富化趋势有反作用。一名设计师需要学习怎样最好地使用字体作为一个具有丰富含义的容器，同时也是一种彰显风格的工具。在数字化世界，在网络或者手持设备上，字体仍然处在它的青春期。使用者往往比设计者更能有效掌控字体，但是那并没有免去设计师要进行排版印刷的职责。实际上，数字化设计师必须预料到新环境下，字体将被各种不同方式使用和看待。

不是每一个数字化设计师都会变成一名字体设计师，这需要大量的技术和才能，但是当你回答设计师这个称谓时，印刷术仍然是一项非常重要的艺术。随着越来越多的字体更加普及，对设计师来说非常有必要的是掌握大量的功能化的形式，但同时要意识到市场背景下会出现很多新手。因为字体可以算是一个时代的标志（由来已久的形式），设计师们必须了解新和创新的区别。当然，在数字化环境下做一名印刷者和图像设计师就跟当时热金属或凸版照相的旧时代一样，只是现在的选择比以前要多得多。■

美国专业设计协会（AIGA）Tape Banner ▶

时间：2006年12月

客户：AIGANY

设计师：Marian Bantjes

软件：Adobe Illustrator

Wonderlands ▸

时间：2006 年 9 月

客户：De.Mo

艺术总监：Giorgio Baravalle

设计师：Marian Bantjes

软件：Adobe Illustrator

与字体设计师 Marian Bantjes 的专访，加拿大，温哥华

你的工作是如此需要手工化处理，你是如何合理协调数字化工具来工作的呢？

我不确定是不是应该叫协调，它仿佛只是一个延伸。还是有一些东西我肯定是不能用手工来完成的，至少是要费我不少精力和工夫的，所以我最终选择了数字化工具。尤其是样式，没有什么比反复画同样的东西更折磨人的了，所以很自然的你会想要一个你不用非得那么做的情况。当你想要做出完美的纹理单元的时候，数字工具也是很好用的。

你的工作也有书法艺术的特性，这对一个数字设计师来说是不太常见的。

当提到字体设计的时候，非常重要的申明是我并不是一个书法家，实际上我的双手非常笨拙。真正的书法家用钢笔或毛笔能做出一条非常优美的线条。我是得用一支铅笔，画了线以后，擦一擦，再修改。所以我依赖计算机来帮我美化曲线，使其变得顺滑。我没法用手画成那样，尤其是要求在任何合适的尺寸下，所以我都表达成矢量艺术。因而对于我而言，根本不存在什么“扭曲”，比如我手绘这个，而现在我必须重新学习或者尝试在电脑上描摹出来。不过事实正好相反。我有一些东西想做出来，我可以很好地运用矢量软件，但是我怎样达到目标呢，从画开始。

为什么你的工作如此复杂精细？

我的工作复杂精细因为这让我很开心。我喜欢复杂的东西，所以你会想要看了又看，量了又量，或者是希望随着时间推移能更清楚地认识他们。当我工作的时候，我真的需要完全投入并持续很长一段时间集中注意力。我没法同时做很多事。我没法只草草留于表面，这很无聊，无聊让我不高兴。

你可以做到“简单”吗？

某种程度上我可以简单，但是简单是具有欺骗性的，不是吗？在简单里蕴含了很多复杂性。许多的规划，许多的结构。我对那种形式，现代瑞士设计非常感兴趣，比如从 20 世纪 50 年代到 20 世纪 70 年代期间，我是格子、准线、感官和秩序的粉丝。我可以简单，前提是它实际上是复杂的。它必须吸引我全部的注意力，必须有非常精细的细节，即使这些精细的细节可能只是一些直线条。

绘画在你的字母设计的工作中显得如此重要，数字化工具有让这变得简单吗？或者相反，它是否又让你重新想到字母设计？

对于我而言，计算机是一个用来完成的工具，我没法在计算机上思考。有时我会想走捷径，直奔电脑，也有时候我会很纠结，意识到计算机会局限我。我不知道为什么或者是怎么情况，我就是没法思考或者规划或者甚至都不知道怎么绘画了，直到我有一张纸和一根铅笔在我手上才行。数字化真正变得简单的是在想要画一条最完美的线条时那没完没了的细小修改、重复以及镜像（翻转艺术）。我极爱那清晰的线条，并且永远都保持着正确的尺度。但是它就是浑身透着一股数字味儿，这会影响到我对最后作品的想象。

有多少技术是你必须知道的？

你要知道，要了解一个人到底知道多少技术是非常困难的，直到你尝试向一个不知道它的人解释的时候你才知道。有很多技术知识我压根儿就没有意识到，但是已经说过了，如果是说我用的软件的话，真的没有太多。我用 Illustrator 比较多，Illustrator 是一个非常常见的应用程序，我用得非常低级（不是因为它做了全部我想要它做的，而是远远不止）。在它能做的全部来看，我大概只用了它的功能的百分之五？而 Photoshop，我可能用了百分之十？我要再研究研究 Fontlab；我可能只知道它所有能干的事里面的百分之一。Indesign 可能就不一样了，我用了可能它全部的百分之八十，但那是我完全不一样的部分生活了。

在技术和艺术之间，你怎么界定？

我想我的答案会回到你之前提的问题中去。规划、思考和绘画都是艺术的部分。出图的成果部分，当我用到计算机的时候，就是技术。我完全可以雇佣某个人去帮我完成那个部分，可能是一只训练有素的猴子。但是这对我来说没有太多的乐趣，我们可能会因为香蕉互相打架。

你喜欢“猴子”的那部分工作吗？

我实际上还是很享受出图成果部分的：就是把事儿都做对了。我本来可以是一名非常伟大的出图艺术家。我曾经为 Rober Bringhurst（经验老道的印刷商和作者）排版：他负责艺术的部分，我负责技术部分。我也完全乐在其中：他有着非常精细的标记，而我很乐于把他们弄准确。

有什么是你做字体是不能在计算机上完成的吗？

是的，有很多。如果我是在做一些有着很多小的独特之处，有非常小的部分，我会想要手绘。我可以画一些小的波浪曲线或毛发的线长达好几个小时，但是在电脑上？哼，我感觉无聊、磨人，所以几乎不可能去做。

然后还有纹理，纹理的线条、颜色和质感。当我用墨水在纸上绘画时，它有点儿晕开。有的时候这非常恼人，但是有的时候我很喜欢这样。我就没法通过数字化工具做到这个。还有我的颤线，很不完美。如果我想要它，就只能通过手绘。当你看到我的手绘作品时，你是会想要触摸它的。它有令人无法想象的深度，是温暖的，充满着人文情怀。而我的数字作品是冰冷的。冰冷并不是什么坏事儿，只是感觉有距离。

颜色也是一个很大的问题，有时候对我来说。我会平铺颜色，有的时候用一点点渐变，但是总的来说我都非常不喜欢计算机上色。同样的原因，因为它缺少纹理。是的，你可以仿造，但是它就是仿造的，所以你为什么要这样呢？对于颜色我真的喜欢墨水以及圆珠笔，尤其是画阴影的时候。我压根儿不可能在计算机上做出合适的阴影。可能有些人可以，但不是我。

你的很多工作都是非常立体的，那么数字化工具一定对此很有帮助吧？

事实上，你知道最好笑的是什么吗？我不能在计算机上做 3D。我真的比较喜欢特别的理念，但是我只能在纸上画他们。有时我认为我必须学一下 3D 软件，但是我既太忙又太懒，当然也太老了。但是同时当然，我也不怎么对计算机 3D 做出来的东西感兴趣（除了接线框，它们做的真的很棒）。

是有变得越来越好，但是我就是没有时间去学习这些技巧到一个我满意的程度。也许将来有一天一些厉害的工作室会要我跟他们合作某些事，他们会有一些年轻的 3D 天才能手们，做一些真正有意思的东西，然后幸福快乐地生活下去。

你觉得你是一个纯粹主义者，还是说你会尝试错误？

有点两者皆有吧。我绝不会把自己描述为一个完美主义者。事实上，我经常说我是一个不完美主义者。虽然我可能在那条路上走得有点距离，我还是会充分地留一些空间，将一些事情保持在不足够好的程度。但是我是一个十足的线条纯粹主义者，尤其是数字化的线条，我讨厌错误。讨厌！讨厌！讨厌！他们折磨着我，他们摧毁了我的生活，他们让我不开心。说一个东西已经足够好然后对它略微的表示不满意是一件事，而突然看到一些东西，被完成了以后，没有足够好是另一件事。噢，那简直是大大的恐怖！

现在你可以不用这个工具工作吗？

不能。那我将不得不放弃掉我先做工作的一大块，也许甚至是所有的。如果没有它，那我就毁了。当然，我可以只是手画然后在纸上工作，但是那将会很不一样，因为即使我不能在电脑上思考，它仍然影响了我思考的方式。就像你有一盒蜡笔，你用了全部的颜色；有时候你只是用来画蓝绿色的画，有的时候你只是用来画红黄色的画，而有的时候你两者都要用。然后有一天，有个人拿走了你的蓝绿色的蜡笔，那太糟了。

你教图形设计。你也教你现在实践的字体设计吗？

不。我教授字体设计里一门非常基础的速成课程。我非常的传统也非常严格。我通过从事一名书籍排版师长达十年的实践出发来教授排版，因此我相信，条条框框和结构，它们有正确的方式和错误的方式，即使我向来会打破这些规矩。

对于我来说就像写字：你必须学习 ABC 字母，你必须学习怎样依据规矩来书写，然后写得像 James Joyce 或者 e.e.cumming，或者随便谁。所以我教他们所有这些东西。然后在课程快结业时，我会通过展示我自己的作品把他们弄得晕头转向。

我也会在进行访问时教一些工作坊性质的课，我会设置一个练习，给他们一些我思考方式的线索，其中一种部分是我如何看待排版的。这是有趣的，也卓有成效，而且我非常确信学生们很享受这个过程，也学到了一些有用的东西。

你是否坚持让你的学生们手绘，还是你接受数字化设计作为他们的专长工作？

呃，我是教他们排版印刷，而不是字体设计，所以没有很多手绘要做。我也会给他们一些去做。但是这个问题比较核心的部分是说是否接受数字化设计作为人们的专职工作。我的答案是当然，我当然接受。

年轻的一代是伴随着计算机成长的。我也愿意接受他们能在我没法思考的数字化领域进行创作。我会鼓励学生们尝试手绘，因为这是我能够教他们的最好方式，但是如果他们说，我没法用这种方式（这的确在一次工作室课程中发生过），那么也行啊。

另一方面，如果他们曾经用计算机工作，遇到了问题，那么我想我还是可以辨别清楚他们是遇到了哪种问题，是不是因为他们使用计算机的原因。如果是，那么我会说，拿起你的铅笔吧，可能你会觉得容易些。

你的作品有一种旧世界的味道，但是是用新世界的方式诠释的。你是否觉得有一些讽刺、荒谬在这里面？

我觉得一点儿也不。一直以来，每个人都是从过往中“窃取”。我只是这些运用自己时代工具进行重新成像、重新混合，重新制作的“盗贼”中的一个而已。如果我足够幸运，也许将来某个人会借助我的东西作为跳板，运用最新的某种超级虚幻的工具，在我的图形风格中做一些事情。■

ESPN 杂志 ▶

时间：2005 年

艺术总监：Jason Lancaster

设计师：Marian Bantjes

软件：Adobe Illustrator

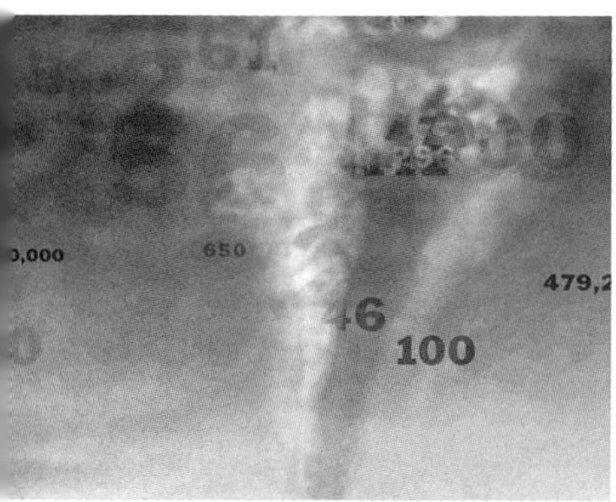

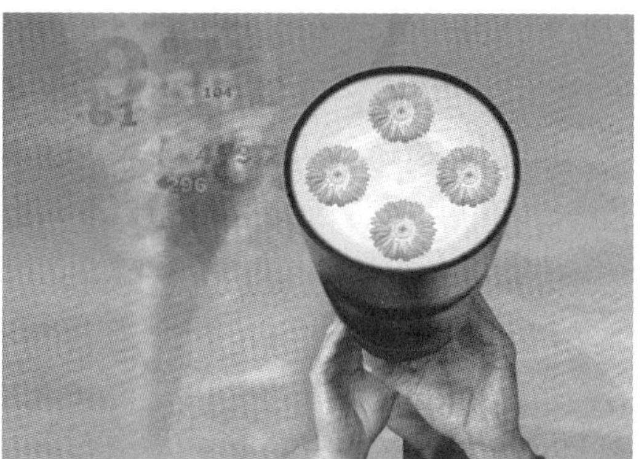

▲ Numbercruncher

设计师：Richard Turtletaub

助理设计师：Dana Smith

软件：Adobe After Effects 以及 Photoshop

现代主义走向数字化

一个与 Richard Turtletaub 设计与插画工作室的访谈，旧金山

你是从一名处理单张图像的印刷设计师或者插图画家起家的，是什么让你转型到这种连续性图画的工作？

自从我记事起，我就对电影和动画非常感兴趣。我在青少年时期，曾经模仿 Terry Gilliam 的动画片《Monty Python's Flying Circus》，做了一个 Super 8 电影。对于电影或者动画的实验性方面的兴趣，从那儿开始就逐渐发展起来。我一直都想做更多的动作相关的工作；我想我应该只是刚好逮着了插图绘画和静态图像，至少是截至目前来看，也从来没有非常努力地专门提升自己的兴趣。

你的风格有一种特定的回归的特质。你是被经典的现代主义者影响和启发的。你是怎么看待用数字化工具来强调这种对数字化之前时代的重塑？

我的风格的确是有一种特定的回归的特质，尽管我也正在努力让它能跟现在的东西更接近一些。我是很明显地受了经典现代主义者的影响，我想其实是有很多令人兴奋的东西发生在现在这个设计世界的，我也正在尝试搜寻更多的灵感来源。在我的新作品中，我的目标是追寻更多的现代化，更多地指向未来。

你是指动画或者静态图形吗？用数字化工具工作当然是让事情变得容易了。对于我而言，能在 After -Effects 程序里能做的事情真让我感到非常吃惊。

你认为在你的动态和静态作品里最大的不同，最具有对比性的特征是什么？

动态作品花的时间会长很多！认真说来，很多动态的片段就像一系列不同的插图组合而成的独立的场景，里面一些物体进入与一个特定的序列发生作用。这些插图场景除了与那些重叠的物体相互作用，经常会被移动或者改变。通常来说，动态的片段是以一副插图画来做底的。

▲塑料鸟

设计师：Richard Turtletaub

助理设计师：Dana Smith

软件：Adobe After Effects 以及 Photoshop

你对用现有的工具工作还满意吗？还是你需要开创一些常用的程序来满足你的需要？

我希望我能有那个高瞻远瞩，能开创一些现有程序功能之外来完成的作品，但是就目前来看所有我能想到做的（可能会有更多）都是用我长期以来用的一些程序工作的。

你为 Wolfgang Hastert/ZDF-Arte Films（德国）和 macys.com 创作了动画作品。你在制作这些作品的工作里是怎样一个角色？

Wolfgang Hastert 为德国电视制作一些短片。我为 Wolfgang 做一些电影的标题，也做一些动画预告片。这些标题通常都是静态图片，而预告片就是动画片段。

我为 macys.com 做一些特约设计，曾经有机会为推广丹宁布的主页做一个动画短片，他们每周都会更换。为这个动画短片，我确定了基调，制作了情节串联图版，做了替换图像和背景。这样一来我就有机会和整个团队来一起工作，包括一名摄影师，一个实际上做 Flash 程序的人，还有创意总监，他知道我在动作图形上的兴趣，同时提供了这个机会给我。

但是现在你是在你更有自主权的项目上，你的目标是什么？你是在想办法超越数字化的限制，还是非常高兴地运用他们？

我在做一系列小的动画片段，理论上可以对我感兴趣的诸多风格进行展示。我常常处在反复修改自己作品的过程中。我会非常想要挑战（或者开始）我自己的限制，来开拓新的领地。我不想只是单一地发展。也有很多其他有趣的公司让我非常感兴趣，他们制作了一些很让人激动的作品。我想我的目标是做一些我感到兴奋的东西，不管是单干还是与人合作。

你是否认为非常有必要将你的职业从传统的插图设计转移到数字化的世界？

数字化看起来似乎比插图更能挣钱，但是我还是想说我纯粹是出于兴趣来拓展动态图像，而不是想要通过它来谋生。

你觉得你能用这个新的媒介工具走多远？

我想应该是直到我感到厌倦了，但是我无法想象那会发生。■

编码世界

与 Jonathan Puckey 的访谈，阿姆斯特丹

你是怎么开始为印刷厂商设计数字化工具的？

我出道的时候是一名交互设计师，若干年前决定从网络改行，所以去了阿姆斯特丹的 Gerrit Rietveld 学院学习图形设计。因为我的背景是脚本设计，所以自然而然的我会开始用动态的方法为印刷业实践。

具体是什么让你觉得制作自己的工具非常有趣？

一个工具可以不用跟填充一个框一样简单，它可以是一个非常个人的、被非常精准定义的东西，可能只是两三个设计师会对使用它感兴趣，所以之前只对程序员保留的 Adobe 产品，现在对大众开放了。

你能描述一下你的工作流程吗？你是一开始就有一个明确的构思知道通过你的创造，要达到某个特定的效果呢，还是一开始只是用代码随便玩一玩，看看会出来什么视觉效果？

编辑程序就跟说一门语言是一样的。只要我能用语言表达我想要完成的东西，我就能把这些东西写进代码。在我开始开发一个程序之前，我首先是从一个需要被回答的好的问题开始。当然，当我开始编码程序的时候，经常我会做成一个比我开始想的好得多的成果。

当我开始创造一个新工具，我尽可能多的保留开放的可能，这样使用它出来的成果就主要掌握在使用它的设计师的手里和想法里。在许多通过程序做的设计中，我们可以看到效果通常非常的生硬、千篇一律，因为创造性主要取决于编码以及完美地使用计算机来执行。我觉得非常重要的是要去强调设计中手绘的特质而不只是机器的成果。实际上，我觉得这两者之间的战斗：感官的判断力与机器的自动化，是真正让我着迷的。

通常当我完成了一项工具的设计，我总觉得被它无穷尽的可能性征服了，总是要花很多的时间来学习如何与之相处。一个真正好的工具肯定不是自动就创造出有趣的成果的。

你开发的工具是如何表达了你的特殊喜好呢？你是否可以谈一谈？

有一段时间，我的一个很大的兴趣是，探索怎样在设计中将手作为一个很重要的元素。就是说，我想要展现我的成果，我想要我设计的过程是一件直观的、流畅的事情。

我尽量不去追寻确切的美学，相反，我想要我的审美是我工作方式的逻辑成果。

我设计的一个拼贴工具，比如说，就是一项源于喜爱贴图而创作的人工排版设计产品。我过去做过人工排版，但是这其中的过程太过复杂、枯燥。这项工作中根本没有什么余地。我感觉像是被人把手绑在背后在工作。我开发了一个工具，你可以设计拼贴然后用他们来画画。通过绘画，我指的是通过移动鼠标可以放置那些拼贴。这个工具知道在顶端的角落用一个什么贴图，什么时候需要用一个扁平的贴图。因为放置一块贴图不会再超过五步，就把你解放出来可以用别的方式干活儿。

这个工具实际上适用于各种各样的设计，因为从图像上来说，它完全是基于每一次的贴图设计，以及你是如何画的。但是另一方面来说，它又是一种非常明确具体的工作方式，因为只有带着激情才能操控好它。你没法用它来做所有东西，但是那也没关系。我觉得工具应该要更像字体。我们应该可以从涂涂画画中挑选确定或者创造我们自己的所属。

软件公司现在开始往他们应用程序的标准工具包里添加专属他们自己的独特工具，我不明白这是为什么。我们真的是在寻找一个可以制造万能钥匙的工具吗？把它们做得随意些，然后骤然之间，你所得到的是怎样特别就已经不再重要了。把它变得能使每个人都可以去创造属于他们自己的工具，它就变得异常强大。

你提到在你开始开发一个工具之前，你首先是去寻找一个需要被解答的好问题。你能给我举个例子吗，什么是好的问题呢？或者是对于你来说曾经的一个好问题。

这些问题通常都非常简单：如果像素有棱角怎么办？我能不能把字体渐变的粗体跟它的意义联系起来？为什么要把排版保持为直的这么难？它可以是完全不一样的情况吗？

我说到问题，是因为在我的工作中，我尽量尝试找到一些东西，人们是可以看到或者理解我在设计时正在应对的问题的。问题可以说一个系统，有着一套逻辑缺陷或者是基于我发现的技术缺陷。

我记得 Karel Martens 的一堂讲座。他正在谈他的工作，基于比如凸版印刷机和石板印刷的印刷技术缺陷。我当时非常嫉妒，因为我用我的计算机好像几乎什么都没做出来。

有能力去生产任何东西，感觉就像是压在我肩上的千斤重担。每一个单一的决定变得如此充满意义，因为我原本可以用另外一种方式来执行。工具可以创造一个细小的逻辑世界，这个世界可以分解所有这些小问题，变成更大的片段。你已经通过创造工具解决了很多问题，现在就剩花更多的注意力在操控设计上了。

当我运用的技术跟最开始由于要发明它而不得不带来的缺陷一点关系都没有的时候，我也非常不想，让我的工作是去模仿某些风格。随着日新月异的计算机技术的发展，有这么多新的可能性，我认为仅仅是靠之前的视觉重复是远远不够的。我们应该有一些我们自己的缺陷，当然，在某种程度上来说，我们已经有了。

设计你自己的软件有什么含义？难道现有的设计软件没有足够的可能吗？还有局限性？

我们都使用相同的软件，也同意软件公司为我们提供的选择。但是我感觉这些应用程序迫使我们用一种特定的方式进行工作。所有的选择都摆在那，有一种非常分裂的时尚，我们不得不将他们互相串起来，至少我会以每个步骤都要提问而告终。

对于我来说，编程序做工具是一种将我可以操控的缺陷复原改进的方式。通过对软件有越多的控制，我就越能用自己的方式解开对工作的束缚。

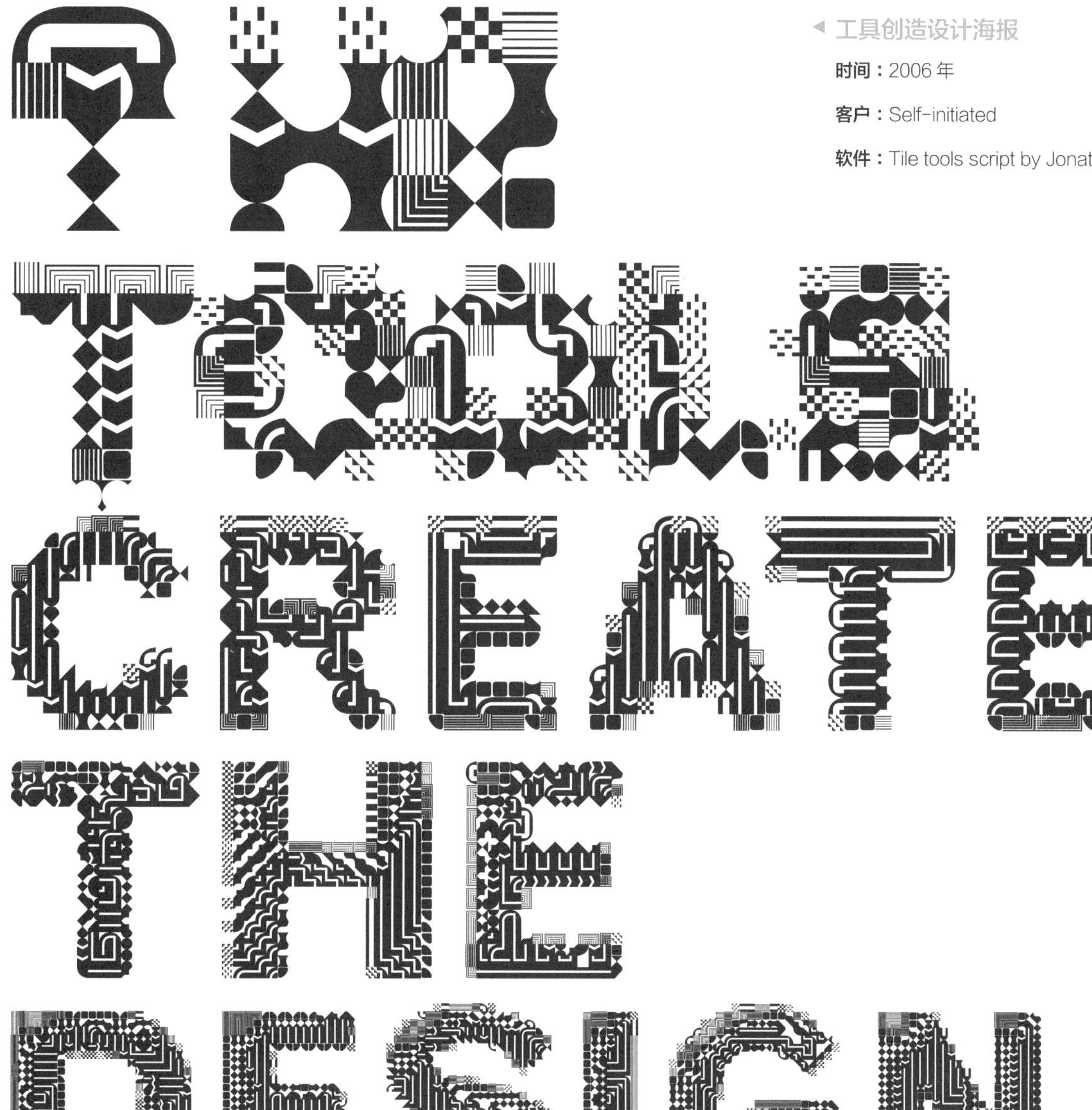
THE
TOOLS
CREATE
THE
DESIGN

◀ 工具创造设计海报

时间：2006 年

客户：Self-initiated

软件：Tile tools script by Jonathan Puckey

在你知道如何使用工具之前，你怎么判断它是好的还是不好？

实话实说要去做预测是非常难的。前段时间我开发了一个工具，是想要对页面上特定的磁力区域有文本插入点，在一页充满了排印字体的纸上创造一种无序的逻辑。我真的很喜欢那个想法，但是我没法把它做成好作品。可能我当时做的工作与这个工具的可能性不匹配，可能其他的设计师能用它做非常了不起的创作作品。

混合媒介与爵士

一个与 Jazz at Lincoln Center 设计系主任 Bobby Martin 的访谈，纽约市

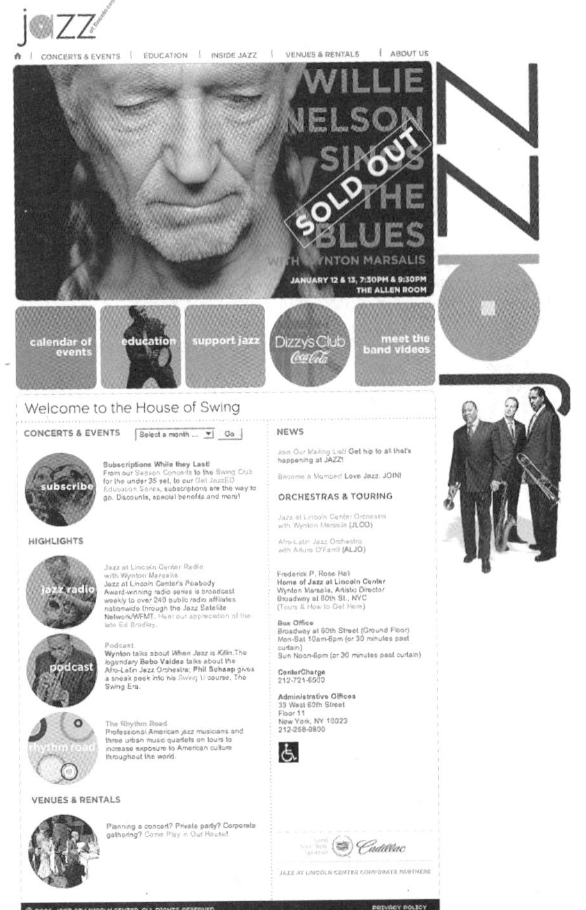

▲

Jazz at Lincoln Center Home PAGE

www.jalc.org

艺术总监：Bobby C. Martin. Jr

设计师：Daryl Long

动画：Johnathan Swafford

你从杂志业起家。在这个实践中，数字化设计工具扮演了多大分量的角色？

我认为数字化设计是用来开拓、组织并与屏幕沟通想法的内容。数字化设计比起互联网设计、电视设计以及其他多功能媒体应用程序的设计要丰富得多。它当然也是运用数字程序创造图形。

我大学毕业后的第一份工作是为一本杂志担任副艺术总监。尽管它是在互联网时代的高度，我们工作却甚至都没有联网。我们所有的拍摄工作都是模仿而成。不过，我们会经常让摄影师去拍 chrome，因为那会儿它发展得最快。印后工序部门从胶卷转换中会做一些彼此协调的印制，这是一个缓慢的过程，但是它的确帮助我理解印刷程序。我协助我们的艺术总监用 Quark Xpress 做杂志排版。版式设计可以被归纳为简单直接，多数是一面为文字，一面为图像。

然后呢？

后来，我跳槽到了雅虎互联网生活杂志。这个杂志的内容主要是由最新的发生在网络世界的一切组成。这本杂志的特色在于通过一些小标志模拟互联网的行话，比如 windows，箭头，按钮，以及菱形。排版非常流畅地在页面之间移动，图片经常是被摆放在像窗户一样的盒子里，标头在整页的顶端，互联网提取的元素影响了所有的东西，从排版到插图，插图通常是由插画师用 3D 模型制作。

你现在是在 Jazz at Lincoln Center 设计总监。你觉得你自己是一名数字设计师还是一名图形设计师呢?

我是一名图形设计师。我用图形设计的基础来帮助我完成工作的各个部分。比如说，我用最基本的排版和分类来组织印刷的信息，网络也是如此。我用尺度、比例以及内部组成来拓展爵士区别于所有沟通方式在林肯中心的特质。我用各自系统、颜色理论来设计办公室、剧院以及其他三维空间。我通过设计及艺术历史来了解，为了营销和推广，如何排版和创作插画等工作。

你在 Jazz at Lincoln Center 的时候做多少数字化媒介的工作?

当开发网站的时候，我经常要在一些程序，比如 Illustrator 或者 Photoshop 里进行信息排版。我们的网络设计师或者程序员则会带着这个排版，然后开始想办法让它在网上栩栩如生起来。然后我会跟他一起工作，决定什么应该做成动画，什么应该是静态的。我们一起决定什么是最重要的，什么是次要的，什么排在第三位。

我们网站最首要的就是提升我们的表现以及教育程序。然而，与全球的观众沟通是最容易也是最能达到的方式。因此，就会有一堆内容需要被组织，并且是利于使用者的方式。我们限定 Flash 仅仅只对我们的主页；我们提供播客，音乐小样，Jazz at Lincoln Center 乐器采访视频，在线教育视频等。

所以数字化媒介是一个主要的核心内容?

在 Jazz at Lincoln Center 我们一直都要用到数字化媒介。我们用数字化排版，数字化印刷，用数字化屏幕在售票处来推广我们的大事件，在剧院用带动画内容的数字化高清屏幕。我们用数字化应用程序，比如 Photoshop，Indesign，Illustrator 以及其他日常化的软件来为 Ertegun Jazz Hall of Fame 制作动画。我们发送邮件进行数字化宣传，用电子邀请函为事件制作邀请。我们甚至还注册了 MySpace 页面，就是为了面向大学生推广爵士俱乐部。

你是否预料会有更多的推广和其他的工作开始进入到数字化的领域?

有很多想法浮出水面。基于互联网博客或者杂志，有太多我们可以做的事情。我们做很多事情的数字化推广，因为很多时候我们只能紧缩开支来工作，或者是时间太赶。这样想要廉价而迅速地得到信息，电子邮件就变得非常重要以及容易了。我们经常会做一些电子邮件的竞争来获取潜在的音乐会迷（我们会提供一些赢得即将到来的音乐会票的机会，如果他们填写了信息的话，这当然包括了他们的电子邮件）。

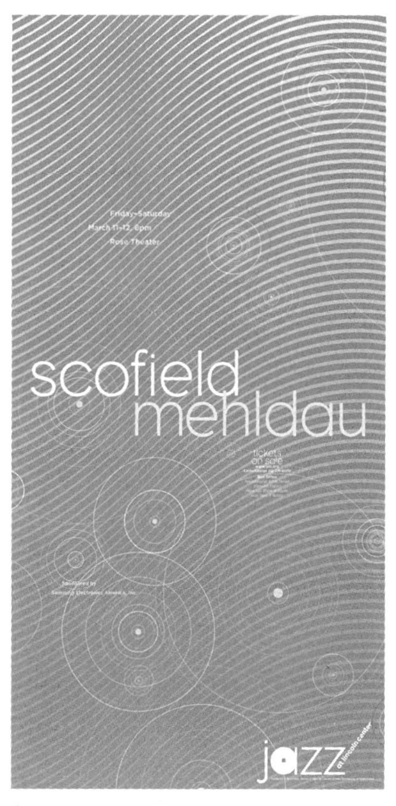

▲

John Scofield 和 Brad Mehldau

艺术总监：Bobby C. Martin Jr.

设计师：Bobby C. Martin Jr.

为屏幕做设计与你的印刷工作有什么不同吗?

标准不会有什么不同。我仍然想要设计工作尽可能地完美。我花了很多时间在大型的与竞争相关的项目上，这包括册子，邮寄信，海报以及报纸和杂志的广告。印刷工作我规划得跟数字化工作不一样，因为我必须有充足的时间来打稿，印刷，折叠，封胶，以及邮寄。为互联网做设计与印刷业不同主要是由于限制不一样。排版的限制通常大一些，画布的小一些。数字化工作我觉得最为激动的就是动画，不管是做一个 Flash 还是后期效果，动态的版式和图像有这么多的可能性去做比较。

你是否觉得对于印刷业与多功能媒介行业有着双重审美标准?

他们是略为不同的经历。我享受挑选潘通国际色卡里的颜色，玩一玩印刷的过程。我刚出校门的时候被同样的过程威胁过。然而，我现在与印刷机走得更近，这帮助我定义我们的工作是区别于竞争者的。

我也用某些特定的生产技术，比如凹凸印刷，活版印机，石板印刷以及 Day-Gio 油墨，丝网印刷，以及不同的造纸原料来帮助创造一些我永远都无法通过数字化工具复制的不同状态和表达。这充满把戏的袋子增加了观赏者的体验，引诱着他们要买票，走进这个事，或者成为其中的一员。

相反的，数字化我可以用声音、动画以及其他以时代为烙印的技术，它们可以夸张地加强体验。这些技术可以留下一个正面的印象，从而延展使用者的实际感受。这就像当我有一首打动我内心的歌，我就想成天都唱它一样。

而 Ertegun Jazz Hall of Fame，我与 Scott Stowell 共事，他在 Open 的团队致力于为每个就任者开发多功能媒介视频。这些视频捕捉这些爵士音乐家以及他们音乐的伟大遗存及特质。我觉得这是一个为这些艺术家们献祭的激动人心的方式，因为这使得他们的体验复苏、留存，也让我们今天还能感受到他们。

在你的艺术部门，是否有对于数字化技术越来越多的需求?他们是更多地在制作还是概念阶段?

我的部门多数包含的设计师是有较好的排版、组织技术以及很多的激情。我鼓励我的团队要为他们的项目开发好的概念，因为它树立了一个基石以及一个好的开始，允许他们是富于创新的。数字化技术当然有帮助，因为知道如何进行推广以及如何将其延展到观众会产生共鸣的点上是非常重要的。

当你招聘一名设计师的时候，你关注什么?

当招聘一名设计师的时候，我首先会想看看他们对于设计的热情。虽然很多设计通常都是与生俱来的天赋作品，我还是宁愿要一名辛勤的工作伙伴，而不是一个完美的设计师。对于我来说，很重要的一点就是我能够与我的团队一起合作，所以我会想要能与他人友好相处的人，能一起建立友好的工作氛围，在其中，我们可以互相学习并且成长。当然，我也会注重技术，不管是概念层面还是产出层面，但对我而言是那绝不是最重要的。■

从搞怪的人到数字达人

与 Pretty 的合伙创始人 Patric King 的访谈，芝加哥

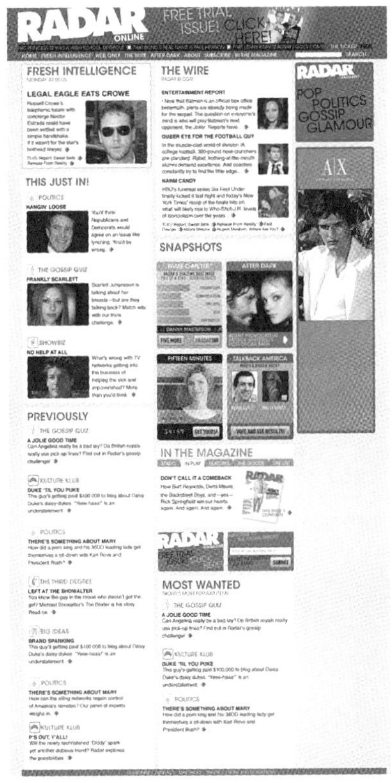

▲

www.radaronline.com

客户：U.S. News

时间：2004 年

设计师：Patric King

技术设计：Su

©House of Pretty

在你职业生涯的什么时候你开始投身 于互联网或者说是数字化世界？

我完全投入到互联网是从 1992 年左右，当我在田纳西大学的图书馆发现了 Gopher 和 WAIS。专业地说，我在 1997 年开始非常专注地设计 Thirst 的网上账户，然后在 2000 年离开了那家事务所转而投身了一家网上事务所公司。从 20 世纪 80 年代开始，可以说 Su 几乎投身互联网半辈子。

那就是说，我们从来不打算把世界上有关触觉的物品留在身后。互联网选择了我们。看起来我们的自然兴趣似乎比主流的交流沟通早好些年，所以比起其他设计工作室，我们更早地结束了追求技术上的先进，也因此发现去适应新媒介更加容易。

在你数字化排版的早些时期，有一股决定性的先锋推力或者说是非常前沿的力量出现在你的作品中。你是否会觉得，既然数字化环境已经成熟了，你也成熟了呢？

我讨厌这么说，但是我感觉我 20 世纪 90 年代早期的作品，是我公开地一种信口开河，并没有关心它是怎么影响了谁。我对于做一个搞怪的人很感兴趣，一个非名流，以及一个道德上直言不讳的设计师。我没有做的是反思以及聆听这个世界。

那么现在呢？

我成长了很多，非常迅速的，这个世界本身在“9 · 11”之后也有了很大变化。那个事件是我第一次意识到美国在某个地方被认为有意识形态上的错误，那个发现，也就是我的世界并不是世界的中心，促使我改变。

我仍然认为我的工作非常大程度上是道德上的直言不讳以及仍然是个“骗子”。但是我现在使用的视觉词汇比起 20 世纪 90 年代初期，更加接地气。同时，很多普通老百姓现在认为设计师就跟作家似的，这个观点那时候也非常流行，但是没有被过多使用，现在被更多地接受了。所以我想这也是世界一点点伴随着我在变化。

你为很多博客做设计工作，在这种媒介上什么是最重要的设计关注点?

这对我来说，其实很像书籍设计或者杂志设计。网络博客作家们到我们这儿来的都是一些开始准备随着大写字母P出版的人，这不是一个爱好。一个我们为其服务的网络博客公司每个月要在广告收入上挣数千美金。这在他们的文化上来说，是一个合法的声音。他们的工作必须看上去而且实际上也运转的很好，否则，他们看上去就很业余。

创造网络博客格式化我最大的关注是保证我创造了一致的、完整的一套可能的外观，因此作者有一个完整的视觉语汇任由他们支配，并且所有的都会常用CSS标签呈现。一个博客实际上就是一本正在制作的书，因此设计上必须满足任意一个读者都会假设的场景。

你是觉得网络工作与印刷行业截然不同，还是认为在根本上来说存在一定的共性?

我觉得网络比印刷业要规矩得多。比起互联网作品，在印刷行业，你会被制作你设计的系统弄得分心，以至于你的工作更容易变成懒惰思想的产物。

许多印刷设计工作是在幻想中完成的，因为设计师、现场或者观众之间是没有交流的。如果你做了一个劣质的文件，可能渲染错误或者压根儿没有渲染，网络会推动那个幻想。他们是这么说的，如果你的设计在观众那儿根本行不通，要不要尊重他们的意见和感受是个快速的决定。这种沟通永远无法发生在印刷业或者摄制行业。

什么是你现在可以通过数字化来表达你的观点而以前不能的，比如说，两年前?

这些日子我发现我自己花了更少的时间来创作成品。我花费更多的时间在创造风格化建造体块上，这让我们可以与客户更多样化地、更好地进行沟通。这在不久之前还没有这么容易，因为日常用户以前不明白怎么像现在一样去创造他们自己的内容。

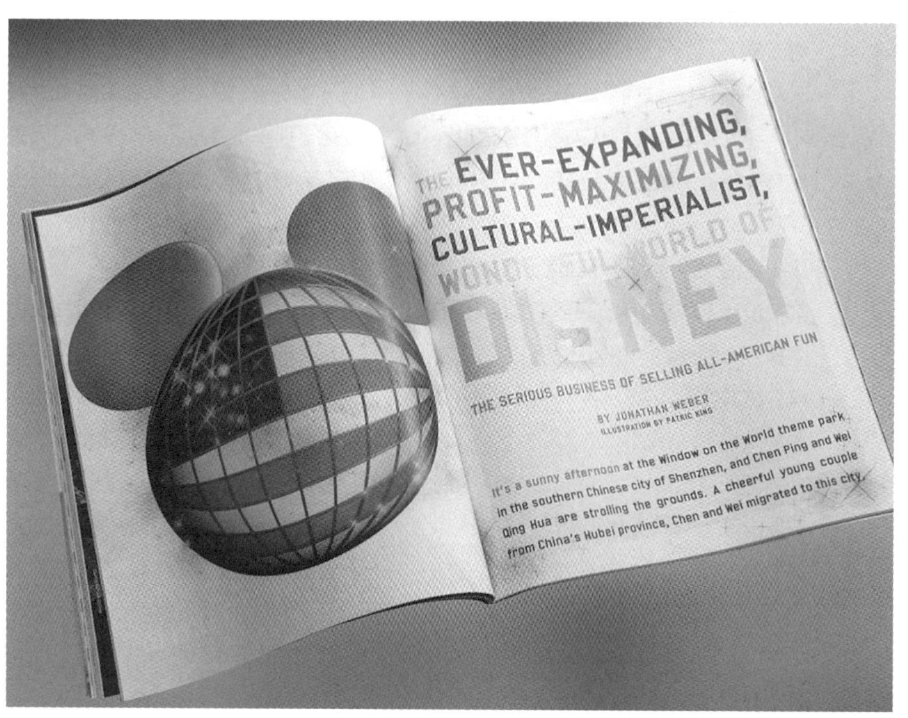

◀ **奇怪的迪士尼**

客户：《Wired》杂志

时间：2003年

设计师：Patric King

©House of Pretty

你的关注度比重，在技术方面与美学方面是怎样的？

对半吧。技艺跟审美同样重要。如果有一些东西是不能被做出来的，我会重新设计保证它可以被做出来。网络最难的部分在于不仅你的设计要被人评判，尤其是在网络的回音室里，你的构架也要受到评判。如果你是在印刷业工作，唯一知道你的作品差劲的人是你的印后工作人员。在网上，每个人都能看到错误。然后他们会告诉你。

在这个数字化的环境里你是怎样定义好的设计的？

我个人对于好设计的定义是将作品设计好，看上去不错，传递惊喜和愉悦（当我可以掌控这些理想化的东西的时候）。在早些年，我的目标只是简单地尽我所能去创造视觉上最美丽的东西，不管功能和互动性。

你有什么是现在不知道的，而又是你认为在不久的将来跟这个领域同步必须要知道的？

我现在在开拓一些方法来将细节排版带入我们的工作，从而使作品视觉上是饱满的和精细的，就像它是在一个有形的面上一样。网页仍然没有精细到每天的使用上，所以排版和阅读还比较落后。我想要找到方法使得质量管理系统能在 Flash 提供的更丰富的视觉环境中工作，而据我所知这是可能的，我们以前做过，但是现在很少做或者很少被问起，所以我们没有做太多研究。

在这个环境中“如何做设计”这个问题是不是总是会有局限性？

我对此表示怀疑。许多我的关注点：更好的版式，更流畅的阅读空间，多栏阅读空间，在未来真正设置可行的浏览器话题中多次提及。我也非常渴望某一天我可以彻底满足，不用再遗憾或期待有更好的设置，Su 和我就只用简单地设计就行。

你会与其他人一起工作吗，还是完全是一个自给自足的生物体？

我们很少一起工作。我们通常因为他们处理图形技艺或者互动性的天赋委托他人，因为我们做的不太好。我们用两三个通常一起合作的人为我们的插图和 Flash 工作。Su 和我都很讨厌制作 Flash。我非常迟钝，他对于图形界面很不熟悉，我们发现自己在媒体上需要很多我们不太擅长的手工艺术品。我可以像个疯子似的作画，而 Su 是一名了不起的印刷设计者，但是我们俩对比如水彩或者钢圆珠笔都不是特别擅长。

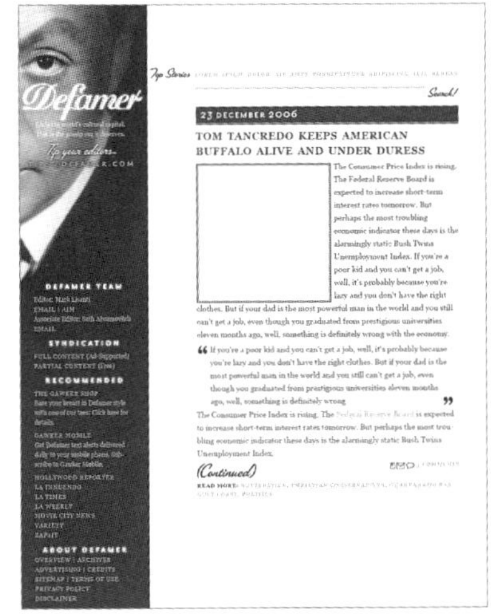

▲ www.defamer.com

客户：Gawker Media

时间：2005 年

设计师：Patric King

技术设计：Gawker Technology

©House of Pretty

为 Pretty 招聘的时候，你想招一个什么样的人？

我们想找一些人可以做我们不能做的事情，用一种我们无法想象的声调；某个能展示强烈好奇心和满足我们要求的、技艺精湛的人。还有某个人，能懂得他们创造的工作不是为了他们自己，而是为了其他人。■

字体的语言

与策展人和评论人 Emily King 的访谈，伦敦

在古登堡发明印刷机之前，还没有一个关于字体的革命被发起，甚至凸版照相也没有跟数字化一样有根本的重要性。你是如何描绘过去十五年所发生的事情的？

如果是之前的排版系统，排版的功能就像是机器的一部分。排版设计是工业过程中的一部分，排版设计师是为制造公司工作的。分离一独立式数字排版的到来将这种关系分隔开来。自 1980 年开始，任何人只要用一部计算机一级中相对廉价的软件，都可以成为一名版式设计师。而且他们不仅设计字体，还可以将他们在全球范围内进行传播。曾经是如此紧密的连接在一起，有些人说跟僧人似的，专业的东西变成了可自由参与的。我可能会将过去十五年发生的事描述为一种版式设计的去专业化。

什么是数字化排版设计与之前形式的本质区别呢？是否有很多的设计师（可能甚至是非设计师们）被邀请加入一个唯一排他性的俱乐部？

数字化排版设计与之前形式的本质区别在于之前的设计没有与排版系统的生产联系在一起。当排版变成了软件，它就可以被任意地从一台机器转换到另一台，从一种环境到另一种环境。当然，这是一种解放和民主，但是这也造成了很多版权的问题。很少有哪个版式设计师会觉得他们的工作是物有所值的。

版式设计师俱乐部就是人们参加 A Typ I 会议或者类似的，非常地具有唯一性。要维持在那个水准需要有极少数人才有的意愿和技能。然后，有很广泛数量被应用的版式都是被与此毫无关系的人设计的。那个俱乐部很少邀请新会员。现在更多的是，那个俱乐部变成一个更宽广排版领域的一个部分而已。

在新的数字化世界，要成为一名效率高的参与者，懂得字体语言（以及字体设计）是否是非常核心的？

就跟过去一样，要设计一个有效率的封面是非常难的。在 20 世纪 80 年代末到 90 年代初，伴随着字体设计软件的普及，大量的新字体涌现出来，但是那以后形势缓和了许多，有一些巩固的东西。有一个共同的认识是，好，你可能不会为蒙纳公司专利的热式铸字排字机工作，不用设计一个字体，但是，同样的，你必须学习相关的历史去懂得它。据说，仍然有大量被丢弃的陈设性字体，它们肯定在自己的领域是有效的。当然，事情总是应该具体对待，但是它们比以往任何时候都要被消费得更快，量更多。

作为一名评论家和历史学家，你能够理解设计从一个时代转换至下一个。随着非设计师也可以来使用字体，这将会怎样改变设计操作实践？

这个世界上最好用的字体设计现在主要都是在外行人手上，比如，Verdana。很简单的原因是，字体的外行使用者比起专业者来说数量上占了绝对优势。据说，这巨大数量的非专业人士仅用了他们能用的字体中很小的一部分比例，我猜想，约莫 90% 的外行使用者总共才用了大概 10 种字体设计，而所有这些都将与软件绑定。

大致来说，专业人士和业余人士排版是完全不同的两极，尽管当然现在对于一个勤奋而又有天赋的业余者来说，更容易跻身专业领域，这显然是一个好现象。现在回答你的问题，非设计者们对版式的使用对于那些要将非设计者时刻记在心中的设计来说，有非常大的影响。

总的来说，字体设计师对于不同种类来源的影响要比以往任何时候都更开放，尤其是来自大众文化的。非专业设计增加而带来的对字体大众化兴趣方面的上升，与在专业设计师中对流行文化的兴趣是一致的。

你也将艺术与设计的联系编入历史。数字化技术是怎样使得设计师从艺术家中剥离开来呢？

就像其他每个人一样，艺术家现在可以使用设计软件，就跟其他人一样，他们想要用它。而不同于其他人的是，他们经常认为自己是比大部分专业人士更好的设计师。他们中的一些是这样，有些人不是。当然，艺术家作为设计师这种现象早在数字化技术时代之前就有了。Ed Ruscha，Joseph Kosuth 以及 Lawrence Weiner 都是非常出色的设计师。既然现在工具更加普及了，可能现在会有更多的类似的杰出设计师。

另一方面，必然会有种情况，越来越多的设计师把设计当成一个找到了的物体，就像这是一个现成的东西，他们能够通过将之放进展廊而将其转变为艺术品，他们通常都忽视了这是先前被其他人设计过的。

当然，有一系列的数字艺术家，这些艺术家用软件工作，所以他们必须知道怎么使用而制作它，但是艺术家经常使用工具和技术。我不认为艺术家是通过使用相同的材料而变成设计师的。在不同的层次上，现在有很多人选择称呼他们自己为艺术家，可能他们也没有错。这是一个非常自由的行为。现在最紧要的议题是关于文化和经济，而不是技术。

最后一个问题，作为一名策展人，对数字化媒介的新领域特别感兴趣，怎么能让在苍穹中创作的艺术和设计保留给后代呢？

我认为收集整理应该一如既往地进行。就是说，策展人应该有选择性地挑选他们认为值得去收集的样品，并且符合他们机构的利益，保守派则应致力于为了后世如何保护它们。当然，总是需要去做一些选择，比如一个软件是否应该在它的原始平台上展现，但是我觉得这些抉择可能得逐个地做，具体情况具体分析。■

PAPT / 3

第三部分　数字化教育

Khoi Vhin（参见第 113~116 页）是插图专业毕业的，Chris Capuozzo（参见第 122~125 页）学的是动漫专业，Mike Essl（参见第 130~134 页）学的是活字印刷相关的专业，Eliott Earls（参见第 321~323 页）学习的是艺术与设计专业。当今，在从事数字化设计的芸芸众生中脱颖而出的数字设计师里，尽管很多在学校都没有就读数字化设计专业，但那并不意味着他们就不愿意雇佣数字化设计专业的毕业生们工作，那可能只是因为他们在那个特殊的时机没有更合适的选择了。真正值得注意的重要事情是他们至少都接受过专业的训练。

你当然可以从各种方式的学习渠道中获得有价值的知识，但是通过连续不断的专业课程学习，在找工作时，你可以与那些在此领域内训练有素的专业人士进行竞争。打个比方说，如果你想成为一名游戏设计师，但是呢，你又不打算攻读游戏设计相关的专业学位或者接受相关的正式教育，那么你至少应该做好准备解释你做这个决定的原因，以及你是如何通过其他方面的技能和经验来弥补专业知识或培训的不足的。

可想而知的是，这本书你读了这么久到这里，不仅仅是因为你在计算机技能方面的娴熟和精通，更多的是因为你想创作属于你的、带有你印记的整体性的设计作品。换句话说，如果不是也想参与内容的创作，你想做的是某些网页设计相关的样式或者感觉，用于杂志或书刊传媒；你想做一些动画，制造一些印刷样式，或者发明一些传播与沟通的方式，这些方式能或大或小地影响读者或观众。你想要的是成为一名设计师，而不是一名程序员，或者计算机行业的经历，或者生产制造协调者。

因而，你想在一个既利于激发你的创作潜能又对你的技术能力有帮助的环境中学习与成长。这样的想法可以通过各种不同的途径来实现，本科以及研究生的学习仅仅是切实可行的作品集中的一部分。接下来的这些选择可以进行综合与搭配。简而言之，设计为满足你的需求出发。或者你可以报名加入一个需要积极投入的项目来保证你学习的持续性。

不论你如何选择，接受正规的专业学习是非常重要的。因为它使得你作为一名数字化设计师相对容易地能在不同的地方通过选择不同的项目来谋生。当然，也许你会更倾向于推迟学校的学习或者干脆忽略掉这整个部分。获得专业方面的经验当然有许多优点，但是迟早你会发现你遇到了瓶颈。有影响力的企业往往更倾向于雇佣从通过认证的学校毕业的设计师。在很多情况下，正规的教育是晋升或工作岗位调动的一项重要要求。根据 2006 年纽约城市的调查数据，初级设计师的平均待遇为 33000 美元。创意总监的平均待遇为 81000 美元，这两者的对比可以看出，教育在这场长期的竞争赛跑中最终将会收回成本，拿到应该有的回报。

第十四章　教育矩阵

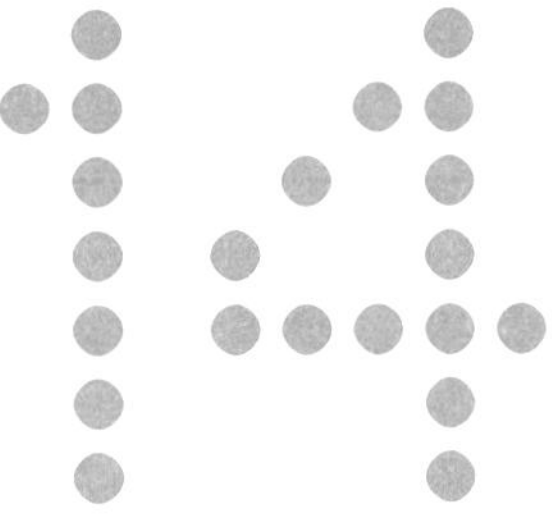

我们不能直截了当地下结论说在你接受教育的生涯中，这个选择应该排在最前或最后，抑或根本不需要。什么时间以及是否需要选择继续接受教育，对于生命的广度而言是有极大益处的。

对于那些已经工作了的人来说，走进教育的课堂或者是参加一些工作室的活动（通常由艺术设计系或者一些相关企业提供，比如 Adobe Systems，或者是一些组织，例如美国专业设计协会（AIGA），协助或服务于相关产业）无疑是最佳的选择，尤其在于以下两个方面：增进设计技巧，或者学习核心课程，有的时候两者兼得。

集中的学习时间（通常是一学期 15 周，或者是安排得非常紧密的以周、或者周末为单元周期的项目）对于想要集中投入在某一特定目标的人来说是最佳选择，比如攻克某一印刷文字，或者只是想要娴熟地使用 photoshop。

当然，在同样给定的 15 周的时间周期内，精通 Photoshop 当然比成为一名出色的印刷工要更现实。两者皆需要练习，前者更多地是跟着指导大纲来操练，而后者需要学习如何充分调动你的聪明才智进行各种整合（其中天赋悟性或者品位是非常必要的）。

但是如果你现在是一名制片人助理，有逐渐转型进入创意领域的勃勃雄心，并且你又没有足够的时间和金钱成为一名全日制本科生或研究生，或者你其实压根儿也不在乎你是否有一个学位，那么一定要有一个基本的判断，对于如何有一个最好的开始，什么是好的媒介，或者选择声誉较好的正规艺术院校、系、所的高级排版设计课程。好的声誉尤其重要。许多差劲的排版设计室在教一些其实很有潜力的优质学生。有本科教学和研究生教学项目的学校经常开设 CE 课程，有时是常规的教师授课，有时会请一些业内标杆式的专业设计师来交流。在上设计课程时，尽量保证你的老师不仅有传授技巧的经验，还要有对于所在领域的敏锐的见解和眼光。

其他有潜力的 CE 学生都是些有技能、甚至可以说是有丰富经验的资深设计师。每个人都需要时刻保持与最新的技术接轨，CE 提供的课程都是为了使你的作品集日臻完善，有竞争力。有的时候这些表面上的技术化课程是艺术系或艺术学校提供，这些基础课程，比如 Photoshop，Illustrator，以及 Flash，或者一些先进的图形处理课程，它们日趋火爆，当然也十分核心。另外，与交流艺术有合作的技术化学校也会提供非常有效的课程。除了技术化课程之外，即使是资深设计师，也会想要进一步提高他们的手艺。千万别以为你接受的教育已经十分完备，尤其是现在一些设计新型领域正在以非常快的步伐敞开大门。

任何人想要开始进入一段连续性的教育项目，最重要的是仔细阅读课程简介，比较各门课程，进行恰当地咨询和质疑。不仅是对相关院系或行政部门，同时也要问你自己：我真正想学什么？我真正需要学习什么？

本科教育

这是学习过程中最重要的阶段，所以我们从最先头开始：作为一个刚从高中毕业的学生来说，你总是不知道接下来会发生什么。许多大学新生实际上都不知道他们所学的专业，这不是失败，而是一个常见的现象。有些比较幸运，有一个比较清晰的重点倾向，比如想学习媒介艺术的某些形式。对于其中的某些人来说，这些形式被定义为数字化设计。

年轻人知道媒介艺术或者 Viz Com 是因为他们在高中的时候玩过 Photoshop 或者 iMovie，或者有可能甚至是 Final Cut Pro. 越来越多的高中课程或者俱乐部提供这些工具。他们制作影片和播客，也制作网页；有些甚至发明游戏，其中很多人会把它们上传到 MySpae 或者 YouTube，仅数日内他们就会发现有上百甚至几千人为他们业余的作品点赞。或许这是通往数字化设计的一条路。但是不论你高中毕业时多么有激情，很重要的是要接受全面系统的教育。如果没有其他办法接触到有可能在数字化领域拓展的广博的、形式各样的内容，那么拥有一个丰富自由的艺术基础尤其重要。

据说，许多高中毕业生毕业后直接进入艺术系，或者去学校上艺术类课程。但是后者要求开始真正的专业学习之前掌握一定丰富的艺术基础，其他音乐系的项目可以允许学生直接进入专业训练。无论是哪种方法，对于不同的个体都是言之有理的，最终还是取决于你自己。打下广阔的、坚实的基础或者进入专业的预科课程学习对于之后顺利过渡到一个可行的未来课程非常有帮助。不管怎么样，沉浸在专业学习中会让你变得更自信。

现在我们来处理最复杂的部分：绝大多数的设计专业都是学习传统的排版、概念、理论、作品集工作室课程，以及一些技术化指导课等。尽管我们常常认为，进来的学生应该是多多少少懂得计算机的，然而一些高级的软件教学课程还是以整个学期调研或者高强度研习工场的形式开设。尽管运用你的双手也很不错，但计算机是最基础的工具。

诚然，大多数设计系强调他们独一无二的设计胜过技术追求。对于那些真正想做设计的人是挺好的一件事，但是设计是一个广义的名词和领域。我们可能学习计算机艺术或者数字化媒介专业的网页设计。也有可能进行动作制作，如果不是叫动作设计的话，也能在日益多元化的项目中进行教授。

目前来看，在数字化摄影技术、数字化艺术和其他非图解的设计分支中有交叉的部分，也会有很多的术语或者是某些内容的典故等。一个数字化图像课程在某个项目中可能包括图形处理，但是在另外一个项目可能就只是在屏幕上画图。仔细考察这些教学大纲和它们对应的课程，要力保你想上的和需要学习的专业内容都能学到。如果不能满足你的要求，就要找找哪些选修课能填补你的需求。

对于那些从其他非设计专业转专业、或者从设计相关工作岗位回到本科教育的学生而言，前面的建议同样有用。可以料想的是，那些在专业范围之外工作或学习的人能更好地成长为一名全能的设计师，因为其他方面的经验能够帮助他们更好地夯实设计领域的基础。

数字化摄影与新设计

在 19 世纪 30 年代，摄影被认为能更好地进行图形设计和插图图解，因而成为大热门。整合排版设计及摄影照片在欧洲被称之为“TypoFoto”。纵观世界，从美国到日本，壁画式照片和拼贴式照片是机械时代的标志。许多世界顶级设计师同时也是摄影师，其中一些甚至通过他们的摄影获得了更大的知名度和专业信誉。

整个 21 世纪的后 50 年，摄影都被冠以“时尚”媒介来进行交流。尽管手绘或者油画的图面形式没有消失殆尽，在某些层面的人看来，它们是陈旧的。今天数字化摄影及数字化图像课程已经将摄影回归到设计领域中一个恰当的、综合的位置。

即使你对成为一名数字化摄影师不感兴趣（对于它自己而言是一个特定领域），但是多少会点儿数字化摄影方面的技术总是不吃亏的。对于那些想通过摄影拓展他们的选择的人来说，继续教育或者研究生教育都是可以的。通过技术化和艺术课程来提高竞争力是行之有效的，尤其当在影视领域工作，当然了，其实在任何领域，图形处理也都能被作为数字化综合处理的一部分。

对于想要寻求方法、拓展经验的专业人士来说，有很多数字化项目（比如纽约的视觉艺术系）着力于关注专业摄影师，图形教育者，以及视觉艺术专家的技术及创意需求，这些人想要在数字化图形捕捉、资源管理、高质量输出等方面得到提高。

就如同 SVA 目录写到：只要一完成所有教学大纲里的学习任务，学生将会全面精通数字化图像处理的工具、词汇以及技术，包括网络核心技术，工作流程策略，色彩管理应用以及当下的商业实习等。我们培养的学生将有高就业率，并且对于现有数字化图形处理的严苛要求有充分的准备。

研究生教育

越来越多的人（很多媒体也支持这一点）相信，研究生教育不是奢侈品，而是一种必需品。观点是 3~4 年的本科学习真的仅仅是高中学习的一种延续。对于必备的知识库而言，更确切的在设计领域，这个时间段对于准备就业是足够的。现在，学生们被鼓励通过实习甚至是工作来完善学校的学习。有些咨询者甚至敦促学生在他们已经其实非常奢侈的大学学习中多增加一年的时间。

很多毕业后已经上了连续教育课程来不断自我完善的学生们现在仍然考虑 2~3 年的研究生学习，除了获得研究生学位，目的是希望从高强度的工作能对各种方面有所帮助。他们不仅能获得更多的技能和知识，并且他们能与其他人建立起社交网络，他们能在职业生涯发展上能帮助他们，并且最后获得的学位能在某些方面说明他们的专业素养。而事实上，这只能在某些方面有所帮助。

然后，对于本科生，在重返校园之前获取一些经验是很有用的。尽管一些研究生院允许学生工作（一般会分散他们的学位学习阶段，而不是强迫他们非得在 2~3 年内完成），研究生学习最好的是完全的沉浸。因此，研究生在进入学习之前，一定要从适当的调查中了解得非常清楚，什么是他们真正想要的和需要的。在工作室，事务所，制作公司等地工作，作为主力、艺术总监、制作者，甚至是设计师，都是很好的自我不足认识的方式。当然，工作的环境氛围能提供学校所没有的经验，也无疑能让你知道你还需要学习什么。

尽管很多拿到本科学位的学生会迫不及待地开始考虑研究生学习，当然这也没什么不被鼓励的，但是这段时间最好还是应该确立一个理智的目标。问问你自己：我想成为怎么样的数字化设计师？然后再仔细选择最适宜的学校，是否是数字化媒介或者传统的图形设计或者多媒体艺术。

真实世界的经验

工作经验，需要不断重复，如果不比正规教育更重要，那也至少是同等重要的。如果学校给了你想要的学习和工作，那么这两者就是有机组合。在学校的时候，通过实习，你想锻炼的都得到了实践。实习给你带来了很多价值，尽可能地多去实践，虽然不容易，但是可以把实习想象成课程学习的延展，在不同地方不同工作中运用。

当你完成了实习，在申请你想实践或发展方向的工作时你就会有很大的优势。这听起来很明显，但是看待工作，尤其是伴随着学业负担，租房压力，一日三餐以及其他压在你肩膀上的重担，一些人就会捡了芝麻丢了西瓜。如果你想成为在这本书中描述过的任意某种领域的数字化设计师，那么就走出去找份工作。学习，学习，学习，然后再决定下一个目标是否是在这个领域，或者其他相关的、不相关的领域进一步学习。

有一件事情是非常确定的：在数字化设计领域，没有什么东西是永恒不变的。对于教育，无论何时你获取它，都是前沿的。■

给 Designers101 的数字化媒介

对于那些想学习动作或交互式设计的人而言，设计老师 Melina Rodgrio 的课程描述也许符合你的兴趣。

这门课介绍动作和交互式设计。学生们将会学习软件技能，完成相应的任务：制作可视化媒介生动的形式。对于动画和交互的概念理解将通过一系列的词汇得到理解。通过研究出版物，你喜欢的方式可以得到拓展。

学生将会对时间以及时间如何影响设计有一个初步的认识。他们将观看从 1920 年到现在的动作图形，其中的挑选包括从早期动画大家，比如 Len Lye 到现代动作图形师 David Carson。为了了解分镜头动画，我们将制作 Flipbook。Flipbooks（软件名）会转化成数字动画，这样我们就能理解计算机可以帮助我们做什么。

动作图形的复杂性及它各异的元素需要整合。学生们将一起创作整体的动画。如果可能，也期望他们能够教授其他班级新的技能。

通过讨论为网络、电影和电视制作的动作图形的不同，学生们将掌握不同的软件。大家也会一起观看 Saul Bass 的早期电影。学生们也将一一发表他们的见解和启示。这部分的课程会以制作一系列生活短片的任务来总结。

我们的数字化媒介学习包括技能拓展。我们会讨论我们最喜欢的网页是如何与它的使用者互动的。在将他们的成果进行数字化转化前，学生们将通过制作二维的图片设计来训练审美。通过制作网页设计，学生们将实践用户行为、组织信息以及创造结论等。

希望所有的课程项目能够带着技术，美学以及沟通方面，有意识地执行。

——Melina Rodrigo

发展数字化设计师

一个与伦敦的皇家艺术学院设计互动学院院长 Anthony Dunne 的访谈

学院被称作设计交互学院，而不是交互设计学院，这两者有什么区别吗？

交互设计已经逐步发展定型为一个专业领域，这个专业领域在我看来变得非常窄，它逐渐地与一套具体的技术协同合作。当你跟人们说起交互设计，人们很容易想到计算机屏幕。而我认为交互设计提供了不同的特有的机会，比如让人们参与到设计综合复杂事物的过程中，从而可以与屏幕、计算机和电子化产品分离开来。我希望借助交互的这个理念，开始探索它是如何与其他种类的技术和其他领域的设计进行联系的。通过修改名字，我们希望强调方式而不是技术。

比起一系列的技术而言，强调方式或者视角有什么优势呢？

我们不知道未来会有什么重要的技术出现。相比技术，我们更希望在二十年后，类似于现在生物技术被归类为有趣的工作一样，我们的学生能因为被归类为数字化人群而有所贡献。

在你的著作“设计黑暗”中，你讨论了许多你称之为“安慰剂”项目的例子。一个例子叫“指南针表格”，是说里面被镶嵌了二十五个指南针，当类似移动电话或便携式笔记本电脑的物品放在上面时它们会抽动或者转动。表格本身并不会做任何事情，只是更多地扮演了启动器的作用。你能展开谈谈这个“安慰剂”方法吗？

以经典设计为背景，这个概念就是逐步地解决问题或者说治愈病痛。如果你觉得潮湿，那么你就做一个庇护所。我们把“安慰剂”项目更多看作一种与某些东西沟通、协商的方式。它其实并不是解决问题。就像你说的，你在设置一个有助于讨论的环境。这个空间越诗意，比如在家里关于不可见领域的讨论，那么故事就会越富于趣味。

“安慰剂”的理念是非常重要的，因为它阻止学生们用“哦，这里有个问题，我要想办法解决它”这样的思维方式思考问题，而是会想“这里有一个人们遇到的复杂局面，我想要设计一些东西好让他们可以与这个世界进行协商来沟通这种关系”。我们希望学生用一种综合复杂的方式去思考人们，而不是简单可控的思维方式。

交互设计已经逐步发展定型为一个专业领域，这个专业领域在我看来变得非常窄，它逐渐地与一套具体的技术协同合作。

那是什么让这种方式或视角成为真正的设计，而不是仅仅是，比如，艺术？

尽管我们会从概念艺术或者其他领域吸取灵感，如果我们随意地让自己变成了艺术家，那么这种对话就停止了，我们也就成了疯狂的艺术家，做着所有艺术家们做的事情。但是如果你说你的工作是设计，那么人们就会有不同的期待。他们期待会存在某种与日常生活息息相关的某种联系，尽管这仅仅是某种推测。这种期待有着某种推动设计成为充满能量且重要的媒介的能力，不仅仅是做一些商业化的东西，或者是一些容易吸收和合作的东西，我们的兴趣更多在回控、暂停以及尝试去创造反思的空间。我们注重内涵、蕴意和适用度。

对于那些没有设计背景的学生，你会教一些设计相关的基础课程吗？

我们做的是尽可能地让他们建立起对于设计理念最基础的意识。如果他们是通过屏幕来做一些东西，他们需要考虑款式的尺寸、款式、定位或者颜色。但是我们需要说明的是，我们不是要敦促他们两年内成为一名图画或者产品设计方面的设计师。这个课程是研究生课程，很多人已经学习了他们将要在这里做的，所以这个课程是要鞭策他们同时提供可达性资源。

比如，如果他们想学习生活技术，那么我们会为他们找一个科学家。第一年的学习框架是预设好了的，有一些关于电子方面的研讨会等。我们也会做一些实践踏勘：今年我们去了土耳其，跟一些相关项目方面的公司一起工作。也有很多合作是跟来自其他专业的学生的：工业设计与工程，还有商学院以及科学方面的项目。然后第二年呢是非常开放的，大家专注在自己的论文上，这也大致反映出他们毕业后想从事的工作方向。

你们通常接收多少学生，他们的兴趣是什么？

嗯，我们通常每年接收 15~16 名学生，而且经常是一个国际的、多元的团队。我们也会尽量在对于思考方面更感兴趣的备选人与动手能力强的备选人中做一个平衡。

你怎么知道这个课程是否适合你呢？

如果你是对于科技在日常生活中所扮演的角色感兴趣，而不是仅仅满足于可获得的设计角色，那么你可以来这儿，尝试发掘一种胜任设计师的新途径。■

空间的控制与操作

一个与加利福尼亚艺术研究院图形设计专业老师 Louise sandhaus 的访谈

从印刷及展览设计过渡到数字化设计是一个自然的逻辑过程，还是需要一个新的思维方式呢?

首先，需要说明的是，我自己就是从印刷过渡到数字化再到展览设计的。对于我而言，这是一个完美的合乎逻辑的过渡，它始于 20 世纪 80 年代中期，我当时是波士顿的一个小印刷工。所谓的变动源起于麻省理工学院一个叫视觉语言的工作室（现在是麻省理工学院媒介实验室的美学与计算机课程），这个工作室当时是由研究所里很有名的图形设计师 Muriel Cooper 负责的。

潜能带来的灵感，我的具有前瞻性思维的老板，Lenny，决定尝试着将我们下本书的排版和印刷在电脑上完成。意识到我们离第一个桌面印刷软件 pagemaker 还有一到两年的时间，而个人电脑（IBM）还仅仅只是消费者眼中的灵光一现，Lenny 琢磨着我们怎么样可以通过使用以 DOS 为基础的计算机的图形化连接，来实现书稿的数字化排版。盲人般地工作（因为我们在屏幕上完全看不到有任何东西组成了一页内容），我们着急忙慌地写着各种宏命令，直到页面成品符合了我们的期待。整个排好的完整书稿让我们非常激动和吃惊（尽管我们仍然需要粘贴到印刷机的一个板子上）。通过经验，以及观察到的 Muriel 的首创性的探索，我深深地意识到，真正的创造性的设计想法不是在于用计算机作为一个工具来做设计，或者使得生产过程变得更容易，它应该是做一些你以前不能做出的表现和表达，也就是视觉语言的新可能性。

但是，现在回到你提的具体问题上来，在结束了我的印刷时代，想换一种思维方式，我可以预见到书写的变革对于我个人和图形设计领域的影响，所以我进入了研究生院继续学习，希望能更深入过渡这次转型。研究生毕业之后，我应聘到一家开发常规软件的大型公司做界面设计。幸运的是，与我共事的人都非常地有趣也非常合作，他们真正理解我如果不设计出软件，根本不可能设计交界面。因为这些软件是有功能的，能让使用者们执行某些特定的任务：形式，内容，以及必须同时创造功能。

你又是怎么继续从事展览设计的呢?

我的强迫症式的叛逆精神后来变成了这样的一种工作方式：将形式、内容和功能同时设计，同时时刻牢记使用者的需求，将之运用到博物馆的经验中。我很幸运地被给予那样的机会。尽管如此，值得说明的是，最终这种思维方式其实与印刷、基于屏幕的媒体，或者是展览并没有什么不同。有组织内容，有关注，需要做一些有意义的事情，也需要做一些要参与的事情。这都是相同的标准，只是从印刷到数字化到展览，在复杂性上逐步地上升，因为在做一些有意义同时又引人入胜的事情的时候，有更多的元素需要被控制和使用。

对于你从未设想过的数字化空间这种二维空间来说，什么是必须学习的呢？

你不得不使用并且控制所有这些附加的元素，用来处理一个使人觉得既有意义又引人入胜的经验。

你是如何最好地使用你现在用的这些数字化工具的？

雇佣一个真正既有天赋又有实际使用技能的人，然后将思想和行动合二为一。

在工作和教授数字化设计课程中，哪三个最重要的特质是你觉得最管用也最希望传授的呢？

第一，富有同理心。你必须对将来要使用你的创作结晶的人有一个非常真实的感觉（这与做印刷业时经常要考虑读者是一样的）。

第二，考虑包含了各种不同种类信息的资料如何被更好地用来创作你的设计，使得它们有趣、充满意义并且有实用价值。

第三，在固有的条条框框的基础上进行构想时，要富于创造性。组织、架构，写作，交互设计，可视化设计以及编程，都是对设计师而言需要高度创意化的领域。

比起印刷界而言，有些人在数字化领域变得更加技术派。这是真的吗？

也不对也对。就像印刷界的 20 世纪 70 年代和 80 年代，也就是我的事业刚刚起步的时候。我还记得数字化时代到来之前，所有我们一起合作的娴熟的技术工人和工匠们：修图人，排字工人，文书书写员以及出成果的艺术家们，所有这些专业的技术人员加在一起才完整了我们的工作。

所以呢，这些都是一样的，当然也是不同的。这取决于你是如何定义相同和不同的。但是我估计人们的期待已经改变了，因为有的时候你很难在一个能操作工具非常专业的技术人员和那些非常具有创意、能把东西做得独特和漂亮的人之间分个伯仲。我不是很确定他们之间的区别是否那么明显。在市场经济中，人们需要的设计服务是多样的。有些人有想法，但是需要一些掌握技术的人帮忙执行，有些人需要一些专家能有好的想法，然后还能实现他们。

要成为一名数字化设计师是不是有更多的技术需要呢？

同样的，这取决于你如何定义差别，又是如何定义技术的。如果你将技术定义为那些必须被塞到工作里的东西，那么我想这的确会需要更多的技术。

至今为止，你遇到最具有挑战的工作是什么？是因为数字化所以觉得更挑战吗？

是一个 50000 平方英尺（约 465 平方米）的展览（基本上是若干个小博物馆的尺度），而我当时连一个非常小的展览都没有设计过。另一方面，数字化技术能让我们可以通过拼图软件和 3D 软件，轻而易举地做出模型来模拟设计成果的形态以及空间的组织。但是最大的区别在于，印刷媒体组织的空间的层次结构和信息处理的关系相对没那么复杂。当你从书本转向网络或者是设计软件，你就可以有另外的理解和感受，因为你可以对空间和之间的关系进行移动、变形，建立一系列的联系。

在一个多维空间，比如像一座博物馆展览，你有一个概念空间也有一个物理空间。参观者需要被这两个空间同时指引。打造意味隽永的体验本身是一项复杂的联系，这种联系会成指数倍地增多。所以，你需要在更多综合复杂的层面去思考这些联系。

想必您肯定已经对关于印刷业完结的说法有所耳闻，但是作为一个教育者，在今天是不是教一些数字化的方法，比如动态的设计，比静止的类型和书本设计更重要呢?

这要视情况而定。与数字化空间相比，印刷是简单的二维空间，也是最基本的设计原则，是可以学习的很好方式。为了使得它有意义，你要学着操作和控制空间。一旦学生们能够基本掌握平面空间，那么他们已经有了最基本的设计所需的技能，从而可以参与到更加复杂、有更多综合性和动态的空间设计中。

但是这仍然要取决于环境。在洛杉矶，如果只注重印刷是非常荒谬的，因为以动态为基础的工作要重要、有意义得多。但是总体而言，在今天，一个受过教育的图形设计师是不能被认为在当今的视觉交流方面是完全受过教育的，直到他们可以做印刷、网络和动态（即使他们可能会选择这其中的某一项领域深入精通掌握），因此这里就蕴藏着关于图形设计教育的巨大机会。

你会希望从一个数字化设计师身上找到什么样特殊的能力或天赋?

他们能够对于各种不同的领域运用不同的思考方式，包括内容、形式，或者功能方面。在我后来更成熟些的年纪，我逐渐认识到，他人的天赋其实是以各种有趣、实用又富有创造性的组合形式发生的。比如说，我对最近一次到 Brand New School（BNS）动态图形设计事务所的拜访印象非常深刻。他们栽培员工时非常尊重员工的个人兴趣，员工们会将这些东西带入事务所的项目中去，而不是先预想一下工作，然后将自己套入模具一般，改造成适合那份工作的样子。BNS 的工作空间富有创新精神，是多维度的思考方式，我愿意对组成 BNS 这样工作空间的数字化一代至少点点头或者眨眨眼表示赞同。也许多维度、对真实世界的思考才是推动数字化革命真正最有趣、也是最有价值的思维模式。■

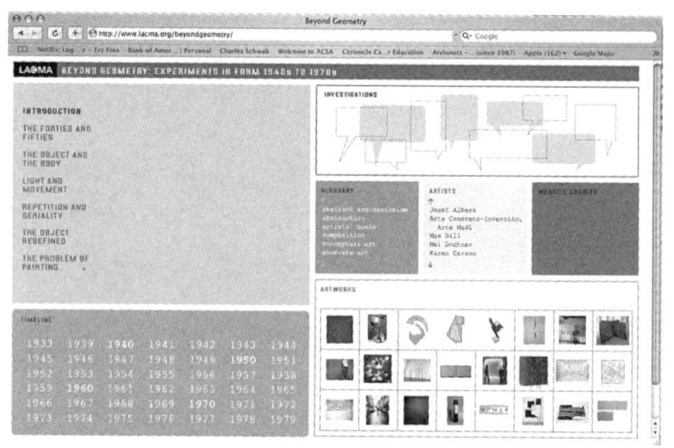

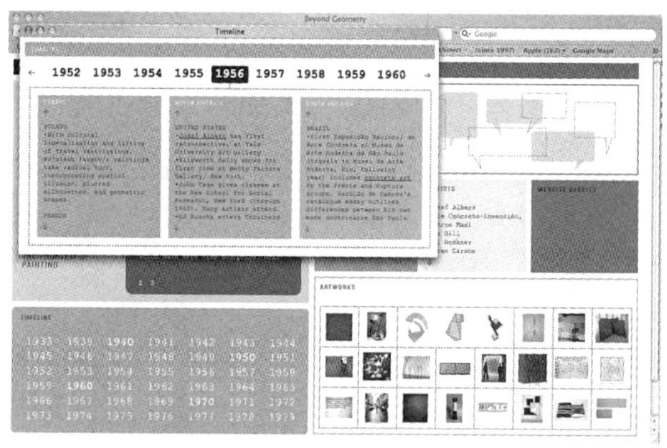

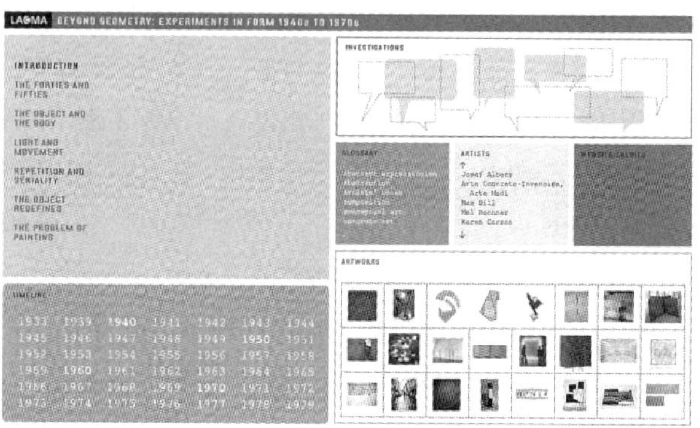

▲

在几何之外

时间：2004 年

设计者：Tim Durfee 和 Louise Sandhaus 与 Joel Fox

客户：洛杉矶县艺术博物馆

凌驾于一切之上的人文主义

一个与密歇根（Bloomfield Hills）Cranbrook 艺术研究所图形设计专业的负责人 Elliott Earls 的访谈

为什么你在这么多媒介中做设计（也的确创造内容）？

我深刻地感受到，与理想主义截然不同，设计文化是极端保守、狭隘、没有想象力的，而且非常粗鲁地商业化。我想我意识到设计只有在被以一种更加有意义的方式运用的时候，才会是非常有力量的。这也是我毕生所追寻和努力的。数字化设计——多媒体化——是这份努力的奠基石。

▲
Strom Triggered Cloud King To Sex

时间：1997 年

设计师：Elliott Earls

插画师：Elliott Earls

客户：Elliott Earls，The Apollo Program

程序：Free Hand

©Elliott Earls

你是否还将自己称作一名图画设计师？或者你是一名从事数字化行业的企业家？或者你还有别的标签愿意跟我们共享的？

最直接的回答就是“是的”，但也不是唯一排他的。我一直就觉得“图形设计师”这个称谓非常有问题，难道我们仅仅只设计图形吗？“商业化艺术家”这个陈旧的、低俗的词似乎是一个更加合适的术语。

显然的，无论在学术或者是专业的设计领域，都是对这个词语一副不欢迎的态度。然而从某种程度上来说，图形设计应该要更好一些才是。对于我来说，这个命名的难题是一个更大的关于文化弊端的症状。在我看来，图形设计文化整个都有较低的期待，也是与理想主义对立存在的。图形设计文化可以像人文主义，向艺术学习一两样东西。

我个人的目标常常致力于消解经典艺术与商业艺术的区别。如果我们以 Jeff Koons 或者 Damien Hirst 作为例子，如果你不知道，在他们的作品中一个非常重要的要素就是商业以及对于艺术作品的商品性，那么你就不可能与他们的作品竞争。

从事经典艺术创作的艺术家并不是从某种程度上凌驾于商业领域之上。Damien Hirst 被公认为是大不列颠共和国最富有的人之一，Gagosian Gallery 也是一台名副其实的“印钞机”。

我支持图形化设计文化吗？毋庸置疑。再次强调的是，我支持我们被隐藏了的历史。我支持将图形化设计追溯到 Kurt Schwitters，El Lissitzky 以及 Cabaret Voltaire 等人。我拒绝一种非意识形态式的商业主义，这种商业主义的背景下，设计师是工业的界限、被束缚了言论自由的女仆。我相信通过与媒体工作，能产生一种自我信任和英勇的自我定位。我认为所有关于媒介的工作都是公平的游戏。从根本上说，我认为自己是一个媒介的创造者和操纵者。

你的印刷品和网络作品都有复杂的文字和图片，如果不借助数字化工具，有什么是你不能做的吗？

我想你是对的。我的工作非常复杂，我想这是由于数字化工具造成的。然后，真正的导火索来自人类内心深处强烈的创作欲。就如同看到的那般浪漫，我绝对是被一股强烈的内心的需要，想要把概念赋予形式以及一种，暂时想不到一个更好的词语的自我表达。在我 18 岁进入艺术学校之前，我就有了许多关于人生的思考。对于我的人生可以怎样不同，我进行了足够仔细的考量。我现在逐渐意识到，通过图形、图画、音乐和表演，我可以在这些工作和自我表达中寻求到一种内在的平衡和安定。

Rick Poynor 对我的工作所产生的影响从某个视角写了些东西。我把我的工作当作一种关于种族，阶级，性别和信仰的方式的审视。我现在意识到，在本科阶段学习的基础知识为我提供了一套技能，因而让我能够追寻一种更加有意义的生活。我提到这一点是因为我热爱数字媒介，我十分肯定我能够通过很多种物质和实体的手法来表现观点。

你将如何描述你与数字化世界的关系？你是里面的常住居民或者只是一名匆匆过客？

我热爱技术。我认为非常有趣的是，几乎所有将技术夸大化的局势实际上都是真的。数字化媒介让我可以与音乐、印象、图形、图像、程序、剧院和物体协同工作。

在你工作中“表现”是非常关键的，当然很多都是自我表现。你是怎样避免那些骨灰级媒介工具，比如 Photoshop 或者 Illustrator，这些工具会将你的工作限定在一个固定的时间和空间里？

如果一个人是完全投入在对设计真正理智而又富有情绪的极致追求中时，陈腐的东西会像死皮屑一样掉落。陈腐之物仅存于粗浅的艺术形式的追求中，不管这个对象是设计还是雕塑。这种粗俗的发生有很多原因。最常见的情况是，设计师和艺术家们将金钱和名誉看得重于真正好的作品。这是我的看法，当一个人追求的是名利而不是有力的作品时，经常容易走捷径。我对我用的工具也有非常的认识。我看待数字工具跟其他的物理属性存在的工具一样，都是我的所有之物。举例来说，一个用电锯工作的雕塑家似乎是有雕刻熊的癖好的。严肃说来，作为一名雕塑家，如果我开始着手进行减色过程，想要创造一种有机的形态，我将会很难不去创作一只熊。这真正是一项极度需要理智的工作，建立一些意识的形态让你在创作的过程中拒绝工具。通常，说到工具就极易被认为是陈腐的，因为它是如此简单。就像周围到处充斥着的以 Adobe Illustrator 为基础的设计—图形—艺术。我们可以看到这样的美学渗透到了各个角落，从大众汽车的商业宣传到年终报告，以及扁平的绘画，不是因为它好，而是因为它容易。

如果一个人是真正地投入在对设计真正理智而又富有情绪的极致追求中时，陈腐的东西会像死皮屑一样掉落。陈腐之物仅存于粗浅的艺术形式的追求中，不管这个对象是设计还是雕塑。

你认为就现在来说，对于设计师而言，不依靠数字化工具来进行创作是否可能？这种创作不管是艺术还是手工制品，是概念还是产品。

当然！我热爱技术，但是，我更热爱人文主义！我爱音乐、艺术、文学本身，远远超过创作音乐、艺术、文学的任意一项工具，这看起来像是在说他爱他的打字机，而不是他写的那本小说。数字化媒介工具让我可以进行讲故事的创作工作。我最新的一个项目是一个有实验研究属性的数字化电影，叫做《The Saranay Motel》。数字化媒介工具让我可以拓展电子形式的音乐，可以让我设计各种字体。仅仅因为这些，我就非常感激。不过，如果他们把我扔进监狱，把我的绘画工具没收，我将仍然在墙壁上进行创作，哪怕是用吐痰的方式。

图形，视频，声音，哪一项你自己的作品，你认为最应归功于你的数字化设计能力？

由 Emigre 2001 年发行的数字电影《Catfish》，是一部追随我从工作室到台前的实验性电影。在某种程度上，它开始以一种全方位的视角接触我的工作。在这部电影中，动态图像与实景真人摄像融汇在一起。虚构性的叙事与新

闻报道交融。伴随着所有电子设备和投影仪，观众们开始体验我这些表现片段中的一个。我的字体设计与真实的电影平面交织在一起。台上演出的图像是通过手工和数字共同制作的。我制作的两个交互影响的 CD 光盘，“Eye Sling Shot Lions” 和“Throwing Apples at the Sun”，是在电影文件中处于中心的表演片段，其他公开放映的作品也是一样，这是最为全面和最被数字化技术推动的。

那你觉得在数字化的环境中是完全胜任的吗？

“完全的胜任”这里面的内涵太丰富了。我可以说我觉得我的能力水平相当不错。我掌握的技术来之不易，至少就目前而言，我还是有理由比较自信的。我必须说，我是一名自学成才的程序员，我也对程序的某些方面非常痛苦纠结，因此我在电路设计方面历经痛苦。然后，充当声音和图形的数字化操控师，我觉得我很容易就掌握。当我回头去看我之前的作品时，我对于我的手艺也感觉不错。

数字化是设计的最前沿吗？

不是。人类才是设计的最前沿。■

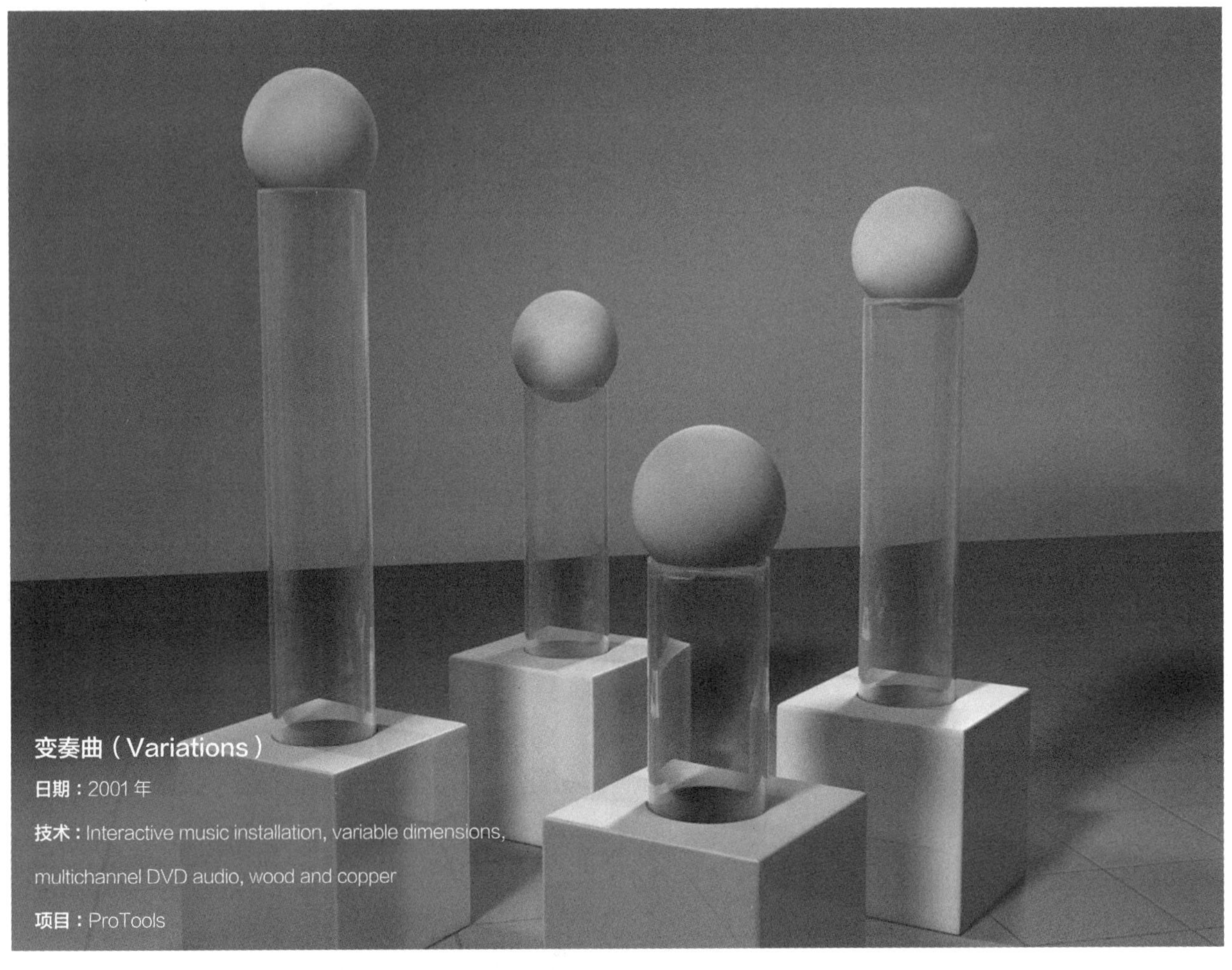

变奏曲（Variations）
日期：2001年
技术：Interactive music installation, variable dimensions, multichannel DVD audio, wood and copper
项目：ProTools

当数字化艺术遇到数字化设计

一个与视觉艺术系MFA计算机艺术的主席Bruce Wands的访谈，纽约

你是怎么开始数字化艺术的？你曾经是一名传统的艺术家吗？

我第一次接触到数字化艺术是1975年在Syracuse大学，那时我还是一名研究生。我选择了一门叫做实验工作室的课程，然后通过运行学校的主机，制作了数字绘画。我们使用穿孔卡，那时候还非常原始，但是我立马见到了其中的潜力。我的创作兴趣在那时候包括音乐、摄影以及摄像。计算机图像给了我更广阔的需要开拓的领地，也就是在那个时候，我对于用新技术进行艺术创作开始觉得非常兴奋。

你是如何区分数字化设计和数字化艺术的？这两者之间有交集吗？

是的，他们确实会混合。对于我而言，数字化艺术是为博物馆、展廊或者互联网创作展览用的作品。而数字化设计涵盖了一个更大众的领域，从广告、印刷到工业设计，甚至是各种类型的媒介。边界已经变得非常模糊，然而，现代艺术在我们日常生活中处于一个主动积极的态势。Ipod 就是一个很好的例子，播客可以涵盖从视频艺术到音乐再到商业电视。安迪·沃霍尔打广告的商品图形是另外一个例子，可以说明为什么艺术与设计的界限存在于旁观者的眼里。

在你们 MFA 的课程里，你同时教授动画和网络，那么你更希望学生学到哪个呢？

MFA 计算机艺术课程的主要任务是通过数字化媒介建立一个强有力的个人创作视野和个人风格的表达。但是这听起来可能很奇怪，最终它并不是与软件相关，而是你做的和说的。除了我们的工作室课程，学生们还学习数字化和现代艺术历史与批判。他们的论文包括研究和写作，这是他们创作作品的基石。审视也是这些课程里非常重要的部分。尽管我们培养的学生有着非常高的数字化理论素养，但是为他们的未来职业作书立传的仍然是他们创作的作品。

那些想要进入 MFA 学习的学生需要有非常高的知识背景吗？有什么要求呢？

当我们考察我们的申请者时，他们创作的作品集和个人意愿陈述是两个最重要的因素。我们期望看到一个多样化的作品集，而不是只有作品展示。摄影、绘画和雕塑通常比他们的商业作品告诉我们的更多。我们也会看 DVD 光盘和网站。很多学生有一些作为数字化艺术家的专业经验，不管是网页设计师、动漫设计师还是摄影师。他们懂得的越多，他们来这里利用这些课程收获的就越多。实验室是最先进的，同时也是开创性的。学生们被鼓励去推动技术的极致来实现他们的创作目标。

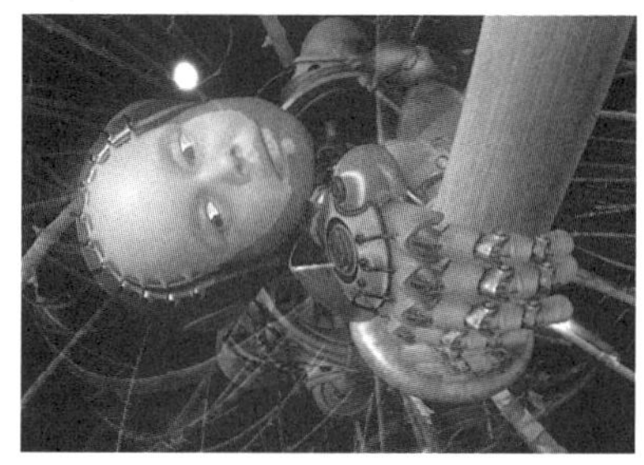

▲
Mirage

设计师：Jaeyoon Park

时间：2006 年

技术：3D 动画，720 x 405 像素

从某种程度上来说，科技慢慢地变得越来越透明，而人们之间的交流方式越来越频繁地通过短信、电话、平板电脑和互联网进行。

你在这个教育领域是领军人物。在过去的几十年里有怎样的根本性变化呢?

当我在 20 世纪 70 年代中期开始数字化艺术的时候，根本没有什么苹果或者个人电脑。我们只能通过程序来创作图片。在过去的十年里，技术以日新月异的速度飞跃，我们每天使用的软件也是如此。互联网对全球的文化、沟通方式以及商业合作都有着革命性的作用。十年前，对于软件十分精通并且富于创造性可以开启你的事业旅程。今天，吃透软件是必须的，而创作力变得更加重要。

几十年前，许多数字化艺术令人印象深刻。你是否认为学生们由之前的表现为主，变得越来越实际，也就是功能为主了?

因为他们成长在一个科技化的世界，学生们也非常享受。利用计算机进行创作成果是他们真正需要学习的。从某种程度上来说，科技慢慢地变得越来越透明，而人们之间的交流方式越来越频繁地通过短信、电话、平板电脑和互联网进行。今天的年轻人有多重任务，他们认为科技是日常生活的组成部分。他们从不知道一个没有电脑的世界。

你觉得学生作品中，最成功的一个数字化作品是什么？为什么?

这个问题很难回答。这取决于你如何定义成功。我们的许多学生都希望能有更多的时间完善他们的作品。我最喜欢的一个毕业论文作品是一个叫 Youngwoong Jang 的学生做的一个 3D 动画，叫《海市蜃楼》。它是关于一个有玻璃碗胸腔的生物，需要水来生存的故事。作品用一种未来主义的方式，制作得非常精美，具有很高的信服度和画面真实度。当你跟一群人观看的时候，我们是如此地全神贯注以至于整个屋子都非常安静。这是一个非常精彩的故事，有精美的视觉效果。由于他去年五月已经毕业了，因此作品已经参加过三十多场电影节了。

Carlos Saldanha 是另外一名非常杰出的校友。他在 1990 年初就毕业了，现在在 Blue Sky 工作室任职，最近他导演了故事片《冰河世纪：融冰之灾》，以及共同导演了《机器人历险记》。他还在 2004 年被奥斯卡金像奖提名。

您能不能在您的领域谈谈未来计算机艺术教育的核心?

计算机艺术教育的未来着力在这种描述的“艺术”部分。每一年我们录入的学生都越来越具备数字化的理论素养。未来我们将着重培养他们作为艺术家的责任感，拓展他们的创造力，启发他们的潜能，当然也为他们提供一个在传统和数字化艺术历史方面坚实的教学基础。计算机艺术教育不仅需要与现代技术发展齐头并进，更需要高瞻远瞩，预计未来技术的发展。发明与创造并驾齐驱。帮助我们有这样的远见卓识，创造化地利用技术，这是数字化艺术家的责任。■

数字设计 / 数字艺术相关高校信息

Colleges with Computer Art and Graphic (Digital) Design Programs
NOTE: no progs indicates that the college does not offer any of the above specialized programs: only general graphic design or fine art.

Academy of Art University
www.academyart.edu
Animation and Visual Effects: BFA/MFA
Computer Arts: New Media: BFA/MFA
Motion Pictures and Television: BFA/MFA
Digital Arts and Communication: BFA/MFA

University of Advanced Computer Technology
www.uat.edu
Multimedia Program BA Includes:
- Digital Animation
- Digital Art and Design
- Digital Video
- Game Design
Game Design: MA

Art Institute (various locations)
www.artinstitutes.edu
Art and Design Technology, with a concentration in Graphic Design
Art and Design Technology, with a concentration in Graphic Design: AS
Digital Design
Media Arts
Various degrees types offered, online courses available

International Academy of Design and Technology Tampa
www.academy.edu
Recording Arts: AS/BFA
Interactive Media: AS/BFA
Computer Animation: AS/BFA
Digital Photography: AS
Digital Movie Production: AS

The Art Institute of Boston at Lesley University
www.aiboston.edu
Graphic Design:
(includes courses in interactive design, digital photography)
BFA
Certificates

University of the Arts
www.uarts.edu
Graphic Design: BFA
(includes interactive courses)
Multimedia: BFA
Film/Animation: BFA
Film/Digital Video: BFA

Art Center College of Design
www.artcenter.edu
Graphic Design: BFA
(includes digital media courses)
Entertainment Design: BFA
Film: BFA
Photography and Imaging: BFA
Broadcast Cinema: MFA
Media Design: MFA

University of Baltimore
www.ubalt.edu
Simulation and Digital Entertainment:
- Undergraduate transfer students
Information Design Certificate:
- Graduate certificate
New Media Publishing Graduate Certificate

Boston University School for the Arts
www.bu.edu/cfa
Graphic Design: BFA/MFA
(including Web design courses)

Brigham Young University
www.cfac.byu.edu
College of Fine Arts and Communications
Animation BFA

California College of the Arts
www.cca.edu
Animation: BFA
Media Arts: BFA
Photography: BFA (including digital)
Design: MFA (various coursework, including interactive media)

California Institute of the Arts
www.calarts.edu
School of Art
Character Animation: BFA
Integrated Media Program in Art: MFA
Graphic Design: BFA and MFA
(includes coursework in motion graphics and interactive design)
Photography and Media: BFA/MFA

California Poly State University
www.artdesign.libart.calpoly.edu/major_graphicDesign.php
Photography and Digital Imagery Concentration: BFA
College of Design, Architecture, Art and Planning

University of Cincinnati
www.daap.uc.edu/design/
Digital Design: BFA (motion, 3D)

Master of Design: MFA
(for people with backgrounds in digital design)

The College of Arts and Architecture at Penn State School of Visual Arts
www.sova.psu.edu
New Media: BFA

The Cooper Union for the Advancement of Science and Art
www.cooper.edu
BFA: Coursework includes film, 3D, animation (generalist curriculum)

The Corcoran School of Art and Design
www.corcoran.edu
Digital Media Design: BFA, AFA

Digital Media Arts College
www.dmac-edu.org
Computer Animation: BFA
Special Effects Animation: MFA
Expression College for Digital Arts

Expression College for Digital Arts
www.expression.edu
Motion Graphic Design: BA
Animation and Visual Effects: BA
Game Art and Design: BA
Sound Arts: BA

University of Florida
www.digitalmedia.arts.ufl.edu
School of Art and Art History
Digital Media: BFA, MFA

International Academy of Design and Technology
www.academy.edu
Interactive Media
Digital Movie Production
Recording Arts
AA and BA degrees

Kent State University School of Art:
www.dept.kent.edu/art

Maryland Institute College of Art (MICA)
www.mica.edu
Interactive Media: BFA
Experimental Animation: BFA
Video: BFA
Digital Arts: BFA/MFA
Photography (including digital courses): BFA

Massachusetts College of Arts
www.massart.edu
Media and Performing Arts:
Photography: BFA (incl. digital photography)
Media and Performing Arts: BFA Film/Video
Media and Performing Arts: Studio for Interrelated Media: BFA (incl. digital photography and Web design for photographers)

Communication Design: BFA Animation
Dynamic Media Institute: MFA

University of Massachusetts Amherst
www.umass.edu/art
Studio Art Program
(disciplines include digital media:
still imagery and time based): BFA/MFA

Minneapolis College of Arts and Design (MCAD)
www.mcad.edu
Interactive Media: BFA/MFA
Animation: BFA/MFA
Filmmaking: BFA

University of Minnesota: no progs
www.umn.edu

Montana State University College of Arts and Architecture: no progs (graphic design only)
www.montana.edu/wwwdt

The New England Institute of Art and Communications
www.aine.artinstitute.edu
Audio and Media Technology: BS
Digital Filmmaking and Video Production: BS
Interactive Media Design: BS
Media Arts and Animation: BS

North Carolina A & T State University School of Technology: no progs
www.ncat.edu

Otis College of Art and Design
www.otis.edu
Digital Media: BFA
Interactive Product Design: BFA

Parsons School of Design
www.parsons.edu
Design and Technology: BFA, MFA

Pacific Northwest College of Art
www.pnca.edu
Intermedia: BFA

Pratt Institute
www.pratt.edu
Digital Arts: BFA, MFA
Media Arts: BFA
Digital Design and Interactive Media: AA (two-year)

Rhode Island School of Design (RISD)
www.risd.edu
Film/Animation/Video: BFA
Digital Media: MFA
Computer Animation: certificate program
Web Design: certificate program

Ringling School of Art and Design
www.rsad.edu
Computer Animation: BFA
Game Art and Design: BFA
Graphic and Interactive Communication: BFA
School of Design College of Imagining Arts and Science

Rochester Institute of Design (RIT)
www.rit.edu
Film/Video/Animation: BFA
New Media Design and Imaging: BFA
Computer Graphics Design: MFA
Imaging Arts/Computer Animation: MFA
Interactive Multimedia Development: Certificate program

Ryerson University
www.imagearts.ryerson.ca
Graphic Communications University
Image Arts: BFA
New Media: BFA
Media Production: MA

Savannah College of Art and Design

www.scad.edu
Animation
Broadcast Design and Motion Graphics
Interactive Design and Game Development
Offer BFA, MFA, online education, and certificates

State University of New York at Buffalo (SUNY)
www.art.buffalo.edu
Communication Design: BFA, BA

School of Visual Arts (SVA)
www.sva.edu
Animation: BFA
Film and Video: BFA
Computer Art: BFA, MFA
Digital Photography: MPS

Syracuse University College of Visual and Performing Arts
www.vpa.syr.edu
Interaction Design: BFA

Temple University Tyler School of Art
www.temple.edu/tyler
Graphic and Interactive Design: BFA, MFA

Virginia Commonwealth University School of the Arts
www.vcu.edu
Photography and Film: BFA/MFA
Film (Cinema): BA

GRADUATE-ONLY PROGRAMS:

Cranbrook Academy of Art
www.cranbrookart.edu
3D Design: MFA

IIT Institute of Design
www.id.iit.edu
Communication Design: MDes

New York University
Tisch School of the Arts
www.itp.nyu.edu
Interactive Telecommunications Program: MPS

Yale University School of Art
www.yale.edu/art
Graphic Design (includes filmmaking/video/interdisciplinary courses): MFA

TWO-YEAR-ONLY PROGRAMS:

Briarcliffe College
www.bcpat.com
Multimedia and Web Design: AAS
Animation: AAS

Brooks College
www.brookscollege.edu
Animation: AS
Multimedia: AS

College of Eastern Utah: no progs
http://www.ceu.edu/
Community College of Denver:
no progs
www.ccd.edu/art

Delaware College of Art and Design
www.dcad.edu
Animation: AFA

Palomar College: no progs
www.palomar.edu

Portfolio Center
www.portfoliocenter.com
Media Architecture: Certificate program

Spencerian College
www.spencerian.edu/lexington
Computer Graphic Design: AAS

Humber (in Canada)
www.humber.ca
Game Programming
3D Modeling and Visual Effects Programming
Web Design
Multimedia 3D Computer Animation
Online Only Schools:

Sessions School of Design
www.sessions.edu
Foundation and Advanced Certificates in:
Web design
Multimedia
Digital arts

OTHER PROGRAMS:

Brooks College, Long Beach
www.brookscollege.com
Multimedia: AS

Platt College San Diego
Graphic Design School
www.platt.edu
Media Arts: BS
Multimedia Design: AAS
Multimedia/3D Animation: certificate program
Web Design: certificate program

Full Sail
www.fullsail.com
Computer Animation: BS
Digital Arts and Design: BS
Entertainment Design: BS
Game Development: BS
Recording Arts: BS

NONACADEMIC TRAINING:

Adobe DVDs
www.adobe.com
Total Training Videos for Broadcast and web design software

APPLE PRO TRAINING

www.apple.com/software/pro/training/
Certificate Courses in:
Motion Graphics
DVD Authoring
Special Effects and Compositing
Audio Creation

Lynda.com
www.lynda.com
online training library of videos (subscriptions service)
DVDs on software training

Desktop Images:
Visual Training for the Digital Arts
www.desktopimages.com
DVDs for:
Motion Graphics
Visual Effects
Gaming
Character Modeling and Animation

参考文献

GENERAL DESIGN BOOKS

Albrect, Donald, Ellen Lupton, and Steven Holt
Design Culture Now: National Design Triennial
New York: Princeton Architectural Press, 2000

Bierut, Michael, and others, editor
Looking Closer: Critical Writings on Graphic Design
New York: Allworth, 1994

Blackwell, Lewis, editor
The End of Print: The Graphic Design of David Carson
San Francisco: Chronicle, 1996

Bringhurst, Robert
The Elements of Typographic Style
Vancouver: Hartley & Marks, 2004

Elam, Kimberly
Grid Systems: Principles of Organizing Type
New York: Princeton Architectural Press, 2004

Helfland, Jessica
Screen: Essays on Graphic Design, New Media, and Visual Culture
New York: Princeton Architectural Press, 2004

Heller, Stevena
Design Literacy (2nd edition)
New York: Allworth, 2004

Heller, Steven
The Education of a Typographer
New York: Allworth, 2004

Heller, Steven
Handwritten: Expressive Lettering in the Digital Age
New York/London: Thames and Hudson, 2004

Heller, Steven
Paul Rand
London: Phaidon Press LTD, 1999

Heller, Steven
Teaching Graphic Design: Course Offerings and Class Projects from the Leading Graduate and Undergraduate Programs New York: Allworth, 2003

Heller, Steven, and Seymour Chwast
Graphic Style: From Victorian to Digital
New York: Harry N. Abrams, 2001

Heller, Steven, and Teresa Fernandes
Becoming a Graphic Designer
New York: Wiley & Sons, 2005

Heller, Steven, and Julie Lasky
Borrowed Design: Use and Abuse of Historical Form
New York: Van Nostrand Reinhold, 1993

Heller, Steven, and Louise Fili
Stylepedia: A Guide to Graphic Design Mannerisms, Quirks, and Conceits
San Francisco: Chronicle, 2006

Heller, Steven, and Louise Fili
Typology: Type Design from the Victorian Era to the Digital Age
San Francisco: Chronicle, 1999

Heller, Steven, and Anne Fink
Faces on the Edge: Type in the Digital Age
New York: Van Nostrand Reinhold, 1997

Heller, Steven, and Mirko Ilic
The Anatomy of Design: Uncovering the Influences

and Inspirations in Modern Graphic Design
Rockport, MA: Rockport, 2007

Hollis, Richard
Graphic Design: A Concise History (2nd edition) New York/London: (World of Art) Thames and Hudson, 2001

Lipton, Ronnie
The Practical Guide to Information Design
New York: John Wiley & Sons, Inc.

Lupton, Ellen
Mixing Messages: Graphic Design in Contemporary Culture New York: Cooper-Hewitt National Design Museum, Smithsonian Institution and Princeton Architectural Press, 1996

Lupton, Ellen
Thinking with Type: A Critical Guide for Designers, Writers, Editors and Students
New York: Princeton Architectural Press, 2004

Lupton, Ellen, and Abbot Miller
Design, Writing Research: Writing on Graphic Design London: Phaidon Press Limited, 1999

Maeda, John
Maeda @ Maeda
New York: Rizzoli, 2000

Mau, Bruce
Life Style
New York: Phaidon Press, 2000

McAlhone, Beryl, and others
A Smile in the Mind: Witty Thinking in Graphic Design
London: Phaidon Press, Ltd., 1998

Meggs, Philip B., and Alston Purvis
A History of Graphic Design (4th edition)
New York: John Wiley & Sons, 2006

Poynor, Rick
No More Rules: Graphic Design and Postmodernism New Haven, CT: Yale University Press, 2003

Sagmeister, Stefan, and Peter Hall
Made You Look
New York: Booth-Clibborn, 2001

Samara, Timothy
Making and Breaking the Grid: A Graphic Design Layout Workshop
Rockport, MA: Rockport, 2005

Shaugnhnessy, Adrian
How to Be a Graphic Designer Without Losing Your Soul
New York: Princeton Architectural Press, 2005

Thorgerson, Storm, and Aubrey Powell
100 Best Album Covers
London, New York, Sydney: DK, 1999

Twemlow, Alice
What Is Graphic Design For?
London: Rotovision, 2006

DIGITAL

Drate, Spencer, David Robbins, Judith Salavetz, and Kyle Cooper
Motion by Design (includes DVD)
London: Lawrence King, 2006

Ellison, Andy
The Complete Guide to Digital Type: Creative Use of Typography in the Digital Arts
London: Collins, 2004

Goux, Melanie, and James Houff
On Screen In Time: Transitions in Motion Graphic Design for TV and New Media
London: Rotovision, 2003

Greene, David
Motion Graphics (How Did They Do That?)
Rockport, MA: Rockport, 2003

Harrington, Richard, Glen Stevens, and Chris Vadnais
Broadcast Graphics on the Spot: Timesaving Techniques Using Photoshop and After Effects for Broadcast and Post Production
Berkeley: CMP, 2005

Heller, Steven, and Gail Anderson
The Designer's Guide to Astounding Photoshop Effects

New York: HOW, 2004

Krazner, Jon
Motion Graphic Design and Fine Art Animation: Principles and Practice
Massachusetts: Focal Press, 2004

Maeda, John
Creative Code
London/New York: Thames & Hudson, 2004

Meyer, Chris, and Trish Meyer
Creating Motion Graphics with After Effects, vol 1: The Essentials
San Francisco: CMP Books, 2004

Meyer, Chris, and Trish Meyer
Creating Motion Graphics with After Effects, vol 2: Advanced Techniques
San Francisco: CMP Books, 2005

Miotke, Jim
The Betterphoto Guide to Digital Photography
New York: Amphoto Books, 2005

Moggridge, Bill
Designing Interactions
Cambridge: MIT, 2007

Rysinger, Lisa
Exploring Digital Video
New York: Thomson Delmar Learning, 2005

Safer, Dan
Designing for Interaction: Creating Smart Applications and Clever Devices
Atlanta: Peach Pit Press, 2006

Salen, Katie, and Eric Zimmerman
Rules of Play: Game Design Fundamentals
Cambridge: MIT Press, 2003

Solana, Gemma, and Antonio Boneu
The Art of the Title Sequence: Film Graphics in Motion
London: Collins, 2007

Tidwell, Jenifer
Designing Interfaces
San Francisco: O’Reilly, 2004

Wands, Bruce
Art of the Digital Age
London/New York: Thames & Hudson, 2006

Weinberger, David
Small Pieces Loosely Joined: A Unified Theory of the Web
Perseus Books Group, 2003

Williams, Richard
The Animator’s Survival Kit: A Manual of Methods, Principles, and Formulas for Classical, Computer, Games, Stop Motion, and Internet Animators
Faber & Faber, 2001

Woolman, Matt
Motion Design: Moving Graphics for Television, Music Video, Cinema, and Digital Interfaces
London: Rotovision, 2004

Woolman, Matt
Type in Motion 2
New York/London: Thames & Hudson, 2005

Woolman, Matt, and Jeffrey Bellantoni
Type in Motion: Innovations in Digital Graphics
New York/London: Thames & Hudson, 2001

Zeigler, Kathleen, and Nick Greco
MotionGraphics: Film & TV
New York: Watson-Guptill, 2002

接受采访者索引

译后记

本书既有别于理论式的研究论著，也不同于纯实用化的工具手册，全书以一种轻松、俏皮的语气将“如何成为一名数字化设计师”进行了十分形象地阐述，通俗易懂又引人思索。作者没有教条式地灌输给读者：如果要成为一名数字化设计师，哪些是“必杀技”，你必须 get 到，而是通过大量的实际案例研究及众多的人物访谈来实现信息传递——哪些是他们（案例及访谈人物）认为重要的基本素质或技能。但是作为读者的你，可以选择你认为最适合自己的目标，为“成为一名数字化设计师”来实现自我完善。

本人翻译的是前言、第一章、第九章至第十四章以及勒口部分的文字，其余部分由李文瀚翻译。前言及第一章侧重介绍数字化设计的发展进程、背景特点以及从事数字化设计潜在的具体职业方向。第九章至第十四章每章介绍一个主题，辅以实践案例及大量人物访谈，这些访谈对象的职业门类多样，有企业家、创业者、高校教师、艺术家等，均对数字化设计有自己的见解，在数字化设计领域颇有建树。就像书中所言，无论是在校学生、（刚进入或已经进入）数字化设计行业的从业人员，或对数字化设计感兴趣的任何人，均可以、也应该阅读此书，但最重要的是应该有自己的思维判断和价值取向，切忌人云亦云。

翻译过程中，因知识所限，经验不足，多有不妥之处，还请各位读者指出，见谅！

文璐